세상에 존재하는 모든 물리학

탈레스부터 힉스입자까지

세상에 존재하는 모든 물리학
탈레스부터 힉스입자까지

초판 1쇄 인쇄 2023년 10월 27일
초판 1쇄 발행 2023년 11월 10일

–

지은이 곽영직
펴낸이 이방원
책임편집 이희도 **책임디자인** 양혜진
마케팅 최성수 · 김 준 **경영지원** 이병은

–

펴낸곳 세창출판사
신고번호 제1990-000013호 **주소** 03736 서울시 서대문구 경기대로 58 경기빌딩 602호
전화 02-723-8660 **팩스** 02-720-4579 **이메일** edit@sechangpub.co.kr **홈페이지** http://www.sechangpub.co.kr
블로그 blog.naver.com/scpc1992 **페이스북** fb.me/Sechangofficial **인스타그램** @sechang_official

–

ISBN 979-11-6684-256-6 93420

세상에 존재하는 모든 물리학

탈레스부터 힉스입자까지

곽영직 지음

세창출판사

머리말

처음 출판사로부터 물리학의 역사를 정리한 책을 써 보지 않겠느냐는 제의를 받았을 때 많이 망설였다. 이전에 내가 써서 출판했던, 과학의 역사를 다룬 책[『인류 문명과 함께 보는 과학의 역사』(세창출판사)]에는 물리학의 역사 이야기가 반 정도 차지하고 있다. 물리학이 모든 과학 분야의 기초가 되기 때문이기도 하지만 내가 다른 분야보다 물리학 분야에 익숙하기 때문이기도 했다. 따라서 지금까지 썼던 과학의 역사 이야기와 차별화된 물리학의 역사 이야기를 쓸 수 있을지 알 수 없었다.

그래서 책의 출판 여부는 나중에 결정하기로 하고 물리학의 역사를 정리하는 작업부터 시작했다. 코로나19가 기승을 부리던 2021년 초였다. 코로나가 아니더라도 여행보다는 집에 들어앉아 자료를 정리하고 글을 쓰는 것을 좋아했는데 코로나가 기승을 부리자 아예 칩거하면서 자료를 정리하는 일에만 매달렸다. 아침 일찍 일어나 운동을 한 시간 정도 한 후 자료를 정리하고 원고를 쓰고, 또다시 오후 운동을 한 후 원고를 쓰다가 잠자리에 들곤 했다. 다람쥐 쳇바퀴 도는 것처럼 매일 같은 일상을 지내다 보니 여름과 가을이 훌쩍 지나갔다. 물리학의 역사를 정리하는 재미있는 일이 아니었다면 일찌감치 지쳐 버렸을 것이다. 한편으로는 물리학의 역사에 파묻혀 살다 보니 코로나로 어수선한 세상일을 까맣게 잊어버릴 수 있었다.

출판사에 물리학의 역사를 다룬 책을 쓰기로 했다는 연락을 했을 때는 이미 책의 토대가 될 내용과 자료가 거의 정리되었을 때였다. 자료를 정리해 놓고 보니 제대로 된 물리학의 역사책을 써 보고 싶다는 의욕이 생겼다. 여기서 물리학의 역사를 다룬 제대로 된 책을 만들기 위해 나는 두 가지 점을 염두에 두고 책을 썼다. 하나는 물리학이 발전해 온 역사적인 흐름을 제대로 짚어 낼 수 있도록 내용을 구성해 보자는 것이었고, 다른 하나는 사람 중심의 역사 이야기가 아니라 물리학의 내용도 충분히 다룬 물리학의 역사 이야기를 해 보자는 것이었다.

물리학의 내용을 충분히 다룬다는 의미는 가령, 1915년에 아인슈타인이 일반상대성이론을 제안했다고 이야기하고 끝내는 것이 아니라 일반상대성 이론의 내용도 충분히 설명한다는 것이다. 제한된 지면에서 다양한 물리학의 내용을 모두 다룬다는 것은 불가능하겠지만 그런 시도도 하지 않는다면 평생 물리학을 가르치고, 과학을 설명하는 책을 쓰는 일을 해 왔던 내가 물리학의 역사책을 쓰는 의미가 없다는 생각이 들었기 때문이다.

평생 물리학 이야기를 하면서 살아왔지만 물리학이 어렵기는 마찬가지이다. 물리학이 단순히 자연현상과 관련된 문제를 풀어 답을 알아내는 것이 아니라 우리 자신을 포함한 자연의 존재 자체에 대한 근본적인 질문에 답해야 하기 때문이다. 물리학은 지난 2,000년 동안 자연의 구성 요소와 이들 사이의 상호작용에 대해 많은 것을 알아냈다. 그러나 새로운 사실을 알아내면 알아낼수록 더 많은 새로운 질문이 생겼다. 따라서 이 책에서는 자연현상에 대한 설명이 어떻게 발전해 왔는지와 함께 자연에 대한 질문이 어떻게 변해 왔는지를 다루려고 노력했다.

물리학의 역사 이야기를 하면서 가장 어려웠던 일은 외국어로 된 용어의 문제였다. 나는 꼭 필요하지 않은 곳에 외래어를 사용하는 것을 그다지 좋아하지 않지만 전문 용어까지도 뜻이 명확하지 않은 한자어나 우리말로 바꾸어 놓는 것 역시 좋아하지 않는다. 따라서 가능하면 쉬운 우리말로 설명하려고 노력했지만, 전문 용어의 경우에는 굳이 번역하기보다는 외래어를 그대로 사용했다.

역사 이야기를 하다 보면 사람들과 관련된 일화를 소개할 때도 많은데 입에서 입으로 전해지는 이야기이다 보니 원래의 이야기가 변형되었거나 사실과 다르게 알려진 경우도 많다. 가능한 사실과 다른 이야기를 피하기 위해 여러 가지 자료를 대조해 보았지만 내가 접할 수 있는 자료 역시 한계가 있는 탓에, 사실과 다른 이야기가 포함되었을 수도 있어 조심스럽다. 이런 문제는 역사 이야기를 하는 한 매우 어려운 문제이고 조심해야 할 문제이지만 노력한다고 완전히 피해 갈 수 있는 문제도 아니다.

스티븐 호킹이 『시간의 역사』를 출판한 후부터 과학책에 수식을 하나 사용할 때마다 독자가 반으로 줄어든다는 말을 자주 들을 수 있다. 따라서 요즘 과학책에는 수식을 가능하면 포함시키지 않는다. 그러나 이 책에서는 물리학의 기본적인 수식들은 포함시켰다. 수식들도 물리학의 흐름을 파악하는 데 도움이 된다고 생각했기 때문이다. 한편으로 일부 수식은 물리학을 전공한 사람이 아니면 그 의미를 알 수 없는 수학식으로 나타내진 것도 있는데 그런 수식은 그냥 물리학에서는 이런 이상한 식도 다루는구나 하고 넘어가면 된다. 이 책에 포함시킨 수식은 물리학에서처럼 내용을 전달하려는 것이 아니라 이미 충분히 설명한 내용을 물리학에서는 어떤 수식으로 나타내는지를 보여 주기 위한 것이기 때문이다.

이 책에는 『과학의 역사』를 비롯해 저자가 쓴 책의 내용 일부가 다시 사용되었다. 과학의 역사에서 물리학의 역사가 차지하는 비중이 높고, 저자가 쓴 다른 과학책들에서도 역사 이야기를 주로 다루었기 때문에 중복되는 이야기를 피하는 것이 가능하지 않았다. 그러나 다시 사용하는 경우에도 가능하면 수정하고 보완하였다.

땀을 흘리면서 어렵게 산을 오르면 정상에서 한눈에 세상을 내려다보는 즐거움을 맛볼 수 있다. 이 책을 소설처럼 재미있게 읽을 수는 없겠지만 다 읽고 난 후에 물리학의 전체 흐름을 한눈에 바라보는 즐거움을 느낄 수 있으면 좋겠다. 그리고 물리학의 역사를 통해 인류가 이루어 놓은 위대한 지적 성취를 느낄 수 있으면 더욱 좋겠다. 이 책을 쓰고 마무리할 수 있었던 것은 세창출판사의 김명희 편집장님의 권유가 있었기 때문이었음을 밝혀 둔다.

2023년 10월

곽영직

서언

물리학은 어떤 학문일까?

물리학은 어떤 학문일까? 다시 말해 물리학에서는 어떤 것을 연구하고 있을까? 물리학은 한마디로 말해 세상이 무엇으로 이루어져 있는지, 그리고 세상을 이루고 있는 구성 요소들이 어떻게 상호작용하고 있는지를 연구하는 학문이다. 좀 더 구체적으로 말한다면 물리학은 자연을 이루고 있는 가장 기본적인 구성 요소는 무엇이며, 이들이 어떻게 상호작용하여 우리가 보고 듣고 느끼며 살아가는 세상을 만들고 있는지를 연구하는 학문 분야이다.

인류는 아주 오래전부터 우리가 살아가고 있는 세상을 이해하려고 노력했다. 약 3만 년 전에 크로마뇽인들이 남긴 것으로 보이는 달의 위상변화를 새겨 놓은 뼛조각은 인류가 수렵 채취를 하던 때부터 지상은 물론 하늘의 자연현상에도 관심을 가지고 있었다는 것을 나타내고 있다. 고대문명의 발상지에서는 숫자나 기하학을 개발하여 발전시켰는데 이는 자연현상을 체계적으로 이해하는 강력한 도구가 되었다.

그러나 인류는 오랫동안 자연현상의 원인을 자연 밖에 존재하는 절대자나 초자연적인 존재에서 찾으려고 했다. 그들은 세상을 지배하는 신이 내재해 있다고 믿었던 각종 자연물을 숭배하는 토템사상을 발전시켰다. 많은 민족이 태양, 달, 산, 물, 동물들과 관련된 기원 신화를 가지고 있는 것은 이 때문이다. 그러다 기원전 6세기경부터 고대 그리스에서 자연현상의 원인을 자연 자체에서 찾으려고 시도하는 사람들이 나타났다. 이들은 오늘날 우리가 물리학에서 다루는 것과 비슷한 의문을 가지기 시작했고, 그런 의문의 해답을 찾기 시작했다. 따라서 이들이 가졌던 의문과 그들이 제시했던 해답을 살펴보면 물리학이 어떤 학문인지 잘 알 수 있다.

처음 자연과학을 시작한 고대 그리스의 자연철학자들은 당시 세상을 이루고 있는 기본적인 요소라고 여겨졌던 아르케arche를 찾아내려고 했다. 자연철학자들의 스승이자 과학의 아버지라고 불리는 탈레스Thales(BCE ca. 626-ca. 547)는 세상이 물로 이루어져 있으며, 결국은 모두 물로 돌아간다고 주장했다. 탈레스의 제자였던 아낙시만드로스Anaximandros(BCE 610-546)는 형체와 경계가 없는 추상적인 아페이론apeiron이 세상을 이루는 근본적인 요소라고 주장했다. 그런가 하면 아낙시만더의 제자였던 아낙시메네스Anaximenes(BCE ca. 585-ca. 528)는 세상이 공기를 재료로 하여 만들어졌다고 설명했다.

세상은 항상 변하고 있으며, 영원불변한 실체는 없다고 생각하고, "만물은 유전한다"는 유명한 말을 남긴 헤라클레이토스Heraclitus(BCE ca. 540-ca. 480)는 세상은 불로부터 시작되었다고 주장했다. 헤라클레이토스와는 달리 모든 변화와 운동은 우리 감각기관이 만들어 낸 허구일 뿐이라고 주장했던 엘레아학파의 파르메니데스Parmenides(BCE ca. 515-ca. 445)는 세상의 본질은 영원히 변하지 않는다고 주장했다.

파르메니데스의 이런 생각은 세상이 원자라는 작은 구성 요소들로 이루어졌다는 원자론으로 이어졌다. 원자론을 발전시킨 레우키포스Leukippos(BCE ?-?)와 데모크리토스Democritos(BCE ca. 460-ca. 370)는 세상이 생성, 소멸, 변화가 없으며, 더 이상 쪼갤 수 없는 원자와 아무것도 없는 진공으로 이루어져 있다고 주장했다. 데모크리토스는 우리가 감각기관을 통해 얻는 인식이 실재라고 주장했다. 원자론자들도 때때로 감각기관이 잘못된 인식이나 설명할 수 없는 인식들을 제공한다는 것을 인정했지만 실재에 대한 지식은 감각기관을 통해서만 얻을 수 있다고 했다.

19세기 초에 근대적인 원자론이 등장할 때까지 오랫동안 받아들여졌던 4원소설을 처음 제안한 사람은 현재의 이탈리아 남부 지방에서 활동했던 엠페도클레스Empedocles(BCE ca. 490-ca. 430)였다. 그는 세상이 물, 불, 흙, 공기의 네 가지 원소로 이루어져 있으며, 네 가지 원소들은 미움과 사랑이라는 두 가지 상호작용을 통해 결합과 분리를 계속하면서 세상을 만들어 간다고 설명했다.

고대 과학을 완성한 아리스토텔레스Aristoteles(BCE 384-322)는 우리가 살아가는 지상 세계는 물, 불, 흙, 공기의 네 가지 원소들이 차가움cold, 따뜻함hot, 마름dry, 젖음wet의 네 가지 성질을 통해 상호작용하면서 세상을 만들어 간다고 설명하고, 하늘은 다섯 번째 원소인 에테르ether로 이루어졌다고 주장했다.

고대 그리스의 철학자들 중에는 우리가 감각기관을 통해 감각하는 세상은 실재가 아니며 실재는 세상 밖에 존재한다고 믿는 사람들도 있었다. 수number만이 실재라고 믿었던 피타고라스Pythagoras(BCE ca. 580-ca. 500)는 자연을 이해하기 위해서는 자연현상 뒤에 숨어 있는 수의 조화를 알아내야 한다고 주장했다. 그런가 하면 고대 그리스를 대표하는 철학자인 플라톤Platon(BCE ca. 428-ca. 347)은 세상의 원형인 이데아Idea는 천상 세계에만 존재하며, 지상 세계는 이데아의 불완전한 복제일 뿐이라고 주장했다. 따라서 지상에서 하는 관찰이나 실험을 통해서는 세상을 이해할 수 없고, 기하학을 이용한 이성적인 추론을 통해서만 진리에 도달할 수 있다고 했다.

아리스토텔레스는 세상의 원형이 존재한다는 플라톤의 생각에 동의했지만 원형이 이 세상 너머에만 존재하는 것이 아니라 현실 세계 안에도 존재한다고 주장했다. 따라서 플라톤과는 달리 실험과 관찰을 통해서 세상에 대한 지식을 획득할 수 있다고 했다. 고대 그리스 철학자들의 이런 논란은 물리학의 연구 주제와 방법이 어떤 것인지를 잘 나타낸다.

물리학은 세상이 무엇으로 이루어졌는지, 그리고 세상을 구성하는 요소들이 어떻게 상호작용하여 세상과 자연현상을 만들어 가고 있는지를 실험과 관찰을 통해 확인해 간다. 현대 물리학은 플라톤이 생각했던 방법이 아니라 원자론자들의 생각을 바탕으로 자연을 연구하고 있다. 따라서 물리학에서는 아무리 뛰어난 이론이라고 해도 실험을 통해 확인될 때까지는 물리적 사실로 받아들이지 않는다. 물리학을 실험과학이라고 부르는 것은 이 때문이다.

과학의 내용이 복잡해지면서 물질의 구성과 상호작용을 실험적으로 다루는 연구가 다양한 분야로 세분화되었다. 물리학이 아닌 다른 과학 분야에서도 물리학에서 하고 있는 것과 비슷한 주제를 연구하는 경우가 많다. 따라서 물질의 구성과 상호작용을 실험적으로 연구한다는 설명은 물리학뿐만 아니라 다른 자연과학 분야나 대부분의 공학 분야에 대한 설명도 될 수 있다. 그렇다면 물리학과 화학, 그리고 공학은 어떻게 다를까?

마리 퀴리는 1903년에 방사선에 대해 연구한 공로로 노벨 물리학상을 수상했고, 1911년에는 방사성원소인 폴로늄과 라듐을 발견한 공로로 노벨 화학상을 수상했다. 원자핵을 발견한 뉴질랜드 출신의 물리학자 어니스트 러더퍼드는 방사선에 대해 연구한 공로로 1908년에 노벨 화학상을 받았고, 영국의 물리학자 프랜시스 애스턴은 동위원소를 분리해 내는 데 성공한 공로로 1922년에 노벨 화학상을 받았다. 물리학자들이 방사선을 연구하고 이를 통해 새로운 원소를 발견한 것은 방사선이나 원자의 성질을 연구하는 것이 물리학 분야에 속하기 때문이다. 그리고 새로운 원자나 동위원소를 발견한 연구 업적으로 노벨 화학상을 받은 것은 원자에 대한 연구가 화학에 속한다는 것을 의미한다.

물리학이나 화학은 모두 물질이 어떻게 구성되어 있는지, 그리고 물질들이 어떻게 상호작용하는지에 대해 연구한다. 그러나 물리학과 화학은 관심을 가지는 크기가 다르다. 화학은 분자의 구성과 상호작용을 주로 다룬다. 다시 말해 화학에서는 분자 크기의 세계에서 이루어지는 현상들을 이해하기 위해 연구한다. 물리학에서는 세상을 이루고 있는 물질의 구성과 이들 사이의 상호작용을 전반적으로 다룬다. 따라서 물리학에서는 원자보다 작은 세상에서부터 우주처럼 큰 세상에서 나타나는 자연현상 모두에 관심을 가진다. 따라서 크기로만 보면 화학은 아주 좁은 분야이다. 그러나 화학에서 다루는 분자 크기의 물질은 우리가 살아가는 데 필요한 물질과 밀접하게 관련되어 있다. 따라서 화학은 우리 생활과 관련된 물질들을 다루기 때문에 실용성 면에서는 훨씬 더 중요하다. 분자 크기의 물질을 다루는 화학은 약학, 식품영양학, 재료공학 등 우리 생활과 밀접한 실용적인 연구의 기초가 되고 있다.

물리학과 화학에서는 모두 원자에 대하여 연구하지만 주로 관심을 가지는 측면이 조금은 다르다. 양자역학에서는 슈뢰딩거 방정식을 풀어서 전자들이 가질 수 있는 에너지와 운동량의 크기를 알아내고 이를 바탕으로 원자들의 성질을 규명한다. 따라서 물리학과에서 사용하는 양자역학 교과서에서는 여러 가지 다른 위치에너지에서 슈뢰딩거 방정식을 푸는 문제를 주로 다룬다. 다시 말해 슈뢰딩거 방정식을 풀어서 원자를 구성하는 입자들의 물리적 성질을 규명하는 것까지는 물리학의 영역으로 여겨지고 있다. 화학에서도 양자역학을 공부한다. 그러나 양자역학을 다루고 있는 화학 교과서에는 슈뢰딩거 방정식을 푸는 과정은 빠르게 지나가고 슈뢰딩거 방정식을 풀어서 알아낸 전자의 양자역학적 상태를 이용해 주기율표가 만들어지는 이유를 설명하고 이를 바탕으로 화학 반응이 일어나는 원리를 설명하는 데 중점을 둔다.

그렇다면 원자핵에 대한 연구는 어디에 속할까? 원자의 화학적 성질을 결정하는 것은 원자핵 주위를 돌고 있는 전자들이다. 따라서 원자핵 주위를 돌고 있는 전자들에 대한 연구는 물리학 분야에 속하기도 하고, 화학 분야에 속하기도 한다. 그러나 원자핵에 대한 연구는 아직도 물리학의 영역으로 남아 있다. 원자핵을 다루는 분야 중에서도 원자력 발전과 직접 관련이 있는 부분은 원자력 공학으로 독립해 나갔지만 원자핵과 관련된 전반적인 연구는 물리학 분야에서 이루어지고 있다.

물리학, 화학과 함께 생물학도 자연과학의 주요 연구분야 중 하나이다. 그러나 생명체의 구조와 생명체 안에서 이루어지는 생명현상을 다루는 생물학은 오랫동안 물리학이나 화학과는 다른 방법으로 연구가 진행되어 왔다. 물질의 상호작용만으로는 생명현상을 설명할 수 없다고 생각했기 때문이다. 그러나 20세기에 분자 생물학이 등장한 후에는 생명현상을 분자 단위에서의 물리·화학적 반응의 결과로 이해하려고 시도하게 되었다. 따라서 생물학도 생명체에서 일어나는 현상들을 연구 대상으로 하는 것이 다를 뿐 기본적으로는 물리학이나 화학과 다를 것이 없다.

20세기 초에는 원자를 연구한 여러 명의 물리학자가 노벨 화학상을 받았지만 최근에는 화학자들 중에 노벨 생리의학상을 받는 사람들이 늘어나고 있다. 이것은 생명체 안에서 일어나는 현상들이 의학이나 생물학의 영역이기도 하지만, 분자 생물학의 등장으로 화학의 일부분이 되어 버렸기 때문이다.

하늘의 천체들을 관측하고, 이를 바탕으로 우주에서 일어나는 일들을 설명하는 분야를 천문학이라고 한다. 그러나 별 내부에서 일어나고 있는 핵융합 반응, 중력 붕괴를 통해 중성자성이나 블랙홀이 만들어지는 과정, 우주가 시작된 빅뱅 시에 어떤 일이 있었는지를 연구하는 분야를 천체 물리학이라고 부른다. 우주의 시작과 우주의 진화 과정에 대한 연구를 우주론이라고 따로 분류하기도 한다. 별을 관측하여 별들의 목록을 만들고, 외계 행성을 찾아내는 것과 같은 연구는 아직도 스스로를 천문학자라고 생각하는 사람들이 하고 있다. 그러나 사실 천체 물리학이나 우주론이라고 분류되는 영역에 대한 연구는 천문학자들뿐만 아니라 물리학자들도 하고 있다. 따라서 천문학과 물리학의 경계는 점차 사라져 가고 있다.

분자보다 크면서 우리 일상생활과 직접 관련이 있는 분야는 대부분 공학의 여러 분야로 독립해 나갔다. 전기와 관련된 현상을 다루는 전기공학이나 전자공학, 그리고 기계공학이나 재료공학도 물리학에서 독립해 나간 분야들이다. 물리학 연구실에서 이루어지고 있는 연구나 공학 연구실에서 이루어지고 있는 연구의 내용이나 방법은 거의 구별하기 어려울 정도로 유사하다. 그러나 굳이 구별한다면 공학 연구실에서는 경제성이 큰 연구를 좀 더 많이 하고, 물리학 연구실에서는 경제성보다는 지식 자체에 좀 더 큰 비중을 둔 연구를 한다는 것이다. 따라서 많은 경비가 드는 물리학 연구는 국가에서 연구비를 지원하는 경우가 많은 반면, 공학 연구의 비용은 대부분 연구 결과를 이용할 기업이 부담한다.

고대 그리스에서 시작된 고대 물리학은 17세기에 있었던 과학혁명을 통해 근대 물리학으로 발전했고, 20세기에는 양자역학과 상대성이론을 바탕으로 한 현대 물리학으로 발전했다. 그 결과 우리는 세상이 원자로 이루어져 있고, 원자는 양성자, 중성자, 전자로 구성되어 있으며, 원자를 이루는 입자들은 다시 쿼크와 경입자라는 더 작은 입자들로 이루어져 있다는 것을 알아냈다. 그리고 세상을 이루고 있는 입자들은 중력에 의한 상호작용, 전자기적 상호작용, 강한 상호작용, 그리고 약한 상호작용의 네 가지 기본적인 상호작용을 통해 세상을 만들어 가고 있다는 것을 알게 되었다.

아직도 세상의 기원을 설명할 전능이론에 대한 연구가 계속되고 있기 때문에 지금까지 우리가 알아낸 입자들과 상호작용이 세상의 구성과 상호작용을 설명하는 완전한 해답이라고 할 수는 없다. 그러나 현재까지 물리학에서 밝혀낸 물질의 구성 요소들과 이들 사이의 상호작용은 인류가 이루어 낸 가장 위대한 지적 성취라고 할 수 있을 것이다.

차례

1장

고대 물리학

1. 아리스토텔레스의 『자연학』

소요학파paripatos

고대 물리학은 고대 그리스 철학자 아리스토텔레스Aristotles(BCE 384-322)의 강의 자료와 저작물을 모아 편집한 『자연학*Physica*』에 의해 완성되었다고 할 수 있다. 아리스토텔레스는 그리스 반도 북부에 있던 마케도니아 출신으로, 아테네에 와서 플라톤이 세운 아카데미아에서 공부했다. 스승이었던 플라톤이 죽은 후 아테네를 떠났다가 다시 돌아와 아테네 근교에 있는 리케이온Lykeion에 학교를 설립하고 기원전 335년 혹은 334년에서부터 그가 세상을 떠난 기원전 322년까지 약 12년 동안 제자들을 가르쳤다. 현재 남아 있는 아리스토텔레스 저서의 대부분은 리케이온에서 아리스토텔레스가 강의하기 위해 만들었던 강의노트들을 편집한 것이다.

아리스토텔레스의 스승이었던 플라톤Platon(BCE ca. 428-ca. 347)은 우리가 살아가고 있는 지상 세계는 이데아로 이루어진 하늘 세계를 어설프게 흉내 낸 것이어서 지상 세계에서의 실험이나 관찰만으로는 세상의 본래의 모습인 진리에 도달할 수 없다고 했다. 플라톤은 이성적 사고를 통해서만 진리에 도달할 수 있는데 기하학은 이성적으로 사고하는 법을 가르쳐 주는 도구라고 했다. 따라서 플라톤의 아카데미아는 철학적이고 형이상학적이었다.

아리스토텔레스도 세상의 원형이 따로 있다는 것을 인정했다. 그러나 그는 현실 세계가 아닌 이상 세계에만 존재하던 플라톤의 초감각적인 이데아를 현실 세계로 끌어내리기 위해 우리가 살고 있으며 세상에도 세상의 원형이 내재되어 있다고 보았다. 곧, 지상 세계에서의 실험과 관찰을 통해서도 진리에 도달할 수 있다고 생각한 것이다. 따라서 아리스토텔레스는 실험과 관찰을 통해 자연현상과 관련된 구체적 사실들을 수집하는 것이 자연과 우주를 이해하기 위해 꼭 필요한 과정이라고 생각했다.

아리스토텔레스가 설립한 리케이온에서는 주로 긴 회랑을 거닐면서 토론했기 때문에 이들을 '거닐면서 토론을 하는 사람들'이란 뜻으로 소요학파paripatos라고 불렀다. 아리스토텔레스가 세상을 떠난 후에도 아리스토텔레스의 사상을 계승 발전시켰던 소요학파는 아리스토텔레스의 강의노트와 저작물들을 수집하여 정리하려고 노력했다.

기원전 70년경에 오늘날 전해지고 있는 아리스토텔레스 저작물들의 원본을 편집한 사람은 리케이온의 11대 교장이었다고 알려져 있는 로도스의 안드로니코스Andronicos von Rhodos였다. 철학의 역사에 많은 관심을 가지고 있던 안드로니코스는 아리스토텔레스에 관한 여러 권의 책을 쓰기도 했는데 그중 한 권에는 아리스토텔레스가 저술한 책들의 목록이 포함되어 있다. 그는 자연학과 윤리학에 대한 논평도 쓴 것으로 알려져 있지만 현재 전해지지는 않는다.

자연현상과 관련된 아리스토텔레스의 강의노트와 저작을 편집한 책을 『자연학』이라고 부르고, 존재론, 신학, 논리학, 윤리학 등에 관한 강의노트와 논문을 묶은 책은 자연학 뒤에 오는 책이라는 뜻에서 『형이상학*Metaphysica*』이라고 불렀다. 동양에서는 『주역』의 「계사상전」에 있는 '형이상자위지도 형이하자위지기形而上者謂之道 形而下者謂之器'라는 구절을 인용하여 『자연학』은 형이하학으로 번역했고, *Metaphysica*는 '형이상학'으로 번역했다.

『자연학』

'물리학'을 의미하는 영어 단어 'physics'는 자연학이라고 번역될 수 있는 라틴어, '*Physica*'에서 유래했다. 따라서 물리학의 원래의 의미는 자연학이라고 할 수 있다. 고대 그리스의 철학자들이 자연을 어떻게 인식하고 있었고, 어떤 방법으로 연구했는지는 아리스토텔레스의 강의노트를 모아 편집한 『자연학』이 어떻게 구성되어 있는지를 살펴보면 잘 알 수 있다.

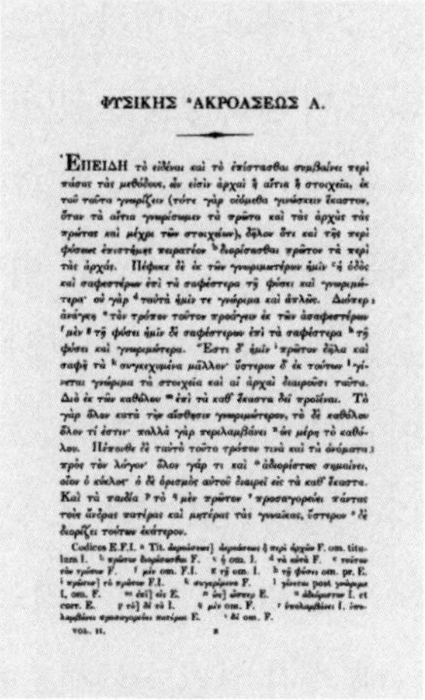

1837년에 옥스퍼드에서 출판된 자연학의 첫 페이지

『자연학』은 모두 8권으로 이루어져 있다. 1권에는 자연현상에 대한 소크라테스 이전 철학자들의 접근 방법이 소개되어 있다. 특히 운동과 변화의 문제를 많이 다루었던 파르메니데스를 스승으로 하는 엘레아학파의 접근 방법을 자세하게 다루었다. 1권의 1장에는 추상적인 변화와 운동에 대한 일반적인 설명이 포함되어 있으며, 2장에는 이전 철학자들의 생각을 바탕으로 운동의 제1원리를 설명해 놓았다. 그리고 3장과 4장에는 운동과 변화를 부정한 파르메니데스의 주장을 비판해 놓았다. 5장에도 이전 철학자들의 운동에 대한 생각이 비판적으로 정리되어 있다.

6장에는 두 지점 사이의 운동에 대한 이전 철학자들의 생각을 정리해 놓았고, 7장에는 운동과 변화에 대한 자신의 생각을 제시해 놓았다. 7장에는 "세상을 구성하는 기본적인 것으로 형식이 변하는 과정에서도 변하지 않는 어떤 것"을 물질이라고 정의했다. 예를 들어 말이 풀을 먹는 경우 말 속에는 더 이상 풀이 존재하지 않지만, 풀 안에 포함되어 있던 물질은 말 안에 그대로 남아 있다. 아리스토텔레스는 물질을 원자와 같은 구체적인 어떤 것이라고 설명하지는 않았지만 풀에서 말로 변하는 동안에도 변하지 않는 어떤 속성을 물질이라고 정의한 것이다.

운동의 원인을 다룬 2권에서 아리스토텔레스는 운동에 성장하는 것, 위치를 바꾸는 것은 물론 어떤 성질을 획득하는 것, 태어나는 것과 죽는 것도 포함시켰다. 아리스토텔레스는 자연이야말로 물체들이 운동하는 직접적인 근원이라고 보았다. 2권의 3장에서 아리스토텔레스는 네 가지 원인에 대해 설명하고 있다. 그는 자연을 이해하기 위해서는 질료인matter, 형상인formal, 효과인efficient, 목적인final에 대해 이해해야 한다고 설명했다.

네 가지 원인 중에서도 아리스토텔레스는 마지막 원인이라고도 부른 목적인을 가장 중요하게 생각했다. 이어지는 4장, 5장, 6장에서는 인간의 의지에 의한 선택이 운동과 변화에 주는 영향에 대해 설명했다. 7장, 8장, 9장에서는 다시 자연의 문제로 돌아가 앞 장에서 설명한 운동과 원인에 대한 내용을 보충했다.

『자연학』의 3권에서는 변화를 물질 내부에 잠재해 있던 가능성이 현실화되는 것이라고 정의하고, 변화를 다룰 때 필연적으로 나타나는 무한대의 문제를 체계적으로 분석했다. 아리스토텔레스는 '더해서 만들어지는 무한대'와 '아주 작게 나누어서 만들어지는 무한대'를 구별하고, '현실 세계에서의 무한대'와 '잠재적인 세계에서의 무한대'를 구별했다. 그는 현실적인 세계에서는 어떤 형태의 무한대도 가능하지 않고, 따라서 무한대는 오로지 잠재적인 세계에서만 가능하다고 했다.

4권에서는 운동의 전제 조건인 위치, 진공, 시간에 대해 다루었다. 특히 진공을 다룬 부분에서는 진공은 필요하지 않을 뿐만 아니라 진공의 존재는 모순만을 만들어 내기 때문에 진공이 존재할 수 없다고 설명했다. 그가 이야기한 진공은 공기나 물질이 존재하지 않는 텅 빈 공간이 아니라, 위치를 포함한 자연의 성질을 가지고 있지 않은 공간이었다. 따라서 진공 중에서는 자연의 성질에 의해 일어나는 운동도 일어날 수 없다고 보았다. 아리스토텔레스는 모든 공간에서 운동이 가능한 것은 진공이 존재하지 않는다는 확실한 증거라고 주장했다.

5권에는 운동이 일어나는 원리가 설명되어 있다. 아리스토텔레스는 운동을 양적인 변화(부피의 변화 포함), 질적인 변화(색깔의 변화), 위치의 변화(위로 올라가거나 내려오는 것), 물질의 변화(생성과 부패)의 네 가지로 구분했다.

6권에서는 변화에 의해서 어떻게 반대 상태에 도달하게 되는지에 대해 설명했다. 그는 이것을 설명하기 위해 연속성과 분할 가능성에 대해 논리적인 설명을 시도했다. 그는 엘레아학파의 주장과는 달리 변화는 시간적으로나 공간적으로 무수히 많은 작은 부분으로 나눌 수 없다고 주장했다. 파르메니데스의 제자였던 엘레아학파의 제논은 날아가는 화살은 두 점 사이에 있는 무한히 많은 점을 지나가야 하기 때문에 운동은 가능하지 않다고 주장했다. "날으는 화살은 순간적으로 정지해 있다"라는 말에 그의 생각이 잘 나타나 있다. 아리스토텔레스는 이런 주장을 비판하기 위해 시간을 무한히 작은 구간으로 나누는 것이 가능하지 않다고 한 것이다.

7권에서는 운동하는 물체와 운동의 원인을 제공하는 물체 사이의 관계를 다뤘다. 아리스토텔레스는 운동을 천체들의 운동인 완전한 운동과 지상에서 일어나는 불완전한 운동으로 나누었다. 완전한 운동인 원운동, 또는 원운동을 조합한 운동만을 하는 천체들은 자체적으로 운동의 원인을 가지고 있기 때문에 운동을 계속하기 위해 외부의 작용이 필요 없다고 보았다. 그는 천체들이 인간보다 높은 수준의 영혼을 가지고 있다고 생각했다.

천체는 원운동을 해야 한다는 아리스토텔레스의 주장은 케플러가 행성이 타원운동을 하고 있다는 것을 밝혀낼 때까지 사실로 받아들여졌다. 따라서 고대 과학자들은 계절에 따라 속력이나 진행하는 방향이 달라지는 행성들의 운동을 여러 개의 원운동을 조합하여 설명하는 지구중심설을 발전시켰다.

아리스토텔레스는 지상의 운동을 의지 작용으로 일어나는 생명체의 운동, 질서 있는 상태로 돌아가기 위한 자연운동, 외부에서 힘이 작용해서 이루어지는 강제운동으로 나누었다. 아리스토텔레스는 자연운동을 설명하기 위해 물질은 자신의 고유한 위치가 있는데 그 위치에서 이탈해 무질서한 상태가 되면 질서 있는 상태인 고유한 위치로 돌아가는 운동을 하게 된다고 설명했다.

흙을 많이 포함하고 있는 물체는 우주의 중심, 즉 지구 중심에 가까운 곳이 고유한 위치여서 아래로 떨어지고, 불이나 공기를 많이 포함한 물체는 우주의 가장자리가 고유한 위치여서 위로 올라가는 운동을 한다는 것이다. 그의 설명에 의하면 무게가 무거울수록 우주의 중심으로 돌아가려는 성질이 커서 더 빨리 아래로 떨어지게 된다. 이런 설명은 후에 갈릴레이가 무거운 물체와 가벼운 물체가 같은 속력으로 떨어진다는 것을 증명할 때까지 사실로 받아들여졌다.

지상에서 일어나는 세 번째 운동은 물체에 힘을 가할 때 일어나는 강제운동이다. 아리스토텔레스는 강제운동의 속력은 가한 힘의 세기에 비례하고, 저항력, 즉 마찰력에 반비례한다고 했다. 따라서 가한 힘이 0이면 속력도 0이 돼야 한다. 다시 말해 운동을 계속하기 위해서는 힘이 계속 가해져야 한다. 다시 말해 힘을 운동 상태를 유지하기 위해 필요한 것이라고 보았다.

아리스토텔레스 역학에서는 힘이 작용하기 위해서는 물체가 직접 접촉해야 한다고 했다. 따라서 공중으로 던진 물체가 손을 떠난 후에도 계속 운동하는 것을 공기가 물체를 밀어내기 때문이라고 설명했다. 뉴턴이 직접 접촉이 없어도 작용(원격작용)하는 중력을 발견함으로써 힘이 작용하기 위해서는 직접 접촉해야 한다는 설명이 부정되었다.

『자연학』의 마지막 책인 8권은 『자연학』의 내용 중 4분의 1을 차지할 만큼 분량이 많다. 따라서 8권의 내용은 7권까지의 내용과는 다른 용도로 만들어진 별도의 강의노트였던 것으로 보인다. 8권에서는 "우주에 시간적 한계가 있는가", "세상의 운동을 시작하도록 한 존재가 있는가"와 같은 철학적인 주제를 주로 다뤘다. 아리스토텔레스는 "우주는 영원한가?", "우주에는 시작이 있으며 끝이 있을까?"와 같은 문제도 다각적으로 고찰했지만 단정적인 결론을 내리지는 않았다.

『자연학』에 실려 있는 아리스토텔레스의 주장은 현대 물리학의 입장에서 보면 대부분 올바른 과학적 사실이 아니다. 따라서 근대와 현대 물리학을 다루는 교과서에서는 아리스토텔레스의 『자연학』 내용을 다루지 않는다. 그러나 근대 물리학은 아리스토텔레스의 고대 물리학의 내용을 비판하고, 부정하는 과정을 통해 성립되었다. 그것은 근대 물리학이 아리스토텔레스의 고대 물리학을 바탕으로 하여 성립되었음을 의미한다. 따라서 아리스토텔레스의 고대 물리학을 이해하는 것은 물리학의 역사를 제대로 알기 위해서뿐만 아니라 현대 과학의 내용을 제대로 이해하기 위해서도 필요하다.

2. 알렉산드리아 시대의 물리학

알렉산드리아 과학

인류 역사상 가장 넓은 지역을 정복했던 정복 군주 중 한 사람인 마케도니아의 알렉산드로스 대왕Alexandros the Great(BCE 356-323)은 페르시아와 이집트를 정복한 뒤 인더스 강 유역까지 진출했다가 바빌론으로 돌아와 기원전 325년에 갑자기 병사했다. 알렉산드로스는 정복한 곳에 자신의 이름을 딴 도시를 70여 개나 만들었는데 그중에 가장 유명한 것이 이집트의 알렉산드리아였다. 알렉산드로스가 죽은 후 이집트를 다스리게 된 프톨레마이오스 왕조는 알렉산드리아를 정치와 문화의 중심지로 만들었다. 프톨레마이오스 2세가 알렉산드리아에 대형 도서관을 설립한 후에는 알렉산드리아가 이집트는 물론 지중해 연안의 학문의 요람이 되었다.

문화사에서는 알렉산드로스가 이집트를 정복한 기원전 330년부터 로마가 이집트를 정복한 기원전 30년까지 약 300년 동안 알렉산드리아를 중심으로 발전했던 문화를 헬레니즘 문화라고 부른다. 그러나 알렉산드리아 과학이라고 하면 알렉산드로스가 이집트를 정복한 때부터 로마가 기독교를 국교로 정하고 그리스 과학 전통을 배척하기 시작한 4세기까지의 과학을 말한다.

기하학, 역학, 천문학, 의학이 크게 발전했던 알렉산드리아 과학 시대에는 유클리드, 아르키메데스, 에라토스테네스, 프톨레마이오스, 갈레노스,

헤론과 같이 오늘날까지도 이름이 자주 거론되는 뛰어난 과학자들이 많이 나타났다. 이들이 모두 알렉산드리아에서 활동한 것은 아니지만 알렉산드리아에서 유학했거나 알렉산드리아의 학자들과 밀접한 관계를 가지고 있었다.

에우클레이데스의 『기하학 원론』

알렉산드리아 시대의 과학자들 중에서 가장 이른 시기에 활동했던 사람은 기하학을 크게 발전시킨 에우클레이데스Eucleides(유클리드, BCE ca. 330-ca. 275)였다. 에우클레이데스가 언제, 어디서 태어났는지에 대해서는 알려져 있지 않지만 아테네의 아카데미아에서 기하학을 공부한 후에 알렉산드리아로 왔을 가능성이 크다. 에우클레이데스는 흔히 기하학의 아버지라고 불리는데 그것은 그가 기하학을 창시했다는 뜻이 아니다. 기하학은 메소포타미아 혹은 이집트에서 시작되어 그리스로 전해졌고, 아테네에서 크게 발전했다. 플라톤이 아테네에 세웠던 아카데미아에서 가장 중요한 교육 과목은 기하학이었다. 에우클레이데스는 당시 잘 정리되어 있지 않았던 기하학을 현재까지도 기하학의 고전으로 여겨지고 있는 『기하학 원론』이라는 13권의 책으로 정리한 사람이다.

에우클레이데스

에우클레이데스는 5개의 공리와 5개의 공준으로부터 465개의 명제를 이끌어 냈다. 공리는 모든 분야에서 자명한 진리로 받아들이는 것을 말하고 특정한 분야에만 국한된 공리를 공준이라고 한다. 에우클레이데스의 기하학에 적용된 5개의 공준은 (1) 임의의 점과 다른 한 점을 연결하는 직선은 단 하나뿐이다, (2) 선분은 양 끝으로 얼마든지 연장할 수 있다, (3) 한 점을 중심으로 하고 임의의 길이를 반지름으로 하는 원을 그릴 수 있다, (4) 직각은 모두 서로 같다, (5) 두 직선이 한 직선과 만날 때, 내각의 합이 180도보다 작을 때 이 두 직선을 연장하면 반드시 만난다는 것이다. 이 중 평행선에 관한 다섯 번째 공준은 오랫동안 논란의 대상이 되었다. 19세기에 이 공준이 성립하지 않는 비유클리드 기하학이 등장했다.

13권으로 이루어진 『기하학 원론』의 처음 네 권은 삼각형, 원, 다각형, 평행선과 피타고라스의 정리 등을 다루었다. 제1권의 마지막 두 정리는 우리가 잘 알고 있는 피타고라스의 정리와 그 역이다. 다섯 번째 책에서는 비례이론, 여섯 번째 책에서는 평면 기하학의 문제, 일곱 번째 책부터 아홉 번째 책까지의 세 권에서는 수론, 열 번째 책은 무리수의 문제, 마지막 세 권은 원통, 원뿔 등과 같은 입체 기하학의 문제들을 다뤘다. 특히 제13권에는 정다면체에는 정사면체, 정육면체, 정팔면체, 정십이면체, 정이십면체 이 다섯 가지만 존재한다는 것이 증명되어 있다.

에우클레이데스는 『기하학 원론』을 통해 그때까지 단편적으로 전해 오던 기하학을 정리하여 정리와 증명의 논리적 순서를 확립했으며, 낡은 증명 방법을 수정했고, 새로운 증명 방법을 찾아냈다. 에우클레이데스는 이전에 이미 증명된 명제에서 또 다른 명제를 도출해 내는 논리적 방법을 개발하기도 했다. 기하학뿐만 아니라 다른 과학 분야에도 관심을 가지고 있던 에우클레이데스는 『기하학 원론』 외에도 「광학」, 「음악의 원리」, 「현상」, 「도형분할에 관하여」 등 다양한 내용의 저서를 남겼다.

아리스타르코스의 태양중심설

자연현상 중에서 가장 규칙적으로 반복되는 현상이 천체 현상이다. 태양이나 별들과 같은 천체들은 하루에 한 번씩 동쪽 하늘에서 떠서 서쪽 하늘로 지는 일주운동을 하고, 별자리들은 일 년을 주기로 하늘을 이동해 가는 연주운동을 한다. 그런가 하면 행성들은 매우 복잡한 방법으로 별자리 사이를 이동해 간다. 지구가 우주의 중심에 정지해 있다고 생각했던 아리스토텔레스 역학에서는 천체들의 운동을 지구를 중심으로 하는 원운동들의 조합으로 설명하려고 했다.

그러나 과학자들 중에는 정지해 있는 것은 지구가 아니라 태양이며, 지구도 태양 주위를 돌고 있는 행성들 중 하나라고 주장하는 사람도 나타났다. 지구가 움직이고 있다는 지동설을 최초로 주장했던 사람은 피타고라스학파에 속했던 크로톤의 필롤라오스Philolaos(BCE ca. 5c)였다. 필롤라오스는 지구가 태양이나 달과 함께 우주 중심에 정지해 있는 불 주위를 돌고 있는 별들 중의 하나라고 주장했다. 우리는 우주 중심에 있는 불을 직접 볼 수는 없고 태양에 반사된 빛만 볼 수 있으며, 태양과 행성들이 고정되어 있는 10개의 천구가 중심에 있는 불 주위를 회전하고 있다고 설명했다.

우주의 중심에 고정되어 있는 태양 주위를 지구를 포함한 행성들이 돌고 있는 태양 중심 천문 체계를 만든 사람은 기원전 4세기에 에게해Aegean Sea 동부에 있는 사모스 섬에서 활동했던 아리스타르코스Aristarchos(BCE 310-230)였다. 태양 중심 체계를 설명한 아리스타르코스의 원본은 전해지지 않지만 아리스타르코스와 비슷한 시기에 활동했던 아르키메데스가 쓴 『모래알을 세는 사람*The Sand Reckoner*』이라는 책에 인용되어 있는 내용을 통해 아리스타르코스가 주장했던 태양 중심 체계의 내용을 알 수 있다.

아르키메데스는 우주를 다 채운 모래알의 수를 센다면 얼마나 될까 하는 문제를 다루면서 아주 큰 수를 무한대라고 하는 것은 그것을 세는 적절한 단위가 없기 때문이라고 설명하고, 1억을 단위로 하여 아주 큰 수를 세는 방법을 제안했다. 그는 아리스타르코스가 주장했던 태양 중심 천문 체계를 바탕으로 우주의 크기를 결정하고 우주를 채운 모래알의 수가 8×10^{63}을 넘지 않을 것이라고 주장했다.

아리스타르코스는 지구는 스스로의 축을 중심으로 자전하면서 태양 주위를 공전하고 있다고 주장하고, 태양 주위를 돌고 있는 지구에서 별들을 관측해도 별들의 위치가 달라져 보이지 않는 것은 별까지의 거리가 아주 멀기 때문이라고 설명했다. 아리스타르코스가 하나의 가설로 제시한 태양 중심 체계를 물리적인 체계로 발전시키려고 시도했던 사람은 메소포타미아 지방에서 활동했던 셀레우코스Seleucos of Seleucia(BCE ca. 190-150)였다. 조석 현상을 자세하게 관측한 셀레우코스는 조석 현상의 변화를 태양 중심 천문 체계를 바탕으로 설명했다. 그는 조석 간만의 차이가 지방이나 시기에 따라 달라진다는 것을 알아내고, 조석 현상이 달과 지구의 운동과 관련이 있다고 주장했다.

로마 시대에 『자연의 역사』라는 백과사전을 출판한 플리니우스Gaius Plinius Secundus(23-79)는 때때로 행성들이 뒤로 가는 것처럼 관측되는 것은 행성들이 실제로 뒤로 가기 때문이 아니라 뒤로 가는 것처럼 보이는 겉보기 현상이라고 설명했다. 이런 설명은 태양 중심 체계를 바탕으로 할 때만 할 수 있는 설명이다.

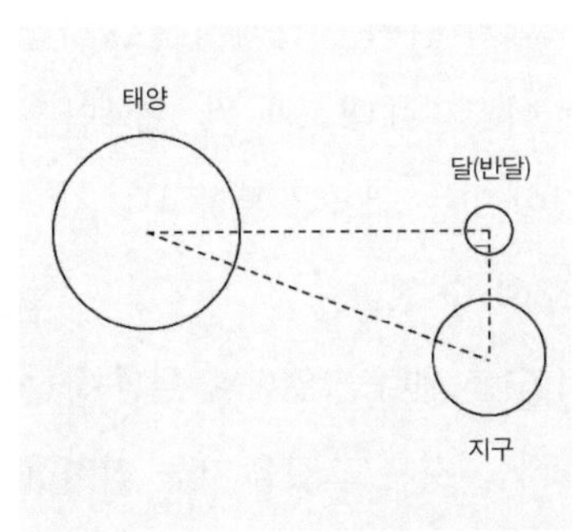

반달일 때의 태양, 지구, 달의 위치 관계를 나타내는 도표

그러나 지구가 태양 주위를 돌고 있다는 것을 증명할 수 있는 연주시차가 발견되지 않았고, 고대 역학을 완성한 아리스토텔레스와 그의 제자들이 지구가 우주 중심에 정지해 있다는 생각을 고수했기 때문에 2세기에 프톨레마이오스가 제안한 지구 중심 체계가 중세에 널리 받아들여지는 천문 체계

가 되었다.

아리스타르코스는 태양 중심 천문 체계를 주장한 것 외에도 지구에서 태양과 달까지 거리의 비와 지구, 태양, 달의 크기의 비를 측정한 사람으로도 널리 알려져 있다. 아리스타르코스의 저서들 중 유일하게 현재까지 남아 있는 『달과 태양의 크기와 거리에 대하여』에는 그가 지구에서 태양과 달까지의 거리의 비를 구한 방법이 실려 있다. 아리스타르코스는 반달일 때 지구와 태양, 지구와 달, 그리고 달과 태양을 잇는 직선들이 만드는 삼각형이 직각 삼각형이 된다는 것을 알아내고, 지구와 태양, 그리고 지구와 달을 잇는 직선 사이의 각도를 측정하면 피타고라스의 정리를 이용하여 지구에서 달까지의 거리와 지구에서 태양까지의 거리의 비를 구할 수 있다고 주장했다.

아리스타르코스가 측정한 이 각도는 약 87도였다. 아리스타르코스는 이 값을 바탕으로 태양까지의 거리가 달까지 거리의 18배에서 20배 사이라는 결론을 얻었다. 현대적인 방법으로 이 각도를 정밀하게 측정한 값은 89도 50분이고, 태양까지의 거리는 달까지 거리의 약 400배이다. 아리스타르코스는 태양과 달의 평균 겉보기 크기가 같은 것은 태양의 지름이 달의 지름보다 약 19배 크기 때문이라고 했다.

『달과 태양의 크기와 거리에 대하여』에는 달과 태양의 크기가 지구 크기의 몇 배가 되는지에 대한 설명도 포함되어 있다. 지구와 달의 크기의 비를 알아내기 위해 아리스타르코스는 월식 때 달이 지구 그림자 안으로 들어가기 시작할 때부터 완전히 그림자 안

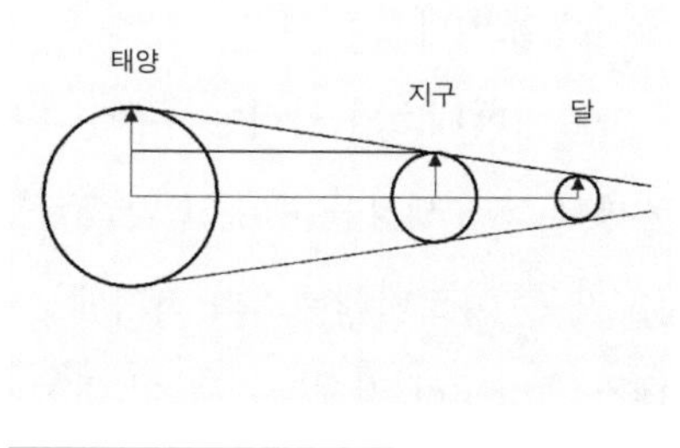

월식 때는 달이 지구 그림자 안으로 들어간다.

으로 들어갈 때까지의 시간을 측정했다. 그것은 달이 달의 지름만큼 이동하는 데 걸리는 시간이었다. 그 다음 그는 달이 지구 그림자를 통과하는 데 걸리는 시간을 측정했다. 이것은 지구의 달이 지구의 지름만큼 이동하는 데 걸리는 시간이었다.

이 관측 결과를 바탕으로 아리스타르코스는 달의 지름이 지구 지름의 약 3배라고 결론지었다. 그리고 달보다 약 19배 멀리 떨어져 있는 태양이 달과 같은 크기로 보이는 것은 태양의 지름이 달의 지름보다 19배 더 크기 때문이므로 태양의 지름은 지구 지름의 약 6배라고 주장했다. 그가 알아낸 지구에서 달과 태양까지의 거리의 비나 지구, 달, 태양의 크기의 비는 옳은 것이 아니었지만 그가 사용한 방법은 옳은 것이었다. 기원전 3세기에 이런 측정과 계산을 했다는 것은 놀라운 일이 아닐 수 없다.

아르키메데스의 실험과학

시라쿠사의 아르키메데스Archimedes(BCE ca. 287-212)는 알렉산드리아 시대의 대표적인 물리학자라고 할 수 있다. 아르키메데스는 기원전 287년경에 시칠리아에 있는 시라쿠사에서 태어난 것으로 알려져 있지만 그의 성장 환경과 교육과정에 대해서는 자세한 내용이 알려져 있지 않다. 그가 알렉산드리아를 방문했었는지에 대해서도 알 수 없지만, 당시 알렉산드리아에서 활동하고 있던 에라토스테네스를 비롯한 여러 학자들과 교류했던 것은 확실해 보인다.

아르키메데스의 업적은 후세 역사가들의 기록을 통해 알 수 있다. 아르키메데스가 세상을 떠나고 약 70년 후에 폴리비오스Polybios(BCE ca. 200-ca. 118)가 쓴 아르키메데스의 전기에는 로마 침공을 막아 내기 위해 아르키메데스가 발명한 전쟁 무기들에 대한 설명이 들어있으며, 로마의 역사가 플루타르코스Plutarchos(ca. 45-ca. 119)가 48명의 그리스와 로마의 영웅들의 전기를 모아 놓은 『영웅전』에는 아르키메데스와 시라쿠사의 왕이었던 히에론 2세Hiero II of Syracuse(BCE ca. 308-ca. 215)와 관련된 이야기들이 기록되어 있다. 그 밖에도 다수의 후세 학자들이 아르키메데스가 발명한 기계나 그의 저작물들에 대한 설명이 포함되어 있는 기록을 남겼다.

로마군의 건축 기사였던 마르쿠스 비트루비우스Marcus Vitruvius(BCE ca. 1c)의 저서에는 아르키메데스가 히에론 2세의 금관이 가짜라는 것을 밝혀낸 이야기가 실려 있다. 히에론 2세가 금세공사에게 순금을 주어 신에게 바칠 금관을 만들게 하였는데 금세공사가 은을 섞어 금관을 만든 것이 아닌가 하고 의심하게 되었다.

히에론 2세는 아르키메데스에게 금관의 진위를 알아보는 임무를 맡겼다. 이 문제를 해결하기 위해 고심하던 아르키메데스는 물이 가득 든 목욕통에 들어갔을 때 물이 넘치는 것을 보고, 넘치는 물의 양을 측정하면 모양이 복잡한 물체의 부피를 알아낼 수 있다는 것을 깨닫게 되었다. 아르키메데스는 물이 넘치는 양을 측정하여 순금과 왕관의 부피가 다르다는 것을 알아내 금세공사가 속임수를 썼다는 것을 증명했다고 한다.

그러나 이 방법으로 금관이 가짜라는 것을 증명하기 위해서는 넘치는 물의 부피를 정확하게 측정해야 하는데 그것이 가능했는지는 의문이다. 아르키메데스는 이 방법을 사용하는 대신 물속에서의 무게를 비교하는 방법으로 금관이 가짜라는 것을 알아냈을 가능성이 크다. 물 안에 잠겨 있는 물체는 물체의 부피와 같은 부피의 물의 무게만큼의 부력을 받아 가벼워

배를 들어 올리는 데 사용한 기계(아르키메데스 발톱). 이탈리아 화가 줄리오 파리지가 벽화로 그렸다.

진다는 것이 그가 발견한 부력의 원리이다. 따라서 금관과 같은 무게의 순금의 무게를 물속에서 측정해 비교해 보면 쉽게 금관의 진위 여부를 알 수 있다.

로마와 카르타고가 지중해의 지배권을 놓고 벌인 세 차례의 포에니 전쟁에서 아르키메데스가 활동하고 있던 시라쿠사는 카르타고와 동맹을 맺고 로마에 대항했기 때문에 로마의 침공을 많이 받았다. 시라쿠사를 다스리던 히에론 2세는 아르키메데스에게 로마의 침공을 막는 데 필요한 무기를 만들도록 했다. 아르키메데스는 투석기, 빛의 반사를 이용하여 배를 불태우는 거울, 해안에서 적군의 배를 통째로 들어 올리는 기계 등을 발명하여 로마군의 공격을 저지하는 데 사용했다. 이로 인해 시라쿠사는 로마의 침입을 2년 동안이나 막아 낼 수 있었다.[1]

아르키메데스가 발명한 것으로 전해지는 발명품 중에는 여러 개의 움직도르래를 이용하여 무거운 배를 진수시키는 데 사용했다는 도르래 장치,

아르키메데스의 죽음(Thomas Degeorge 그림, 1815)

1 시라쿠사는 제1차 포에니 전쟁에서 로마에 점령당한 후 제2차, 제3차 포에니 전쟁에서는 로마 편에 섰다.

아르키메데스의 나사라고 불리는 양수기 등이 있다. 아르키메데스의 나사는 지금도 이집트의 농촌지역에서 물을 퍼 올리는 데 사용되고 있다.

아르키메데스는 수학 분야에서도 많은 업적을 남겼다. 특히 내접하는 다각형과 외접하는 다각형을 이용하여 원주율의 값이 3.1429에서 3.1408 사이의 값을 가진다는 것과 원뿔의 체적이 밑면과 높이가 같은 원통 체적의 1/3이라는 것도 알아냈다. 그는 또한 $\sqrt{3}$의 크기가 265/153(약 1.7320261)과 1351/780(약 1.7320508) 사이의 값이라는 것을 알아내기도 했는데 이 값을 알아낸 방법에 대해서는 자세한 설명이 남아 있지 않다. 그가 남긴 저서에는 『평면의 균형에 대하여』, 『포물선의 구적』, 『구와 원기둥에 대하여』, 『나선에 대하여』, 『코노이드conoid와 스페로이드spheroid』등이 있다.

플루타르코스의 기록에는 그의 죽음과 관련된 두 가지 이야기가 실려 있다. 하나는 도시가 로마군에 의해 함락되었을 때 기하학 문제를 푸는 데 정신을 집중하고 있던 아르키메데스가 로마의 장군 마르셀루스에게 가자는 명령을 따르지 않아 병사가 칼로 그를 죽였다는 이야기이고, 다른 하나는 아르키메데스가 가지고 있던 수학 문제를 푸는 데 사용되는 도구들을 귀중품이라고 생각한 병사가 그것을 뺏기 위해 그를 죽였다는 이야기이다.

아르키메데스를 죽이지 말라고 명령했던 마르셀루스는 그를 죽인 병사에게 화를 냈다고 전해진다. 아르키메데스가 남긴 마지막 말은 "나의 원을 밟지 말라"였다고 전해지지만 『영웅전』에는 이 이야기가 기록되어 있지 않다. 후에 로마의 정치가로, 시칠리아의 재무관으로 있던 마르쿠스 키케로Marcus Tullius Cicero(BCE 106-43)는 버려져 있던 아르키메데스의 무덤을 찾아냈다. 이 무덤에 있는 비석에는 구의 체적과 표면적은 구를 포함하고 있는 원기둥의 체적과 표면적의 3분의 2라는 것을 나타내는 그림이 조각되어 있었다.

지구의 크기를 측정한 에라토스테네스

아리스타르코스는 월식을 측정해 지구 지름이 달 지름의 약 3배라는 것을 알아냈다. 그리고 반달 때 지구와 달, 그리고 태양이 이루는 각도를 측정해 알아낸 지구에서 달까지 거리와 지구에서 태양까지 거리의 비가 약 19배라는 것과, 태양과 달의 겉보기 크기가 같다는 것을 이용하여 태양의 지름이 지구 지름의 약 6배라는 것도 알아냈다. 이 값들은 정확한 값들은 아니었지만 과학적 근거를 가지고 있는 값들이었다. 따라서 달이나 태양, 그리고 지구 중 하나의 크기를 알아내면 나머지 두 천체의 크기도 알 수 있을 것이다.

지구와 달, 그리고 태양 중에서 실제로 측정이 가능한 것은 우리가 살고 있는 지구이다. 측정을 통해 지구의 크기를 알아내 태양계의 구조를 설명하는 데 크게 기여한 사람은 에라토스테네스Eratosthenes(BCE ca. 276-ca. 194)였다. 현재는 리비아에 속해 있는 키레네에서 태어난 에라토스테네스는 고향에서 수학, 시, 음악 등을 배운 후 아테네로 가서 공부를 계속했다. 아테네에서의 활동으로 명성을 얻는 에라토스테네스는 기원전 245년에 알렉산드리아 도서관의 사서가 되었다.

오늘날의 도서관 사서들은 도서관에 소장되어 있는 책들을 분류하거나 목록을 작성하고, 도서관을 관리하는 사람들이다. 그러나 알렉산드리아 시대의 도서관 사서는 최고의 학자였다. 약 5년 후 수석 사서가 된 에라토스테네스는 이집트를 다스리던 프톨레마이오스 왕가의 자녀들을 교육하기도 했는데, 그가 가르친 이들 중에는 후에 프톨레마이오스 왕조의 네 번째 왕이 된 프톨레마이오스 4세 필로파토르Ptolemaios IV Philopator도 포함되어 있었다.

수석 사서가 된 에라토스테네스는 알렉산드리아 도서관을 크게 확충했다. 그는 도서가 소실될 때를 대비해 모든 책들의 정교한 복사본을 만들었는데, 복사본과 원본을 구별하기 어려울 정도였다고 한다. 에라토스테네스는 수학과 과학의 발전에도 크게 기여했다. 기원전 255년경에 에라토스테네스는 달과 태양, 그리고 다섯 개 행성들의 위치를 측정하는 데 사용하는 혼천의를 발명하였다. 그러나 그의 업적 중에서 가장 중요한 것은 기원전 240년경에 지구의 크기를 측정한 것이었다.

에라토스테네스가 지구의 둘레를 측정한 방법을 기록해 놓은 『지구의 측정에 대하여』라는 책은 오늘날 전해지지 않고 있다. 그러나 그리스의 천문학자 클레오메데스Cleomedes가 쓴 『천체의 원운동에 대하여』에 에라토스테네스가 사용한 방법이 소개되어 있어 그가 어떻게 지구 크기를 측정했는지 알 수 있다.

에라토스테네스는 알렉산드리아에서 약 800킬로미터 남쪽에 있는 시에네의 지면에 수직으로 판 우물에 하짓날 정오에 태양광선이 수직으로 입사한다는 것과 같은 시간에 알렉산드리아의 우물에는 7도 각도로 입사한다는 사실을 알아내고 이를 이용하여 지구 둘레를 측정했다. 에라토스테네스는 사람들의 보폭을 이용하여 알렉산드리아와 시에네 사이의 거리가 5천 스타디아라는 것을 알아냈다. 지구가 구형이고 태양 광선이 평행광선이라고 가정한 에라토스테네스는 7도에 해당하는 호의 길이가 5천 스타디아이므로 지구의 둘레는 25만 스타디아여야 한다는 결론을 얻었다.

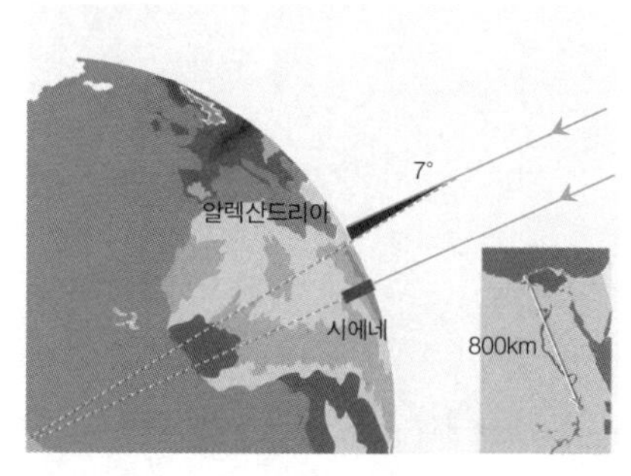

하짓날 정오에 알렉산드리아에서는 7도의 그림자가 생긴다.

에라토스테네스가 측정한 지구 둘레의 정확성에 대해서는 여러 가지 다른 주장들이 있다. 당시 지중해 연안의 여러 지역에서 스타디아라는 길이의 단위를 사용했는데 지역에 따라 길이가 달라 에라토스테네스가 사용한 1 스타디아의 길이를 정확하게 알 수 없기 때문이다. 그러나 태양 빛을 평행 광이라고 가정한 것이나 지구를 구로 본 것은 뛰어난 착상이었으며, 800킬로미터나 되는 두 도시 사이의 직선거리를 실제로 측정한 수 있었던 것은 놀라운 일이다.

에라토스테네스는 n보다 작은 모든 소수를 찾아내는 방법을 제안하기도 했다. '에라토스테네스의 체'라고 부르는 이 방법은 3부터 시작하여 n보다 작은 홀수를 모두 쓴 다음 3에서부터 시작해 세 번째 오는 수를 모두 지우고, 다음에는 5에서부터 시작해 다섯 번째 수를 모두 지우고, 다음에는 7에서 시작해 일곱 번째 수를 모두 지우는 식으로 계속해 나가는 방법이다. 이때 어떤 수는 두 번 이상 지워지는 경우도 있다. 그래서 남는 수들에 2를 추가하면 n보다 작은 모든 소수를 얻을 수 있다.

에라토스테네스는 또한 지구를 두 개의 극과 하나의 적도를 가진 구라고 생각하고 지도를 만들어 경도와 위도를 넣고, 두 개의 한대와 두 개의 온대 및 하나의 열대를 그려 넣기도 했다. 나이가 들어 눈의 염증으로 시력을 잃어 읽거나 쓸 수 없게 된 에라토스테네스는 82세의 나이로 알렉산드리아에서 스스로 굶어 죽었다고 알려져 있다.

3. 지구중심설의 성립

지구중심설의 기초를 닦은 히파르코스

소아시아의 니카이아에서 태어나 주로 로도스섬에서 활동했던 히파르코스Hipparchos(BCE ca. 190-ca. 120)는 천체를 정밀하게 관측하고, 이들의 운동을 설명하기 위해 이심원운동과 주전원운동을 제안하여 지구중심설의 기초를 닦았다. 히파르코스가 활동했던 연대는 정확히 알려져 있지 않지만 후세 천문학자들이 인용한 그의 관측자료들의 연대를 통해 그가 활동했던 시기를 추정할 수 있다. 히파르코스는 알렉산드리아와 바빌론으로부터 천문학에 대해 배운 후 일생의 대부분을 로데섬에서 보냈던 것으로 보인다.

히파르코스가 만든 목록에 의하면 그는 최소한 14권의 책을 썼지만 그가 쓴 책들 중 남아 있는 것은 『에우독소스와 아라투스의 현상들에 대한 논평*Commentary on the Phaenomena of Eudoxus and Aratus*』뿐이다. 이 책은 플라톤의 제자였던 에우독소스가 발견한 자연현상들을 아라투스가 시의 형식을 빌려 설명한 내용을 비판한 책이다. 히파르코스의 다른 저작물들에 대해서는 1세기에 출판된 스트라보Strabo의 『지리학*Geography*』과 플리니우스Plinius의 『자연의 역사』, 그리고 2세기에 출판된 프톨레마이오스의 『알마게스트』에 인용된 내용을 통해 유추할 수 있을 뿐이다. 4세기 이후에 출판된 책들에서도 히파르코스를 인용하거나 설명한 내용들을 다수 발견할 수 있다.

처음 히파르코스는 태양중심설을 바탕으로 행성들의 운동을 설명하려고 시도했던 것으로 보이지만 그렇게 되면 행성들의 운동을 완전한 원운동으로 설명할 수 없다는 것을 알아내고 지구중심설을 받아들였다. 히파르코스가 지구중심설을 받아들인 후 코페르니쿠스가 다시 태양중심설을 주장할 때까지 약 2천 년 동안 유럽에서는 원운동의 조합을 통해 정지해 있는 지구 주위를 돌고 있는 행성들의 운동을 설명하는 지구중심설이 천체들의 운동을 설명하는 기본적인 천문 체계로 자리 잡게 되었다.

다른 고대 그리스 천문학자들과 마찬가지로 히파르코스도 바빌로니아 천문학의 영향을 많이 받았다. 지구와 태양, 그리고 달의 위치 변화가 약 18년을 주기로 반복된다는 것을 나타내는 메톤 주기도 바빌로니아로부터 전해졌다. 기원전 4세기부터 고대 그리스 천문학자들은 원을 360도로 나누고 1도는 다시 60분으로 나누었는데 이것 역시 바빌로니아에서 유래한 것이다. 히파르코스는 이 방법을 천문학뿐만 아니라 수학에서 각도를 나타내는 데도 사용하고, 이를 이용하여 삼각함수를 발전시켰다. 이 때문에 히파르코스는 삼각함수의 아버지라고 불리기도 한다.

히파르코스는 바빌로니아의 천문관측자료들을 수집하여 편찬하기도 했다. 『과학의 역사』를 연구하는 학자들 중에는 프톨레마이오스가 쓴 『알마게스트』에 포함되어 있는 일식이나 월식에 관한 자료와 더불어 다른 많은 천체 관측자료를 히파르코스가 편집한 바빌로니아 관측자료에서 인용했을 것으로 보는 사람들도 있다. 그러나 이런 주장에 대한 반론을 제기하는 학자들도 많이 있어 히파르코스가 얼마나 많은 바빌로니아의 관측자료를 접했었는지, 그리고 프톨레마이오스가 이들 중 얼마나 많은 자료를 인용했는지는 확실하지 않다.

히파르코스는 달의 운동을 정밀하게 측정하기도 했다. 달의 운동 주기에는 그믐달에서 다음 그믐달까지의 시간을 나타내는 삭망월, 근지점에서 다음 근지점에 올 때까지의 시간을 나타내는 근점월, 별들을 기준으로 같은 지점에 다시 올 때까지의 시간을 나타내는 항성월 등이 있다. 메소포타미아 지방에서는 히파르코스 이전에 이미 삭망월이 29.5305941일이라는 것과 251삭망월이 269근점월과 같다는 것을 알고 있었다. 히파르코스는 이 숫자들에 176을 곱해 4,267삭망월이 4,573근점월과 같으며, 이는 345년에 해당하는데 일식과 월식이 345년을 주기로 일어난다고 주장했다. 실제로 일식과 월식은 126,007일(약 345.2년)을 주기로 반복해 나타난다. 히파르코스는 그의 생전에 일어났던 일식이나 월식을 바빌로니아의 기록에 나타나 있는 일식이나 월식과 비교하여 이런 주기성을 확인했다.

달의 속력이 일정한 주기를 가지고 변한다는 것은 히파르코스 이전에도 알려져 있었다. 메소포타미아에서는 달의 속력이 한 주기 안에서 어떻게 변하는지를 표로 정리하고 이를 이용하여 특정한 날의 달의 속력을 계산해 냈다. 고대 그리스에서는 기하학적인 모델을 이용하여 달의 속력 변화를 설명하려고 시도했다. 기원전 3세기에 페르가의 아폴로니우스Apollonius of Perga는 달의 운동을 설명하는 두 가지 모형을 제안했다.

하나는 달은 원 궤도 위를 일정한 속력으로 달리고 있지만 지구가 원의 중심에서 조금 벗어난 지점에 위치해 있어 지구에서 달까지의 거리와 달의 겉보기 속력이 달라지는 것처럼 보인다는 것이었고, 다른 하나는 달이 주전원이라고 부른 작은 원 궤도 위를 일정한 속력으로 돌고 있고, 주전원의 중심이 이심원이라고 부르는 지구를 둘러싼 큰 원 궤도 위를 돌고 있다는 것이다. 아폴로니우스는 두 가지 모형이 수학적으로 동일하다는 것을 보여 주었지만 자신의 모형을 천체 관측자료와 연결시키지는 못했다.

그러나 히파르코스는 자신이 관측한 자료와 바빌로니아 시대의 관측자료를 이용하여 이심원과 주전원의 크기, 그리고 이심원운동과 주전원운동의 속력을 결정하려고 시도했다. 히파르코스는 이심원의 반지름과 이심원의 중심에서 지구까지의 거리의 비는 3144:327.66이라고 했으며, 주전원과 이심원 반지름의 비율은 3122.5:247.5라고 했다.

히파르코스는 태양의 운동도 정밀하게 측정하고 이를 바탕으로 1년의 길이와 계절의 길이를 결정하려고 시도했다. 그는 하지와 춘분점에 대한 관측자료를 바탕으로 1년의 길이가 365.25일이라고 했으며, 봄의 길이(춘분에서 하지까지의 길이)는 94.5일이며, 여름의 길이(하지에서 추분까지의 길이)는 92.5일이라고 했다. 이러한 측정 결과는 태양이 지구 주위의 원 궤도를 일정한 속력으로 돌고 있다고 해서는 설명할 수 없었다. 따라서 히파르코스는 지구가 태양 궤도의 중심에서 조금 벗어난 지점에 위치해 있다고 하여 이 문제를 해결하려고 했다.

히파르코스는 달과 태양의 겉보기 크기를 측정하여 달과 태양의 크기의 비와 지구에서 태양까지의 거리와 지구에서 달까지의 거리의 비를 알아내려고 시도하기도 했다. 고대의 다른 천문학자들과 마찬가지로 히파르코스도 달의 크기는 위치에 따라 다르게 보이지만 태양의 크기는 항상 일정하게 측정된다는 것을 알고 있었다. 히파르코스는 달과 태양이 평균 거리에 있을 때는 달의 크기와 태양의 겉보기 크기가 같다는 것을 알아냈다.

히파르코스는 달의 위치에는 모형을 이용하여 계산한 위치와 조금 다른 위치에서 관측되는 시차가 있으며, 이러한 시차는 달이 지평선에 가까이 있을 때 더 커진다는 것을 알고 있었다. 그는 이런 시차가 나타나는 것은 관측자가 지구의 중심이 아니라 지구 표면에서 관측하기 때문이라고 설명했다. 지구 표면에 있는 관측자와 지구 중심, 그리고 달이 이루는 삼각형의 각도가 달의 위치에 따라 계속 변하기 때문이라는 것이다.

히파르코스는 달의 위치에 나타나는 시차의 크기와 다른 지역에서 관측한 월식 때 가려지는 정도 차이를 비교하여 지구에서 달까지의 거리는 지구 지름의 71배에서 81배 사이라고 주장했다. 그러나 태양의 위치에는 달의 위치 측정에서 나타나는 시차가 나타나지 않는 것은 태양이 우리가 시차를 측정할 수 있는 거리보다 멀리 있기 때문이라고 했다. 그는 태양이 지구 지름의 490배보다 멀리 있다고 했다. 지구 지름의 490배 되는 거리가 사람의 눈으로 시차를 측정할 수 없는 가장 가까운 거리라고 생각했기 때문이다.

히파르코스는 또한 별들을 관측하여 별자리와 별의 목록을 만들었다. 기원전 4세기에 에우독소스Eudoxos는 별과 별자리들의 관측자료를 포함한 『파에노메나』라는 제목을 책을 썼고, 이 책의 내용을 바탕으로 아라투스Aratus가 시를 썼다. 히파르코스는 이 책의 내용을 비판하는 책을 썼는데 이 책에는 별들에 대한 자세한 관측 결과가 별자리와 함께 실려 있었다. 이 책에 실려 있는 별들의 위치나 뜨고 지는 시간은 히파르코스가 직접 관측한 결과였을 것으로 추정된다. 히파르코스는 자신이 개량했거나 제작한 여러 가지 천체 관측 기구를 사용하여 약 850개의 별들을 자세하게 관측했다. 그러나 그가 어떤 종류의 관측기구를 사용했는지에 대해서는 자세한 내용이 알려져 있지 않다.

플리니우스가 쓴 『자연의 역사』에서는 히파르코스가 별들의 밝기를 1등급에서 6등급까지로 분류했다고 설명되어 있다. 이런 주장을 증명할 수 있는 히파르코스의 관측자료는 남아 있지 않지만 히파르코스는 최초로 별들을 밝기에 따라 6개의 등급으로 분류한 사람으로 여겨지고 있다. 약 250년 후에 지구 중심 천문 체계를 완성한 프톨레마이오스는 6등급 분류 체계를 더욱 발전시켰다. 현재 우리가 사용하고 있는 등급 체계는 1856년에 영국의 천문학자 노먼 포그슨Norman Robert Pogson(1829-1891)이 6등급 체계를 계량화하여 1등성이 6등성보다 100배 더 밝도록 정한 것이다. 따라서 1등급 차이가 나는 별은 약 2.512배 더 밝다.

히파르코스는 세차운동을 처음 발견한 사람으로도 알려져 있다. 현재 지구의 북극은 북극성에서 가까운 지점을 가리키고 있다. 그러나 지구의 자전축이 항상 이 지점을 향하고 있는 것이 아니라 천천히 이동해 간다. 지구의 자전축이 약 2만 6천 년을 주기로 회전하는 세차운동을 하고 있기 때문이다. 히파르코스는 기원전 127년에 지구의 세차운동에 의해 춘분점이 이동해 간다는 것을 발견했다. 프톨레마이오스가 쓴 『알마게스트』에는 히파르코스가 쓴 책인 『하지점과 춘분점의 변화』와 『1년의 길이』에 세차운동에 대한 내용이 포함되어 있다고 소개되어 있다.

히파르코스는 처녀자리의 스피카나 사자자리의 레굴루스와 같이 밝은 별의 위치를 측정한 결과와 고대의 관측자료를 비교하여 춘분점이 2도 이동했다는 것을 알아냈다. 그는 또한 태양이 춘분점에서 다음 춘분점까지 오는 데 걸리는 시간인 회귀년과 태양이 같은 별자리까지 돌아오는 데 걸리는 시간인 항성년이 약간 다르다는 것을 알아냈다. 이런 관측 결과를 바탕으로 히파르코스는 춘분점이 황도를 따라 이동해 가고 있으며, 그 이동 속도는 100년에 1도보다 느리다고 주장했다.

프톨레마이오스의 『알마게스트』

지구중심설을 정교한 수학적 천문 체계로 완성한 사람은 2세기에 알렉산드리아에서 활동했던 클라우디오스 프톨레마이오스Claudius Ptolemaeus(ca. 100-ca. 170)였다. 프톨레마이오스가 태어난 곳은 확실하게 알 수 없지만 일생의 대부분을 알렉산드리아 인근 지역에서 보냈다. 후세의 이슬람 학자들 중에는 프톨레마이오스가 이집트를 통치했던 프톨레마이오스 왕가의 일원이었다고 설명해 놓은 사람도 있었지만 그것은 잘못된 정보였던 것으로 보인다. 프톨레마이오스의 이름인 클라우디우스가 로마식 이름이어서 그가 로마 시민권을 가지고 있었을 가능성이 크지만, 그의 조상이 그리스 출신이었는지 아니면 교육을 받은 이집트 사람이었는지는 확실하지 않다.

프톨레마이오스는 일생의 대부분을 천문학 연구에 몰두했다. 그는 지구

중심설의 내용이 포함된 『알마게스트』, 『간편 천문표』, 『행성 가설』 등의 책을 남겼는데 이 책들은 케플러와 갈릴레이가 태양중심설이 옳다는 것을 증명할 때까지 약 1500년 동안 서양 천문학의 교과서로 사용되었다. 프톨레마이오스의 지구중심설이 실려 있는 『알마게스트』의 원래 제목은 『수학 집대성*Syntaxis mathematica*』이었다. 그러나 이 책이 아랍어로 번역된 후 위대한 책이라는 뜻의 『알 마지스티*al-majisṭi*』라고 불리다가 10세기 이후 아랍 세계로부터 서유럽에 전해진 후 『알마게스트*Almagest*』라는 영어 이름으로 널리 알려지게 되었다.

고대 바빌로니아인들은 관측자료를 바탕으로 천체 현상을 예측하기 위한 계산 방법을 발전시켰다. 관측된 일식이나 월식의 주기를 이용하여 앞으로 일어날 일식이나 월식을 예측할 수 있는 계산식을 만들어 낸 것이다. 그리고 아폴로니우스나 히파르코스와 같은 그리스의 수학자들은 천체들의 운동을 설명하는 기하학적 모형을 발전시켰다. 그리스 수학자들이 만든 기하학적 모형은 천체 현상을 정성적으로 이해하는 데 도움이 되었지만 앞으로 일어날 일들을 예측할 수는 없었다. 히파르코스는 천체 현상을 예측할 수 있는 기하학적 천체 모형을 만들려고 시도했지만 완성하지 못했다.

프톨레마이오스는 바빌로니아의 관측자료와 계산식을 이용하여 히파르코스가 시도했던 천문 현상의 예측이 가능한 정교한 기하학적 천문 체계인 지구 중심 천문 체계를 완성했다. 2세기 중엽에 완성된 것으로 보이는 『알마게스트』는 모두 13권으로 구성되어 있다. 인쇄술이 발달하기 이전에는 책을 손으로 필사하여 전했기 때문에 필사한 사람에 따라 내용이 다른 여러 종류의 『알마게스트』가 전해지고 있다.

『알마게스트』의 1권에는 지구중심설의 요점이 다섯 가지로 정리되어 있다. (1) 하늘 세계는 구형이고 천체는 원운동을 한다. (2) 지구는 구형이다.

(3) 지구는 우주의 중심이다. (4) 별이 고정되어 있는 천구까지의 거리에 비해 지구의 크기는 매우 작기 때문에 지구는 크기는 없고 위치만 있는 점으로 취급할 수 있다. (5) 지구는 움직이지 않는다.

2권은 천체들의 일주 운동에 대해 설명했다. 천체들이 뜨고 지는 것, 낮 시간의 길이, 고도 결정 방법, 태양이 최고점에 도달하는 지점, 하지와 동지에 해시계 그림자의 길이, 그리고 관측자 위치에 따라 달라지는 여러 가지 측정값을 다루었다. 3권은 태양의 운동을 중심으로 1년의 길이와 히파르코스가 발견한 세차운동에 대해 설명해 놓았다. 4권과 5권에서는 달의 운동을 다루면서 달의 근지점과 원지점에 따른 시차에 대해 설명하고, 지구에서 달, 그리고 지구에서 태양까지의 상대적인 거리에 대한 문제를 다뤘다.

6권은 일식과 월식에 대한 내용을 다뤘고, 7권과 8권에서는 춘분점이 옮겨 가는 문제와 함께 고정된 별들의 운동을 다뤘다. 여기에는 1,022개의 별의 목록이 실려 있는데 별들의 위치는 48개의 별자리를 이용하여 나타냈다. 가장 밝은 별은 1등급으로 분류했고, 맨눈으로 관측할 수 있는 가장 어두운 별은 6등급으로 분류했는데 이는 히파르코스의 분류법을 따른 것으로 보인다.

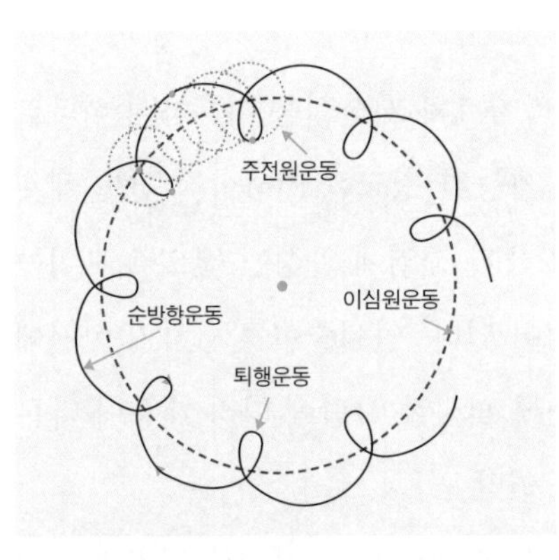

주전원과 이심원운동을 조합하여 설명한 지구에서 본 행성의 겉보기 운동

9권은 맨눈으로 관측할 수 있는 다섯 행성의 일반적인 운동에 대해 설명하고 수성의 운동을 다뤘다. 10권에서는 금성과 화성의 운동을 다뤘으며, 11권에서는 목성과 토성의 운동을 설명해 놓았다. 12권에서는 행성들의 운동이

정지되는 현상과 배경 별들에 대해 뒤로 가는 것처럼 보이는 퇴행운동을 이심원운동과 주전원운동을 결합하여 설명했다.

이심원운동은 지구에서 조금 떨어져 있는 점을 중심으로 큰 원을 도는 운동이고, 주전원운동은 이심원을 따라 돌고 있는 한 점을 중심으로 도는 작은 원운동이다. 프톨레마이오스는 관측자료를 이용하여 이심원과 주전원의 반지름, 그리고 회전 속도를 결정하였고, 이를 이용하여 행성의 미래 위치를 예측할 수 있었다.

마지막 13권에서는 행성이 황도에서 벗어나는 운동에 대해 설명했다. 『알마게스트』에는 천체들이 지구에서부터 달, 수성, 금성, 태양, 화성, 목성, 토성, 천구의 순으로 배열되어 있다. 이런 배열은 이전의 다른 철학자들이 제안했던 천체의 배열과 다른 것이었다. 예를 들면 플라톤은 달, 태양, 수성, 금성, 화성, 목성, 토성, 천구의 순으로 배열했다. 『알마게스트』가 출판된 후에는 대부분의 천문학자들이 프톨레마이오스의 배열을 따랐다.

정지해 있는 지구 주위를 천체들이 돌고 있다고 설명하는 지구중심설은 잘못된 천문 체계라고 생각하는 사람들이 많다. 그러나 프톨레마이오스의 지구중심설은 오랫동안 축적된 관측자료를 바탕으로 한 매우 정교한 수학적 천문 체계였다. 다만 크게 움직이는 지구를 중심으로 천체의 운동을 설명하다 보니 매우 복잡한 천문 체계가 되어 버렸다.

프톨레마이오스의 지구중심설은 복잡하기는 했지만 행성의 운동을 설명하고 예측하는 데는 성공적이었으며, 당시 사람들이 가지고 있던 상식과 잘 일치하는 천문 체계였다. 따라서 많은 사람이 지구중심설을 받아들이게 되었다. 그러나 로마가 기독교를 국교로 삼으면서 그리스 문화를 배척하게 되자 프톨레마이오스의 지구중심설도 로마가 지배하고 있던 지중해 연안과 유럽에서 자취를 감추게 되었다.

유럽에서 사라진 『알마게스트』는 압바스 왕조의 7대 칼리프였던 알 마문

al Manum(786-833)의 지원을 받은 학자들에 의해 아랍어로 번역되었다. 최초의 아랍어 번역자는 살 비쉬르Sahl ibn Bishr(786-845)였으며, 그 후 많은 학자가 『알마게스트』를 아랍어로 번역한 후 일부 자료를 수정하고, 이 책을 가장 위대한 책이라는 뜻인 『알 마지스티』라는 이름으로 불렀다. 아랍인들에게는 천체의 운동을 예측할 수 있게 해 주는 이 책이 하늘의 비밀을 담고 있는 가장 위대한 책으로 보였던 것이다.

10세기 이후 서유럽이 아랍 세계와 접촉을 시작하면서 『알마게스트』가 다시 서유럽에 알려지게 되었다. 12세기에 아랍의 영향력 아래 있던 스페인에서 스페인어로 번역된 『알마게스트』가 출판되었다. 당시 가장 정확한 번역가로 이름을 날렸던 크레모나의 제라드Gerard of Cremona(1114-1187)는 76권의 중요한 아랍어로 된 책들을 번역했는데, 이 중에서 『알마게스트』가 가장 중요한 책이었다. 아랍에 가 있던 지구중심설이 다시 유럽에 알려진 후 16세기까지는 지구중심설이 유럽에서도 정통 천문 체계로 받아들여졌다.

프톨레마이오스는 지구중심설을 만드는 데 사용되었던 관측자료들을 『간편 천문표』라는 책으로 정리해 놓았다. 프톨레마이오스가 만든 천문표의 내용은 전해지지 않고 있지만, 후에 로마나 아랍에서 만든 천문표들의 원전으로 사용되었을 것으로 보인다. 천문표의 내용이 전해지지 않는 것과는 달리 『간편 천문표』의 서문은 전해지고 있어, 그 내용을 짐작하는 데 도움을 주고 있다.

프톨레마이오스가 마지막으로 저술한 두 권으로 이루어진 『행성 가설』에는 우주의 구조와 천체들의 운동을 지배하는 법칙들에 대한 설명이 들어 있다. 달과 행성들의 이심원과 주전원의 크기를 자세하게 설명한 이 책에서 프톨레마이오스는 지구에서 태양까지의 평균 거리는 지구 반지름의 1,210배이며, 별들이 고정되어 있는 가장 바깥쪽 천구의 반지름은 지구 반지름의 2만 배가 넘는다고 설명했다. 이 책에는 천체들의 운동을 나타내는 모형을 만드는 방법에 대해서도 설명해 놓았다.

천문학 외에 지리학이나 점성술에 관한 책도 남긴 프톨레마이오스는 빛과 시력에 대해 설명한 『광학Optics』이라는 제목의 책을 쓰기도 했다. 반사와 굴절, 그리고 색깔과 관련된 현상들을 설명한 이 책은 중세 광학 연구에 많은 영향을 주었다. 『광학』에는 시각이 만들어 내는 영상의 밝기, 색깔, 크기, 모양, 움직임, 양안시 등에 대해 설명이 포함되어 있다. 프톨레마이오스는 우리가 사물을 보는 것은 눈에서 빛이 나가 물체에 도달한 다음 물체에 관한 정보를 다시 눈으로 전달해 주기 때문이라고 했다.

그는 물체의 밝기는 광학적이고 물리적인 영향과 함께 두뇌의 인지 및 판단 방법과 능력에 따라 달라진다고 주장했다. 『알마게스트』에서는 지평선 부근에 있을 때와 높은 고도에 있을 때 태양이나 달의 크기가 달라 보이는 것을 공기의 굴절 때문이라고 설명했던 프톨레마이오스는 공기의 굴절과 함께 고도에 따라 달라지는 올려다보는 어려움이 크기를 다르게 보는 이유 중 하나라고 설명하기도 했다.

『광학』은 다루고 있는 내용에 따라 세 부분으로 나눌 수 있는데 첫 번째 부분은 광원의 빛을 지각하는 방법과 두 개의 눈을 이용하여 사물을 보는 양안시가 필요한 이유에 대해 설명했다. 두 번째 부분은 평면거울, 볼록거울, 오목거울, 그리고 복합 거울 표면에서 일어나는 반사를 다뤘다. 마지막 부분에서는 매질의 경계면에서 일어나는 굴절에 대해 설명해 놓았다. 여기에는 공기에서 물로 진행하는 빛이 입사각에 따라 굴절각이 어떻게 달라지는지를 나타내는 표가 실려 있다. 이 표에는 계산을 통해 얻은 값들과 직접 실험을 통해 얻은 값들이 모두 포함되어 있다.

4. 임페투스 이론

기동력과 임페투스

아리스토텔레스 역학에서는 지상에 있는 물체가 강제운동을 지속하기 위해서는 힘이 지속적으로 가해져야 한다고 설명했다. 공중으로 던진 물체가 손을 떠난 후에도 운동을 지속하는 것을 설명하기 위해 물체를 던지는 동작에 의해 유발된 공기의 움직임이 물체를 밀어낸다고 주장했다. 이런 설명에 만족할 수 없었던 중세의 과학자들 중에는 운동의 원인을 외부로부터 물체에 가해지는 작용에서가 아니라 물체 자체에서 찾으려고 시도하는 사람들이 나타났다. 물체가 내부에 가지고 있는 운동의 원인을 처음에는 기동력이라고 불렀지만 후에 임페투스라고 부르게 되었다.

물체가 내부에 가지고 있는 기동력이 물체를 운동시키는 원인이라고 처음 주장한 사람은 6세기에 알렉산드리아에서 활동했던 필로포누스Johannes Philoponus(490-570)였다. 고대 그리스 철학과 과학 사상에 대해 비판적인 철학자였으며, 정통 신학과 다른 주장을 하여 죽은 후 이단으로 단죄된 신학자이기도 했던 필로포누스는 일단 기동력을 가지게 된 물체는 외부에서 힘이 가해지지 않아도 운동을 지속할 수 있다고 주장했다. 이것은 운동을 지속하기 위해서는 외부에서 힘이 계속 가해져야 한다고 했던 아리스토텔레스의 설명과는 크게 다른 것이었다. 그러나 필로포누스의 기동력설은 사람들의 관심을 끌지 못했다.

필로포누스 이후 500년 동안 잊혔던 기동력설을 다시 주장한 사람은 페르시아의 철학자 겸 의학자였던 이븐시나(라틴어 이름: Avicenna, 980-1037)였다. 현재 우즈베키스탄에 속해 있는 부하라에서 태어나 의사로 활동하면서 『치유의 서』와 『의학전범』을 저술하기도 했던 이븐시나는 철학과 신학 분야에서도 많은 연구 업적을 남겼다. 그는 기독교 신학에 아리스토텔레스의 철학을 도입한 토마스 아퀴나스에게도 많은 영향을 주었으며, 12세기 후반 유럽에서 아리스토텔레스 철학을 부흥시키려는 움직임이 일어나는 계기를 제공하기도 했다.

자연과학에도 많은 관심을 가지고 있던 이븐시나는 연금술의 가능성을 부정하고, 천문관측기구를 제작하기도 했으며, 역학을 연구하기도 했다. 이븐시나는 공기가 물체를 밀어 운동을 지속되는 것이 아니라, 오히려 물체가 가지고 있는, 숨어 있는 힘의 덩어리인 기동력에 의한 운동을 방해한다고 주장했다.

12세기에 프톨레마이오스의 지구중심설과 다른 천문 체계를 제안하기도 했던 앗딘 알 비트루지(라틴어 이름: Alpetragius, ?-1024)는 물체가 가지고 있는 기동력을 임페투스라고 명명했다. 비트루지는 달 아래 세상(지상 세계)과 달 위의 세상(하늘)에는 서로 다른 역학법칙이 적용된다고 했던 아리스토텔레스 역학을 반대하고, 두 세상에 같은 물리법칙이 적용된다고 주장하고, 천체들의 운동도 임페투스를 이용하여 설명하려고 시도했다.

임페투스 이론을 발전시킨 뷔리당

임페투스 이론을 적극적으로 역학에 적용하여 여러 가지 운동을 설명하려고 시도했던 사람은 14세기에 프랑스에서 활동했던 철학자 장 뷔리당 Jean Buridan(ca. 1300-ca. 1358)이었다. 프랑스 베튄에서 태어나 파리대학에서 공부한 후 신부가 되었지만 수도원에 속하는 것을 거부하고, 파리대학의 교수를 지냈던 뷔리당은 당나귀의 사고 실험으로 널리 알려진 사람이다. 목이 마르면서 동시에 배가 고픈 당나귀가 물과 건초 중 하나를 선택하는 합리적인 방법을 몰라 배고픔과 갈증으로 죽게 된다는 당나귀 실험은 자유의지와 합리적 의사 결정 사이의 역설을 나타낸다.

임페투스 이론을 발전시킨 뷔리당은 임페투스가 운동하는 물체가 내부에 가지고 있는 운동의 원인이라고 주장했다. 뷔리당은 물체가 가지고 있는 물질의 양은 기본 입자들의 수에 의해 결정된다고 보았다. 그는 물질의 양이 클수록 더 많은 임페투스를 받아들이고, 따라서 더 빨리 운동하게 된다고 설명했다. 무거운 물체가 가벼운 물체보다 더 빨리 떨어지는 것은 무거운 물체가 더 많은 임페투스를 가지고 있기 때문이라는 것이다. 공중으로 던진 물체의 경우에는 공중으로 던져지는 순간 임페투스를 부여 받게 되고, 그 후에는 임페투스에 의해 운동을 계속한다고 했다.

뷔리당의 설명에 의하면 엠페투스는 물질의 양(질량)에 속력을 곱한 값이 되어 뉴턴역학에서의 운동량과 같은 양이다. 그러나 임페투스에 대한 설명은 운동량에 대한 설명과 달랐다. 임페투스 이론에서는 물체가 내부에 가지고 있는 임페투스에 의해 운동을 계속한다. 다시 말해 임페투스는 물체가 가지고 있는 운동의 원인이었다. 그러나 뉴턴역학에서의 운동의 원인은 외부에서 작용하는 힘이었고, 운동량은 운동하는 물체의 상태를 나타내는 양이다. 다시 말해 임페투스와 운동량은 비슷한 방식으로 정의되었지만 운동에서의 역할이 전혀 달랐다.

임페투스 이론에서는 낙하운동을 하는 물체와 포물선 운동을 하는 물체, 그리고 원운동을 하고 있는 천체는 다른 종류의 임페투스를 가지고 있어야 한다. 그러나 르네상스 시대의 학자들은 물체마다 다른 종류의 임페투스를 가진다는 설명에 의문을 표시했다. 특히 천체와 지상의 물체가 전혀 다른 형태의 임페투스를 가진다는 설명에 동의할 수 없었다. 힘이 물체의 운동을 바꾸는 원인이며, 운동하는 물체는 외부에서 힘이 작용하지 않으면 운동 상태를 유지한다고 설명한 뉴턴역학이 등장하면서 물체가 내부에 가지고 있는 임페투스에 의해 운동한다는 임페투스 이론은 역사 속으로 사라졌다.

5. 과학혁명을 준비하는 중세 유럽

번역 작업을 통해 잠에서 깨어나는 유럽

서로마제국이 멸망한 5세기 말부터 새로운 지적 부흥이 시작되는 11세기까지 약 500년 동안 서유럽의 과학은 침체기를 겪었다. 그러나 오늘날의 스페인 지방에 수립되었던 이슬람 국가인 후우마이야 왕조를 통해 아랍의 과학과 기술을 접할 뿐 아니라, 1095년 이후 약 200년 동안이나 계속되었던 십자군 전쟁을 통해 아랍 세계에 보존되어 있던 고대 그리스 과학과 기술 또한 접하면서 12세기 이후 유럽에서는 새로운 지적 부흥운동이 전개되었다. 아랍어로 되어 있던 고대 그리스의 철학과 과학 저서들에 대한 번역 작업과 교육 활동을 통해 서유럽의 지적 부흥을 선도한 사람은 후에 가톨릭교회의 139대 교황으로 선출되기도 했던 오리악의 제르베르Gerbert of Aurillac(946-1003)였다.

프랑스 캉탈주 생시몽 코뮌 인근에 있는 베리악이라는 마을에서 태어나, 성 제럴드 수도원에 입회하여 공부하던 제르베르는 스페인의 수도원으로 가서 몇 년 동안 머물게 되는데, 이때 이슬람의 군주들과 학자들을 접할 수 있었다. 제르베르는 과학과 문학에 많은 관심을 보이는 이슬람의 군주들과 수학과 과학에 대한 뛰어난 지식을 가지고 있는 이슬람의 학자들에 대해 좋은 인상을 갖게 되었다. 제르베르는 이들로부터 고대 그리스의 수학과 천문학에 대한 많은 정보를 얻을 수 있었다.

제르베르는 스페인에서 아랍 저술들을 구하고 그것에 기초하여 주판과 천문관측기기들에 관한 책을 쓰고, 기초적인 수학과 천문학을 제자들에게 가르쳤다. 11세기와 12세기에 서유럽에 많이 세워졌던 성당학교는 제르베르의 제자들이 세웠거나, 제자들이 가르쳤는데 이들 성당학교는 12세기 후반 대학이 출현하기 이전에 서유럽에서 가장 중요한 교육 기관이었다. 제르베르는 999년에 최초의 프랑스인 교황으로 선출되어 실베스테르 2세 Silvester PP. II(재위 999-1003)가 되었다.

성당학교가 세워지면서 그때까지 세속적이라고 경시했던 과학에 대한 관심이 되살아나기 시작하여 11세기에는 고대 그리스의 철학과 과학기술에 관심을 가지는 사람이 많아졌다. 고대 과학에 대한 관심이 커짐에 따라 단편적인 자료들만으로는 만족할 수 없게 되자 그리스어와 아랍어로 된 문헌들을 본격적으로 입수하여 번역하기 시작했다. 처음에는 기하학과 천문학에 관한 서적들만이 라틴어로 번역되었지만 11세기에는 천문관측자료들과 의학 서적들도 번역되었다.

1095년에 시작되어 1291년까지 계속된 십자군 전쟁은 서유럽 세계가 중동 지방의 이슬람 세계와 직접 접촉할 수 있는 계기를 제공했다. 가톨릭교회의 교황이었던 우르바노 2세 Urban II(재위 1088-1099)가 1095년 11월 18일부터 28일까지 성직자와 평신도가 참석해 개최되었던 클레르몽 교회회의에서 성지를 탈환하고, 이슬람 제국의 공격으로 위험에 처한 동로마제국(비잔틴제국)을 구원하기 위한 십자군을 결성할 것을 제안했고, 이로 인해 유럽에서는 성지 탈환의 열기가 고조되었다. 그 후 8차에 걸쳐 대규모 십자군이 조직되어 서유럽의 기독교 국가들과 아랍 세계가 전쟁을 벌였다.

십자군은 원래의 목적대로 성지를 탈환하는 데는 성공하지 못했지만, 이후의 유럽과 중동의 역사에 큰 영향을 끼쳤다. 십자군을 계기로 지중해 무역 활동에 동참하게 된 지중해 연안의 도시국가들이 십자군 원정으로 가장 큰 혜택을 보았다. 이탈리아의 해양 도시들은 십자군에게 무기 및 식료품 등을 공급하기 위해 중동지역과 이집트를 포함한 북부 아프리카의 주요 무역 거점들을 장악하고 부를 축적할 수 있었다. 이들이 축적한 부는 이탈리아 지역경제에 크게 기여하여 상업과 공업을 크게 발달시켰고, 이는 후에 르네상스 운동을 시작하는 경제적 기반이 되었다.

그러나 십자군 원정이 실패하면서 십자군 전쟁을 주도해 온 교황의 권위와 교황을 지지했던 세력들의 정치적 영향력이 크게 손상을 입게 되었다. 절대적인 권력을 가졌던 교황과 지지 세력들이 약해졌다는 것은 기독교를 중심으로 하던 정치질서가 무너지기 시작했음을 의미했다. 이는 유럽 각 나라들이 왕권을 강화한 민족국가를 수립하는 계기가 되었다.

십자군 전쟁은 서유럽의 학자들이 아랍 세계에 보존되어 있던 고대 그리스의 철학과 과학의 원전들을 접할 수 있는 계기를 제공했다. 스페인에 있던 이슬람 왕조를 통해 입수한 아랍어 번역본만으로 만족할 수 없었던 학자들은 아랍 세계에서 찾아낸 고대 그리스 원전을 라틴어로 번역하기 시작했다. 이렇게 번역된 고대 그리스의 철학과 과학 사상은 스콜라 철학자들에 의해 기독교 신학에 도입되었다.

스콜라 철학과 로저 베이컨

스콜라 철학이란 말은 중세 수도원 학교 선생이나 학생을 지칭하는 라틴어 스콜라티쿠스Scholasticus에서 유래된 말이다. 스콜라 철학자들 대부분이 수도원 학교에서 학문을 배우고 제자들을 가르치던 사람들이었기 때문에 이런 이름으로 불리게 되었다. 스콜라철학자들은 라틴어를 공용어로 사용하였기 때문에 지역과 민족을 뛰어넘어 활발하게 학문을 교류할 수 있었다. 이는 새로운 문물을 도입하고 확산시키는 데 큰 도움이 되었다.

12세기에 이루어진 본격적인 고대문헌 번역작업을 바탕으로 스콜라 철학이 전성기를 맞은 13세기에는 아리스토텔레스를 비롯한 고대 철학자들의 사상이 기독교 교리에 반영되었다. 이 시기에 활동했던 대표적인 철학자는 토마스 아퀴나스Thomas Aquinas(ca. 1225-1274)[2]였다. 아퀴나스는 기독교 교리와 아리스토텔레스의 철학을 종합하여 스콜라 철학을 집대성한 중세 최대 신학자였다. 아퀴나스는 이성과 신앙, 철학과 신학은 엄밀히 구별되는 것이지만 서로 모순되는 것은 아니라고 주장하고, 이것들은 모두 신으로부터 오는 것이어서 서로 조화될 수 있다고 했으며, 이성은 신앙의 전단계로 신앙에 봉사하는 것이라고 주장했다.

신의 계시를 중요시했던 아우구스티누스와는 달리 아퀴나스는 신과 인간 사이의 관계를 신학과 철학을 조화시켜 설명하려고 시도했다. 철학은 신의 세계를 말로 설명하는 것이라고 보았던 아퀴나스에 의해 신학은 신의 존재와 이 세상과 신 사이의 관계를 논리적으로 증명하는 논리 체계가 되었다. 이로 인해 아퀴나스 이후에는 신의 존재를 증명하는 것이 철학의 가장 중요한 목표가 되었다.

후기 스콜라 철학 시기에는 실험을 중요시하는 귀납적인 방법을 강조하는 학자들이 등장했다. 이러한 경향을 주도한 대표적인 후기 스콜라 철학자는 로저 베이컨과 윌리엄 오컴이다. 근대 과학의 선구자라고 평가되는 영국의 로저 베이컨Roger Bacon(ca. 1214-1294)은 신의 계시를 지식의 원천이라고 생각했지만 수학이나 광학과 같이 경험과 실험을 통해 확인된 지식만을 확실한 지식이라고 보았다. 경험과 실험을 중요하게 생각한 베이컨은 철학에 경험적 방법을 도입하고, 신의 계시를 중요하게 생각하는 신학과 구별했다.

베이컨은 교황에게 과학 교육을 개선할 것과 교육기관에 실험실을 증설

2 박승찬, 『토마스 아퀴나스』, 도서출판 새길, 2012.

한 것을 요구하기도 했으며, 모든 지식을 포함하는 백과사전을 편찬할 것을 제안하기도 했다. 교황의 요청으로 베이컨은 『대저작Opus Majus』, 『소저작Opus Minor』, 『제3저작Opus Tertium』를 써서 교황에게 헌정했다. 이후 베이컨은 『자연철학의 일반 원리』, 『수학의 일반 원리』를 쓰는 작업을 시작했지만 완성하지는 못했다.

베이컨은 고대 그리스의 철학을 공부하려면 오역이 있는 번역본보다는 원전을 보아야 한다고 생각하고 여러 가지 외국어를 공부했다. 과학을 대학 교육과정에 포함시켜야 한다고 주장했던 베이컨은 실험을 통해 알아낸 사실을 교회의 가르침보다 우선시했다. 그가 클레멘스 4세 교황에게 보낸 『대저작』에는 눈과 뇌의 구조, 반사와 굴절과 같은 빛의 성질을 설명한 내용이 포함되어 있었다.

베이컨은 아리스토텔레스의 귀납과 연역 과정에 분석을 통해 귀납된 원리들을 시험하는 탐구 과정을 덧붙여야 한다고 제안했다. 베이컨은 이러한 시험 절차를 실험과학의 제1의 특권이라고 불렀다. 베이컨은 과학 지식이 적극적인 실험에 의해 증대될 수 있다고 주장하고, 현상에 대한 지식을 증대시키는 데 기여할 수 있는 실험을 실험과학의 제2의 특권이라고 했다. 베이컨의 이런 주장은 많은 과학자에게 영향을 주었다. 그러나 베이컨 자신의 연구에서는 실험보다는 이전 저술가들의 선험적인 고찰과 권위에 호소하는 경향이 있었으며, 연금술과 관련된 실험 결과들을 충분한 증거 없이 받아들여 엉뚱하게 설명하는 실수를 저지르기도 했다.

베이컨은 1년을 365.25일로 계산한 율리우스력의 오차가 축적되어 니케아 종교회의가 열렸던 325년에는 춘분이 3월 21일이었는데 1263년경에는 춘분이 3월 13일이 된 것을 지적하고 달력을 수정하도록 클레멘스 4세 교황에게 청원하기도 했다. 교회가 율리우스력을 그레고리력으로 바꾼 것은 이로부터 300년이 지난 1582년이었다. 그레고리 8세 교황은 1582년 그레고리력을 선포하고 10월 5일을 10월 15일로 바꾸어 10일을 건너뛰도록 했다.

베이컨은 고대 그리스의 불을 재현하는 과정에서 목탄과 황의 혼합물에 초석을 넣으면 폭발적으로 연소한다는 사실을 발견했다. 따라서 유럽에서는 그를 흑색화약의 발견자라고 생각하고 있다. 하지만 중국을 비롯한 동양에서는 이보다 훨씬 전부터 화약이 널리 사용되고 있었다.

옥스퍼드에서 공부한 후, 모교에서 제자들을 가르쳤던 윌리엄 오컴William of Ockham(ca. 1285-ca. 1349)은 로마 가톨릭교회와 대립하고 있던 세속 제후들의 사상적 대변자였다. 그는 신의 존재나 종교적 교의는 이성으로는 증명할 수 없는 신앙에 속한다고 주장하고, 철학과 신학은 분리되어야 한다고 주장했다. 감각적이고 직감적인 인식이 우선적인 진리라고 주장한 오컴의 사상은 17세기의 영국 철학자들에게 많은 영향을 주었다.

오컴은 오컴의 면도날이라는 말로 널리 알려져 있다. 경제성 원리 또는 단순성의 원리라고도 불리는 오컴의 면도날은 어떤 현상을 설명할 때 불필요한 가정을 해서는 안 된다는 것이다. 다시 말해 같은 현상을 설명하는 가설이 두 개 있다면 간단한 쪽을 선택해야 한다는 것이 오컴의 면도날이다. 오컴의 면도날은 "가정은 가능한 적어야 하며, 피할 수만 있다면 절대로 하지 말아야 한다"라는 말로 요약할 수 있다. 오컴의 면도날은 여러 가지 가설 중 하나를 선택하는 방법을 나타낸 것으로 가설의 진위를 결정하는 기준은 아니다. 따라서 오컴의 면도날로 어느 가설을 선택했다고 해서 반드시 그 가설이 옳다고 할 수 없고, 반대로 오컴의 면도날에 의해 버려졌다고 해서 그 가설이 반드시 틀린 것도 아니다.

4세기에 로마가 기독교를 국교로 정한 후에는 그리스의 철학이나 과학을 철저하게 배제했기 때문에 고대 그리스의 철학과 과학이 서유럽에서 완전히 사라졌다. 그러나 12세기 이후 이슬람 국가로부터 고대 그리스의 철학과 과학이 다시 유럽에 들어온 후 스콜라 철학자들에 의해 아리스토텔레스의 과학이 기독교 신학에 수용되었다. 이로 인해 16세기에는 기독교에 의해서 배척당했던 고대 그리스의 과학이 기독교 교리의 일부처럼 보이게 되었다.

따라서 고대 그리스 과학의 모순을 지적하고 새로운 과학을 시작했던 사람들은 고대 그리스의 과학과 철학을 배척했던 기독교로부터 탄압을 받아야 했다. 지구중심설을 버리고 태양중심설을 주장했던 갈릴레오 갈릴레이가 종교 재판을 받아야 했던 것은 그런 사정을 잘 보여 주고 있다. 그러나 고대 그리스 과학의 모순을 지적하고, 새로운 이론을 제시하는 용감한 사람들이 나타나 과학혁명을 이루어냈다. 16세기와 17세기에 이루어진 과학혁명은 근대 과학의 발전으로 이어져 짧은 기간 동안의 인류 문명을 크게 발전시켰다.

2장

천문학 혁명

1. 코페르니쿠스의 태양중심설

코페르니쿠스의 조용한 혁명

이심원운동과 주전원운동을 조합하여 행성들의 운동을 설명하는 지구중심설은 더 정밀한 관측자료들을 반영하기 위해 점점 더 복잡한 체계로 변해 갔다. 처음에는 행성의 운동을 설명하기 위해 이심원과 주전원의 두 개의 원운동을 사용했지만 주전원 위에 또 다른 주전원을 도입했다. 16세기에는 지구중심설에서 사용하는 원의 개수가 수십 개로 늘어났다.

폴란드의 니콜라우스 코페르니쿠스Nicolaus Copernicus(1473-1543)는 이렇게 복잡한 지구중심설에 의문은 갖기 시작했다. 그는 이렇게 누더기처럼 기운다면 어떤 천문 체계라도 관측자료에 끼워 맞출 수 있을 것이라고 생각하고, 전능하신 하나님이 세상을 이렇게 복잡한 방법으로 창조하지 않았을 것이라고 생각하게 되었다. 코페르니쿠스는 간단하게 행성들의 운동을 설명할 수 있는 새로운 천문 체계를 구상하기 시작했다.

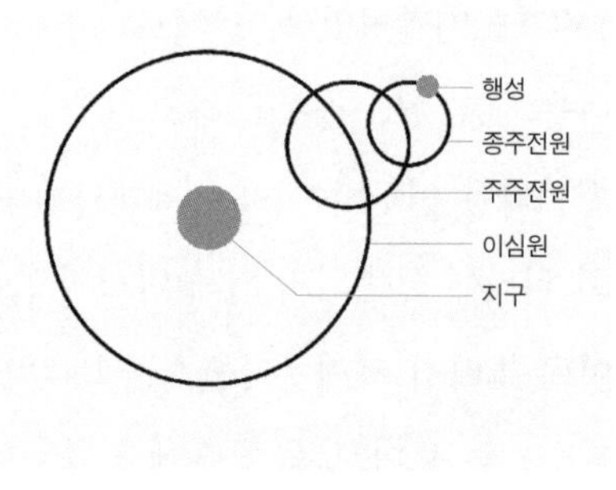

여러 개의 주전원이 더해진 지구 중심 체계

오랫동안 받아들여져 온 지구중심설 대신에 태양중심설을 제안하여 새로운 과학 시대의 문을 연 코페르니쿠스는 1473년 폴란드 토룬에서 부유한 상인의 4남매 중 막내로 태어났지만 부모님이 일찍 세상을 떠난 후 외삼촌이었던 루카스 바첸로데Lukasz watzenrode(1447-1452) 신부의 보호를 받으며 성장했다. 폴란드 왕국에 속한 자치 공국이었던 바르미아의 대주교가 된 외삼촌은 코페르니쿠스가 18세가 되던 1491년에 폴란드의 크라코프대학에 입학시켜 수학과 천문학 공부를 하도록 했다.

크라코프대학에 다니는 동안에 코페르니쿠스는 모든 천체들이 지구 중심으로 돌고 있다고 설명한 아리스토텔레스의 천문 체계와 이심원과 주전원을 조합하여 행성의 운동을 설명한 프톨레마이오스의 천문 체계에 대해 비판적 생각을 가지기 시작했다. 대학생 때 가지게 된 이러한 비판적인 생각은 그가 새로운 천문 체계를 구상하는 바탕이 되었다.

1495년에 외삼촌은 코페르니쿠스를 바르미아 가톨릭교회의 참사회 위원으로 추천했지만 사람들의 반대로 임명이 미뤄지자 1496년에 이탈리아의 파두아로 보내 교회법을 공부하도록 했다. 파두아에 유학 중이던 1497년 3월에 코페르니쿠스는 황소자리의 알파별인 알데바란이 달에 의해 가려지는 성식을 관측했다. 이것은 코페르니쿠스가 이때 이미 본격적으로 천체 관측을 시작했음을 나타낸다.

코페르니쿠스가 바르미아 가톨릭교회의 참사회 위원에 선출된 것은 1497년 10월이었다. 코페르니쿠스는 일생동안 교회 일을 하면서 시간이 나는 대로 천문관측을 하고 새로운 천문 체계를 만드는 일을 했다. 따라서 천문학을 연구하는 일은 코페르니쿠스의 주업이 아니라 부업이었다. 참사회 위원에 선출되기 위해 일시적으로 바이마르에 돌아왔다가 다시 이탈리아로 돌아간 코페르니쿠스는 1500년에 파두아에서 로마로 옮겼다. 코페르니쿠스는 로마로 옮긴 후에도 볼로냐에서 시작한 천체 관측을 계속하면서 1500년 11월에 있었던 월식을 자세히 관측하기도 했고, 학생들에게 천문학 강의를 하기도 했다.

1501년에는 교회의 허가를 받아 이탈리아 유학을 2년 더 연장한 코페르니쿠스는 파두아대학에서 의학을 공부했다. 의학을 공부하는 동안 의학 교육과정에 포함되어 있던 점성술을 공부하기도 했지만 코페르니쿠스는 점성술에 흥미를 느끼지 못했고, 점성술을 질병 치료에 이용하지도 않았다. 이탈리아에서 공부하는 동안 고대 그리스 문헌을 접할 수 있었던 코페르니쿠스는 이때부터 본격적으로 새로운 천문 체계를 구상하기 시작했다. 코페르니쿠스가 이탈리아 유학을 마치고 바르미아로 돌아온 것은 1503년이었다.

바르미아로 돌아온 코페르니쿠스는 바르미아의 주교로 있던 외삼촌의 비서 겸 주치의로 활동하면서 천문학 연구를 계속했다. 1512년에 삼촌이 갑자기 세상을 떠난 후 코페르니쿠스는 바르미아 수도에서 동프로이센에 있는 프라우엔부르크로 옮겨 성당 참사회 위원으로 일하면서 옥상에 천문대를 설치하고 스스로 만든 측각기를 이용하여 천체 관측을 시작했다. 그가 한 관측은 그다지 정밀하지는 않았지만 태양을 중심으로 하는 새로운 천문 체계를 구축해 나가기에는 충분했다.

코페르니쿠스는 일생동안 천문학과 관련된 논문을 단 두 편만 발표했다. 하나는 1514년경에 발표한 「천체의 운동과 그 배열에 관한 논평」이라는 제목의 소논문으로, 자비로 출판하여 주위 사람들에게 회람시킨 것이었다. 이 가운데 한 부가 교황 클레멘트 7세에게도 전달되었고, 교황의 측근 인사로부터 이 논문을 정식으로 출판하라는 권유를 받기도 했다. 1514년에 출판된 이 20페이지짜리 소논문에는 지구중심설의 핵심 내용이 실려 있었지만 태양중심설을 증명할 자료나 증거들이 충분히 제시되어 있지는 않았다.

코페르니쿠스는 그 후 30년 동안 관측자료를 보완하여 태양중심설을 구체화하는 작업을 했다. 그의 20페이지짜리 논문은 200쪽이 넘는 커다란 책으로 확장되었다. 그러나 코페르니쿠스는 자신의 새로운 천문 체계를 출판하는 것을 망설였다. 코페르니쿠스가 자신의 책의 출판을 망설였던 것은 종교적 갈등을 염려했기 때문이기도 했지만 사람들의 놀림감이 되는 것을 두려워했기 때문이기도 했을 것이다.

완성되지 못한 채 끝날 수도 있었던 코페르니쿠스의 연구는 독일의 비텐베르크로부터 온 한 젊은 독일 학자에 의해 새로운 전기를 맞이하게 되었다. 루터파 개신교 학자로 비텐베르크대학의 수학과 천문학 교수였던 레티쿠스Rheticus(1514-1574)가 새로운 천문 체계에 대해 자세하게 알아보기 위해 1539년에 코페르니쿠스를 방문했다. 66살의 코페르니쿠스는 25세의 레티쿠스가 자신의 이론에 관심을 가지는 것을 기쁘게 생각했다. 레티쿠스는 프라우엔부르크에서 코페르니쿠스의 원고를 읽고 코페르니쿠스와 토론하면서 2년 정도의 시간을 보냈다.

코페르니쿠스의 유일한 제자이며 동료가 된 레티쿠스는 1540년에 코페르니쿠스의 체계의 해설서인 『지동설 서설*Narratio Prima*』을 출판하기도 했다. 레티쿠스는 코페르니쿠스에게 태양중심설에 관한 논문을 책으로 출판할 것을 권유했다. 레티쿠스의 권유에 힘을 얻어 출판을 결심한 코페르니쿠스는 레티쿠스에게 원고를 넘겨 주었다.

레티쿠스는 코페르니쿠스의 원고를 당시 인쇄술이 가장 발달했던 뉘른베르크로 가져가 출판 작업을 시작했지만, 출판 도중 알려지지 않은 이유로 책을 출판하는 일을 루터교 신학자였던 안드레아스 오시안더Andreas Osiander(1498-1552)에게 맡기고 독일을 떠났다. 오시안더는 1543년에 『천체 회전에 관하여*De Revolutionibus Orbium Coelestium*』라는 제목으로 코페르니쿠스의 책을 출판했다.

책이 출판된 후 코페르니쿠스에게는 그중 일부가 보내졌다. 코페르니쿠스는 1542년 말부터 뇌출혈로 고통을 받으면서도 일생의 작업이 담긴 책이 출판되기를 기다리고 있었다. 책이 도착했을 때는 여러 날 동안 혼수상태에 빠져 있었다. 그러나 임종하기 전 잠시 정신을 차린 동안에 그는 그의 책을 볼 수 있었다고 전해진다.

『천체 회전에 관하여』

과학의 역사를 바꿔 놓는 계기를 제공한 『천체 회전에 관하여』는 총 여섯 권으로 구성되어 있다.[3] 제1권은 지구의 세차운동에 대한 설명과 이 이론을 설명하는 데 필요한 평면 삼각형과 구면 삼각형의 대한 정리들이 수록되어 있다. 1권 1장에서는 우주와 지구가 구형이라는 것을 설명하고, 3장에서는 땅과 물이 어떻게 하나의 구를 이루는지를 설명했다. 이 부분에서는 바다와 육지의 크기와 분포에 대한 과거와 당시의 생각들이 설명되어 있다. 4장에서는 천체는 영원히 멈추지 않는 원운동, 또는 원운동의 조합으로 이루어진 운동을 하고 있다고 설명했다. 이것은 고대 그리스의 원운동의 가설을 버리지 못한 코페르니쿠스 체계의 한계가 드러나는 부분이다.

5장에서는 지구가 움직이고 있다는 사실을 설명해 놓았다. 이 부분에서 코페르니쿠스는 행성들의 겉보기 원동을 이유로 지구가 정지해 있다고 주장할 수 없다고 설명했다.[4]

많은 사람이 지구가 우주의 중심에 정지해 있다고 믿고 있는데 좀 더 주의

3 여섯 권의 책으로 이루어져 있는 것이 아니라 내용을 Book 1, Book 2으로 구분해 놓았다.

4 Nicolaus Copernicus, Edited by Stephen Hawking, *On the Revolution of Heavenly Spheres*, Running Press, 2002.

깊게 생각해 보면 이것이 확실한 사실이 아니라는 것을 알 수 있다. 왜냐하면 겉보기 위치 변화는 물체가 움직이는 경우와 관측자가 움직이는 경우, 그리고 두 물체가 서로 다른 속도로 움직이는 경우에도 관측될 수 있기 때문이다. 관측자와 물체가 같은 방향으로 동일하게 움직이는 경우에는 겉보기 위치 변화를 관측할 수 없다. 즉 물체와 관측자의 위치는 상대적이라는 뜻이다.

6장에서는 지구 크기에 비하여 별들이 고정되어 있는 천구의 크기가 얼마나 크고 멀리 있는지를 설명해 연주시차가 측정되지 않는 이유를 설명했다.

이상의 논의에서 천구는 지구에 비해 엄청나게 크고, 무제한의 규모를 가지고 있으며, 지구는 천구에 비하면 하나의 점에 불과하다는 사실이 분명해졌다. 우주의 아주 작은 부분인 지구가 아니라 엄청나게 큰 우주가 하루에 한 바퀴씩 돌아야 한다는 것은 지구가 빠르게 운동하고 있다는 것보다 훨씬 놀라운 일이다.

7장에서는 과거 철학자들이 지구가 정지해 있다고 생각하게 된 이유를 설명하고 8장에서는 과거 철학자들의 주장의 근거가 되었던 논리의 불충분한 점들을 지적하고, 반론을 제시했다. 9장에서는 지구가 운동하고 있다는 사실과 우주 중심의 문제를 다뤘다. 10장에서부터는 기하학적 증거를 이용해 가며 수학적으로 자신의 이론을 증명했다. 11장에서는 지구의 자전과 공전, 그리고 세차운동을 기하학적으로 설명해 놓았으며 마지막 장인 12장에서는 원과 직선에 관련된 기하학의 내용을 정리해 놓았다.

14장으로 구성된 2권에서는 경사진 황도를 따라 이동하는 지구의 운동을 기하학적인 방법을 이용하여 자세하게 설명했다. 3권에서는 태양의 겉보기 운동과 지구의 세차운동을 자세히 다루었으며 각종 계산에 필요한 표를 수록해 놓았다. 4권에서는 달의 운동을 다뤘다. 여기에는 달의 경로 계산, 지구 반지름 단위로 환산한 지구에서 달까지의 거리, 달의 지름과 달이 지나가는 곳에 투영된 지구 그림자의 지름, 태양, 달, 지구의 크기 비교와 같은 내용이 포함되어 있다. 다섯 행성의 운동을 다룬 마지막 두 권 중의 하나인 5권에서는 수성의 원지점과 근지점의 위치와 다섯 행성의 역행운동을 다뤘고, 마지막 권인 6권에서는 토성, 목성, 화성의 운동을 다뤘다. 코페르니쿠스는 수성과 금성의 운동을 설명하기 위해 지구중심설에서 사용했던 이심원과 주전원을 이용했다.

『천체 회전에 관하여』에는 독자들을 위해 쓴 서문과 교황 바울 3세에게 바치는 헌정사가 실려 있다. 교황에게 바치는 헌정사에는 교황과 카푸아의 추기경이었던 니콜라스 쇤베르크Nicholas Schönberg, 쿨름의 주교로 코페르니쿠스의 친구였던 티데만 기제Tiedemann Giese 등에게 감사하는 내용이 들어 있다. 이 헌정사에는 자신이 새로운 체계를 구상하게 된 이유와 과정이 상세히 설명되어 있으며, 자신의 새로운 체계에 대한 확신과 자신감이 잘 나타나 있다. 그러나 일반 독자들을 위해 쓴 것처럼 보이는 2쪽짜리 또 다른 서문에는 다음과 같은 이해하기 힘든 내용이 포함되어 있었다.

> 우주 중심에는 움직이지 않는 태양이 자리 잡고 있고, 그 주위를 지구가 돌고 있다는 이 새로운 가설은 오랫동안 올바른 관행으로 자리 잡아 온 학문에 혼란을 일으키는 잘못된 생각이라고 비난하는 사람들이 많을 것이다. 그러나 이 문제를 세밀하게 고찰한다면 이 연구가 비난받아야 할 어떤 일도 하지 않았다는 것을 알게 될 것이다. … 이 책에서 다루는 가설은 반드시 진리여야 할 필요가 없고, 심지어 그럴듯하지 않아도 되며, 단지 관측

> 사실과 일치하는 계산만 제공하면 충분하다. … 그리고 가설을 다루는 한, 천문학은 결코 우리에게 확실한 것을 제공하지 않기 때문에 천문학에서 어떤 것도 확실한 것을 기대해서는 안 된다. 다른 목적을 위해 만든 것을 진리로 간주하여 처음 이 책을 접할 때보다 더 큰 바보가 되어 떠나는 사람이 없기를 바란다.

평생 새로운 천문 체계를 완성하기 위해 노력했던 코페르니쿠스가 자신의 새로운 이론을 가설이라고 부르고 따라서 그것을 사실로 믿어서 바보가 되는 일이 없기를 바란다고 서문에 써 놓았다는 것은 쉽게 이해할 수 있는 일이 아니다. 이 서문은 태양중심설을 하나의 가설에 지나지 않는다고 선언하여 태양중심설이 물리적 사실이 아닌 것으로 만들어 버렸다.

후세의 학자들은 이 서문은 코페르니쿠스가 쓴 것이 아니라 출판 과정에서 다른 사람이 끼워 넣은 것이라고 믿고 있다. 이 서문을 끼워 넣은 사람으로 의심받는 사람은 레티쿠스가 출판을 그만둔 후 출판 책임을 맡았던 오시안더이다. 오시안더가 이 서문을 썼을 가능성은 오시안더가 레티쿠스에게 보낸 편지의 내용을 통해서도 짐작할 수 있다.

> 이 가설은 그것이 물리적 사실이기 때문에 제안하는 것이 아니라 겉으로 나타나는 복잡한 운동을 계산해 내는 데 가장 편리하기 때문에 제안하는 것이라고 이야기한다면 아리스토텔레스주의자들이나 신학자들은 쉽게 회유할 수 있을 것입니다.

코페르니쿠스가 이 서문을 보았다고 해도 책이 출판된 후 곧 세상을 떠났기 때문에 코페르니쿠스는 이 서문을 수정할 시간이 없었을 것이다. 후에 코페르니쿠스가 쓴 서문이라고 믿어지는 글이 발견되어 이런 추정이 더욱 신빙성을 갖게 되었다.

『천체 회전의 관하여』는 인류가 2천 년 이상 지켜 온 우주관을 바꾸는 혁명적인 내용을 포함하고 있다. 그것은 당시 사람들이 가지고 있던 우주에 대한 패러다임을 근본부터 바꾸는 것이었다. 그러나 이러한 놀라운 내용에도 불구하고 『천체 회전의 관하여』는 출판된 후 수십 년 동안 사람들의 주목을 받지 못했다.

코페르니쿠스의 새로운 체계가 사람들의 주목을 받지 못한 데는 몇 가지 이유가 있었다. 우선 『천체 회전에 관하여』에 실려 있는 새로운 천문 체계인 태양중심설을 적극적으로 홍보할 사람이 없었다. 당시 태양중심설을 가장 잘 이해하고 있던 사람은 코페르니쿠스와 레티쿠스였다. 그러나 코페르니쿠스는 책이 출판된 후 곧 세상을 떠났으므로 책을 홍보할 수 없었고, 이 책의 내용을 널리 알릴 수 있었던 레티쿠스는 책이 출판된 후 이 책과 관련해서 어떤 활동도 하지 않았다.

새로운 천문 체계가 사람들의 관심을 끌지 못한 또 다른 이유는 코페르니쿠스의 책이 일반인들이 읽기에 너무 어려웠기 때문이었다. 코페르니쿠스는 복잡한 기하학과 관측자료를 이용하여 수학적으로 자신의 체계를 증명하려고 시도했다. 그러나 그것은 일반인들의 접근을 막는 결과를 가져왔다.

딱딱하고 까다로운 코페르니쿠스의 문장 역시 이 책이 널리 읽히지 못한 원인이 되었다. 더구나 이 책은 코페르니쿠스가 공식적으로 출판한 첫 번째 천문학 책이었으므로 코페르니쿠스라는 이름은 유럽의 학자들 사이에서 잘 알려져 있지 않았다. 폴란드 시골에서 홀로 연구하던 이름 없는 학자의 주장에 귀를 기울여 줄 사람은 그리 많지 않았다.

코페르니쿠스의 태양중심설이 프톨레마이오스의 지구중심설보다 행성의 운동을 더 정확하게 예측하지 못했던 것도 이 책이 무관심 속에 묻혀 버린 중요한 이유 중의 하나였다. 코페르니쿠스의 태양중심설은 원운동을 고수하고 있었으며 내행성의 운동을 설명하기 위해 이심원과 주전원운동을 도입하고 있었기 때문에 정확한 예측이 불가능했다. 태양중심설이 지구중심설보다 나았던 점은 간단하다는 것 하나뿐이었다. 그것만으로는 2천 년의 역사와 많은 추종자를 거느리고 있던 지구중심설을 이겨 내기에는 역부족이었다.

이렇게 해서 하마터면 코페르니쿠스의 혁명도 오래전에 아리스타르코스의 태양중심설이 밟았던 전철을 밟을 뻔했다. 그러나 아리스타르코스에게는 없었던 강력한 후원자가 코페르니쿠스에게는 두 명이나 있었다. 한 사람은 코페르니쿠스가 세상을 떠나고 21년 후인 1564년에 이탈리아에서 태어난 갈릴레오 갈릴레이였으며, 다른 한 사람은 갈릴레이보다 7년 늦게 독일에서 태어난 요하네스 케플러였다.

케플러는 관측자료를 바탕으로 '행성운동법칙'을 발견하여 태양중심설을 완성했고, 갈릴레이는 망원경을 이용하여 태양중심설이 옳다는 관측증거를 찾아내 많은 사람이 코페르니쿠스의 새로운 체계를 받아들이도록 했다. 그러나 그것은 코페르니쿠스가 세상을 떠나고 60여 년이 지난 후의 일이었다.

2. 브라헤의 관측자료와 케플러의 행성운동법칙

브라헤의 정밀한 관측자료

태양중심설을 제안한 코페르니쿠스는 천체는 완전한 운동인 원운동을 해야 한다고 했던 고대 역학의 한계를 벗어나지 못했다. 따라서 그의 태양중심설에서는 태양과 지구의 위치가 바뀌기는 했지만 천체들은 아직도 원궤도를 따라 태양을 돌고 있었다. 2천 년 이상 진리로 받아들여지던 원운동을 버리고 행성들이 타원 궤도를 따라 태양을 돌고 있다는 것을 밝혀낸 사람은 요하네스 케플러Johannes Kepler(1571-1630)였다. 케플러는 덴마크의 천문학자 튀코 브라헤Tycho Brahe(1546-1601)가 오랫동안 수집한 정밀한 관측자료를 분석하여 행성운동법칙을 발견하고, 태양중심설을 완성했다.

덴마크의 귀족 가문에서 태어난 브라헤는 관측 천문학자로서 일찍부터 두각을 나타냈다. 코펜하겐대학에서는 법학을 공부했지만 천문학을 비롯한 다른 분야에도 관심이 많았던 그는 아리스토텔레스의 역학과 천문학도 공부했다. 1560년에 있었던 일식을 관측한 그는 일식을 사전에 예측할 수 있다는 것에 큰 감명을 받았다. 그러나 정확한 관측자료가 없어 일식 예측이 하루 틀렸다는 것을 알게 된 그는 정확한 관측자료가 천문학에서 중요하다는 생각을 하게 되었다.

20세이던 1566년에 브라헤는 그의 친척 중 한 사람과 말다툼을 하다가 결투를 하게 되었고, 이 결투에서 코를 베이고 말았다. 이로 인해 그는 평생 동안 모조 코를 붙이고 살아야 했다. 대대로 많은 정치가를 배출했던 그의 가문에서는 브라헤도 정치가가 되기를 바랐지만 브라헤는 천문학자가 되기를 원했다. 브라헤의 아버지와 그를 키워 준 삼촌은 브라헤의 결정을 존중해 주었다. 그의 삼촌은 브라헤를 위해 헤레바드 수도원에 천문관측소와 화학 실험실을 지어 주었다.

1572년 11월 11일에 브라헤는 헤레바드 수도원의 천문관측소에서 카시오페이아자리에 나타난 초신성을 발견했다. 달보다 위의 세상은 변화가 없는 완전한 세상이라는 고대의 설명을 받아들이고 있던 다른 천문학자들은 새롭게 관측된 별이 대기 중에서 일어난 기상 현상이라고 주장했지만 브라헤는 이 별이 가장 멀리 있는 행성보다도 먼 곳에 있는 새로운 별이라는 것을 밝혀냈다.

금성이나 수성과 같이 가까운 곳에 있는 행성들은 매일 그 위치가 변하고, 목성이나 토성과 같이 매일 위치가 변하지 않는 멀리 있는 행성도 몇 달 동안 관측하면 위치가 변해 가는 것을 알 수 있다. 그러나 새롭게 발견된 별은 1년 이상 관측해도 위치가 변하지 않았던 것이다. 1573년에 브라헤는 『신성*De Nova Stella*』이라는 책을 출판했다. 후에 브라헤가 관측한 별은 지구로부터 7,500광년 떨어져 있는 초신성SN 1572이라는 것이 밝혀져 튀코의 별이라고 불리게 되었다. 초신성의 발견으로 그는 유럽 과학계에 그의 이름을 알릴 수 있었다.

헤레바드 수도원 천문관측소에서 천문관측을 계속하던 그는 1574년에 관측 결과를 출판하고 천문학 강의를 시작했지만 1575년에는 덴마크를 떠나 유럽 여러 곳의 천문관측소를 방문했다. 덴마크 왕이었던 프레데릭 2세Frederick II는 브라헤에게 중요한 정부 직책을 제안했지만 브라헤는 과학을 더 공부하기 위해 스위스의 바젤로 옮길 준비를 했다. 브라헤의 계획을 알게 된 프레데릭 2세는 코펜하겐에서 멀지 않은 곳에 있는 벤섬에 천문관측소를 지을 수 있도록 재정지원을 해 주겠다는 제안을 했다.

브라헤는 1576년에 벤섬에 천문학의 수호 여신인 우라니아에게 헌정한 '우라니보르그'라는 이름의 성을 짓기 시작했다. 이 성은 이탈리아 르네상스 건축의 영향을 받아 북유럽에 지어진 첫 번째 건물이었다. 우라니보르그의 탑이 천문관측에 적당하지 않다는 것을 알게 된 브라헤는 1584년에 우라니보르그 성 가까운 곳에 '스터네보르그'(별의 성)라고 부르는 지하 천문관측소를 지었다. 우라니보르그의 지하에는 화학 실험을 위한 연금술 실험실도 설치했다. 브라헤는 우라니보르그를 100여 명의 학생들과 기술자들이 천체 관측과 천문학을 연구하는 연구소로 만들었다.

천체 관측에는 육분의, 사분의, 고리모양의 천구를 비롯한 다양한 관측 기구들이 사용되었다. 모든 관측기구들은 네 개씩 만들었는데 그것은 동시에 같은 것을 측정하여 측정 오차를 최소로 하기 위한 것이었다. 브라헤가 우라니보르그에서 20년 동안 수집한 관측자료는 그보다 앞선 시대의 관측보다 5배나 정확한 것이었다. 우라니보르그에는 종이 만드는 공장과 인쇄소도 설치하여 그가 관측한 자료나 그의 저서를 직접 출판할 수 있도록 했다.

브라헤는 1577년 11월에서 1578년 1월까지 나타났던 혜성을 자세하게 관측했다. 당시에는 혜성을 닥쳐올 불길한 일들을 알려주는 징조라고 해석하고 있었다. 그러나 브라헤는 혜성까지의 거리가 달까지의 거리보다 훨씬 멀다는 것을 밝혀내 달 위의 세상에는 변화가 없다는 아리스토텔레스의 주장이 사실이 아님을 증명했다. 그는 혜성의 꼬리가 항상 태양의 반대편을 향하고 있다는 것을 밝혀내고, 혜성의 지름과 질량, 그리고 꼬리의 길이를 계산했다. 이전까지는 코페르니쿠스의 태양중심설을 받아들이고 있었던 브라헤는 이 혜성을 관측한 후부터 코페르니쿠스의 태양중심설과는 다른 새로운 천문 체계를 생각하기 시작했다.

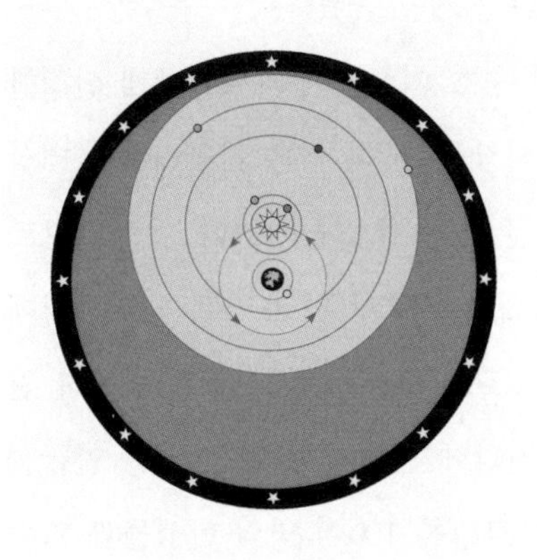

브라헤가 주장한 행성들은 태양을 돌고, 태양과 달은 지구를 도는 천문 체계

1588년에 출판된 『천상 세계의 새로운 현상에 관하여』라는 책에 포함되어 있는 브라헤가 제안한 새로운 체계에서는 모든 행성들이 태양을 중심으로 돌고 있고, 태양과 달은 지구를 중심으로 돌고 있었다. 브라헤가 제안한 천문 체계는 한때 코페르니쿠스 체계보다 사람들 사이에서 더 많은 인기를 끌었다.

1580년대에는 프레데릭 2세로부터 덴마크 전체 재정 수입의 1퍼센트에 해당할 정도로 많은 재정지원을 받았던 브라헤는 천체 관측을 하는 일 외에 왕을 위해 점성술 자문 역할도 했다. 이것은 국가의 중요한 행사는 물론 왕의 자녀들의 일생을 예측하고 대비책을 알려 주는 직책이었다. 왕으로부터 전폭적인 지원을 받았던 그는 유럽의 저명인사들을 우라니보르그로 초청해 호화로운 파티를 자주 열었던 것으로 유명하다.

그러나 1588년 프레데릭 2세가 죽은 후 11세였던 크리스티안 4세가 왕이 되면서 사정이 달라졌다. 브라헤와 사이가 좋지 않았던 섭정과 과학보다는 전쟁에 관심이 많았던 젊은 왕은 브라헤에 대한 재정지원을 중단하기로 했다. 어려움에 처하게 된 브라헤는 가족과 조수들을 데리고 덴마크를 떠나 신성로마제국 황제가 있던 프라하로 갔다. 신성로마제국의 황제 루돌프 2세Rudolph II는 그를 제국 수학자로 임명하고, 베나트키나트이제로우성에 새로운 관측소를 설치할 수 있도록 했다. 브라헤는 이곳에서 케플러를 만났다.

케플러가 도착하고 얼마 안 되어 브라헤는 한 귀족의 저녁 식사 초대를 받아 술을 많이 마셨다. 그날 밤부터 그는 혼수상태와 정신착란 사이를 오락가락하다가 10일 후에 세상을 떠났다. 임종하기 전에 브라헤는 혼수상태에서 "내 삶이 헛되지 않았기를"이라고 반복해서 말했다고 전해진다. 브라헤의 사인은 그 뒤 오랫동안 논란거리가 되었다. 한때 그가 수은 중독으로 사망했다고 주장하는 사람들이 있었지만 그의 사인을 규명하기 위해 1901년과 2010년에 두 차례나 그의 시체를 발굴하여 조사한 과학자들은 그가 독극물 중독으로 사망했다는 어떤 증거도 찾아내지 못했다고 발표했다.

케플러의 행성운동법칙

브라헤가 남긴 관측자료를 분석하여 행성운동을 발견한 케플러는 1571년에 독일의 슈투트가르트 부근에 있는 바일에서 태어났다. 할아버지는 시장을 지내기도 했지만 아버지는 케플러가 5세 때 집을 떠나 용병 생활을 하다가 전쟁터에서 죽었다. 여관 관리인의 딸이었던 케플러의 어머니는 식물을 이용하여 질병을 치료하는 일을 하기도 했고, 무당 일을 하기도 했다. 미숙아로 태어난 케플러는 건강이 좋지 않았지만 뛰어난 수학적 재능으로 사람들에게 깊은 인상을 주었다.

요하네스 케플러

케플러는 후에 쓴 『여섯 살에 있었던 일을 회상하며』에서 6세 때 혜성을 보았다고 기록해 놓았고, 10세 때는 월식을 관측했다. 그가 어렸을 때 경험한 일들 중에서 혜성과 월식을 관측한 것을 기억하고 있는 것을 보면 어려서부터 천문현상에 관심이 많았다는 것을 알 수 있다. 하지만 천연두의 후유증으로 시력이 나빠져 천체 관측을 할 수 없게 되었다. 케플러는 1589년에 튀빙겐대학에 진학하여 철학과 신학을 공부하면서 점성술과 함께 프톨레마이오스의 지구중심설과 코페르니쿠스의 태양중심설에 대해서도 배웠다.

케플러는 대학에 다니는 동안 학생들과의 토론에서 수학적인 면과 신학적 이유를 들어 코페르니쿠스 체계를 옹호했다. 케플러는 태양이 우주를 움직이는 힘의 원천이라고 생각했다. 1594년 23세이던 케플러는 오스트리아 그라츠에 있는 개신교에서 운영하던 학교의 수학과 천문학 교사가 되었다.

케플러가 출판한 첫 번째 천문학 연구서는 코페르니쿠스의 체계를 옹호하기 위해 1596년에 출판한 『우주의 신비*Mysterium Cosmographicum*』였다. 케플러는 이 책에서 1595년 7월 19일 그라츠에서 학생들을 가르치다가 갑자기 정다면체에 내접하는 원과 외접하는 원이 여섯 개 행성의 궤도를 나타내는 것이 아닐까 하는 생각을 하게 되었다고 밝혔다. 케플러는 우주는 기하학적으로 구성되었다는 플라톤의 생각을 바탕으로 태양계를 만든 신의 기하학적인 설계를 밝혀내려고 시도했다.

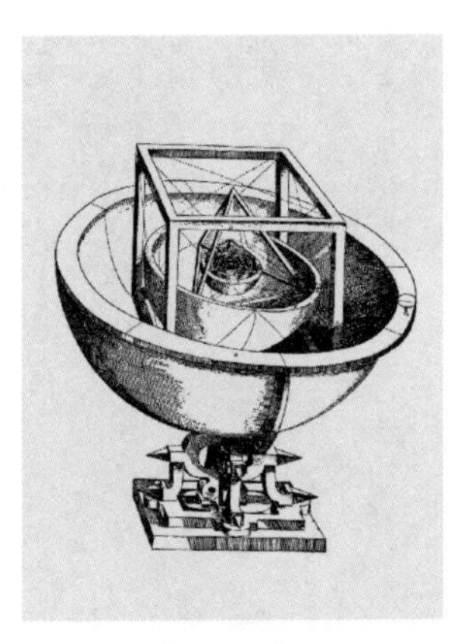
케플러의 기하학적인 태양계 모델

케플러는 이 책의 많은 부분을 지구중심설을 지지하는 것처럼 보이는 성서의 내용을 태양중심설의 입장에서 새롭게 해석하는 데 할애했다. 그러나 튀빙겐대학에서 출판 허가를 받을 때 성서와 관련된 부분을 삭제할 것을 요구받았다. 『우주의 신비』는 널리 읽히지는 않았지만 케플러를 천문학자로 인식시키기에는 충분했다. 후에 내용의 일부를 수정하기는 했지만 케플러는 『우주의 신비』에 실린 기하학적 태양계 모델을 오랫동안 고수했다.

케플러가 살고 있던 그라츠의 영주는 가톨릭 신자였으므로 그의 종교를 따르지 않으면 여러 가지 불이익을 감수해야 했다. 따라서 개신교 신자였던 케플러는 그라츠를 떠날 생각을 하고 있었는데, 그동안 서신을 주고받으며 천문 체계에 대해 의견을 교환했던 브라헤가 그를 프라하로 초청했다. 케플러는 브라헤로부터 연구 활동에 대한 후원과 재정적 지원을 받기 위해 1600년 1월 1일 프라하를 방문하여 브라헤의 손님으로 지내면서 브라헤가 수집한 화성 관측자료를 분석했다.

브라헤는 케플러가 자신의 관측자료에 접근하는 것을 제한했지만 케플러의 수학적 재능을 본 후에는 좀 더 많은 자료를 보여 주었다. 케플러가 브라헤와 고용 관계에 합의하고 그라츠로 돌아와 가족과 함께 다시 프라하로 간 것은 1600년 8월이었다. 케플러는 브라헤가 신성로마제국 황제에게 제안해서 추진하고 있던 「루돌프 표」[5]를 완성하는 프로젝트의 연구원으로 채용되었다.

브라헤는 프라하에서 자신이 제안한 천문 체계와 비슷한 천문 체계를 제안한 니콜라우스 베어Nicolaus Baer(1551-1600, Reimarus Ursus라고도 알려져 있다)와 이 체계의 우선권을 놓고 격렬한 논쟁을 벌였다. 케플러가 프라하에 왔을 때는 베어가 이미 죽은 후였지만 브라헤는 케플러에게 베어의 주장을 반박하는 글을 쓰도록 했다. 브라헤의 천문 체계보다는 코페르니쿠스 체계를 선호하고 있던 케플러였지만 브라헤의 요청을 받아들여 브라헤의 천문 체계를 옹호하는 글을 쓰기도 했다.

5 이전에 관측된 400개의 별들에 브라헤가 관측한 1,006개의 별과 행성이 포함되어 있는 『루돌프 표』는 케플러에 의해 1627년에 출판되었다.

1601년 10월 24일 브라헤가 갑자기 세상을 떠나자 황제는 브라헤의 뒤를 이어 케플러를 제국 수학자에 임명했다. 제국 수학자로 일한 11년 동안은 케플러가 가장 왕성하게 천문학 연구에 전념한 기간이었다. 케플러는 브라헤의 관측자료를 분석하여 화성의 궤도를 결정하는 일과 루돌프 표를 완성하는 작업을 병행하면서, 일식이나 월식과 관련된 광학적인 현상에 대한 연구도 했다. 달의 그림자 크기, 개기월식 때 달 표면에 나타나는 붉은 빛, 개기일식 때 태양 주변의 빛 등이 그의 관심사였다.

1603년에는 다른 분석 작업을 대부분 중지하고 일식이나 월식과 관련된 현상을 연구하고 1604년 1월에 그 결과를 발표했다. 이 논문에는 빛의 세기가 거리의 제곱에 반비례해서 약해지는 현상, 평면거울과 오목거울에서의 빛의 반사, 바늘구멍 사진기의 원리, 시차와 천체의 겉보기 크기 등에 대한 설명이 포함되어 있었다.

브라헤의 관측자료를 이용하여 화성 궤도의 반지름과 화성의 속력을 알아내는 작업을 시작한 케플러는 곧 어려움에 부딪혔다. 브라헤의 관측자료만 있으면 며칠만에 화성 궤도를 결정할 수 있을 것이라고 생각했었지만 2년이 넘는 기간 동안 분석 작업을 했지만 화성의 궤도를 결정할 수 없었다. 브라헤의 관측자료는 화성이 원 궤도에서 벗어난 운동을 한다는 것과 속력이 일정하지 않다는 것을 나타내고 있었다.

천체는 일정한 속력으로 원운동을 한다는 것은 지구중심설에서는 물론 코페르니쿠스가 제안한 태양중심설에도 받아들여지고 있었다. 그러나 브라헤의 관측자료의 정확성을 믿고 있었던 케플러는 천체는 등속원운동을 한다는 원리를 과감하게 포기했다. 이것은 고대 역학과 고대 천문학에서 벗어나는 것을 의미했다. 따라서 학자들 중에는 케플러가 원운동의 굴레에서 벗어난 것이야말로 코페르니쿠스가 지구중심설을 태양중심설로 바꾼 것보다 훨씬 더 중요한 사건이었다고 평가하는 사람들도 있다.

케플러는 브라헤의 관측 결과가 나타내는 화성의 속력 변화를 설명하기 위해 태양과 행성을 잇는 직선이 일정한 시간 동안에 쓸고 지나가는 면적을 나타내는 면적 속도의 개념을 도입했다. 브라헤의 관측자료에 의하면 화성의 속력은 태양으로부터의 거리의 제곱에 반비례하였다. 이것은 화성의 면적 속도가 일정하다는 것을 의미했다. 면적 속도가 일정하기 위해서는 화성이 태양에 가까이 왔을 때는 속력이 빨라져야 하고, 멀어지면 속력이 느려져야 한다.[6] 케플러는 또한 브라헤의 관측자료가 나타내는 궤도는 타원이며 태양은 타원 궤도의 한 초점에 위치해 있다는 것도 알아냈다.

수많은 계산을 통해 1605년경에는 타원 궤도와 면적 속도 일정의 법칙을 알아냈지만 브라헤의 상속자들과 브라헤의 관측자료를 사용하는 문제를 협상하는 데 시간이 걸렸기 때문에 1609년이 되어서야 이런 내용이 포함된 『신천문학*Astronomia Nova*』을 출판할 수 있었다. 케플러는 『신천문학』에 행성운동의 1법칙과 2법칙을 이끌어 내는 과정을 자세하게 소개해 놓았다. 『신천문학』의 핵심 내용인 행성운동의 제1법칙과 제2법칙은 다음과 같다.

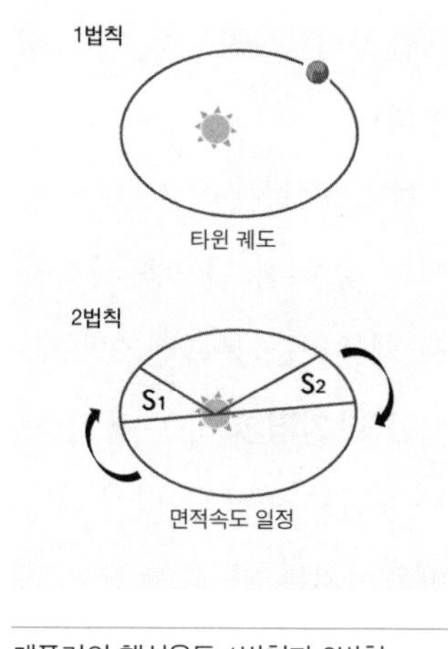

케플러의 행성운동 1법칙과 2법칙

> 제1법칙: 행성은 태양을 한 초점으로 하는 타원 궤도를 돌고 있다.
> 제2법칙: 일정한 시간 동안에 태양과 행성을 연결하는 직선이 그리는 면적

6 후에 면적속력은 각운동량에 비례하는 값이라는 것을 알게 되었다. 따라서 면적속도 일정의 법칙은 각운동량보존의 법칙을 나타내는 것이었다.

은 같다.

『신천문학』이 출판된 후에 케플러가 발견한 행성운동법칙에 관심을 가지는 사람들이 많지 않아 케플러를 실망시켰다. 그러나 타원운동을 기초로 한 케플러의 태양계는 단순하면서도 행성의 운동을 정확하게 예측했다. 따라서 철학자, 천문학자 그리고 교회의 지도자들 중심으로 케플러의 행성운동법칙을 받아들이는 사람들이 늘어났다. 망원경을 이용하여 목성의 위성 네 개를 발견하고 그 결과를 1610년에 『별세계의 메신저』라는 책으로 발표한 갈릴레이는 편지로 자신의 발견에 대한 케플러의 의견을 물었다.

케플러는 「별세계의 메신저와의 대화」라는 제목의 논문을 발표하여 갈릴레이의 발견을 인정하고 이 발견의 의미와 천체 관측에 망원경을 사용하는 데 대한 자신의 의견을 제시했다. 케플러의 이런 평가는 갈릴레이가 망원경 관측을 사실로 인정받는 데 큰 도움을 주었다. 그러나 갈릴레이는 케플러의 『신천문학』이나 행성운동법칙에 대해 아무런 반응을 보이지 않았다.

갈릴레이의 망원경 관측에 관심을 가지고 있던 케플러는 망원경에 대한 이론 및 실험 연구를 시작하여 1611년에 『굴절광학』을 출판했다. 이 책에서 케플러는 볼록렌즈와 오목렌즈가 상을 만드는 원리, 렌즈를 이용하여 만든 망원경의 작동 원리를 체계적으로 설명했다. 그는 또한 빛이 실제로 모여 만드는 실상, 빛이 나오는 것처럼 보일 뿐인 허상, 정립상과 도립상이 만들어지는 원리, 그리고 렌즈의 초점거리와 물체나 상까지의 거리에 따라 달라지는 상의 확대와 축소에 대해서 설명했다. 케플러는 또한 두 개의 볼록렌즈를 조합하여 케플러식 망원경을 만들기도 했다.

『신천문학』을 출판한 후 케플러는 한때 성서의 연대를 연구하기도 했고, 정치적 사건들에 연관되어 어려운 시기를 보내기도 했다. 그런가 하면 아내와 아들이 병으로 죽는 어려움을 겪기도 했고, 마녀로 몰린 어머니의 혐의를 벗기기 위해 노력하기도 했다. 점성술에도 관심이 많았던 케플러는 신성로마제국의 황제와 귀족들에게 점성술을 바탕으로 정치적 사건들에 대해 조언을 하기도 했다. 그러나 케플러는 점성술을 신뢰하지는 않았다. 케플러는 한때 눈의 육각형 구조를 연구하기도 했다.

신이 기하학적 모델을 바탕으로 우주를 창조했다고 믿었던 케플러는 행성의 속력과 태양에서 행성까지의 거리 사이의 관계를 알아내기 위한 연구를 시작했다. 태양에서 행성까지의 거리와 행성의 공전 주기를 여러 가지로 조합해 본 케플러는 주기의 제곱이 타원 궤도의 장축의 세제곱에 비례한다는 행성운동 3법칙을 발견했다.

케플러는 행성운동 3법칙을 1618년 3월 8일에 알게 되었다고 했지만 어떤 과정을 통해 이런 결론을 얻었는지에 대해서는 설명하지 않았다. 조화의 법칙이라고도 불리는 행성운동 3법칙은 1619년에 출판된 『우주의 조화 *Harmonices Mundi*』에 실려 있었다.

제3법칙: 공전 주기의 제곱은 타원 궤도의 장축의 세제곱에 비례한다.

1615년에는 『신천문학』을 출판한 직후부터 계획했던 천문학 교과서를 쓰는 작업을 시작했다. 케플러는 『코페르니쿠스 천문학 개요 *Epitome astronomiae Copernicanae*』의 첫 세 권을 1618년에 출판했고, 4권은 1620년에 그리고 5권은 1621년에 출판했다. 이 책에는 케플러의 행성운동법칙이 모두 실려 있으며 천체 운동의 물리적 원

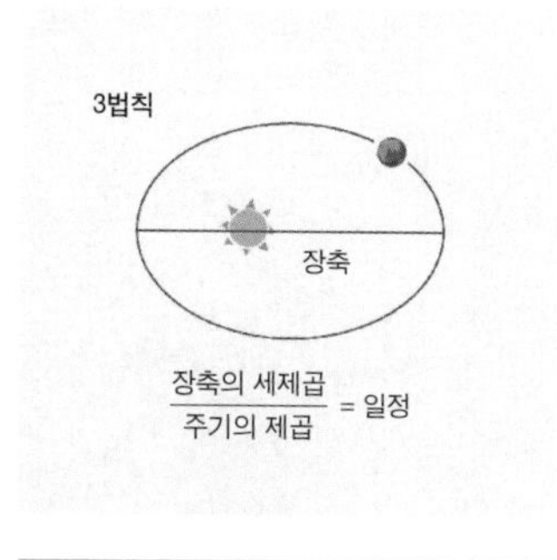

케플러의 행성운동 3법칙

인을 설명하려고 시도했다. 케플러는 화성 궤도에 적용했던 행성운동법칙을 모든 행성들과 달의 운동에 적용했으며, 갈릴레이가 발견한 목성의 위성들에도 적용했다.

케플러가 발견한 행성운동법칙들은 브라헤의 자료들을 분석하여 얻어낸 경험법칙이었다. 따라서 그런 법칙이 성립하는 이유를 역학적으로 설명할 수 없었다. 케플러는 행성운동이 성립하는 이유를 설명하기 위해 태양과 행성들 사이에 거리가 멀어짐에 따라 약해지는 자기력과 비슷한 힘이 작용하는 것이 아닐까 하고 생각했지만 성공적으로 행성운동법칙을 설명하지는 못했다.

케플러의 행성운동법칙은 후에 뉴턴이 중력법칙을 이끌어 내는 길잡이가 되었다. 뉴턴은 행성의 공전 주기의 제곱이 타원 궤도의 장축의 세제곱에 비례한다는 행성운동 3법칙이 성립하기 위해서는 태양과 행성 사이에 거리 제곱에 반비례하는 힘이 작용해야 한다는 것을 알아냈다. 뉴턴은 운동법칙과 중력법칙을 이용해 케플러의 행성운동법칙들을 이론적으로 유도해 낼 수 있었다.

3. 갈릴레이의 망원경 관측과 역학 연구

갈릴레이의 『별 세계의 메신저』

1564년에 피사에서 태어난 갈릴레오 갈릴레이Galileo Galilei(1564-1642)는 역사상 가장 뛰어난 이론물리학자 중 한 사람이었고, 가장 훌륭한 실험가였으며, 매우 숙련된 발명가였다. 갈릴레이는 처음에는 의학을 배웠으나 후에 물리학과 수학을 공부했다. 갈릴레이가 피사대학에 다니는 동안 성당 천장에 매달린 등이 좌우로 흔들리는 것을 보고 진자의 주기는 진폭의 관계없이 일정하다는 진자의 등시성을 발견했다. 대학을 졸업한 후에는 피사대학에서 학생들에게 수학을 가르쳤다.

피사의 사탑에서 낙하 실험을 하여 무거운 것이 먼저 땅에 떨어질 것이라고 했던 아리스토텔레스 역학이 틀렸다는 것을 증명했다고 전해지는 것은 그가 피사대학에 있을 때였다. 그러나 갈릴레이가 실제로 피사의 사탑에서 낙하 실험을 했는지는 확실하지 않다. 갈릴레이의 일생을 연구한 사람들은 피사의 사탑의 낙하 실험은 갈릴레이의 제자로 갈릴레이의 전기를 쓰기도 했던 빈센조 비비아니Vincenzo Viviani(1622-1703)가 지어낸 이야기일 것이라고 믿고 있다. 갈릴레이는 실험을 하지 않고도 무거운 물체가 가벼운 물체보다 먼저 떨어진다는 것이 모순이라는 것은 증명할 수 있었다.

네덜란드의 플랑드르 지방에서 안경을 만들고 있던 한스 리퍼세이Hans Lippershey(1570-1619)는 1608년에 망원경을 발명하고 특허를 신청했다. 리퍼

세이가 만든 망원경에 대한 소식은 오래지 않아 이탈리아에 있던 갈릴레이에게도 전해졌다. 갈릴레이는 망원경에 대한 소식을 들었을 때의 일을 1610년에 출판한 『별세계의 메신저*Sidereus Nuncius*』에 다음과 같이 기록해 놓았다.

> 약 10개월 전에 네덜란드인이 멀리 있는 물체를 눈앞에 있는 것처럼 볼 수 있는 스파이글라스를 발명했다는 소식을 들었다. 어떤 사람들은 이 소문이 사실이라고 했고 어떤 사람들은 사실이 아니라고 했다. 며칠 후 프랑스 파리에서 온 자크 바도베레Jacques Badovere가 전해 준 보고서를 보고 이 소식이 사실이라는 것을 알게 되었다. 그러자 즉시 나도 비슷한 장치를 만들 수 있을 거란 생각에 연구를 시작했다.

망원경에 대한 소문을 듣고 망원경을 만드는 연구를 시작한 갈릴레이는 곧 배율이 네 배인 망원경을 만들었고, 렌즈 연마법을 배운 1609년 8월에는 배율이 여덟 배 정도인 망원경을 만들었다. 망원경이 군사적으로나 상업적으로 중요한 가치를 가지고 있다고 판단한 갈릴레이는 자신이 만든 망원경을 베니스 총독에게 보여 주어 월급을 올려 받는 성과를 올리기도 했다. 갈릴레이는 망원경 제조에 대한 모든 권한을 베니스 총독에게 위임했다. 망원경은 그의 발명품이 아니었으므로 자신이 권리를 가지고 있어도 아무 쓸모가 없다는 것을 알고 있었기 때문이었을 것이다.

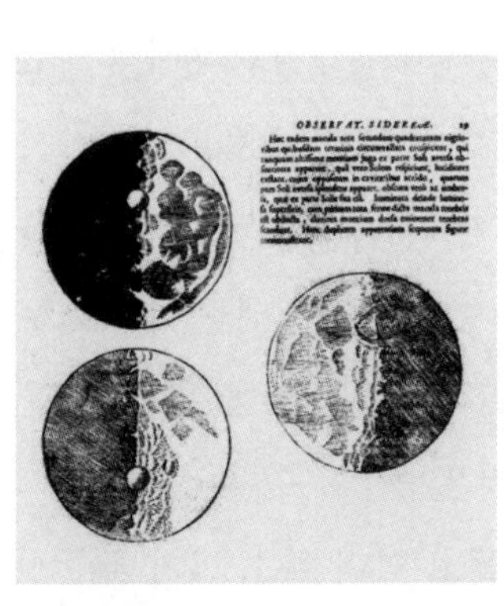

갈릴레이가 관찰한 달

1609년 말부터 갈릴레이는 망원경으로 천체를 관측하기 시작했다. 망원경으로 밤하늘을 관측하기 시작한 갈릴레이가 가장 먼저 관측한 것은 달이었다. 달에서 그는 넓은 고원과 깊은 골짜기, 그리고 언덕과 산들을 관측했다. 태양 빛이 비추는 부분과 태양 빛이 비추지 않는 부분의 경계면이 매끈한 직선이 아닌 것은 달의 표면이 언덕과 산으로 이루어져 있기 때문이라고 생각한 갈릴레이는 어두운 부분에 있던 밝은 점으로 보이는 산 정상이 밝은 부분으로 옮겨 가는 데 걸리는 시간을 측정해 이 산의 높이를 계산해 내기도 했다.

1610년 1월에는 목성 주위를 돌고 있는 네 개의 위성을 발견했다. 갈릴레이는 이 위성들을 자신의 후원자 가문의 이름을 따서 메디치가의 별이라고 불렀지만 후세 과학자들은 이 위성들을 갈릴레이 위성이라고 불렀다. 목성의 위성들은 모든 천체들이 지구를 중심으로 돌고 있다는 지구중심설이 틀렸다는 강력한 증거가 되었다.

독일의 시몬 마리우스Simon Marius(1573-1625)는 1614년에 출판한 『목성의 세계*Mundus Jovialis*』에서 갈릴레이보다 먼저 이 위성들을 발견했다고 주장했다. 마리우스는 이 위성들을 신화에 등장하는 인물들의 이름들을 따라 이오, 유로파, 가니메데, 칼리스토라고 불렀다. 갈릴레이는 마리우스의 주장을 비난하고 무시했다. 마리우스가 이 위성들을 발견했다고 주장한 1609년 12월 29일은 율리우스력으로 계산한 날짜여서 이를 갈릴레이가 사용했던 그레고리력으로 환산하면 1610년 1월 8일에 해당되었다. 300년 후에 네덜란드의 배심원들은 갈릴레이와 마리우스가 하루 사이를 두고 독립적으로 이 위성들을 발견했다고 판정했다.

그러나 갈릴레이가 마리우스보다 먼저 발견 사실을 발표했기 때문에 갈릴레이의 우선권이 널리 인정받고 있다. 처음에는 이 위성들을 목성 1번 위성, 2번 위성 등으로 번호를 붙여 불렀지만 시간이 흐르면서 마리우스의 명명법을 따라 이오, 유로파, 가니메데, 칼리스토라고 부르게 되었다. 마리우스는 이 위성들을 발견한 사람으로는 인정받지 못했지만 그가 붙인 이름을 통해 그의 업적을 후세에 알릴 수 있게 되었다.

망원경을 이용한 갈릴레이의 관측 결과는 1610년 5월에 『별세계의 메신저』라는 제목의 작은 책자로 출판되었다. 이 책은 많은 사람의 관심을 끌었다. 이 책이 출판된 후 오래지 않아 갈릴레이는 파도바대학을 사직하고 피사대학의 수학 주임교수가 되었고 투스카니 대공의 전속 수학자 겸 철학자가 되었다.

『별세계의 메신저』를 출판한 후에도 갈릴레이는 망원경을 이용한 천체 관측을 계속했다. 갈릴레이가 처음으로 토성을 관측한 것은 1610년 7월 25일이었다. 망원경의 성능이 좋지 않아 고리의 일부만을 관측한 갈릴레이는 토성이 귀를 가지고 있는 행성이라고 했다. 1612년에는 『별세계의 메신저』에 포함되었던 목성의 위성을 자세하게 관측하여 이 행성들의 공전 주기를 결정했다.

갈릴레이는 망원경 관측을 통해 태양중심설을 증명해 줄 확실한 증거를 찾기 위해 노력했다. 태양중심설을 제안한 코페르니쿠스는 성능이 좋은 관측 장비가 있으면 금성의 위상변화를 관측하여 자신이 제안한 태양중심설이 옳다는 것을 증명할 수 있을 것이라고 했다.

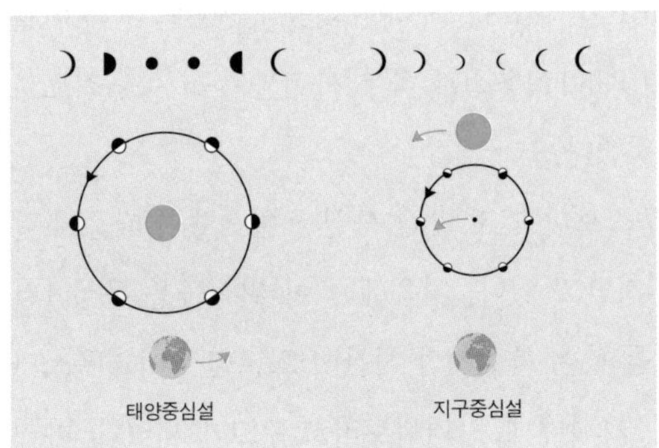

태양중심설과 지구중심설에 의한 금성의 위상변화

금성과 지구가 모두 태양 주위를 돌고 있는 태양중심설에 의하면 금성도 달과 마찬가지로 보름달, 반달, 초승달 같은 모양으로 보여야 하지만, 금성이 지구 주위를 돌고 있는 한 점을 중심으로 주전원운동을 하고 있다고 설명하는 지구중심설에 의하면 금성은 항상 초승달 모양으로만 관측되어야 한다. 따라서 금성의 위상변화를 관측하면 두 체계 중 어느 것이 옳은지를 확인할 수 있다고 생각한 것이다. 그러나 맨눈으로는 금성이 밝은 점으로만 보이기 때문에 위상변화를 관측할 수 없었다.

1610년 가을 갈릴레이는 최초로 금성의 위상변화를 관찰하고 위상변화를 나타내는 도표를 만들었다. 관측 결과는 태양중심설에서 예측했던 것처럼 보름달, 반달, 초승달의 모양을 모두 보여 주었다. 이는 코페르니쿠스의 태양중심설을 지지하는 확실한 증거였다. 갈릴레이는 태양표면의 흑점 수가 변해 간다는 것을 알아내 하늘 세계도 완전하며 변화가 없다는 고대의 설명이 옳지 않다는 것을 확인했다. 갈릴레이는 태양 흑점에 관한 관측 결과를 1612년과 1613년에 발표했다.

1616년 갈릴레이는 메디치의 코시모 2세 대공의 어머니에게 아리스토텔레스의 추종자들을 비난하는 내용이 포함된 편지를 보냈다. 이 편지에서 갈릴레이는 성서의 내용이 수학적으로 증명된 과학적 사실과 모순될 때는 성서의 내용을 문자 그대로 해석하면 안 된다고 주장하고 코페르니쿠스의 체계는 계산을 위한 수학적 모델이 아니라 물리적 사실이라고 주장했다.

갈릴레이가 관측 증거를 가지고 코페르니쿠스의 태양중심설이 물리적 사실이라고 주장하자 교회에서는 이를 문제 삼고 나섰다. 교황 바오로 5세는 코페르니쿠스의 태양중심설을 평가할 종교 재판소의 위원회를 소집했다. 추기경들로 구성된 위원회는 1616년 2월 24일 신학자들의 견해를 들은 후 태양중심설은 사실이 아니며 잘못된 것이어서 이를 옹호하거나 지지해서는 안 된다고 결정했다.

이 판결로 코페르니쿠스의 『천체 회전에 관하여』는 출판된 지 63년 만인 1616년 3월 금서목록에 올랐다. 이 책이 금서 목록에서 삭제된 것은 230년이 지난 1835년이었다. 갈릴레이는 1623년에 『시금자』를 출판했다. 이 책은 갈릴레이의 새로운 과학 방법을 설명한 책이었다. 이 책에는 다음과 같은 내용이 실려 있다.

> 철학은 우리가 보아 주기를 기다리며 우주라는 거대한 책에 쓰여 있다. 그러나 이 책은 그것을 기록한 글자를 읽는 방법을 배우기 전에는 이해할 수 없다. 이 책은 수학이라는 언어로 쓰여 있다. 이것을 쓰는 데 사용된 글자는 삼각형, 원과 같은 기하학적 형상들이어서 이들에 대해 알지 못하고는 어두운 심연을 헤매는 것과 마찬가지이다.

이 책이 출판되기 전에 갈릴레이와 오랜 친분이 있었던 마페오 바르베리니Maffeo Barberini 추기경이 교황에 선출되어 우르반 8세Urban VIII가 되었다. 갈릴레이는 『시금자』를 교황에게 헌정했다. 갈릴레이는 우르반 8세 교황을 여러 번 접견하고 우주에 대한 두 경쟁 체계를 비교하는 책을 쓸 수 있는 허가를 받아 냈다. 1624년에 갈릴레이는 『두 우주 체계에 대한 대화*Dialogue Concerning the Two Chief World System*』를 쓰기 시작했지만 건강이 좋지 않아 작업이 제대로 진척되지 않았다.

따라서 갈릴레이는 교황의 승인을 받고 6년 후인 1630년이 되어서야 이 책을 완성할 수 있었다. 1630년에 갈릴레이는 이 책의 출판 허가를 로마에 요청했지만 쉽게 허가가 나지 않았다. 따라서 그는 로마가 아닌 피렌체에서 출판 허가를 받아 1632년 2월에 『두 우주 체계에 대한 대화』를 출판했다.

『두 우주 체계에 대한 대화』

『두 우주 체계에 대한 대화』는 살비아티와 심플리치오, 그리고 사그레도라는 인물들이 4일 동안 프톨레마이오스 체계와 코페르니쿠스 체계의 장단점은 물론 과학 전반에 걸쳐 토론하는 내용을 대화 형식으로 구성한 책이다. 코페르니쿠스 체계를 옹호하는 학자로 나오는 살비아티는 갈릴레이의 친구로 과학자이며 천문학자였던 필립포 살비아티Filippo Salviati(1582-1614)를 모델로 한 인물이다.

지적인 사람으로 두 사람의 토론을 중재하는 역할을 하는 사그레도는 중립적인 입장을 취하지만 살비아티의 편에 서서 심플리치오를 나무라기도 한다. 사그레도는 갈릴레이의 친구이며 수학자였던 지오바니 사그레도Giovanni Francesco Sagredo(1571-1620)를 모델로 하였다. 아리스토텔레스와 프톨레마이오스의 열렬한 추종자로 그려진 심플리치오는 6세기의 아리스토텔레스주의 학자였던 심플리치우스Simplicius of Cilicia의 이름에서 따온 것으로 보이지만, 단순하다는 의미로 심플리치오라고 불렀을 가능성도 있다.

이 책은 대화 형식으로 쓰여 있어서 넓은 층의 독자들에게 읽힐 수 있었다. 또한 이 책은 라틴어가 아닌 이탈리아어로 쓰였는데 이는 갈릴레오가 태양중심설을 일반 사람들에게 널리 알리기 위한 것이었다. 이 책에서 갈릴레이는 금성의 위상변화, 태양 흑점의 변화, 목성을 돌고 있는 위성들의 예를 들어 태양중심설이 옳다는 것을 적극적으로 주장하고 아리스토텔레스의 역학에 근거한 프톨레마이오스 체계의 모순을 지적했다.

『두 우주 체계에 대한 대화』가 출판되자 교회의 반응은 심각했다. 책을 쓰기 시작한 시점과 출판된 시점 사이의 10년 동안에 유럽의 정치적, 종교적 환경이 달라져 있었다. 『두 우주 체계의 대화』가 출판되었을 때 유럽에서는 가톨릭교회와 신교도 사이에 30년 전쟁이 14년째 계속되고 있어서 가톨릭교회는 신교도들의 위협에 대해 점점 더 강경하게 대처하고 있었다. 따라서 교황은 갈릴레이에게 두 체계를 비교하는 책을 쓰도록 허락했던 자신의 입장을 바꾸어 전통적인 지구중심설에 의문을 제기하는 이단적인 과학자들이 쓴 저작물들을 금지시켰다.

더구나 『두 우주 체계에 대한 대화』에는 교황을 직접 비난하는 것처럼 해석될 수 있는 내용도 포함되어 있었다.

> 심플리치오: 전능한 신은 물리법칙에 구애받지 않고 무엇이든 만들 수 있다.
> 살비아티: 틀림없이 전능하신 하나님은 금으로 만든 뼈와 수은으로 가득 찬 정맥과 납보다 무거운 몸과, 대단히 작은 날개를 가진 새도 하늘을 날게 할 수 있을 것이다. 그러나 하나님은 그렇게 하지 않으셨다. 우리는 이런 사실로부터 무언가를 배워야 한다. 아무 곳에나 하나님을 끌어다 붙이는 것은 자신의 무지를 가리기 위한 것일 뿐이다.

살비아티가 심플리치오의 주장을 반박하기 위해 인용한 하나님은 금을 만든 뼈와 수은으로 가득 찬 정맥을 가진 새를 만들 수도 있다는 이야기는 교황이 강론에서 한 이야기였다. 갈릴레이를 비난하는 사람들은 이것은 갈릴레이가 교황을 조롱하는 것이라고 주장했다.

『두 우주 체계에 대한 대화』가 출판된 후 종교 재판소는 이단의 강력한 혐의라는 죄목으로 갈릴레이에게 출두할 것을 명령했다. 갈릴레이는 자신이 병들어 있어서 먼 곳까지 여행할 수 없다고 탄원했지만 종교 재판소는 그를 체포해서 로마까지 끌고 오겠다고 위협했다. 교회는 『두 우주 체계에 대한 대화』를 압수하려 했지만 모든 책이 이미 모두 팔린 후였다.

재판은 1633년 4월에 시작되었다. 갈릴레이의 죄목은 지구가 태양 주위를 돌고 있다는 그의 주장이 지구를 굳은 반석 위에 세우시고 영원히 움직이지 않도록 하신 하나님의 뜻에 어긋난다는 것이었다. 대부분의 재판관들은 지구가 태양 주위를 공전한다고 주장하는 것은 예수가 처녀에게서 나지 않았다고 주장하는 것만큼이나 잘못된 것이라고 했고, 갈릴레이가 코페르니쿠스 체계를 홍보하지 못하도록 한 1616년의 판결을 어겼다고 보았다.

늙고 쇠약했던 갈릴레이는 결국 굴복하고 재판관들 앞에서 자신의 주장을 철회하고 참회했다. 갈릴레이는 무기 가택 연금형을 선고받았고, 『두 우주 체계에 대한 대화』는 금서목록에 추가되었다. 이 판결이 있은 후 교회를 나오면서 갈릴레이가 "그래도 지구는 돌고 있다"라는 말을 했다는 것은 널리 알려진 일화이다.

실제로 갈릴레이가 이 말을 했었는지를 확인할 수는 없지만 이 말은 당시 갈릴레이의 심정을 잘 나타내는 것으로 보여 많은 사람이 인용하면서 사실로 굳어졌다. 그가 세상을 떠난 후에 그린 화가의 작품에는 이 말이 갈릴레이가 갇혀 있던 동굴 벽에 쓰여 있던 것으로 그려져 있다.

갈릴레이는 가톨릭교회뿐만 아니라 개신교 신학자들로부터도 비판을 받았다. 그들은 구약성서 여호수아 10장 12절과 12절에 있는 "태양아 너는 기브온 위에 머무르라 달아 너도 아얄론 골짜기 위에 그리 할지어다 하매 태양이 머물고 달이 그치기를 백성이 그 대적에게 원수를 갚도록 하였느니라"라는 구절을 근거로 태양중심설을 선호한 갈릴레이를 비난했다. 만약 갈릴레이의 주장대로 지구가 움직이는 것이라면 태양보고 멈추라고 하는 대신 지구보고 멈추라고 해야 했다는 것이다.

그러나 신학자들의 비판에도 불구하고 시간이 흐르면서 태양중심설을 받아들이는 사람들이 많아졌다. 더 나은 망원경의 사용으로 더 나은 관측 자료들이 수집되었기 때문이기도 했고, 프톨레마이오스의 지구중심설에 익숙해 있던 전 세대의 천문학자들이 세상을 떠났기 때문이기도 했다. 많은 사람이 태양중심설을 받아들이자 교회의 태도에도 변화가 생기기 시작했다.

교회는 지식인들이 사실로 간주하는 것을 계속해서 부정할 경우 자신들이 오히려 어리석게 보일 것이라는 것을 깨닫기 시작했다. 교회는 과학에 대한 기존의 자세를 바꾸어 세상적인 지식과 신앙을 구분하고 더 이상 과학에 간섭하지 않기로 했다. 천체를 비롯해 자연현상을 설명하는 일은 과학자들에게 맡기고 교회는 영혼을 구원하는 일에만 전념하기로 한 것이다. 18세기 이후의 과학자들은 교회의 이런 변화된 태도로 인해 자유롭게 자연과학을 연구할 수 있게 되었다.

새로운 역학의 기초를 닦다

『두 우주 체계에 대한 대화』에는 지구가 우주공간을 빠르게 달리고 있다는 사실을 받아들이지 못하는 사람들을 설득시키기 위한 내용도 포함되어 있었다. 우리가 살아가고 있는 지구가 시속 1,600킬로미터의 빠른 속력으로 우주공간을 달리고 있다는 것을 받아들이지 못하는 사람들을 설득하기 위해 갈릴레이는 다음과 같은 사고 실험을 제안했다.

> 커다란 배의 갑판 아래 있는 큰 선실에 친구와 함께 있다고 생각해 보자. 그리고 그 방에는 파리, 나비와 같은 날아다니는 동물들이 있고, 어항 속에는 물고기도 들어 있다. 방의 중앙에는 큰 병이 거꾸로 매달려 있어 물이 한 방울씩 아래에 있는 그릇으로 떨어진다고 하자. 배가 조용히 정지해 있을 때 작은 동물들이 선실의 모든 방향으로 같은 속도로 날아다니는 것과 물고기들이 모든 방향으로 헤엄치는 것을 관찰할 수 있다. 그리고 친구에게 물건을 던져 보자. 거리가 같다면 어떤 특정한 방향으로 던질 때 다른 쪽으로 던질 때보다 특히 세게 던질 필요는 없다. 그리고 두 발을 모으고

여러 방향으로 뛰어 보자. 어느 방향으로든지 같은 거리만큼 뛸 수 있을 것이다. 모든 사항들을 조심스럽게 관찰한 다음 배를 당신이 원하는 어떤 속도로 움직이도록 해 보자. 단 운동이 일정하고 변화가 없도록 하면서 말이다. 그러면 선실 안에서 일어나는 일에서 어떤 차이도 발견할 수 없을 것이다. 그리고 선실 안의 일들로부터 이 배가 정지해 있는지 아니면 움직이고 있는지 알아낼 수 없을 것이다.

이 사고 실험을 통해 갈릴레이가 설명하려고 한 것은 등속도로 달리는 계系에서는 속력에 관계없이 똑같은 일이 일어난다는 것이다. 다시 말해 모든 등속도로 달리고 있는 계에서는 같은 물리법칙이 성립하기 때문에 이 계 안에서 어떤 실험을 하더라도 이 계가 달리고 있는지 정지해 있는지 알 수 없다는 것이다. 빠른 속력으로 달리고 있는 지구 위에서 살면서도 그것을 느끼지 못하고 편안하게 살아갈 수 있는 것은 이 때문이다. 이것은 후에 상대성원리라고 부르게 되었다. 상대성원리는 뉴턴역학에서는 물론 아인슈타인의 상대성이론에서도 기본 전제로 받아들이는 기본적인 원리이다.

갈릴레이가 운동의 원인에 많은 관심을 가지고 있던 피사대학 수학 교수 시절에는 당시 많은 사람이 받아들이고 있던 임페투스 이론을 받아들였다. 그러나 임페투스 이론으로는 공중으로 던진 물체가 포물선 운동하

두 우주 체계에 관한 대화

는 이유를 설명할 수 없었다. 갈릴레이는 물체가 포물선 궤도를 그리는 것은 수평 방향으로의 등속도 운동과 수직 방향으로의 등가속도운동이 동시에 일어나기 때문임을 밝혀냈다. 갈릴레이는 한 물체에 두 가지 운동이 동시에 일어날 수 없다는 아리스토텔레스의 주장을 부정하고, 두 가지 운동이 동시에 일어나고 있으며, 두 가지 운동이 복합되어 포물선 운동으로 나타나게 된다고 설명했다.

고대 역학에서는 무거운 물체는 가벼운 물체보다 우주의 중심으로 다가가려는 성질이 크기 때문에 더 빨리 떨어진다고 설명했다. 그러나 갈릴레이는 무거운 물체가 가벼운 물체보다 더 빠른 속력으로 낙하한다면 어떤 논리적 모순이 생기는지를 보여 주었다. 그는 무거운 물체가 가벼운 물체보다 더 빨리 떨어질 경우 무거운 물체와 가벼운 물체를 묶어서 낙하시키면 어떤 속력으로 낙하해야 하는지를 물었다.

두 물체를 묶어 놓으면 무거운 물체보다 더 무거워지므로 무거운 물체보다도 더 빨리 떨어져야 한다고 설명할 수 있다. 그러나 두 물체를 묶어 놓으면 무거운 물체와 가벼운 물체의 중간 속력으로 떨어져야 한다는 것도 논리적인 답이 될 수 있다. 갈릴리에는 이렇게 서로 상반된 두 가지 설명이 논리적으로 가능한 답이 될 수 있는 것은 무거운 물체가 가벼운 물체보다 더 빨리 떨어진다는 가정이 잘못되었기 때문이라고 지적했다. 그는 무거운 물체와 가벼운 물체가 같은 속력으로 떨어진다고 하면 이런 모순이 발생하지 않는다고 설명했다.

갈릴레이는 경사면을 이용한 낙하 실험을 통해 알아낸 낙하하는 물체의 속력과 일정한 시간 동안 낙하한 거리를 다음과 같이 설명했다.

> 낙하하는 물체의 속력은 낙하 시간에 비례하여 증가하고, 물체가 낙하한 거리는 시간의 제곱에 비례하여 증가한다.

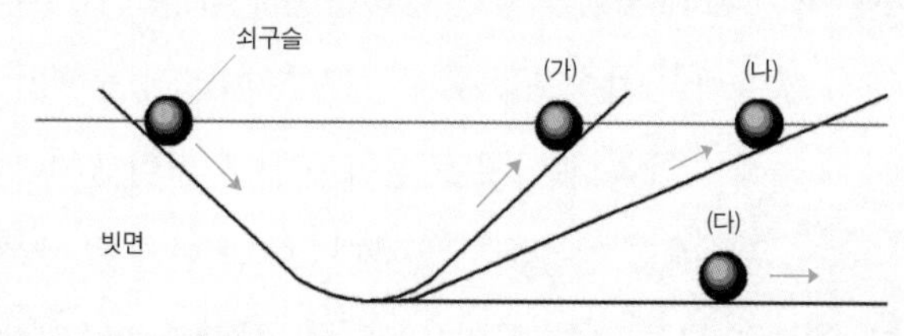

경사면을 내려온 공은 반대편 경사면을 따라 처음 높이까지 올라간다. 반대편 경사면의 경사가 작을수록 같은 높이에 도달할 때까지 달려가야 할 거리가 늘어난다.

갈릴레이는 높은 건물에서 물체를 떨어뜨리면 지구가 달리고 있는데도 불구하고 건물 옆에 떨어지는 것은 지상의 모든 물체가 지구와 같은 속도로 달리고 있기 때문이라고 설명했다. 갈릴레이는 마찰이 없는 경사면을 따라 굴러 내려온 공이 반대편에 있는 경사면으로 다시 굴러 올라가는 사고 실험을 통해 물체에 힘이 가해지지 않아도 지구를 따라 달리는 운동이 가능하다는 것을 보여 주려고 했다.

마찰이 없는 경사면에서 굴러 내려온 공은 반대편 경사면을 따라 같은 높이까지 올라간다. 따라서 반대편 경사면의 경사가 완만한 경우에는 같은 높이까지 올라가기 위해 더 먼 거리를 달려가야 한다. 경사가 완만할수록 같은 높이에 도달할 때까지 달려가야 할 거리가 늘어나다가 경사가 0이 되면 같은 높이까지 올라가기 위해서 달려가야 할 거리가 무한대가 된다. 이 공은 더 이상 힘을 가하지 않아도 영원히 운동을 계속한다. 이것은 갈릴레이가 관성운동의 개념에 근접했다는 것을 의미한다.

그러나 갈릴레이가 생각한 관성운동은 뉴턴역학에서와는 달리 등속직선운동이 아니라 지구 표면에 평행한 운동이었다. 그뿐만 아니라 갈릴레이는 물체가 지구 중심을 향해 낙하하는 것은 물체가 지구 중심을 향해 낙하하려는 성질을 가지고 있기 때문이라고 설명했다.

갈릴레이는 또한 지구 중심을 향한 낙하운동을 자연스럽게 가속되는 운동이라고 해서 일반적인 가속운동과 구분했다. 따라서 물체가 낙하한 거리가 시간의 제곱에 비례한다는 것을 실험을 통해 알아냈지만 그 결과를 일반적인 가속도운동에도 적용하지 못했다. 이런 한계를 극복하고 고대 역학에서 완전하게 벗어나 역학혁명을 완성한 사람은 갈릴레이가 세상을 떠나던 해인 1642년에 태어난 아이작 뉴턴이었다. 그러나 뉴턴이 역학혁명을 완성하기 위해서는 아직 거쳐야 할 단계가 남아 있었다.

3장

역학혁명을 위한 전주곡

1. 실험을 중요시한 프랜시스 베이컨

『노붐 오르가눔』과 우상

영국 엘리자베스 1세 때 대법관의 아들로 태어난 프랜시스 베이컨Francis Bacon(1561-1626)은 케임브리지대학에서 공부한 후 변호사, 하원 의원, 검찰총장 등을 거쳐 1617년에는 대법관이 되었다. 40세였던 1621년에 뇌물 사건에 연루되어 모든 지위를 잃었다가 다음 해 특별사면을 받고 복직했으나 곧 공직에서 물러나 연구와 저술에 전념했다. 1626년 3월에 베이컨은 얼음이 부패 과정을 얼마나 늦추는지를 알아보기 위한 실험을 하다 기관지염에 걸려 4월에 세상을 떠났다.

베이컨은 1620년에 『노붐 오르가눔*Novum Organum*』을 출판했다.[7] 이 책은 아리스토텔레스의 논리학 『오르가논』에서 탈피해 새로운 논리학을 제시한다는 의미에서 이런 이름을 갖게 되었다. 이 책의 1권에서는 사람들이 가지고 있는 우상을 제시하고, 2권에서는 우상에서 벗어나는 과학적 방법으로 귀납법을 제시했다. 베이컨은 사람들이 가

프랜시스 베이컨

7 프랜시스 베이컨, 『신기관』, 진석용 옮김, 한길사, 2016.

지고 있는 우상을 종족의 우상, 동굴의 우상, 시장의 우상, 극장의 우상으로 분류했다. 종족의 우상과 동굴의 우상은 개인의 심리 상태와 연관이 있는 우상들이고, 시장의 우상과 극장의 우상은 사회적 상황과 관련이 있는 우상들이었다.

종족의 우상idola tribus은 인간이 가지고 있는 본성으로 인해 진리에 도달하기 어렵게 되는 것을 말한다. 감각의 불완전성, 이성의 한계, 감정과 욕망 등으로 인해 나타나는 폐단이 종족의 우상이다. 종족의 우상으로 인해 사람들은 일단 어떤 것을 사실로 받아들인 후에는 이와 일치하는 사실만 받아들이고 일치하지 않는 경우를 무시하는 경향이 있다. 지구가 우주의 중심이라는 믿음이나 자연에도 목적이 있다고 믿는 것과 같은 것들이 종족의 우상에 속한다. 상상을 통해 자연에 근거 없는 규칙을 상정하는 것 역시 종족의 우상으로 인해 생기는 오류이다. 베이컨은 종족의 우상으로 인해 인간의 감각만으로는 우주의 참된 진리를 인식할 수 없다고 했다.

동굴의 우상idola specus은 경험이나 교육 등에 의해 형성된 선입견으로 인해 세상을 잘못 판단하게 되는 것을 말한다. 동굴에 갇혀 있으면서 받은 교육에 의해 만들어진 선입견이 세상에 대한 올바른 이해를 방해하는 것이 동굴의 우상이다. 동굴의 우상으로 인해 사람들은 자신만의 주관을 가지게 되고, 그런 주관이 새로운 지식을 받아들이는 것을 방해하게 된다. 베이컨은 아리스토텔레스의 자연철학에 대하여 진리를 찾기 위해서는 버려야 할 동굴의 우상이라고 주장했다.

시장의 우상idola fori은 잘못된 언어의 사용으로 인해 생기는 폐단을 가리킨다. 베이컨은 시장의 우상을 두 가지로 나누었는데, 하나는 실체가 없는 것에 이름을 붙여 실제로 존재하는 것처럼 착각하게 하는 것이고, 다른 하나는 실제로 존재하기는 하지만 그것을 나타내는 말과 실체가 일치하지 않는 경우를 말한다. 베이컨은 이것이 시장에서 사고 파는 물건에 적합하지 않은 이름을 붙여 거래하는 것과 비슷하다고 보아 시장의 우상이라고 했다. 베이컨은 정의마저도 언어로 이루어져 있으므로 언어의 의미를 정의하는 것으로는 시장의 우상을 해결할 수 없다고 지적했다.

극장의 우상idola theatri은 학문의 체계나 학파 등으로 인해 생기는 폐단을 의미했다. 극장에서 배우들이 공연할 때 아무 생각 없이 연극 대본을 그대로 읽는 것처럼 자연현상을 있는 그대로 보지 않고 아무 생각 없이 기존 학설이나 학파의 주장을 받아들이는 것이 극장의 우상이다. 베이컨은 극장의 우상을 세 가지 범주로 분류했다.

첫 번째는 상상을 통해 얻어진 체계에 약간의 경험을 끼워 맞춰 만든 것으로 아리스토텔레스의 자연철학이 그 대표적인 예라고 했다. 두 번째 극장의 우상은 실험 결과를 왜곡하는 것이며, 세 번째 극장의 우상은 신학과 미신을 과학에 도입함으로써 생기는 것이라고 했다. 베이컨은 이 중에서 세 번째 극장의 우상이 가장 자주 볼 수 있는 것이지만 가장 많은 해를 끼치는 것은 두 번째 부류의 극장의 우상이라고 했다.

베이컨은 아리스토텔레스의 자연학은 네 가지 우상을 모두 포함하고 있으며, 연금술과 마술은 동굴의 우상에, 그리고 원자론자들의 주장은 극장의 우상에 젖어 있다고 주장했다. 12세기에 유럽 학자들이 고대 그리스 학문을 새롭게 발견하고 고대 그리스의 과학이라면 모든 것을 사실로 받아들이던 것과는 달리 베이컨은 아리스토텔레스를 격렬한 어조로 비판했다.

이것은 케플러나 갈릴레이와 같은 사람들의 활동으로 태양중심설이 널리 받아들여지면서 지구중심설의 이론적 바탕이 되는 아리스토텔레스의 고대 과학이 설 자리를 잃어가고 있었다는 것을 잘 나타낸다. 베이컨은 뉴턴역학이라는 새로운 집을 짓기 위해 옛 집인 아리스토텔레스 과학의 잔재를 치우는 역할을 하고 있었던 것이다. 베이컨은 고대 과학을 진리를 방해하는 우상으로 격하시키는 데 그치지 않고, 우상에서 벗어나 진리에 도달할 수 있는 방법으로 귀납적 과학 방법을 제안했다.

귀납적 방법

베이컨은 『노붐 오르가눔』의 제2권에서 우상들에서 벗어나기 위해서는 귀납적 방법을 사용해야 한다고 주장했다. 귀납적 방법의 첫 번째 단계는 실험과 관찰 결과를 바탕으로 어떤 현상이 발생하는 사례를 모아 놓은 존재 목록, 그런 현상이 발생하지 않는 경우를 모아 놓은 부존재 목록, 그리고 존재 사례와 부존재 사례를 비교한 비교 목록을 만드는 것이다. 두 번째 단계는 작성한 목록을 바탕으로 제거 목록을 작성하는 것이다. 존재 사례에 있는 현상이라고 해도 부존재 사례가 존재한다면 그것은 일반적인 현상이라고 볼 수 없으므로 제거 목록에 포함시킨다.

세 번째 단계는 목록들에 포함된 내용에 인간의 이성을 더해 가설을 만드는 것이고, 네 번째 단계는 가설을 검증하는 단계이다. 가설의 정당성을 확인하기 위한 실험을 반복하여 가설이 옳다는 것을 증명해야 하며, 이 과정에서 오류가 나타나면 그 가설을 포기해야 한다. 이러한 베이컨의 주장은 과학에서의 귀납법의 위상을 확고히하여 새로운 과학적 세계관과 방법론을 확립하는 데 크게 기여했고, 경험 철학과 귀납법을 바탕으로 한 뉴턴 역학이 영국에서 발전할 수 있는 바탕을 마련했다.

베이컨은 1627년에 이상향을 그린 소설 『새로운 아틀란티스』를 출판했다. 이 소설에서 베이컨은 대서양에 있다고 믿어져 온 상상 속의 섬인 아틀란티스를 신대륙이라고 보고, 새로운 아틀란티스는 태평양 한가운데에 있는 섬으로 설정했다. 기독교 국가인 새로운 아틀란티스의 군주 소라모나가 과학기술 연구소인 사로몬 학원을 창설하여 과학과 기술을 발전시키는 것으로 그려져 있다.

이 책은 후에 철학학원(1645)과 청교도 혁명 후 영국학사원의 창설(1662)

을 촉진시켰고, 또 18세기 프랑스에서 『백과전서』가 출판되는 데도 영향을 주었으며, 근대 과학의 요람이 된 영국 왕립학회(1660)와 프랑스 과학아카데미(1666)의 창설에도 영향을 주었다. 베이컨은 "아는 것이 힘이다Knowledge is power"라는 말을 비롯한 많은 명언을 남겼는데, "아는 것이 힘이다"라는 말은 한때 교육의 중요성을 언급하는 말로 우리나라에서도 자주 인용되었다.

2. 데카르트의 『방법서설』과 해석기하학

데카르트의 『방법서설』

근대 서양 철학뿐만 아니라 근대 수학과 과학의 기반을 마련하는 데 크게 공헌한 르네 데카르트Rene Descartes(1588-1680)는 1588년 프랑스 투렌 지방의 부유한 가정에서 태어났다. 예수회에서 운영하는 대학에 다니면서 수학과 물리학을 공부하고, 갈릴레이의 저서들도 접했던 데카르트는 대학을 졸업한 후 법률가가 되기를 바라는 아버지의 뜻에 따라 푸아티에대학에서 2년 더 공부했다. 1616년에 푸아티에대학을 졸업한 데카르트는 대학보다는 세상이라는 위대한 책에서 배우는 것이 더 나을 것 같다는 생각에 대학을 떠났다.

대학이라는 울타리를 벗어나 여행을 통해 다양한 사람들과 어울리면서 많은 경험을 쌓은 데카르트는 직업 군인이 되기 위해 1618년에는 네덜란드 군대에 들어가 군대 엔지니어가 되기 위한 교육을 받기도 했다. 이곳에서 그는 수학, 유체역학, 자유낙하, 원뿔 곡선 등에 대해 배우면서 수학과 물리학을 연결하는 방법의 필요성을 느끼게 되었고 이는 후에 해석기하학의 발견으로 이어졌다.

군대에 복무하는 동안 철학적 사색에 잠기곤 했던 데카르트는 학문과 지혜를 추구하는 것을 자신의 삶의 목표로 삼기로 결심하고 군대를 떠나 프랑스로 돌아와 재산을 모두 정리하여 연금을 받을 수 있도록 한 다음,

1628년 종교 및 사상적 자유가 폭넓게 보장되고 있던 네덜란드로 가서 1649년까지 21년 동안 저술 활동에 전념했다.

1637년에 데카르트는 프랑스어로 쓴 최초의 철학서인 『방법서설』을 출판했고,[8] 1641년에는 『제1철학에 관한 여러 가지 성찰』의 초판을 출판했으며, 1644년에는 라틴어로 쓴 『철학의 원리』를 출판했다. 데카르트는 철학 분야 외에도 우주론, 광학, 기상학, 기하학, 생리학 분야의 저서를 남겼고, 기하학과 대수학을 접목한 해석기하학을 창시하여 근대 수학과 물리학 발전에 크게 기여했다. 스웨덴의 크리스티나 여왕의 초청을 받고 1649년 가을 스톡홀름으로 간 데카르트는 다음 해인 1650년 2월 11일 그곳에서 세상을 떠났다. 공식적으로 발표된 사인은 폐렴이었지만 그의 사인에 대해 여러 가지 의혹이 제기되기도 했다.

1628년 네덜란드로 이주한 데카르트는 여러 해 동안 과학 연구에 전념하면서 과학을 포괄적으로 다룬 책을 준비했다. 그러나 이 책이 출판되기 직전인 1633년에 갈릴레이가 교회로부터 유죄 판결을 받자 태양중심설을 주요 내용으로 한 이 책의 출판을 포기했다. 그 후 원고에서 문제가 될 만한 부분을 삭제하고, 굴절광학, 기상학, 해석기하학을 추가했다. 『방법서설』은 방법적 회의 끝에 자신과 세상을 긍정해 가는 과정이 설명되어 있는 이 책의 서론이었다. 1637년에 네덜란드에서 출판된 『방법서설』의 원제목은 『이성을 올바르게 이끌어, 여러 가지 학문에서 진리를 구하기 위한 방법의 서설*Discours de la methode pour bien conduire sa raison, et chercher la verite dans les sciences*』이었다.

데카르트는 세상이 형이상학적 영역에 속하는 정신과 역학법칙의 지배를 받는 물질로 이루어졌다고 보았다. 자연은 역학적 인과 법칙의 지배를 받는 세계여서 수학적인 방법으로 설명할 수 있는 세계였다. 따라서 자연

8 르네 데카르트, 『데카르트 연구』, 최명관 옮김, 창, 2010.

에는 신적인 요소는 물론 아리스토텔레스의 목적인도 개입할 여지를 인정하지 않았다. 이로 인해 자연과학이 다루어야 할 영역이 명확해졌다. 데카르트는 연장이라는 개념을 이용하여 자연을 단순화했다. 그는 물체의 가장 중요한 속성은 공간을 차지하고 있는 것이라고 생각하고, 공간을 차지하고 있는 모든 물체를 연장이라고 했다.

물체의 속성을 연장으로 파악하게 됨으로써 연장으로 파악될 수 없는 것은 자연에서 배제되었다. 인간의 육체는 역학법칙의 지배를 받으므로 자연에 속했고 따라서 하나의 연장이었다. 그러나 천사나 정령과 같이 역학법칙의 지배를 받지 않는 것들은 더 이상 자연에 존재할 자리가 없게 되었다. 연장이라는 개념으로 인해 자연물이 영혼을 가지고 있다는 애니미즘도 자연에서 추방되었다. 정신과 물체 사이에 있는 애매한 존재들을 자연에서 추방하자 비로소 자연법칙의 지배를 받는 연장으로서의 자연이 그 모습을 드러냈다.

물질의 세계와 독립된 곳에 역학법칙의 지배에서 벗어나 있는 순수한 정신, 즉 생각하는 것을 속성으로 하는 정신의 세계가 있었다. 데카르트는 전혀 다른 성격을 가진 물질과 정신은 뇌의 기관 중 하나인 송과선[9]을 통해 연결된다고 주장했다. 그러나 송과선도 자연의 일부인 물질이다. 정신이 어떻게 물질인 송과선에 머물 수 있는지에 대해서는 충분한 답을 제시하지 못하고 후세 철학자들의 연구 과제로 남겨 놓았다.

인간의 이성을 중시하는 데카르트의 철학은 바뤼흐 스피노자Baruch Spinoza(1632-1677)와 고트프리트 라이프니츠Gottfried Wilhelm Leibniz(1646-1716)로 이어졌다. 스피노자와 라이프니츠는 데카르트의 인간 정신의 합리성에 대한 신뢰를 계승하면서 물질과 정신이라는 두 가지 실체로 인한 모순을 실체의

9 납작한 솔방울 모양을 하고 있는 뇌에 부속되어 있는 내분비 기관.

수를 바꿔서 해결하려고 했다. 스피노자는 자연과 정신이 신의 다른 속성일 뿐이므로 세계는 신이라는 하나의 실체로 이루어졌다는 범신론을 통해 이 문제를 해결하려고 했고, 라이프니츠는 정신과 물질이 모두 무수히 많은 실체인 모나드로 이루어졌다고 설명하여 이 문제를 해결하려고 했다.

해석기하학과 역학

데카르트는 근대 철학의 기반을 닦았을 뿐만 아니라 수학과 과학 발전에도 크게 기여했다. 군에 복무하는 동안 그는 프라하에 있던 튀코 브라헤의 연구실과 레겐스부르크에 있던 요하네스 케플러의 연구실을 방문하여 천문학에 대해 배우기도 했다. 자연과학에 대한 데카르트의 가장 큰 공헌은 해석기하학을 도입하여 기하학을 수식을 이용하여 분석할 수 있도록 한 것이었다.

데카르트는 대수학을 지식 체계의 기반으로 보았다. 이것은 기하학이 대수학의 기반이 된다고 생각했던 다른 수학자들의 생각과 다른 것이었다. 따라서 그들은 대수학의 법칙들을 기하학적인 방법으로 증명하려고 했다. 그러나 데카르트는 기하학과 대수학을 하나로 통합해 해석기하학을 만들었다. 좌표로 나타낸 공간에 수식으로 나타나는 결과를 그래프로 나타내고, 그래프로 나타나는 결과를 다시 수식으로 분석하는 것이 해석기하학이다.

데카르트의 해석기하학은 뉴턴과 라이프니츠가 미적분법을 발명할 수 있는 바탕이 되었다. 무한하게 작은 구간에서의 함수의 변화율을 다루는 미적분법은 수학은 물론 물리학의 발전에 혁명적인 변화를 가져왔다. 데카르트는 미지수를 x, y, z로 나타내는 방법을 도입했고, 거듭 제곱을 윗첨자를 써서 x^3과 같이 나타내는 방법을 고안하기도 했다.

데카르트는 초기 형태의 운동량보존법칙을 제안하기도 했다. 완전한 원운동을 관성운동이라고 생각했던 갈릴레이와는 달리 데카르트는 직선운동이 관성운동이라고 생각했다. 데카르트는 반사의 법칙을 제안하여 광학 분야의 발전에도 공헌했다. 입사각과 반사각이 같아야 한다는 반사의 법칙은 일반적으로 스넬의 법칙이라고 부르지만 데카르트의 법칙이라고 부르기도 한다. 데카르트는 빛을 미립자의 흐름이라고 설명했다. 데카르트의 미립자설을 발전시킨 뉴턴의 입자설은 19세기에 파동설이 등장할 때까지 빛을 설명하는 중심 이론이 되었다.

데카르트는 운동의 원인을 찾으려고 했다. 물질은 자체로서 아무런 성질이나 활성을 지니지 않았으므로 물질 자체가 운동의 원인이 될 수는 없었다. 데카르트는 물질을 창조하고 운동이 시작되도록 한 원인을 신에게서 찾았다. 세상에서 일어나는 모든 운동의 근본 원인은 신에게 있다는 것이다. 그렇다면 신에 의해 시작된 운동이 계속 유지되는 것은 무엇 때문일까?

데카르트는 운동이 지속되는 것은 물체가 가지고 있는 속성 때문이라고 생각했다. 외부의 작용이 없는 한 물체는 자신의 운동 상태를 그대로 유지하려는 경향, 즉 관성을 가지고 있다고 본 것이다. 데카르트는 관성을 신의 영원불변성과 연결시켜 이해하려고 했다. 영원불변한 신이 자신이 창조한 물질에 부여한 운동을 영원히 유지하도록 했다는 것이다. 데카르트는 이런 생각을 기초로 그가 자연법칙이라고 부른 법칙을 제안했다.

1. 모든 물체는 외부의 작용이 그 상태를 변화시키지 않는 한 똑같은 상태로 남아 있으려고 한다.
2. 운동하는 물체는 직선으로 그 운동을 계속하려 한다.
3. 운동하는 물체가 자신보다 강한 것에 부딪히면 운동을 잃지 않지만, 약한 것에 부딪혀서 약한 것을 움직이게 하면 약한 것에 준 만큼 운동을

잃는다.

첫 번째 법칙과 두 번째 법칙은 관성의 법칙이고, 세 번째 법칙은 데카르트가 운동의 양이라고 부른 양의 보존을 나타내는 법칙이다. 운동하고 있는 물체에 외부에서 작용이 가해지면 운동이 변한다. 이때 작용을 가하는 물체와 작용을 받는 물체의 운동의 합은 일정하게 유지된다. 데카르트는 물체의 질량과 속력을 곱한 양을 운동의 양이라고 정의했다. 따라서 데카르트의 세 번째 법칙은 운동량보존의 법칙이라고 할 수 있다. 데카르트는 여기서 그치지 않고 갈릴레이의 역학에 아직도 그 잔재가 남아 있던 자연스러운 운동과 강제운동의 구분도 없애 버리고, 모든 운동을 동일하게 취급했다.

데카르트는 또한 절대 운동을 부정하고 모든 운동은 한 물체가 다른 물체에 대해 상대적인 위치가 달라지는 상대 운동으로 보았다. 모든 운동이 상대적인 것이 되자 운동 상태와 정지 상태의 구별이 필요 없게 되었다. 데카르트의 이런 생각은 물체는 운동을 위해 힘이 계속 작용해야 하고 힘이 작용하지 않으면 정지한다는 아리스토텔레스의 역학에서 벗어나 점점 뉴턴역학으로 다가가고 있었던 당시의 상황을 잘 나타낸다.

3. 진공과 대기압의 발견

토리첼리의 진공

물체 사이의 직접적인 접촉을 통해서만 힘이 전달되고, 운동을 계속하기 위해서는 힘이 계속 전달되어야 한다고 믿었던 고대 역학에서는 아무것도 없는 진공의 존재를 인정하지 않았다. 진공에서는 힘이 전달될 수 없고, 따라서 운동이 불가능하다고 생각했기 때문이었다. 실험을 통해 진공이 존재한다는 것을 증명하여 2천 년 이상이나 받아들여지던 고대 역학의 마지막 보루를 무너트리는 데 중요한 역할을 한 사람은 이탈리아의 에반젤리스타 토리첼리Evangelista Torricelli(1608-1647)였다.

교황의 직할령이었던 라벤나에서 가난한 직물공의 아들로 태어난 토리첼리는 수도승이었던 삼촌의 도움으로 예수회에서 운영하던 고향의 대학에서 수학과 철학을 공부한 후 로마로 갔다. 로마에서 토리첼리는 흐르는 물에 대해 여러 가지 실험을 하고 있던 베네데토 카스텔리Benedetto Castelli의 조수로 일하게 되었다. 갈릴레이의 제자였던 카스텔리는 토리첼리에게 『두 우주 체계에 대한 대화』를 비롯한 갈릴레이의 저서들을 소개해 주었다. 갈릴레이의 책들을 읽고 깊은 감명을 받은 토리첼리는 카스텔리를 통해 갈릴레이와 접촉했다. 갈릴레이는 토리첼리를 그가 가택 연금 생활을 하고 있던 피렌체로 초청했다. 이로 인해 토리첼리는 갈릴레이가 죽기 전 3개월 동안 갈릴레이의 서기 겸 조수 역할을 하면서 많은 것을 배웠다.

토리첼리는 갈릴레이와 물을 퍼 올리는 펌프에 대한 많은 논의를 했다. 갈릴레이는 펌프를 이용해 물을 퍼 올릴 수 있는 것은 진공의 힘 때문이라고 설명했다. 그러나 갈릴레이는 물 펌프가 물을 10미터[10] 이상은 퍼 올릴 수 없는 이유는 설명하지 못했다. 토리첼리는 물이 잠겨 있는 물체에 압력을 가하는 것과 마찬가지로 공기도 공기에 잠겨 있는 물체에 압력을 가하고 있는 것이 아닌가 하는 생각을 하게 되었다. 우리가 공기라는 바다 속에 살고 있다는 생각을 하게 된 것이다.

따라서 토리첼리는 공기의 압력을 측정할 수 있는 방법을 생각하기 시작했다. 그는 액체가 들어 있는 관의 위쪽에 진공 펌프를 이용하여 진공을 만들면 관의 내부는 공기가 누르는 압력이 없지만 바깥 쪽에는 여전히 공기의 압력이 작용하고 있으므로 액체가 관을 따라 위로 올라올 것이라고 생각하게 되었다. 갈릴레이가 세상을 떠나고 1년 후인 1643년에 토리첼리는 수은을 채운 튜브를 거꾸로 세우면 수은이 약 76센티미터까지만 올라온다는 것을 실험을 통해 확인했다.

이 실험은 두 가지 중요한 의미를 가지고 있었다. 하나는 대기의 압력이 76센티미터 높이의 수은 기둥의 압력과 같다는 것을 뜻했다. 이는 높이가 10미터인 물기둥이 누르는 압력과 같았다. 이것으로 펌프로 물을 10미터 이상 퍼 올릴 수 없는 이유를 설명할 수 있게 되었다. 이로써 수은 기둥은 대기의 압력을 측정하는 압력계로 사용할 수 있게 되었다. 1631년에 수은 기둥을 이용하면 대기압을 측정할 수 있을 것이라고 처음 제안했던 사람은 르네 데카르트였다. 그러나 데카르트가 실제로 그런 실험을 했다는 증거는 남아 있지 않다. 따라서 토리첼리가 수은 기압계를 이용하여 최초로

10 당시에는 미터라는 단위가 사용되지 않았지만 이해를 돕기 위해 미터라는 단위를 이용해 나타냈다.

대기압을 측정한 사람으로 인정받고 있다.

후에 프랑스의 철학자로 많은 물리 실험을 했던 블레즈 파스칼이 지상에서의 높이에 따라 수은 기둥의 높이가 달라진다는 것을 보여 주어 우리가 공기의 바다 밑에 살고 있다는 것을 확실하게 증명했다. 파스칼은 높이가 50미터인 교회의 종탑 위에서는 수은 기둥의 높이가 약간 낮아지지만 높은 산 위에서는 수은 기둥의 높이가 크게 낮아진다는 것을 확인했다. 따라서 대기압의 세기를 측정하는 기압계는 고도 측정기로도 사용할 수 있게 되었다.

토리첼리의 실험이 가지고 있는 또 다른 중요한 의미는 진공을 처음으로 만들어 냈다는 것이다. 수은이 가득한 튜브를 거꾸로 세우면 수은이 높이 76센티미터까지 내려가고 위쪽에 남은 공간은 아무것도 없는 진공이 된다. 이것은 진공이 존재한다는 확실한 증거였다. 이로 인해 아리스토텔레스 이후 2천 년 동안 받아들여지던 진공은 존재할 수 없다는 역학의 기본 원리가 부정되었다.

기압을 측정하고, 진공을 만드는 데 성공한 토리첼리는 많은 사람으로부터 인정을 받게 되었고, 수은 기압계는 토리첼리의 튜브, 수은 기둥 위에 만들어진 진공은 토리첼리의 진공이라고 불리게 되었다. 압력을 재는 단위에는 1제곱미터 넓이에 1뉴턴(N)의 힘이 작용하는 것을 나타내는 '파스칼(Pa)'이라는 단위 외에 1수은밀리미터(mmHg), 즉 높이 1밀리미터의 수은 기둥의 압력을 나타내는 '토르(torr)'라는 단위도 사용되고 있다. 토르는 토리첼리의 이름에서 따온 것이다. 물리학에서는 국제적으로 공인된 파스칼이라는 단위를 더 많이 사용하지만 진공과 관련된 공학 분야에서는 아직도 토르라는 단위를 많이 사용하고 있다.

토리첼리는 또한 물통의 아래쪽에 난 작은 구멍을 통해 뿜어 나오는 물의 속력이 물의 깊이의 제곱근에 비례한다는 것을 밝혀내기도 했다. 이것을 토리첼리의 법칙이라고 부른다. 이것은 물이 들어 있는 비닐봉지에 바늘로 구멍을 냈을 때 뿜어 나오는 물이 바닥에 떨어질 때까지 얼마나 멀리 나가는지 측정해 보면 쉽게 확인할 수 있다.

토리첼리는 바람이 부는 이유가 대기압의 차이 때문임을 처음으로 밝혀낸 사람이기도 하다. 그는 공기의 온도 차이가 밀도의 차이를 만들고, 따라서 기압의 차이가 만들어져 바람이 불게 된다고 설명했다. 진공의 존재를 증명하고, 기압계를 발명하여 근대 물리학 성립에 크게 기여한 토리첼리는 39세였던 1647년에 열병(장티푸스로 추정됨)으로 피렌체에서 세상을 떠났다.

대기압의 단위에 이름을 남긴 파스칼

우리나라에는 『팡세』라는 수필집을 쓴 철학자로 널리 알려져 있는 블레즈 파스칼Blaise Pascal(1623-1662)은 프랑스의 클레르몽에서 회계사의 아들로 태어났다. 파스칼은 13세 때 파스칼의 삼각형을 발견할 정도로 어려서부터 뛰어난 수학적 재능을 보였다. 그는 많은 계산을 해야 했던 아버지를 돕기 위해 톱니바퀴를 이용한 기계식 계산기를 만들기도 했다. 덧셈과 뺄셈만 가능했던 초보적인 계산기였지만 파스칼의 계산기는 계산기의 역사에서 중요한 위치를 차지하고 있다.

1
1 1
1 2 1
1 3 3 1
1 4 6 4 1
1 5 10 10 5 1

파스칼이 13세 때 발견한 파스칼 삼각형의 n번째 행은 $(a+b)^n$를 계산했을 때의 각 항의 계수를 나타낸다.

파스칼은 24세였던 1647년에 토리첼리가 했던 대기압 실험에 관해 읽은 후부터 유체역학에 관심을 가지기 시작했다. 토리첼리의 수은 기둥 실험을 직접 해 본 파스칼은 튜브 안에서 수은을 밀어 올리는 힘은 무엇이며, 수은 위쪽에 빈 공간은 무엇으로 채워져 있는지를 알아보기 위한 연구를 시작했다.

1647년 파스칼은 수은 위쪽의 빈 공간은 아무것도 포함하고 있지 않는 빈 공간이라는 주장이 포함된 『진공에 관한 새로운 실험』이라는 책을 출판했다. 이 책에서 파스칼은 대기압이 밀어 올릴 수 있는 액체의 높이가 액체의 무게에 의해서만 결정된다는 것을 보여 주었다. 다음 해인 1648년에는 대기압과 진공에 관한 실험 결과를 보강한 『액체에서의 평형에 관한 위대한 실험』이라는 책을 출판했다. 파스칼은 만약 공기가 누르는 힘이 높이가 76센티미터인 수은 기둥의 압력과 같다면 그것은 공기층이 일정한 높이를 가지고 있음을 나타낸다고 생각했다. 다시 말해 대기의 압력이 특정한 값을 가진다는 것은 대기가 우주공간까지 무한정 퍼져 있는 것이 아니기 때문이라고 생각한 것이다.

그렇다면 높은 산 위에서는 대기의 압력이 낮아야 할 것이다. 그가 살던 클레르몽 부근에는 높이가 1,460미터나 되는 퓌드돔산이 있었다. 건강이 좋지 않아 직접 이 산 정상에 올라가 실험을 해 볼 수 없었던 파스칼은 그의 누나의 남편이었던 플로린 페리에Florin Perier에게 이 실험을 대신해 줄 것을 부탁했다. 1648년 9월 19일 페리에는 클레르몽의 저명인사들과 함께 평지에서의 수은 기둥의 높이와 산 정상에서의 수은 기둥의 높이가 어떻게 다른지를 알아보는 실험을 했다.

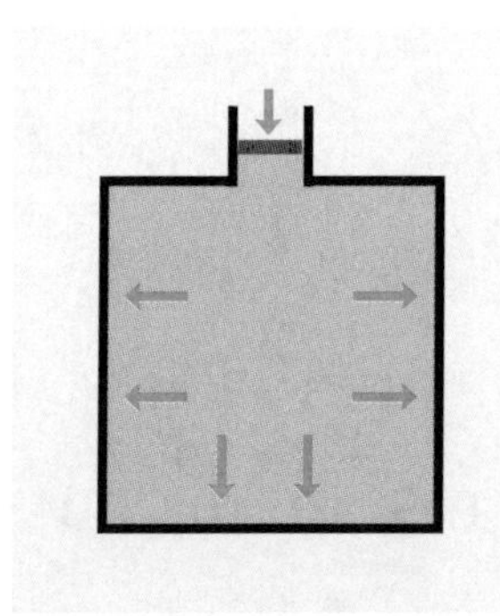

밀폐된 용기에 들어 있는 액체에 가해진 압력은 모든 방향으로 같은 크기로 작용한다.

그들이 산에 올라가기 전에 평지에서 측정한 수은 기둥의 높이는 74.93센티미터였고, 산 정상에서 측정한 수은 기둥의 높이는 63.54센티미터였다. 이 실험은 대기압이 높이에 따라 달라진다는 것을 나타냈다. 후에 파스칼은 높이가 50미터였던 파리의 종탑에서도 같은 실험을 하여 대기압이 높이에 따라 달라진다는 것을 다시 확인했다. 이 실험들은 대기압이 높이에 따라 달라진다는 것과 수은을 밀어 올리는 힘이 대기의 압력이라는 것을 확실하게 증명하는 것이었다. 기압의 세기를 나타내는 단위는 대기압에 대한 실험을 한 파스칼의 공헌을 기리기 위해 파스칼이라고 부르고 있다.

파스칼은 또한 밀폐된 용기 안에 들어 있는 액체에 가해지는 압력이 액체의 모든 부분에 똑같이 전달된다는 파스칼의 원리를 발견하기도 했다. 똑같이 전달된다는 것은 압력의 세기가 같음을 의미한다. 이때 압력은 모든 표면에 수직으로 작용한다. 물론 액체의 높이가 다른 부분에서는 위치에너지로 인해 압력의 세기가 같지 않지만 높이의 차이가 무시할 수 있을 정도로 작은 경우에는 모든 방향으로 작용하는 압력의 세기가 같다.

파스칼의 원리는 작은 힘을 큰 힘으로 바꾸는 각종 유압 장치의 원리이다. 압력은 단위면적에 작용하는 힘이므로 같은 압력이 작용하는 경우 표면적이 두 배가 되면 그 면적에 작용하는 힘의 세기는 두 배가 되고, 표면적이 10배가 되면 힘의 크기도 10배가 된다. 따라서 면적의 비율을 크게 하면 얼마든지 작은 힘을 큰 힘으로 바꿀 수 있다.

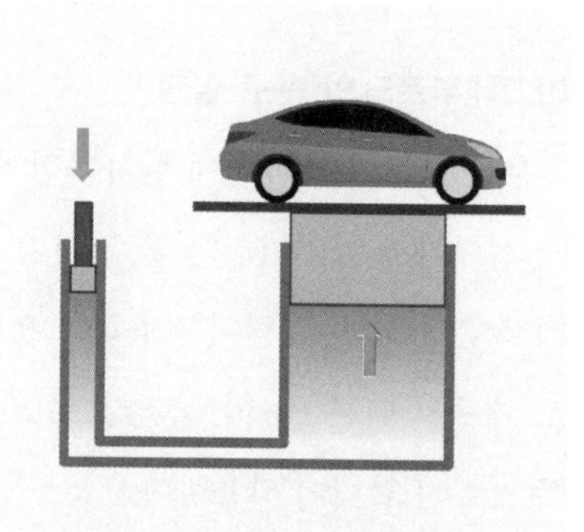
파스칼의 원리를 응용한 유압장치를 이용하면 작은 힘으로도 큰 차를 들어 올릴 수 있다.

그러나 그런 경우 면적이 작은 부분은 더 많이 이동해야 하기 때문에 힘의 세기를 크게 바꾸어도 에너지의 양을 증가시킬 수는 없다. 무거운 물체를 다루는 공장이나 자동차 수리 센터에 가면 파스칼의 원리를 이용해 작용하는 장치들을 쉽게 찾아볼 수 있다. 그 밖에도 기름을 짜는 기계에서도 파스칼의 원리가 자주 사용되고 있다.

사이클로이드와 확률이론에 대한 연구를 통해 수학 발전에도 많은 기여를 했으며 30세 이후에는 신학 연구에 몰두하기도 했던 파스칼은 1662년 39세의 나이에 세상을 떠났다. 파스칼이 세상을 떠나고 7년 후인 1669년에 그가 살아가면서 느꼈던 생각들을 기독교 신앙을 바탕으로 기록한 924편의 짧은 글들을 모아 『팡세』라는 제목의 수상록이 출판되었다. 『팡세』의 원제목은 『종교 및 기타 주제에 대한 파스칼의 팡세』였지만 줄여서 『팡세』라고 부른다. 팡세라는 말은 프랑스어로 사상이나 생각을 뜻하는 말이다.

파스칼은 『팡세』에서 인간 이성의 중요성을 강조했다. 많은 사람이 자주 인용하는 '인간은 생각하는 갈대'라는 말에는 '인간은 연약하지만 생각할 수 있기 때문에 위대하다'라는 의미가 내포되어 있다. 파스칼은 생각할 수 있는 인간 이성의 위대성을 강조하면서도 이성의 한계와 불완전성을 지적하고, 이성을 넘어서는 많은 것이 존재한다는 사실을 인정해야 한다고 강조했다.

마그데부르크의 반구 실험

우리는 대기의 바닥에 살아가면서 무거운 대기의 압력을 온몸에 받으면서 살아가고 있지만 그것을 느끼지 못하고 있다. 그것은 피부의 안과 밖에서 같은 크기의 압력이 작용하고 있기 때문이다. 만약 표면의 한쪽은 대기로 채우고 다른 한쪽은 진공으로 만들면 대기로 채워져 있는 쪽에서 진공 쪽으로 큰 압력이 작용한다.

이런 실험을 하기 위해서는 일정한 공간을 진공으로 만들 수 있는 진공 펌프가 있어야 한다. 진공펌프를 이용해 구리로 만든 공의 내부를 진공으로 만들었을 때 이 공의 표면에 가해지는 압력이 얼마나 큰지를 실험을 통해 보여 준 사람은 오랫동안 독일 마그데부르크의 시장을 지냈던 오토 폰 게리케Otto von Guericke(1602-1686)였다.

게리케는 마그데부르크의 귀족 집안의 아들로 태어나 15세까지는 가정교사에게 교육을 받은 후 라이프치히대학에서 법률과 철학을 공부했다. 아버지의 죽음으로 일시 공부를 중단했던 그는 예나대학과 라이든대학에서 공부를 계속했다. 게리케가 수학이나 물리학, 그리고 공학 관련 과목을 배우기 시작한 것은 라이든대학에서였다. 대학을 졸업하던 해 그는 9개월 동안 프랑스와 영국을 여행하면서 견문을 넓히고 돌아와 마그데부르크시의 참사회 회원이 되었다.

그러나 1618년 발발해 30년 동안 계속된 30년 전쟁의 와중에서 마그데부르크시의 주민 25,000명이 살해되고, 전체 건물 1,900동 가운데 1,700동이 파괴되는 비극적인 사건이 발생했다. 이 기간 동안 마그데부르크시를 탈출해 목숨을 건진 게리케는 1631년 마그데부르크로 돌아와 재건 위원회 위원으로 활동했다. 그리고 1646년에 마그데부르크의 시장되어 1678년에 은퇴할 때까지 32년 동안 시장으로 일했다. 1666년 신성로마제국의 황제로부터 작위를 받은 그는 이름에 'von'을 덧붙이고, 'Gericke'를 'Guericke'로 바꿨다.

게리케가 1654년 실험에 사용했던 반구와 진공 펌프
© LepoRello (Wikipedia)

코페르니쿠스의 태양중심설과 더불어 빛은 전파할 수 있으면서도 물체의 운동에는 아무런 영향을 주지 않는 진공에 대해 관심을 가지게 된 게리케는 시장으로 근무하면서 여러 가지 과학 실험을 했다. 진공에 대한 실험을 하기 위해서는 우선 진공을 만들어야 했다. 처음 그는 나무로 만든 통 속에 물을 채운 후 펌프를 이용해 물을 빼내 통 속을 진공으로 만들려고 시도했다. 그러나 나무는 많은 습기와 공기를 포함하고 있어 진공을 만드는 데 어려움이 있었다. 1650년에 그는 물 대신 공기를 빼내는 진공 펌프를 고안해 용기 내부를 진공으로 만드는 데 성공했다.

1654년 5월 8일 게리케는 레겐스부르크에서 신성로마제국의 페르디난드 3세 황제와 많은 귀족이 지켜보는 가운데 마그데부르크의 반구 실험이라고 알려진 유명한 실험을 했다. 게리케는 지름이 약 50cm인 구리로 만든 두 개의 반구를 마주 보게 맞대어 놓고, 공기 펌프를 이용해 한쪽 반구에 단 밸브를 통해 공기를 빼내 내부를 진공으로 만들었다. 이렇게 하면 구리공의 외부에는 대기의 압력이 작용하고 있지만 진공 상태인 내부에는 압력이 작용하지 않는다. 게리케는 이 두 개의 반구를 떼어 놓기 위해서는 한쪽에 15마리씩 모두 30마리의 말이 양쪽에서 잡아당겨야 한다는 것을 보여 주었다.

1656년에 게리케는 이 실험을 마그데부르크에서도 반복했다. 이번에는 양쪽에 8마리씩 모두 16마리의 말이 잡아당겼다. 그리고 1663에는 베를린에서 프레데릭 윌리엄 브란덴부르크 선제후 앞에서도 했다. 이 실험에서는 24마리의 말이 끌었다. 자료에 따라 반구 실험을 했던 연도와 구리 공의 크기, 실험에 동원된 말의 수가 다른 것은 그가 이 실험을 이처럼 여러 번 했기 때문이다. 마그데부르크의 반구 실험은 대기의 압력이 얼마나 큰지를 생생하게 보여 주어 많은 과학자가 대기압과 진공에 관심을 가지게 되었고, 이로 인해 기체 역학이 크게 발전할 수 있었다.

1654년에 했던 게리케의 실험에 참석했던 인사 중 한 사람이 게리케의 실험장치를 게리케로부터 구입하여 뷔르츠부르크에 있는 예수회 대학에 기증했고, 이 대학의 가스파어 쇼트Gaspar Schott 교수가 게리케로부터 직접

1969년에 동독에서 발간된 마그데부르크의 반구 실험 기념우표에는 마그데부르크의 반구 실험이 그림으로 잘 나타나 있다.

자세한 설명을 들은 후 1657년에 출판한 유체역학 책의 부록에 게리케의 실험을 소개했다. 쇼트 교수의 책을 통해 게리케의 실험에 대해 알게 된 영국의 로버트 보일Robert Boyle(1627-1691)은 새로운 진공 펌프를 고안하여 진공과 관련된 여러 가지 실험을 했다.

진공뿐만 아니라 전기현상에도 관심이 많았던 게리케는 1663년에 유황으로 만든 공을 회전시켜 많은 양의 정전기를 발생시키는 데 성공하기도 했다. 그러나 게리케는 자신이 만든 정전기발생장치를 이용하여 전기와 관련된 실험을 하지는 않았다. 정전기발생장치를 이용해 만든 정전기는 저장할 수 있을 뿐만 아니라 가지고 다니면서 실험을 할 수도 있어 전기학 발전에 크게 기여했다.

1677년 마그데부르크 시장을 사직한 게리케는 1681년 마그데부르크에 퍼지고 있던 흑사병을 피해 함부르크에 있는 아들 집으로 갔다가 그곳에서 1686년 84세의 나이에 세상을 떠났다. 일생을 과학자가 아니라 정치가로 살았던 게리케였지만 후세 사람들은 그를 역사적인 진공 실험을 하여 대기의 압력이 얼마나 큰지를 보여 주었고, 전기발생장치를 만들어 전기 실험을 가능하게 했던 과학자로 기억하고 있다.

4장

근대 과학의 기초가 된 뉴턴역학

1. 뉴턴의 일생

우울했던 어린 시절

아이작 뉴턴Isaac Newton(1642-1727)은 갈릴레이가 세상을 떠난 해이고, 영국에서 청교도 혁명이 시작되던 1642년 12월 25일에 그랜섬에서 남쪽으로 12킬로미터쯤 떨어진 울즈소프에서 태어났다. 그러나 당시 영국에서는 아직 율리우스력을 사용하고 있었기 때문에 뉴턴이 태어난 날을 우리가 현재 사용하고 있는 그레고리력으로 환산하면 1643년 1월 5일이 된다. 자신의 경작지를 소유한 자영농이었던 아버지는 뉴턴이 태어나기 석 달 전에 세상을 떠났다.

뉴턴이 3세였던 1645년에 어머니 한나 에이스코Hannah Ayscough가 나이 많은 목사 바나바 스미스와 재혼한 후 뉴턴은 외할머니에 의해 길러졌다. 후에 뉴턴은 어릴 때 외할머니를 힘들게 했던 일들을 참회한다는 기록을 남겼다. 스미스가 죽은 후 어머니가 다시 집으로 돌아온 후에도 뉴턴이 행복한 생활을 했던 것 같지는 않다. 어머니는 뉴턴보다는 재혼을 통해 낳은 세 명의 동생들을 돌보는 일로 바빴기 때문이었다.

아이작 뉴턴

12세부터 17세까지 뉴턴은 그랜섬에 있는 킹스 스쿨에서 공부했다. 킹스 스쿨의 교과과정에는 라틴어와 그리스어는 포함되어 있었지만 수학이나 과학과 관련된 과목은 들어 있지 않았다. 그랜섬의 학교에 다니는 동안 뉴턴은 자신이 좋아하는 일에 집중하는 모습을 자주 보여 주었으며, 하숙집 다락에 많은 도구를 준비해 놓고 풍차 모형, 사륜마차, 초롱불과 같은 것들을 제작해 사람들을 놀라게 하기도 했다. 뉴턴은 이런 것들을 만드느라 성적이 떨어질 때도 있었지만 곧 다른 학생들을 따라잡곤 했다. 그러나 다른 학생들과 잘 어울리는 학생은 아니었다.

뉴턴이 17세가 되던 1659년에 어머니는 학교를 그만두게 하고 농장 일을 가르치기 위해 울즈소프로 불러들였다. 그러나 농장 일을 싫어했던 뉴턴은 농장 일을 하다말고 엉뚱한 일에 몰두하느라 일을 엉망으로 만들어 버리는 일이 자주 있었다. 콜스터워드 장원 법정 기록에 의하면 1959년 10월 28일 뉴턴은 그의 양들이 울타리 없는 23펄롱의 그루터기들을 부수도록 한 죄목으로 3실링 4펜스의 벌금을 물었고, 돼지들이 옥수수 밭에 침입하도록 한 것과 밭의 담장을 수리가 불가능하도록 망가트린 죄목으로 각각 1실링씩의 벌금을 내기도 했다.[11]

어머니는 문제만 만들어 내는 뉴턴이 농장 일에는 적당하지 않다고 판단하고 농장에서 9개월을 보낸 후인 1660년 가을에 그랜섬의 학교로 다시 돌려보냈다. 그랜섬 학교의 교장이었던 헨리 스토크스Henry Stokes가 뉴턴을 학교로 돌려보내라고 강력하게 권유한 것도 뉴턴이 다시 학교로 돌아오는 데 도움을 주었다.

11 리처드 웨스트폴, 『프린키피아의 천재』, 최상돈 옮김, 사이언스북스, 2001.

뉴턴의 기적의 해(1665)

그랜섬의 학교를 졸업한 뉴턴은 1661년 6월 5일 케임브리지대학의 트리니티칼리지에 입학했다. 그러나 뉴턴은 서브 사이저로 일하면서 공부를 해야 했기 때문에 그의 대학 생활은 즐겁지 못했다. 당시 케임브리지에는 사이저와 서브 사이저라는 제도가 있었는데 이에 대해 뉴턴의 전기 『프린키피아의 천재』[12]에는 다음과 같이 소개되어 있다.

> 트리니티 칼리지에는 13명의 사이저들이 입학을 허가받았는데 이들 중 세 명은 학장에게, 나머지 열 명은 나이가 많은 평의원에게 봉사하도록 되어 있었다. 또한 정관에 의하면 동일한 방식으로 입학이 허용되는 학생으로서 사이저와 동일한 규칙을 적용받지만 수업료(자비생들보다는 저렴한)와 식비는 지불해야 하는 서브 사이저가 있었다. 서브 사이저는 칼리지의 지원을 받지는 못하지만 사이저들과 마찬가지로 하인의 지위, 즉 배치에 따라 평의원이나 특대생, 자비생들의 하인으로 봉사해야 했다.

귀족 가문의 자제는 아니었지만 아버지로부터 상당한 재산을 물려 받았던 뉴턴이 서브 사이저로 입학했던 것은 어머니가 학비를 아끼려고 했기 때문이었던 것으로 보인다. 자존심이 강한 뉴턴이 다른 학생의 시중을 드는 일을 좋아했을 리는 없다. 따라서 그는 대학에서도 몇몇 사람을 제외하고는 가깝게 지내는 사람이 없었다.

트리니티칼리지에서는 플라톤과 아리스토텔레스의 철학과 자연철학, 그리고 유클리드 기하학을 주로 가르쳤다. 그러나 뉴턴은 대학에서 가르치지 않는 데카르트의 저작들을 읽었다. 그가 책을 읽으며 했던 메모들이

12 위의 책.

아직도 남아 있는데 이 메모들을 보면 플라톤이나 아리스토텔레스의 저서들을 공부할 때와는 전혀 다른 자세로 데카르트의 저서들을 대했다. 뉴턴은 갈릴레이의 『두 우주 체계에 대한 대화』를 비롯해 케플러와 코페르니쿠스의 책들도 읽었다.

뉴턴은 책을 읽으면서 생긴 의문점들을 모아 「철학에 관한 질문들」이라는 메모를 만들었다. 이 메모를 언제부터 작성했는지는 정확하게 알 수 없지만 1664년 말 이전에 작성하기 시작한 것으로 보인다. 뉴턴은 45개 소제목을 만들어 그 아래 독서를 통해 알게 된 내용들을 정리했는데 이 소제목들에는 물질, 시간, 운동의 성질과 같은 일반적인 것들에서 시작하여 우주의 질서로 이어지고, 다음에는 희박함, 유동성, 부드러움과 같은 감각과 관련된 성질들이 나열되어 있었다. 뉴턴은 초자연적인 문제들에도 관심을 가졌다. 끊임없는 질문 던지기가 주조를 이룬 이 메모들은 뉴턴이 어떤 문제에 관심을 가지고 있었는지를 엿볼 수 있게 한다.

대학에서 공인한 과목보다는 새로운 학문에 열중해 있던 뉴턴이 공인된 과목을 공부한 것은 1664년 4월로 예정된 장학생 선발 시험을 준비할 때뿐이었다. 뉴턴의 지도교수는 뉴턴이 장학생 후보가 되자 그를 도와주기 위해 비전통적인 분야에 관심을 가지고 있던 아이작 배로우Isaac Barrow(1630-1677) 교수에게 보내 시험을 보게 했다. 배로우 교수는 뉴턴을 장학생으로 선발해 주었다. 장학생에 선발됨으로써 뉴턴은 서브 사이저의 생활을 끝내고 석사학위를 받을 때까지 아무런 제약 없이 연구를 계속할 수 있게 되었다. 이때부터 그는 한 가지 일에 몰두하는 그의 성격을 유감없이 발휘했다. 일단 한 가지 문제를 붙잡으면 밥 먹는 것은 물론 자는 것도 잊어버렸다. 뉴턴은 1665년에 학사학위를 받았다.

그러나 1665년 여름에 영국에 흑사병이 돌기 시작하자 정부는 박람회를 취소하고 대중 집회를 금지했으며 학교의 수업을 중단시켰다. 이에 따라

대학도 문을 닫았다. 대학이 다시 정상화된 것은 1667년 봄이었다. 2년 가까이 뉴턴은 고향인 울즈소프로 돌아갔다가 1667년 4월에야 케임브리지로 돌아왔다. 뉴턴이 이루어 낸 일들 중에 많은 것은 흑사병을 피해 울즈소프에 머물던 시기에 이루어졌다. 울즈소프에 머물던 1665년부터 1666년 사이에 뉴턴은 미적분법을 생각해 냈으며, 운동법칙과 중력법칙을 발견하여 뉴턴역학의 기반을 닦았다.

뉴턴이 불과 1년 남짓한 기간 동안에 새로운 역학의 기본법칙들을 모두 알아낸 1666년(또는 1665년과 1666년)을 뉴턴의 기적의 해라고 부른다. 과학의 역사에는 두 번의 기적의 해가 있다. 하나는 뉴턴의 기적의 해인 1666년이고, 다른 하나는 아인슈타인의 기적의 해로 현대 과학의 기초가 된 주요 논문 세 편이 발표된 1905년이다. 그러나 뉴턴이 운동법칙과 중력법칙이 담긴 『프린키피아』를 출판한 것은 20년이 지난 1687년이었다.

약 50년 후 라이프니츠와 미적분학 발견의 우선권을 놓고 논쟁을 벌이는 과정에서 뉴턴은 페스트가 일어나던 해에 있었던 일에 대해 다음과 같이 언급했다.[13]

> 1665년 초에 나는 급수의 근사 방법과 이항식을 이용해 어떤 자릿수까지도 계산할 수 있는 규칙을 발견했다. 같은 해 5월에 나는 접선을 구하는 방법을 발견했고, 11월에는 유율법(미분법)을 발견했다. 또 이듬해 1월에는 색에 관한 이론을 발견했고, 그해 5월에는 유율법의 역방법(적분법)으로 들어갔다. 그리고 같은 해에 나는 달의 궤도에까지 확장된 중력에 관해 생각하기 시작했다. 행성의 주기의 제곱이 궤도 반경의 세제곱에 비례한다는 케플러의 규칙으로부터 나는 행성을 궤도에서 벗어나지 않게 하는 중

13 위의 책.

력이 중심 사이 거리의 제곱에 반비례한다는 것을 연역했다. 이 모든 것이 1664년과 1665년 두 해 동안에 일이었다. 이 시기는 나의 발견의 시대 중 최고였으며 수학과 철학에 그 이전 어느 때보다도 열중해 있던 시기였다.

1667년 4월에 울즈소프에서 케임브리지로 돌아온 뉴턴은 그 해 10월에 펠로우 선발 시험을 치른 후 펠로우에 선발되었다. 펠로우가 됨으로써 뉴턴은 대학의 영구적인 구성원이 되었다. 그로부터 9개월 후인 1668년 7월에 석사학위를 받았고, 1669년 10월 29일에는 배로우 교수의 뒤를 이어 두 번째로 루카스 석좌교수가 되었다.[14]

광학 연구

1669년경부터 뉴턴은 전부터 관심을 가지고 있던 광학에 대한 공부를 다시 시작했으며 연금술에도 관심을 가졌다. 루카스 석좌교수가 된 후 강의한 내용도 주로 광학에 관한 것이었다. 1669년에는 그가 결정적인 실험이라고 부른 광학 실험을 했다. 고대 과학에서는 여러 가지 색깔의 빛은 흰색의 빛에 어둠이 다른 정도로 섞인 것이라고 설명했다. 그러나 뉴턴은 한 개의 프리즘을 통해 분산된 빛 중에서 한 가지 색깔의 빛만을 두 번째 프리즘에 입사시키면 더 이상의 분산이 일어나지 않는다는 것을 보여 주어 흰색 빛이 여러 색깔의 빛이 혼합된 빛임을 증명하고 이를 『빛과 색채 이론』이라는 논문으로 발표했다.

뉴턴식 반사망원경을 만든 것도 이때쯤이었다. 대물렌즈를 이용하여 멀

14 루카스 석좌교수는 케임브리지대학을 대표하는 의회의원이었던 헨리 루카스(Henry Lucas)가 낸 기금으로 1663년에 설치된 것으로 뉴턴은 두 번째 루카스 석좌교수였으며, 2009년 10월까지는 스티븐 호킹이 17번째로 그 자리에 있었다.

리서 오는 희미한 빛을 모아 상을 만들고 이 상을 대안렌즈로 확대하여 보는 굴절망원경은 색수차[15]가 생기는 문제를 가지고 있었다. 뉴턴이 만든 반사망원경에서는 오목거울을 이용하여 빛을 모아 상을 만들고 이 상을 대안렌즈로 확대하여 보기 때문에 색수차가 생기지 않았다.

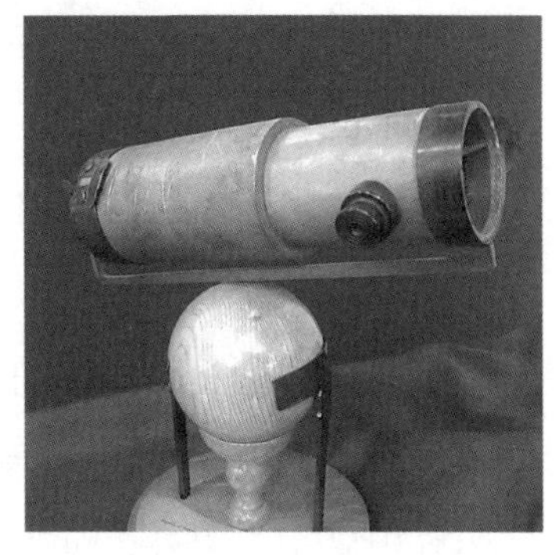

뉴턴식 반사망원경 © Andrew Dunn

1672년에는 배로우의 권유로 왕립협회에 가입했지만 가입한 해부터 로버트 후크Robert Hooke(1635-1703)와 갈등을 빚었다. 뉴턴이 만들어 왕립협회에 기증한 반사망원경을 후크는 이미 자기가 먼저 구상했던 것이라고 주장했기 때문이었다. 후에 뉴턴이 발견한 중력법칙 발견의 우선권을 놓고도 후크와 갈등을 빚었다. 따라서 뉴턴은 한동안 왕립협회와 거리를 두고 지내다가 후크가 1703년에 세상을 떠난 후에야 왕립협회 회장이 되었다.

1670년대에 뉴턴은 라이프니츠와도 미적분법 발견의 우선권을 놓고 논쟁을 벌였다. 1673년부터 1675년 사이에 라이프니츠는 파리에서 1660년대에 뉴턴이 알아냈던 것과 비슷한 무한급수와 미적분의 개념을 발전시켰다. 라이프니츠는 1684년 10월 라이프치히대학의 학술지인 『학술기요*Acta Eruditorum*』에 미적분법을 담은 논문을 발표했다. 뉴턴은 이 일을 강력하게 항의했지만 라이프니츠는 발견의 공을 한 사람이 가져야 할 이유는 없다고 반박했다. 이러한 두 사람 사이의 논쟁은 그들이 죽은 후에도 계속되었

15 파장에 따라 굴절률이 달라 렌즈에서 굴절된 빛이 만든 상 주위에 무지개 색깔의 무늬가 나타나는 것이 색수차이다.

지만 결국은 무승부로 끝나게 되었다. 두 사람 모두 독립적으로 미적분법을 창안한 것으로 인정되었다.

규정에 의하면 트리니티칼리지의 펠로우는 영국국교회의 신부가 되어야 했다. 신부가 되기 위해서는 정통 교리에 대한 신앙을 서약해야 하는데 영국국교회의 교리를 받아들이지 않았던 뉴턴은 그것을 피하고 싶어 했다. 1669년 루카스 석좌교수가 된 것은 그가 종교적 갈등에서 벗어날 수 있는 기회가 되었다. 루카스 석좌교수는 더 많은 시간을 과학 연구에 할애할 수 있도록 하기 위해 교회 일을 보아서는 안 된다는 규정이 있었다.

뉴턴은 청교도 혁명이 무산된 후 왕정복고에 의해 잉글랜드 왕이 된 찰스 2세에게 이 규정을 들어 신부가 되어야 한다는 의무를 면제해 달라고 청원했고, 그의 청원은 받아들여졌다. 따라서 뉴턴은 죽을 때까지 영국국교회와 갈등 없이 자신의 신앙을 지킬 수 있었다.

『프린키피아』의 출판

한동안 신학과 연금술에 빠져 있던 뉴턴은 1884년 8월 에드먼드 핼리 Edmond Halley(1656-1742)의 방문이 계기가 되어 다시 역학으로 돌아왔다. 뉴턴의 전기인 『프린키피아의 천재』에는 핼리가 뉴턴을 방문한 사건이 자세히 기록되어 있다.

> 1684년 핼리박사가 케임브리지로 나를 만나러 왔다. 얼마간 같이 지낸 후에 태양을 향하는 인력이 행성과 태양 사이의 거리 제곱에 반비례한다고 가정하면 행성의 궤도 곡선이 어떻게 될 것으로 생각하느냐고 물었다. 나는 즉석에서 궤도가 타원이 될 것이라고 대답했다. 핼리 박사가 기쁨과 놀람으로 어떻게 그것을 알았느냐고 물었고 나는 내가 그것을 계산해 냈다고 대답했다. 그러자 핼리박사가 지체 없이 나의 계산을 요구해서, 여러 논

문들 사이에서 찾아보았으나 계산지를 찾을 수 없었다. 나는 다시 계산을 해서 보내드리겠다고 약속했다.

핼리가 뉴턴을 방문했던 1684년 8월 이후 1686년 봄까지 뉴턴은 『프린키피아』를 쓰는 일에 전념했다. 왕립협회에서는 뉴턴에게 『프린키피아』를 출판할 것을 권했다. 1686년 4월 뉴턴의 원고가 왕립협회에 도착했고 핼리는 협회에 요청하여 5월 19일 다음과 같은 결의를 통과시켰다.

뉴턴 씨의 『자연철학의 수학적 원리』는 당장 고운 글씨체로 4절판으로 인쇄하고, 편지를 뉴턴 씨에게 보내어 학회의 결정을 알리고 인쇄, 책의 부피, 컷 등에 대한 그의 의견을 묻는다.

그러나 여러 가지 문제로 출판은 예정대로 진행되지 않았다. 10월까지 13매만 인쇄된 후 4개월 동안 인쇄가 중단되었다가 다음 해가 되어서야 인쇄가 다시 시작되었다. 『프린키피아』의 인쇄가 끝난 것은 1687년 7월 5일이었다. 뉴턴은 『프린키피아』가 출판되기 전에도 케임브리지에서 어느 정도 알려진 사람이었다. 그러나 『프린키피아』의 출판으로 세상은 그의 천재성을 확실하게 인정하기 시작했다. 1687년 봄에는 곧 대작이 출판될 것이라는 소문이 영국 전역에 돌았다.

출판 직전에는 『철학회보』에 핼리가 쓴 『프린키피아』에 대한 긴 서평이 실리기도 했다. 책이 출판된 후에는 수학계를 중심으로 빠르게 그 내용이 전파되었다. 뉴턴의 책은 다른 나라에서도 인정을 받았다. 1688년의 봄과 여름에 프랑스를 비롯한 여러 나라의 대표적인 서평잡지들에 『프린키피아』에 대한 서평이 실렸다.

케임브리지의 운영에 관여하려는 제임스 2세의 기도를 막아 내기 위해 노력했던 뉴턴은 『프린키피아』를 출판한 후 케임브리지를 대표하는 의회 의원으로 선출되었다. 1695년에는 조폐국 감사로 임명되었고, 4년 후에는 국장으로 승진하여 세상을 떠날 때까지 그 자리를 지켰다. 1703년에는 왕립협회 회장으로 선출되었으며 1705년에는 앤 여왕으로부터 기사 작위를 받았다.

뉴턴은 1727년 3월 20일 아침에 조카 캐서린과 조카의 남편이었던 존 콘듀이트가 지켜보는 가운데 세상을 떠났고, 3월 28일에 웨스트민스터 사원에 묻혔다. 1731년에는 상속인들이 마련한 기념비가 세워졌다. 이 비의 비문은 다음과 같은 구절로 끝을 맺고 있다. "인류에게 위대한 광채를 보태준 사람이 존재했었다는 것을 생명이 있는 자들은 기뻐하라."

2. 운동법칙과 중력법칙

운동법칙

뉴턴역학 내용이 담겨 있는 『프린키피아』의 라틴어 원제목은 "*Philosophiae Naturalis Principia Mathematica*"였다. 이것을 영어로 번역하면 "*Mathematical Principles of Natural Philosophy*"이다. 따라서 제목을 그대로 우리말로 번역하면 『자연철학의 수학적 원리』라고 할 수 있지만 라틴어 원제목을 따라 『프린키피아』라고 부르는 경우가 많다. 『프린키피아』는 라틴어로 된 세 권의 책으로 구성되어 있다. 초판의 서문에는 세 권의 책에 포함된 내용을 간략하게 설명하고, 핼리의 권유에 의해 이 책을 출판하게 되었다는 것을 밝히고 그에게 감사하는 내용이 포함되어 있다.[16]

> 이 책의 출판을 각별하게 요청했던 박식한 에드먼드 핼리 씨는 인쇄의 교정이나 도표의 작성에서도 많은 도움을 주었다. 내가 그에게 천체의 궤도에 대해 설명했을 때, 그 내용을 왕립협회로 보내달라고 요청했고, 이로 인해 왕립협회로부터 격려와 요청이 있어 이 책을 출판해야겠다고 생각하게 되었다.

16 아이작 뉴턴, 『프린시피아』 I, II, III, 최상돈 옮김, 서해문집, 1999.

뉴턴은 유클리드의 『기하학 원론』의 형식을 따라 물체의 운동에 대한 논의를 정의, 공리, 법칙, 정리, 보조정리, 명제 등으로 분류해서 체계적으로 이론을 전개했다. 제1권의 제목은 물체의 운동으로 총 14장으로 구성되어 있다. 책에 맨 앞쪽에 있는 서문 다음에 이어 나오는 정의에서는 질량, 운동(운동량), 힘, 구심력 등 8개의 용어를 정의해 놓았다. 질량과 운동의 양, 그리고 힘과 구심력에 대한 뉴턴의 정의는 다음과 같다.

> 정의 1: 물질의 양은 그 물질의 밀도와 부피를 서로 곱한 것으로 측정되는 양이다.
>
> 정의 2: 운동의 양은 속도와 물질의 양을 서로 곱한 것으로 측정되는 양이다.
>
> 정의 4: 물체에 가해진 힘은 물체가 정지하고 있거나 직선상을 일정하게 움직이고 있는 상태를 변하기 위해 가해진 작용이다.

뉴턴은 이 정의들을 통해 운동을 유지하기 위해 필요했던 힘이 운동 상태를 변화시키기 위해 필요한 것으로 바꾸었다. 정의와 주석 다음에 이어지는 공리 및 운동법칙 편에서는 운동의 3법칙이 차례로 소개되어 있다. 뉴턴은 운동법칙을 다음과 같이 설명해 놓았다.

> 법칙 I: 모든 물체는 그것에 가해진 힘에 의하여 그 상태가 변화되지 않는 한 정지 또는 일직선상의 운동을 계속한다.
>
> 법칙 II: 운동의 변화는 가해진 힘에 비례하며, 운동의 변화는 힘이 작용한 직선 방향을 따라 일어난다.
>
> 법칙 III: 모든 작용에 대하여서는 크기가 같고, 방향이 반대인 반작용이 항상 존재한다. 다시 말해 서로 작용하는 두 물체의 상호작용은 항상 똑같고,

반대 방향으로 향한다.

흔히 관성의 법칙이라고 부르는 법칙 I은 힘이 작용하지 않는 경우 물체는 운동 상태를 바꾸지 않는다는 것이다. 다시 말해 외부에서 힘이 가해지지 않으면 정지해 있던 물체는 그대로 정지 상태를 유지하고, 운동하던 물체는 속력이나 운동 방향을 바꾸지 않고 등속직선운동을 계속한다는 것이다. 따라서 법칙 I은 운동 상태를 유지하기 위해서는 계속 힘이 가해져야 한다고 했던 고대 역학이 틀렸다는 것을 확실히 한 것이었다. 힘이 가해지지 않아도 계속되는 등속직선운동이 관성운동이다. 뉴턴은 지구를 중심으로 한 등속원운동, 즉 지표면에 평행한 등속운동이 힘이 가해지지 않아도 계속되는 관성운동이라고 했던 갈릴레이의 관성운동을 바로 잡은 것이다.

법칙 II는 뉴턴의 운동법칙의 핵심을 이루는 가속도의 법칙이다. 가속도의 법칙에 의하면 힘이 가해진 물체의 가속도는 힘의 크기에 비례하고 물체의 질량에 반비례한다. 이것을 식으로 나타내면 다음과 같다.

$$f = ma \qquad f = m\frac{dv}{dt}$$

이 식은 뉴턴역학의 핵심이 되는 식이고, 물리법칙을 나타낸 식들 중에서 가장 유명한 식이다. 역학에 등장하는 다른 모든 식은 이 식으로부터 유도할 수 있지만 이 식은 다른 식으로부터 유도할 수 없다. 다시 말해 이 식은 뉴턴이 자연현상을 관찰하여 발견해 낸 식이라고 할 수도 있고, 힘과 질량에 대한 새로운 정의라고 볼 수도 있다. 이 식에 의해 정의된 질량이 관성 질량이다.

법칙 II에 의하면 물체에 가해진 힘의 크기가 0인 경우 가속도가 0이 되어 운동 상태가 변하지 않는다. 물체에 가해진 힘의 크기가 0인 경우 물체의 운동 상태가 변하지 않는다는 법칙 I은 법칙 II의 특별한 경우이다. 따라서 법칙 I은 법칙 II에 포함시킬 수 있다. 힘이 0인 경우를 설명하는 법칙 I을 별도의 법칙으로 설정한 것은 운동 상태를 유지하기 위해 힘이 계속 가해져야 한다고 했던 고대 역학을 명확하게 부정하기 위한 것이었다.

법칙 III은 힘은 두 물체 사이의 상호작용을 통해 작용한다는 것을 설명한 법칙이다. 지구가 달을 끌어당기는 것이 아니라 지구와 달이 똑같은 힘으로 서로 끌어당긴다는 것이다. 사과가 땅으로 떨어지는 경우에도 지구가 사과를 끌어당기는 것이 아니라 지구와 사과가 같은 힘으로 서로를 끌어당긴다. 그런데도 지구는 정지해 있고 사과가 아래로 낙하하는 것처럼 보이는 것은 같은 크기의 힘이 작용하는 경우 질량이 작은 사과에는 훨씬 큰 가속도가 발생하기 때문이다.

뉴턴의 운동법칙에 포함되어 있는 가속도는 물체의 속력이나 방향이 변화하는 정도를 나타낸다. 그런데 모든 변화는 일정한 시간 동안 일어난 변화의 크기를 그러한 변화가 일어나는 데 걸린 시간으로 나눈다. 만약 변화가 일어나는 데 걸린 시간이 길면 그때의 변화는 그 시간 동안 일어난 평균 변화를 나타내고, 시간 간격이 아주 짧다면 순간 변화를 나타낸다. 속력의 변화를 나타내는 가속도에도 평균 가속도와 순간 가속도가 있다. 뉴턴의 운동법칙에 포함되어 있는 가속도는 모두 순간 가속도이다. 즉 아주 짧은 시간 간격 동안의 속도의 변화를 나타낸다. 아주 짧은 시간 동안에 나타나는 변화를 우리는 미분이라고 부른다.

1권에 실려 있는 다섯 번째 정의는 구심력에 대한 것이다.

> 정의 5: 구심력이란 물체들을 중심이 되는 점을 향해 끌어당기거나 또는 어떤 방법으로 중심을 향하게 하는 힘이다.

구심력에 대해 자세하게 설명한 1권의 2장에서 뉴턴은 원운동을 하는 물체에는 원의 중심 방향으로 구심력이 작용하는데 그 크기는 물체가 원 궤도 위에서 움직인 거리의 제곱을 반지름으로 나눈 값에 비례한다고 설명했다. 그런데 물체가 움직인 거리는 속력에 비례하므로 구심력은 속력의 제곱을 반지름으로 나눈 값에 비례해야 한다는 것이다. 이것을 식으로 나타내면 다음과 같다.

$$f_{\text{구심력}} = m\frac{v^2}{r}$$

1권의 나머지 부분에서는 다양한 종류의 운동을 분석해 놓았다. 여기에는 원추 곡선상의 물체의 운동(3장), 타원, 포물선, 쌍곡선 운동의 궤도(4장), 물체의 직선적인 상승과 하강 운동(7장), 구심력이 작용하는 물체의 궤도 결정 방법(8장), 구심력으로 서로 작용하는 두 물체의 운동(11장), 구형 물체에 의한 인력(12장), 큰 물체의 여러 부분에 작용하는 구심력의 영향을 받으며 운동하는 작은 물체의 운동(14장)과 같은 내용이 포함되어 있다. 이런 내용들은 요즘 물리학과의 학부 과정이나 대학원 과정에서 다루는 문제들이다.

9장으로 구성되어 있는 2권에서는 속력에 비례하는 힘이 작용하는 물체의 운동(1장), 속력의 제곱에 비례하는 힘이 작용하는 물체의 운동(2장), 일부는 속력에 비례하고, 일부는 속력의 제곱에 비례하는 힘이 작용하는 물체의 운동(3장), 저항력이 작용하는 매질 안에서의 원운동(4장), 유체정역학(5장), 진자의 운동과 저항(6장), 포물선 운동을 하는 물체에 작용하는 힘(7장), 유체 내의 전파 운동(8장), 유체의 원운동(9장)에 대해 설명했다.

중력법칙

『세계의 체계』라는 소제목이 붙은 3권은 철학적 원인분석의 규칙, 현상, 명제, 달의 운동, 일반주석의 다섯 부분으로 이루어져 있다. 철학적 원인분석의 규칙 편에는 네 가지 규칙이 제안되어 있다.

> 규칙 I. 자연현상을 충분히 설명할 수 있는 것 외에는 사실로 인정해서는 안 된다.
> 규칙 II. 같은 자연현상에 대해서는 같은 원인을 부여해야 한다.
> 규칙 III. 실험실에서 모든 물체에 해당하는 성질은 모든 물체가 가지고 있는 보편적인 성질로 보아야 한다.
> 규칙 IV. 귀납적인 방법으로 추론된 명제는 그것에 어긋나는 현상이 발견되기 전까지는 진실 또는 진실에 가까운 것으로 받아들여야 한다.

이 규칙들은 오늘날의 물리학자들이라면 따로 배우지 않고도 잘 알고 있는 내용들이다. 그것은 물리학자들이 뉴턴의 과학 방법으로 잘 훈련되어 있다는 것을 나타낸다. 실제로 관측된 현상들로부터 일반적인 결론을 추론해 나가는 현상 편에서는 목성이나 토성의 위성들과 행성들의 운동을 관측해 알게 된 사실로부터 중력법칙이 유도되는 과정을 보여 주고 있다. 뉴턴은 천체의 운동을 측정한 자료들을 제시하고 이를 바탕으로 중력법칙을 이끌어 낼 수 있는 명제들을 유도했다.

> 현상 I. 목성을 돌고 있는 위성들의 공전 주기의 제곱은 궤도 반지름의 세제곱에 비례한다. (관측자료 제시)
> 현상 II. 토성을 돌고 있는 위성들의 공전 주기의 제곱은 궤도 반지름의 세제곱에 비례한다. (관측자료 제시)

현상 III. 수성, 금성, 화성, 목성, 토성은 태양 주위를 공전하고 있다.

현상 IV. 행성들과 지구의 공전 주기의 제곱은 궤도 반지름의 세제곱에 비례한다.

뉴턴은 목성과 토성의 위성들, 그리고 행성들의 운동을 측정한 결과로부터 다음과 같은 명제들을 유도해 냈다.

명제 1. 목성의 위성들에는 목성으로부터의 거리 제곱에 반비례하는 중력이 목성의 중심 방향으로 작용한다.

명제 2. 행성들에는 태양으로부터의 거리 제곱에 반비례하는 중력이 태양의 중심 방향으로 작용한다.

명제 5. 어떤 행성으로 향하는 중력은 그 행성의 중심으로부터의 거리 제곱에 반비례한다.

명제 6. 어떤 행성으로 향하는 물체의 무게는 그 물체가 가지고 있는 물질의 양(질량)에 비례한다.

명제 7. 모든 물체 사이에는 물질의 양에 비례하는 중력이 작용한다.

명제 8. 모든 행성들은 태양을 공동 초점으로 하는 타원 궤도를 따라 공전하고 있으며, 궤도 반지름이 일정한 시간 동안에 그리는 면적은 일정하다.

『프린키피아』의 3권에는 천체 관측자료들로부터 도출할 수 있는 명제와 문제들이 명제 42번까지 제시되어 있다. 뉴턴은 1권에서 공전주기의 제곱이 궤도 반지름의 세제곱에 비례하면 거리 제곱에 반비례하는 구심력이 작용해야 한다는 것을 보여 주고, 3권에서 위성들과 행성들의 공전주기의 제곱이 궤도 반지름의 세제곱에 비례한다는 관측자료를 제시하여 행성들과 위성들, 그리고 태양과 행성들 사이에 궤도 반지름의 제곱에 반비례하는 구심력이 작용하고 있다는 결론을 유도해 냈다. 그리고 그는 이것을 모든 물체 사이에 작용하는 보편적인 중력법칙(만유인력의 법칙)이라고 했다. 뉴턴이 유도해 낸 중력법칙을 요즘 물리 교과서에 실려 있는 형식으로 나타내면 다음과 같다.

$$f_{\text{중력}} = G\frac{m_1 m_2}{r^2}$$

이 식에서 G는 중력 상수이고 m_1과 m_2는 중력으로 상호작용하는 두 물체의 질량이다. 그런데 중력의 식에 들어 있는 질량은 가속도의 법칙에 포함되어 있는 관성 질량과 다른 중력 질량이다. 관성 질량은 가속도의 크기를 결정하는 질량이고, 중력 질량은 중력의 크기를 결정하는 질량이다. 과학자들은 정밀한 실험을 통해 관성 질량과 중력 질량의 값이 같다는 것을 확인했다. 따라서 관성 질량과 중력 질량을 같은 것으로 취급한다. 아인슈타인은 관성 질량과 중력 질량이 같다는 것은 기본 전제로 하여 일반상대성이론을 제안했다.

뉴턴은 운동법칙과 중력법칙을 이용해 지구로 떨어지는 사과의 운동과 지구 주위를 돌고 있는 달의 운동을 한 가지 원리로 통합하여 설명할 수 있었다. 지구 중심을 향해 떨어지면서 속력이 빨라지는 사과의 낙하운동은 지구의 중심 방향으로 작용하는 힘에 의한 등가속운동이다. 그리고 지구 주위를 돌면서 운동 방향을 계속 바꾸는 달의 운동 역시 지구 중심 방향으로 힘이 가해질 때 나타나는 가속도운동이다. 따라서 사과나 달의 운동은 모두 지구 중심 방향으로 작용하는 중력을 이용하여 설명할 수 있게 된 것이다.

뉴턴은 멀리 떨어져 있는 행성과 위성, 그리고 태양과 행성들 사이에 작용하는 중력은 접촉을 통해서 전달되는 힘이 아니라 멀리 떨어져서 원격으로 작용하는 힘이라고 했다. 이것은 힘은 접촉을 통해서만 전달된다고 주장했던 고대 역학의 마지막 보루마저 무너뜨리는 것이었다. 이로 인해 물체가 운동하기 위해서는 물질 사이의 접촉이 필요하기 때문에 진공은 존재할 수 없다고 했던 고대 역학의 기초가 무너지고 아무것도 없는 진공 중에서도 운동이 가능하게 되었다.

『프린키피아』에 제시되어 있는 뉴턴의 운동법칙이나 중력법칙은 미분과 적분의 개념이 없이는 설명할 수 없는 법칙이다. 뉴턴이 운동법칙과 함께 미분법을 생각해 낸 것은 이 때문이었다. 미분법을 창안한 것 역시 뉴턴의 가장 중요한 업적 중 하나이다. 뉴턴은 아주 짧은 시간 간격 동안의 변화를 유율이라고 불렀다.

『프린키피아』가 매우 복잡한 기하학과 수학적 방법을 통해 기술되어 있어 일반인들이 읽기에 어려운 내용을 담고 있었음에도 불구하고 짧은 기간 동안에 널리 알려질 수 있었던 것은 구체적인 사례들에 대한 자세한 분석과 설명이 포함되어 있었기 때문이다.

뉴턴역학은 18세기와 19세기에 크게 발전한 근대 물리학을 비롯한 근대 과학의 기초가 되었다. 근대 물리학은 자연을 이해하는 새로운 방법을 제시했으며, 신과 자연에 대한 생각을 바꿔 놓았고, 사람들이 살아가는 방법에 크게 바꾸어 놓은 기술 혁명을 견인했다.

3. 뉴턴역학의 발전

에너지 개념의 도입

물체의 질량과 현재의 운동 상태를 알고 물체에 가해지는 힘을 알면 운동 방정식을 이용하여 미래의 속도와 위치를 알 수 있다. 다시 말해 물체가 어떻게 운동하는지 알 수 있다. 그러나 운동 방정식을 풀어서 물체의 미래 상태를 계산해 내는 일은 생각처럼 간단하지 않다. 한 점에 질량이 모여 있고, 일정한 힘이 작용하는 경우에는 쉽게 미래의 속도와 위치를 계산해 낼 수 있지만, 물체의 모양이나 분포가 복잡하고, 물체에 가해지는 힘이 속력이나 시간, 또는 위치에 따라 달라지는 경우, 물체의 미래 상태를 계산해 내는 일은 간단하지 않을 뿐만 아니라 가능하지 않은 경우도 많다.

뉴턴역학을 이용하여 우리 주변에서 일어나고 있는 자연현상을 설명하기 위해서는 고도의 수학적 기법을 필요로 한다. 18세기와 19세기에 활동했던 많은 뛰어난 수학자와 물리학자가 운동 방정식의 해를 구하는 새로운 방정식을 생각해 내고, 운동법칙의 내용을 포함하고 있으면서도 좀 더 쉽게 미래의 상태를 계산해 낼 수 있는 새로운 방정식들을 제안하여 뉴턴역학을 크게 발전시켰다.

뉴턴역학의 발전 과정에서 뉴턴역학에 추가된 새로운 물리량이 에너지이다. 뉴턴은 물체의 운동 상태를 운동량과 힘을 이용하여 분석해 냈다. 이론적으로는 현재의 상태와 물체에 가해지는 힘을 알면 운동 방정식을 이용하여 미래의 상태를 알 수 있다. 그러나 새롭게 추가된 에너지 보존법칙을 이용하면 보다 쉽게 미래의 상태를 알 수 있는 경우가 많다. 다시 말해 에너지의 도입으로 뉴턴역학으로 설명할 수 있는 자연현상의 범위가 크게 넓어졌다.

에너지라는 말은 그리스어에서 활동을 뜻하는 '에네르게이아'로부터 유래했다. 에네르게이아는 고대 그리스의 아리스토텔레스가 쓴 저작에도 등장한다. 그러나 고대 그리스에서의 에네르게이아는 동물이 살아가는 데 필요한 활력소, 또는 행복이나 즐거움을 포함하는 추상적인 개념이었다. 17세기에 독일의 철학자 겸 수학자로 뉴턴과 미적분법 발견의 우선권을 놓고 다퉜던 고트프리트 라이프니츠가 질량에 속력의 제곱을 곱한 양을 비스 비바vis viva, living force라고 정의하고 특정한 역학 체계에서는 비스 비바가 보존된다고 주장했다. 그러나 비스 비바가 보존된다는 생각이 뉴턴이 제안한 운동량보존법칙과 대립된다고 생각한 영국과 프랑스의 과학자들은 라이프니츠의 생각에 반대했다.

18세기 초에는 프랑스의 자연철학자 에밀리 뒤 샤틀레Émilie du Châtelet(1706-1749)가 라이프니츠의 비스 비바에 대한 개념을 발전시켰다. 1740년에 출판된 샤틀레의 『물리학의 기초』에는 비스 비바의 보존에 대한 설명이 포함되어 있었다. 이 책은 여러 나라에서 번역 출판되었다. 샤틀레의 대표작이라고 할 수 있는 뉴턴의 『프린키피아』 프랑스어 번역본의 주석에도 전체 비스 비바가 보존된다는 주장이 포함되어 있었다.

샤틀레가 세상을 떠난 후인 1756년에 출판된 이 번역서는 현재도 『프린키피아』의 표준 프랑스어 번역본으로 인정받고 있다. 비스 비바의 보존에 대한 그녀의 주장은 그녀가 세상을 떠난 직후에 프랑스의 대표적 계몽주의자였던 드니스 디드로Denis Diderot가 출판한 백과사전에도 실렸다. 그러나 18세기에는 비스 비바와 비스 비바의 보존법칙이 널리 받아들여지지는 않았다.

1807년에 비스 비바라는 말 대신 에너지라는 말을 처음 사용한 사람은 영국의 의사 겸 물리학자였던 토머스 영Thomas Young(1773-1829)이었다. 빛이 파동이라는 것을 보여 주는 이중슬릿 실험을 했고, 고체의 변형과 힘 사이의 관계를 연구하기도 했으며, 로제타석에 기록되어 있는 이집트의 상형문자 해석에도 크게 기여했던 영은 운동하는 물체는 질량에 비례하고, 속력의 제곱에 비례하는 운동에너지를 가지고 있다고 주장했다.

1829년에는 프랑스의 수학자 겸 물리학자였던 개스파 귀스타프 드 코리올리Gaspard-Gustave de Corioli(1792-1843)가 운동하는 물체가 가지고 있는 운동에너지에 대해 설명하고, 한 가지 형태의 에너지가 다른 형태의 에너지로 전환될 수 있다고 주장했다. 프랑스의 에콜 폴리테크니크에서 마찰과 유체역학에 관한 연구를 했던 코리올리는 회전하는 좌표계 위에서 운동하는 물체가 받는 힘인 코리올리 효과로 널리 알려져 있다.

1829년에 출판한 『기계의 효과에 대한 계산』이라는 책에서 코리올리는 운동에너지가 $\frac{1}{2}mv^2$라고 설명했다. 이렇게 해서 운동에너지와 위치에너지를 포함하는 역학적 에너지가 보존된다는 역학적 에너지 보존법칙이 자리 잡게 되었다. 역학적 에너지 보존법칙은 운동에너지가 위치에너지로, 그리고 위치에너지가 운동에너지로 전환되는 경우에만 성립하는 법칙이다.

위치에너지(위치의 함수) + 운동에너지(속력의 함수) = 일정

물체가 가지고 있는 역학적 에너지를 알고 있는 경우 이 식을 이용하면 물체의 속력이 어떻게 변해 가는지 알 수 있다. 따라서 이 식은 물체의 운동을 분석할 수 있는 새로운 방법을 제공했다.

그러나 열에너지를 포함한 여러 가지 다른 형태의 에너지를 포함한 전체 에너지가 보존된다는 일반적인 형태의 에너지 보존법칙은 열에너지에 대한 연구를 통해 확립되었다. 처음 열 현상을 연구한 과학자들은 열이 열소의 화학작용이라고 설명했지만 1849년에 행한 제임스 줄James Prescott Joule(1818-1889)의 일의 열당량 실험을 통해 열도 에너지의 한 형태라는 것을 알게 되었다. 열에너지를 포함한 에너지 보존법칙은 열역학 제1법칙이라고도 부른다. 열역학 제1법칙에 대해서는 열역학의 발전 과정을 설명하는 부분에서 자세하게 다룰 예정이다.

이런 과정을 거쳐 뉴턴역학 체계에 포함된 에너지와 에너지 보존법칙은 뉴턴역학이 다룰 수 있는 자연현상의 범위를 크게 넓혀 놓았다. 19세기에 활동했던 많은 물리학자와 수학자가 에너지 개념을 이용하여 물체의 운동을 다루는 새로운 방법을 제안했고, 이는 뉴턴역학이 발전하는 데 크게 기여했다.

유체역학 발전에 기여한 베르누이

뉴턴역학을 발전시키는 일을 했던 과학자들 중에서 가장 이른 시기에 활동했던 사람은 네덜란드 태생으로 주로 스위스에서 활동했던 다니엘 베르누이Daniel Bernoulli(1700-1782)였다. 뉴턴 이전에도 아르키메데스의 부력의 원리, 파스칼의 원리 등이 알려져 있었고, 대기압에 대한 연구가 있었다. 그러나 액체나 기체와 같이 모양과 크기가 일정하지 않은 유체의 행동을 역학적으로 기술하는 일은 뉴턴에 이르러 본격적으로 시작되었다. 뉴턴은 『프린키피아』의 제2권 5장과 8장, 그리고 9장에서 유체역학을 다뤘다. 베르누이는 뉴턴의 유체역학을 더욱 발전시켰다.

미적분학 발전에 기여한 수학자의 아들로 태어난 베르누이는 가난한 수학자보다는 사업가가 되라는 아버지의 권유를 거부하고 의학을 공부한 후 1721년에 해부학과 식물학 박사학위를 취득했다. 수학과 물리학 발전에 크게 기여한 레온하르트 오일러와 가까운 친구였던 베르누이는 1724년 러시아의 상트페테르부르크로 갔지만 여러 가지로 어려움을 겪다가 1733년 스위스의 바젤대학으로 돌아와 의학, 형이상학, 자연철학 교수로 지냈다.

베르누이는 오일러와 함께 액체의 흐름, 특히 혈액이 흐르는 속도와 혈압의 관계를 연구하였다. 베르누이는 액체가 흐르는 관의 벽에 작은 구멍을 낸 다음 식물 줄기로 만든 빨대를 꽂으면 빨대를 따라 올라오는 액체의 높이가 관 안의 액체의 압력에 의해 결정된다는 것을 알아냈다. 따라서 혈관에 작은 유리관을 꽂았을 때 올라온 혈액의 높이를 측정하여 혈압을 측정할 수 있게 되었다. 의사들은 혈압을 측정하는 새로운 방법이 발견될 때까지 170년 동안 이 방법을 이용해 혈압을 측정했다. 베르누이의 압력 측정 방법은 오늘날에도 비행기 옆을 흐르는 공기의 속도를 측정하는 데 사용되고 있다.

베르누이는 액체의 압력을 정압력과 동압력으로 구분하고 흐르는 액체의 압력인 동압력은 밀도와 속력의 제곱에 비례한다고 했다. 베르누이는 관을 따라 흐르는 액체의 속력이 관의 높이에 따라 달라지는 것은 높이가 달라지면 동압력의 일부가 정압력으로 바뀌기 때문이라고 했다. 그러나 높이가 달라져도 정압력과 동압력을 합한 전체 압력은 일정하다. 이것이 압력이나 흐름에 따라 밀도가 달라지지 않고 점성이 작용하지 않는 액체의 흐름에 적용되는 베르누이의 방정식이다.

전압력 = 정압력 + 동압력 = 일정

이것을 후에 도입된 위치에너지와 운동에너지의 개념을 이용하면 단위부피의 액체가 가지고 있는 위치에너지와 운동에너지의 합은 일정하며, 높이가 높아지면 운동에너지의 일부가 위치에너지로 바뀌기 때문에 속력이 줄어든다고 설명할 수 있다. 베르누이는 1738년에 이런 내용이 포함된 『유체역학』을 출판했다. 이 책에서 베르누이는 기체 운동론의 기초를 닦았고, 이를 이용해 보일의 법칙을 설명하려고 시도했다.

위대한 수학자였던 오일러

스위스 바젤에서 태어나 러시아와 독일에서 주로 활동하면서 수학뿐만 아니라 물리학, 천문학, 공학의 발전에 크게 기여한 레온하르트 오일러 Leonhard Euler(1707-1783)는 역사상 가장 위대한 수학자 중 한 사람으로 꼽히고 있다. 베르누이의 아버지와 친분이 있었던 목사의 아들로 태어난 오일러는 베르누이와 가깝게 지내며 베르누이로부터 많은 영향을 받았다. 오일러는 1723년 바젤대학에서 르네 데카르트와 아이작 뉴턴의 철학을 비교한 논문으로 석사학위를 받았다.

오일러의 뛰어난 수학적 재능을 알아본 베르누이의 아버지 요한 베르누이는 토요일 오후마다 오일러에게 개인 교습을 했다. 오일러의 아버지는 오일러가 목사가 되기를 바랐지만 요한 베르누이는 오일러를 위대한 수학자로 키우라고 설득했다. 오일러는 1726년에 소리가 전파되는 현상을 연구한 논문으로 박사학위를 받았다.

1726년 7월 러시아의 상트페테르부르크에 있는 러시아 과학아카데미의 수학 및 물리학부 교수가 된 베르누이가 오일러를 생리학 교수로 추천했다. 1727년에 상트페테르부르크에 도착한 오일러는 의학부 조교수가 되었다가 곧 수학부 교수가 되었다. 그는 베르누이와 같은 집에서 살면서 함께 연구 활동을 하기도 했다.

그러나 1733년에 외국인에 대한 차별 대우에 불만을 가졌던 베르누이가 스위스로 돌아간 후 오일러는 베르누이를 대신해 수학부의 책임자가 되었다. 1741년 오일러는 베를린의 프로이센 과학아카데미로 옮겨 그곳에서

25년 동안 약 380편의 논문을 발표했다. 왕성한 연구 활동에도 불구하고 시력 약화와 다른 학자들과의 마찰로 어려움을 겪던 오일러는 다시 러시아로 돌아갔고 그곳에서 1783년에 세상을 떠났다.

오일러는 수학의 거의 모든 분야뿐만 아니라 연속체 역학, 천문학 등 물리학 분야에서도 많은 업적을 남겼다. 수학과 역학의 여러 가지 개념과 식들에 그의 이름이 붙어 있는 것은 그의 연구성과가 얼마나 뛰어난 것이었는지를 잘 보여 준다. 오일러는 현재 사용하는 많은 수학 기호들을 도입하거나 대중화하는 데 공헌했다. 그는 x를 변수로 하는 함수 f를 $f(x)$로 표기하도록 했다. 이는 현재도 수학과 물리학에서 널리 사용되고 있는 표기법이다. 그는 또한 자연로그의 밑수를 (오일러 상수라고도 부르는) e로 표기했고, 수열의 합을 나타내기 위해 그리스 문자 Σ를 사용하였으며, 허수를 나타내는 i라는 표기법을 도입하기도 했다.

오일러는 $e^x=1+x+x^2/2!+x^3/3!+\cdots$ 와 같은 방식으로 표기하는 방법을 고안했고, $e^{ix}=\cos x+i\sin x$ 라는 관계식을 도입했다. 이 밖에도 오일러가 제안했거나 발견한 표기법과 수식은 일일이 거론하기 어려울 정도로 많다. 그가 제안한 표기법과 식들은 현대 물리학에서 다양하게 사용되고 있다. 특히 오일러는 모든 형태의 함수 $f(x)$를 x의 거듭제곱 항들의 합으로 전개하는 방법을 알아냈다. 따라서 복잡한 형태의 함수가 포함되어 있어 정확한 해를 구할 수 없었던 많은 문제의 근사적인 해를 구할 수 있는 길을 열었다.

실제 문제에서는 대부분 뉴턴의 운동 방정식에 포함되어 있는 힘이 간단한 형태의 함수로 나타나는 것이 아니라 복잡한 형태의 함수로 나타난다. 힘이 간단한 형태의 함수로 나타내지는 선형 방정식의 경우에는 정확한 해를 구하는 것이 가능하지만, 복잡한 형태의 함수로 나타내지는 비선형 방정식의 경우에는 정확한 해를 구하는 것이 가능하지 않을 때가 많다. 따라서 운동 방정식을 풀어 정확한 해를 구할 수 있는 경우는 매우 제한적이다. 이것은 뉴턴역학이 해결해야 할 중요한 과제였다. 그러나 오일러가 개발한 급수 전개를 이용하면 많은 경우 정확한 해에 가까운 근사적인 해를 구하는 것이 가능하다.

라그랑주역학

조제프 루이 라그랑주Joseph-Louis Lagrange(1736-1813)는 이탈리아의 토리노에서 태어나 프랑스와 독일(프로이센)에서 주로 활동한 수학자 겸 물리학자이다. 라그랑주의 증조부는 프랑스인이었지만 그의 부모는 이탈리아인이었다. 따라서 이탈리아에서는 라그랑주를 이탈리아의 과학자로 여기고 있고, 프랑스에서는 프랑스의 과학자라고 주장하고 있다. 라그랑주는 해석학과 정수론의 발전에 크게 기여하였으며 뉴턴역학을 나타내는 새로운 식을 제안하여 이론 물리학의 새로운 지평을 열었다.

라그랑주의 생애는 세 부분으로 나누어 볼 수 있다. 첫 번째는 그의 고향인 이탈리아의 토리노에서 보낸 30세까지의 기간이고, 두 번째는 그가 베를린 아카데미에서 왕성한 연구 활동을 하던 31세부터 53세까지의 기간이며, 세 번째는 54세부터 파리에서 73세의 나이로 세상을 떠나기 전까지의 기간이다. 라그랑주는 부유한 가문의 장남으로 태어났지만 아버지가 사업에 실패하여 가난한 어린 시절을 보내야 했다. 라그랑주의 아버지는 아들이 법을 공부하기를 바랐지만 라그랑주는 17세 때 우연히 발견한 에드먼드 핼리의 논문을 읽고 수학에 흥미를 가지게 되었다.

혼자서 수학 공부를 시작한 라그랑주는 토리노대학에서 물리학과 기하학을 배우면서 수학의 매력에 빠져들어 본격적으로 기하학과 해석학을 공부하기 시작했다. 토리노대학에서 공부하는 동안 그는 레온하르트 오일러와 서신을 통해 교류했다. 이 시기에 라그랑주는 그의 가장 큰 업적으로 꼽히는 변분법을 개발했고, 이를 오일러와 교류했다. 변분법이라는 용어는 오일러가 1766년에 처음 사용했다.

라그랑주와 오일러가 개발한 변분법은 어떤 양의 적분값이 최대 혹은 최소가 되는 경로를 찾아내는 수학적 기법이다. 빛이 두 지점 사이에 전파되는 시간이 최소가 되는 경로를 통해 전파되는 것과 같이 자연에서 일어나는 변화는 대개 어떤 양을 적분한 값이 최대가 되거나 최소가 되는 경로를 통해 진행된다. 따라서 어떤 양의 적분값이 극값을 가지는 경로를 찾아내는 변분법은 자연현상을 이해하는 데 큰 도움을 주었다.

라그랑주는 1754년과 1756년 사이에 오일러에게 그가 발견한 결과들을 설명하는 여러 통의 편지들을 보냈다. 라그랑주와 오일러는 변분법을 정식화한 오일러-라그랑주 방정식을 개발했다. 1758년 라그랑주는 제자들과 함께 토리노 과학아카데미라는 단체를 설립하고 활발한 연구 활동을 이어갔다.

라그랑주가 명성을 얻자 프로이센의 프리드리히 2세가 라그랑주를 베를린으로 초청했다. 프리드리히 2세의 초청을 여러 번 거절하던 라그랑주는 1766년 오일러가 베를린을 떠나 상트페테르부르크로 돌아간 후 베를린으로 갔다. 베를린에 머물었던 20년 동안 라그랑주는 그의 최대 업적이라고 할 수 있는 라그랑주역학을 완성했고, 그의 역작인 『해석역학』을 출판했다. 프리드리히 2세와 가깝게 지냈던 라그랑주는 규칙적인 생활을 하기 위해 노력했다. 라그랑주는 매일 저녁 다음날 할 일들을 정했으며, 일이 끝나면 어떤 점을 개선할 수 있는지 반성했다.

그러나 베를린에서 체류하는 동안 건강이 나빠졌고, 건강이 좋지 않았던 부인 비토리아가 1783년 죽자 실의에 빠졌다. 1786년에는 프리드리히 2세가 죽은 후 라그랑주는 프랑스 루이 16세의 초청을 받아 프랑스로 갔다. 프랑스에 도착한 후에도 한동안 무기력하게 지냈지만 프랑스 혁명을 계기로 심기일전하여 연구 활동을 재개했다. 프랑스 대혁명이 일어나던 1792년에 56세였던 라그랑주는 당시 24세였던, 친구이자 천문학자인 모니에의 딸 아델라이드와 재혼했다. 그녀는 헌신적인 부인이 되었다.

1793년 9월에 공포정치가 시작되면서 모든 외국인은 프랑스를 떠나야 했다. 그러나 라그랑주는 화학자였던 앙투안 라부아지에의 도움으로 프랑스에 남을 수 있었다. 그를 도와준 라부아지에는 1794년 5월 4일 단두대에서 처형되었다. 라그랑주는 라부아지에의 죽음에 대해 "그의 머리를 베는 것은 순간이지만 그와 같은 머리를 길러 내는 데는 100년도 더 걸릴 것이다"라고 말했다. 혁명 정부에 의해 무게 및 측량 개혁 위원회의 위원장에 임명된 라그랑주는 미터와 킬로그램을 표준 단위로 최종 선택하는 데 일조했다. 그는 또한 1795년에 설립된 경도국의 창립 멤버 중 한 사람이었다.

한때 에콜 노르말의 수학과 학과장과 에콜 폴리테크니크의 교수를 지내기도 했던 라그랑주는 나폴레옹이 정권을 잡은 후 1799년 상원의원으로 임명되었다. 1802년, 라그랑주는 그가 태어난 토리노가 속해 있던 피에몬테를 프랑스에 합병하는 문서에 서명했다. 이로 인해 라그랑주는 프랑스 국적을 취득했다.

라그랑주는 1810년 『해석역학』의 개정 작업을 시작했지만, 완성하지 못하고 1813년에 세상을 떠났다. 죽기 이틀 전에 나폴레옹으로부터 화합의 제국훈장 대십자장을 수여받았고 판테온에 묻혔다.

물리학에서의 라그랑주의 가장 큰 업적이라고 할 수 있는 라그랑주역학은 운동의 시작점과 끝나는 점이 정해져 있을 때 물체는 운동에너지에서 위치에너지를 뺀 값을 나타내는 라그랑지안을 적분한 값이 최소가 되는 경로를 따라 운동한다는 내용이다. 라그랑지안은 다음과 같이 정의된다.

$$L = \text{운동에너지}(\dot{q}\text{의 함수}) - \text{위치에너지}(q\text{의 함수})$$

이 식에서 q는 길이나 각도와 같이 위치를 나타내는 변수이고, $\dot{q}$는 속력이나 각속도와 같이 위치의 변수를 시간으로 미분한 양이다. 라그랑지안을 적분한 값이 최소가 되는 경로를 나타내는 미분 방정식을 라그랑주 방정식이라고 한다. 라그랑주 방정식은 다음과 같다.

$$\frac{\partial L}{\partial q} = \frac{d}{dt}\left(\frac{\partial L}{\partial \dot{q}}\right)$$

라그랑주 방정식으로부터 뉴턴의 운동 방정식을 유도할 수 있다. 따라서 라그랑주역학은 뉴턴역학과 다른 역학이 아니라 뉴턴역학을 새로운 방식으로 기술한 역학이라고 할 수 있다. 라그랑주 방정식의 가장 큰 장점은 힘이나 가속도와 같이 벡터로 나타낼 수 있는 물리량을 포함하고 있는 뉴턴의 운동 방정식과는 달리 운동에너지나 위치에너지와 같은 스칼라양만 포함하고 있고, 좌표를 임의대로 설정할 수 있어 다루기 쉽다는 것이다. 따라서 라그랑주역학은 뉴턴의 운동 방정식으로 해를 구할 수 없는 복잡한 계의 운동을 기술하는 데 널리 사용되고 있다. 실제로 고등학교 과정에서는 뉴턴의 운동 방정식을 이용해 문제를 풀지만 복잡한 문제를 많이 다루는 물리학과의 학부나 대학원 과정에서는 뉴턴의 운동 방정식보다 라그랑주 방정식을 이용하여 문제를 해결하는 경우가 더 많다.

이러한 수학적 기법의 차이 외에도 뉴턴역학과 라그랑주역학 사이에는 철학적인 차이도 있다. 뉴턴역학은 물체에 가해 준 힘이라는 원인에 의해 운동이라는 결과가 나타난다고 본다. 따라서 뉴턴역학은 원인에 의해 결과가 만들어진다는 인과론적인 역학이다. 그러나 라그랑주역학은 자연현상이 최소 작용 원리에 따라 일어난다고 본다. 다시 말해 자연현상은 자연이 가지고 있는 어떤 목적을 달성하기 위한 과정이라는 것이다. 따라서 라그랑주역학은 목적론적인 역학이라 할 수 있다.

해밀턴역학

아일랜드의 수학자 윌리엄 로언 해밀턴William Rowan Hamilton(1805-1865)은 라그랑주역학과는 또 다른 방법으로 뉴턴역학을 기술하는 해밀턴역학을 제안했다. 해밀턴은 아일랜드의 더블린에서 변호사의 아들로 태어났다. 더블린에 있는 트리니티칼리지에서 수학을 공부한 해밀턴은 22세였던 1827년에 학사학위를 받았고, 10년 후인 1837년에 석사학위를 받았다. 아직 대학생일 때 아일랜드의 로열 천문학자로 임명된 해밀턴은 덴싱크 천문대로 옮겨 그곳에서 일생 동안 연구했다.

당시 천문학자들이 하는 연구는 주로 망원경 관측을 통해 별들의 위치를 결정하는 일이었다. 그러나 천체 관측은 수학에 관심을 가지고 있던 해밀턴에게 그다지 마음에 드는 일이 아니었다. 그러나 그는 건강상의 이유로 천체 관측을 그의 조수에게 넘겨줄 때까지 규칙적으로 천체 관측을 계속했다. 현재 해밀턴은 천문학자로보다는 물리학자나 수학자로 더 널리 알려져 있지만 해밀턴의 천문학 강의는 학생들 사이에서 큰 인기가 있었다.

그러나 해밀턴의 가장 큰 공헌은 해밀턴역학을 제안하여 뉴턴역학을 크게 확장하고, 고전역학과 양자역학을 연결하는 연결고리를 만든 것이라고 할 수 있다. 해밀턴역학은 광학에 대한 연구로부터 시작되었다. 해밀턴은 1824년 빛이 지나가는 경로를 계산할 수 있는 새로운 수학 방법을 포함한 논문을 1824년 아일랜드 왕립 아카데미에 제출했다. 이 논문의 중요성을 인식한 왕립 아카데미는 논문을 보완해 달라고 요청했다. 해밀턴은 1825년에서 1828년 사이에 이 논문을 보완해서 다시 제출했다. 해밀턴의 기본함수라고 알려진 새로운 수학적 방법은 빛의 경로를 계산해 내기 위한 것이었지만 역학, 광학, 수학을 하나로 묶을 수 있고, 빛의 파동 이론을 이끌어 낼 수 있는 것이었다.

이 방법은 변분법과 오일러와 라그랑주가 연구했던 최소 작용의 원리에 기초한 것이었지만 운동량과 위치의 대칭성에 근거를 둔 것이어서 수학적으로 훨씬 진전된 것이었다. 해밀턴은 계의 운동에너지와 위치에너지를 합한 전체 에너지를 나타내는 양인 해밀토니안이라고 부르는 양을 정의했다.

$$\text{해밀토니안}(H) = \text{운동에너지} + \text{위치에너지}$$

해밀턴역학의 중심이 되는 해밀턴 방정식은 위치를 나타내는 변수를 시간으로 미분한 값은 해밀토니안을 운동량으로 미분한 값과 같으며, 운동량을 시간으로 미분한 양은 해밀토니안을 위치를 나타내는 변수로 미분한 값에 마이너스값과 같다는 것을 미분 방정식으로 나타낸 것이다. 해밀토니안 방정식은 다음과 같다.

$$\frac{dq}{dt} = \frac{\partial H}{\partial p}, \quad \frac{dp}{dt} = -\frac{\partial H}{\partial q}$$

이 식에서 q와 p는 각각 위치와 운동량을 나타내는 변수이다. 라그랑주 방정식으로부터 해밀턴 방정식을 유도할 수 있고, 해밀턴 방정식으로부터 라그랑주 방정식을 유도할 수 있기 때문에 해밀턴역학과 라그랑주역학, 그리고 뉴턴역학은 근본적으로 같은 역학이지만 해밀턴 방정식은 분석할 수 있는 자연현상의 범위를 크게 확장시킬 수 있다. 따라서 해밀턴역학은 뉴턴역학이 등장한 후 가장 획기적인 진전이라고 할 수 있다.

수학자들과 물리학자들의 노력으로 뉴턴역학으로 분석할 수 있는 자연현상의 범위가 크게 넓어지자 물리학자들은 수학적 기법만 발전시키면 모든 자연현상을 뉴턴역학으로 분석하고 설명할 수 있을 것이라고 생각하게 되었다. 뉴턴역학을 자연의 기본법칙이라고 생각하게 된 것이다. 따라서 이제 물리학자들이 할 일은 자연현상을 설명하는 새로운 법칙을 발견하는 일이 아니라 아직 뉴턴역학으로 해결하지 못한 문제를 해결할 수 있는 수학적 기법을 찾아내는 것뿐이라고 생각하게 되었다.

뉴턴역학의 성공으로 철학자들과 과학자들 중에는 우주에서 일어나고 있는 모든 일들이 역학적 인과 관계에 의해 결정된다고 생각하는 사람들이 많아졌다. 이것은 우주가 처음부터 다시 시작된다고 해도 초기 조건이 같다면 똑같은 현상이 반복될 것임을 뜻한다. 이런 우주에는 초자연적인 현상이나 자연법칙을 초월하는 절대자가 개입할 여지가 없다. 이렇게 모든 자연현상이 기계적 인과관계에 의해서 결정된다고 보는 견해를 기계론적 우주론이라고 부른다. 뉴턴역학의 발전이 자연에 대한 사람들의 생각을 바꾸어 놓은 것이다.

광학의 성립과 발전

1. 빛에 대한 초기 이론들

고대 그리스의 빛에 대한 이해

지구에 생명체가 처음 나타난 것은 약 40억 년 전이라고 추정되고 있다. 그러나 현재 우리가 볼 수 있는 생명체들의 조상이 대부분 나타난 것은 고생대가 시작된 약 5억 4200만 년 전이었다. 비교적 짧은 기간 동안에 많은 종류의 생명체가 나타난 사건을 고생물학에서는 '캄브리아기 생명 대폭발'이라고 부른다. 이 시기에 나타난 생명체들의 특징 중 하나는 눈을 가지고 있었다는 것이다. 생명체들이 빛을 이용해 외부 정보를 수집하는 눈을 가지게 된 것은 생명체의 진화 과정에서 있었던 가장 중요한 사건 중 하나이다.

생명체가 살아가기 위해서는 주위 환경과 끊임없이 상호작용해야 한다. 외부로부터 받아들인 정보를 이용하여 먹이를 확보하고, 천적으로부터 몸을 피하면서 살아간다. 생명체들은 살아가는 데 필요한 정보의 대부분을 눈을 통해 받아들인다. 따라서 빛은 생명체와 외부 세계를 연결해 주는 통로가 된다. 사람들도 눈을 통해 받아들인 정보를 이용해 세상을 이해하고 있다. 따라서 세상을 제대로 이해하기 위해서는 세상에 대한 정보를 전달해 주는 빛에 대해 알아야 한다.

따라서 오래전부터 빛의 본질이 무엇인지, 그리고 빛이 전파되는 속력은 얼마나 되는지를 알아내려고 노력해 왔다. 그러나 빛은 우리의 감각기관으로 실체를 파악하기에는 너무 작고, 빨라서 빛의 실체를 파악하는 과정에서는 많은 시행착오가 있었다. 세상이 물, 불, 흙, 공기의 네 가지 종류의 원자로 이루어졌다고 믿었던 고대 인도에서는 빛을 빠른 속력으로 달리고 있는 불 원자의 흐름이라고 생각했다. 그들은 빛이 여러 가지 다른 색깔을 가지는 것은 불 원자의 배열과 속력이 다르기 때문이라고 했다. 기원전 5세기에 고대 그리스에서 세상이 물, 불, 흙, 공기의 네 가지 원소로 이루어졌다는 4원소설을 주장한 엠페도클레스Empedocles는 눈에서 나온 빛과 광원에서 나온 빛이 상호작용하여 세상을 볼 수 있게 된다고 설명했다. 그는 빛의 속력이 유한하다고 믿었다.

고대 과학을 완성한 아리스토텔레스는 흰색의 빛이 빛의 본질이며, 여러 가지 색깔의 빛은 흰색의 빛에 불순물이 섞였기 때문이라고 설명했다. 그는 빛의 속도는 무한하기 때문에 빛이 전달되는 데는 시간이 걸리지 않는다고 했다. 아리스토텔레스는 또한 사방이 막힌 상자에 작은 구멍을 내고 그 구멍을 통해 들어 온 빛이 만든 상의 모양이 구멍의 형태와 관계없이 항상 원형이라는 것과 구멍에서 상까지의 거리가 멀어질수록 상의 크기가 커진다는 것을 관찰하기도 했다.

13권으로 된 『기하학 원리』를 출판하여 기하학의 아버지라고 불리는 알렉산드리아 시대의 에우클리데스는 빛을 기하학적인 방법으로 분석했다. 물체를 보기 위해서는 눈에서 나간 광선이 물체에 도달해야 한다고 생각했던 그는 눈에서 나가 물체에 도달한 광선이 만드는 원뿔의 각도가 크면 큰 물체로 인식하고, 각도가 작으면 작은 물체로 인식한다고 했다. 그는 눈에서 물체까지의 거리에 따라 물체의 크기가 어떻게 달라 보이는지, 그리고 보는 각도에 따라 원통과 원뿔의 모양이 어떻게 달라 보이는지에 대해서도 설명했다.

여러 가지 기계장치를 발명한 것으로 유명한 알렉산드리아의 헤론Heron

of Alexandria(60년대에 활동)은 에우클리데스와는 달리 빛의 기하학적 성질뿐만 아니라 물리적 성질에 대해서도 관심을 가졌다. 그는 눈에서 아주 빠른 속력으로 나간 빛이 매끈한 거울에서는 모두 반사되지만 매끈하지 않은 표면에서는 일부가 흡수된다고 설명했다. 헤론은 입사각과 반사각이 같다는 것을 보여 주기도 했다.

『알마게스트』를 저술하여 지구중심설을 완성한 프톨레마이오스도 체계적으로 반사와 굴절에 대해 연구했다. 그는 공기, 물, 유리의 경계면에서 굴절된 빛의 굴절각을 측정했다. 그는 굴절각이 입사각에 비례한다는 잘못된 이론에 맞추기 위해 측정된 값을 조정하기도 했다. 프톨레마이오스도 눈에서 나온 빛이 물체에 도달해 물체를 보게 된다고 생각했지만 그는 빛이 몇 개의 광선으로 이루어진 것이 아니라 연속적인 원뿔을 이룬다고 주장했다.

이슬람 세계의 광학

중세 이슬람 세계에서도 빛의 대한 관찰과 연구가 활발하게 이루어졌다. 이슬람 세계 초기에 빛에 대해 연구했던 알 킨디Al-Kindi(ca. 801-873)는 물체는 모든 방향으로 빛을 방출해 세상을 빛으로 채우고 있다고 주장했다. 물체가 빛을 방출한다는 알 킨디의 주장은 후세 이슬람 과학자들은 물론 로저 베이컨과 같은 중세 유럽의 과학자들에게도 많은 영향을 주었다.

900년대 후반에 바그다드에서 활동했던 이븐 살Ibn Sahl은 프톨레마이오스의 광학을 최초로 이슬람 세계에 소개했으며, 곡면 거울과 렌즈가 빛의 경로를 어떻게 휘어지게 하는지에 대해 연구했고, 입사각과 반사각이 같다는 것을 알아내기도 했다. 그는 입사각과 반사각이 같다는 것을 이용해 빛을 한 점에 모으는 곡면 거울과 렌즈에 대해 연구하기도 했다.

근대 광학의 아버지라고 알려져 있는 이븐 알하이탐Ibn al-Haytham(유럽에는

Alhazen으로 알려져 있다)은 그리스의 광학 이론들을 체계적으로 분석하여 정리했다. 그는 눈에서 나간 빛에 의해 물체를 볼 수 있게 된다는 프톨레마이오스의 주장과는 달리 물체에서 나온 빛이 눈에 도달하여 물체를 보게 된다고 주장하고, 물체에서 나온 빛이 눈까지 도달하는 빛의 진행 경로를 기하학적으로 분석했다. 알하이탐은 물체가 방출한 빛 알갱이가 눈에 도달하여 물체를 볼 수 있는 것이라면 빛의 속력은 유한해야 한다고 주장했다. 이런 내용들이 포함되어 있는 알하이탐의 광학 관련 서적들이 라틴어로 번역되어 유럽의 근대 광학 발전에 크게 기여했다.

유럽에서 시작된 빛에 대한 연구

빛에 관한 연구는 이슬람 세계와의 접촉을 통해 고대 그리스 과학을 접한 11세기 이후의 유럽에서 활발하게 전개되었다. 13세기에 다양한 과학적 주제와 관련된 책을 출판했던 영국의 신학자이며 주교였던 로버트 그로스테스트Robert Grosseteste(ca. 1175-1253)는 고대 그리스와 이슬람 세계에서 발전시킨 빛과 관련된 다양한 생각들을 유럽에 전해 주었다. 여기에는 성경에 기록되어 있는 신학적이고 철학적인 의미의 빛에서부터 기하학적이고 물리학적인 빛에 대한 생각들까지 모두 포함되어 있다.

그로스테스트로부터 수학을 배운 영국의 철학자 로저 베이컨Roger Bacon(ca. 1214-1294) 역시 고대 그리스와 이슬람 세계의 광학 지식을 폭넓게 소개했다. 그는 이슬람 과학자들의 저서에서 배운 빛과 시력에 관한 지식에 모든 물체는 에너지의 일종인 스페시스species를 방출하고, 스페시스가 눈과 상호작용하여 물체를 보게 된다는 생각을 추가했다. 물체가 방출한 스페시스의 작용으로 물체를 볼 수 있게 된다는 생각은 후세 과학자들에게 많은 영향을 주었다.

행성운동법칙을 발견하여 뉴턴역학 탄생의 길잡이 역할을 했던 독일의 요하네스 케플러도 빛에 대한 연구에 공헌했다. 화성의 궤도를 결정하기 위해 관측자료를 분석하는 작업을 하고 있던 케플러는 1603년 이 일을 일시 중단하고 빛에 대한 연구를 하여 그 결과를 1604년 1월 1일에 황제에게 제출하고, 『천문학의 광학 부분』이라는 책으로 출판했다. 이 책에는 빛의 세기가 거리 제곱에 반비례해서 약해진다는 것, 평평한 거울과 곡면 거울에서의 빛의 반사, 바늘구멍 사진기의 원리, 천문학에서 시차가 가지는 의미, 천체들의 겉보기 크기 등에 대한 설명이 포함되어 있었다.

스넬Snell이라는 영어 이름으로 더 널리 알려져 있는 네덜란드의 천문학자 빌러브로어트 스넬리우스Willebrord Snellius(1580-1626)는 1621년에 스넬의 법칙이라고 알려진 굴절 법칙을 발견했다. 스넬의 법칙은 매질의 경계에서 입사각과 굴절각의 사인값Sine의 비는 두 매질에서의 빛의 속력의 비와 같다는 것으로 광학의 기초가 되는 법칙이다. 르네 데카르트는 굴절의 법칙과 기하학적 원리들을 이용해 무지개의 각 반지름이 42도라는 것을 밝혀내기도 했다.

피에르 드 페르마Pierre de Fermat(1601-1665)는 프랑스의 법관으로 취미로 수학을 연구한 아마추어 수학자였다. 페르마는 지인들과 교환한 서신과 책을 읽으면서 여백에 써 넣은 짧은 글들을 남겼을 뿐이지만 데카르트와 함께 17세기 전반기에 활동했던 주요 수학자 중 한 사람으로 인정받고 있다. 페르마는 3세기 후반 알렉산드리아에서 활약했던 디오판토스Diophantos(200 or 214-284 or 298)의 저서인 『산학』의 여백에 "나는 이 명제에 관한 놀라운 증명 방법을 찾아냈으나 여백이 부족해 적지 않는다"라고 써 놓았다. 이후 357년간 이 명제를 증명하려고 시도한 사람은 많았지만 증명에 성공하지 못했다. 이것이 유명한 페르마의 마지막 정리이다.

페르마의 마지막 정리는 $x^n+y^n=z^n$에서 n의 값이 3 이상의 수일 때 이 방정식의 정수해는 존재하지 않는다는 것이다. 수학자들은 페르마가 제시한 문제들 중 유일하게 풀리지 않은 이 문제를 증명하기 위해 애썼으나, 몇몇 특정한 n 값에 대해서만 증명할 수 있었을 뿐, 일반적 증명 방법을 찾아내지는 못하고 있었다. n=4일 때의 증명은 페르마 자신이 했고, n=3일 때의 증명은 레온하르트 오일러가 했다. 페르마의 마지막 정리는 1994년이 되어서야 영국의 수학자 앤드루 와일즈Andrew John Wiles(1953-)가 대수기하학의 여러 개념들을 사용하여 증명하는 데 성공했다.

페르마는 수학뿐만 아니라 광학에도 관심이 많았다. 그는 빛은 두 지점을 잇는 경로 중, 전파되는 데 걸리는 시간을 최소로 하는 경로를 통해 전파된다는 페르마의 원리를 제안했다. 한 점에서 나온 빛이 다른 한 점에 도달할 때는 두 점 사이의 최단 거리인 직선 경로를 통해 빛이 전파되는 것으로 생각하기 쉽다. 같은 매질 내에서는 그것이 사실이다. 그러나 한 매질에서 다른 매질로 전파할 때는 최단 거리인 직선을 따라 빛이 진행해 가는 것이 아니라 경계면에서 휘어져 진행한다. 속도가 다른 두 매질을 통과할 때는 휘어진 경로가 두 점 사이를 빛이 진행하는 데 걸리는 시간을 최소로 하는 경로이기 때문이다. 페르마의 원리를 이용하면 반사의 법칙과 굴절의 법칙을 유도해 낼 수 있다.

이탈리아의 예수회 사제로 볼로냐 예수회 칼리지에서 철학, 기하학, 천문학을 가르치기도 했던 프란체스코 마리아 그리말디Francesco Maria Grimaldi(1618-1663)는 빛이 프리즘에 의해 여러 가지 색깔의 빛으로 분산되는 현상을 자세하게 관찰하고 처음으로 분산diffraction이라는 말을 사용했다. 빛의 회절과 간섭에 대해서도 많은 실험과 관찰을 했던 그는 작은 구멍을 통과한 빛이 원뿔 모양으로 퍼져나가는 것을 보고 빛이 파동이라고 주장했다. 그리말디의 파동설은 네덜란드의 크리스티안 하위헌스Christiaan Huygens(1629-1695)와 같은 학자들에게 많은 영향을 주었다. 그의 연구 결과가 담긴 『빛에 대하여』는 그가 세상을 떠난 후인 1665년에 출판되었다.

동료였던 조반니 바티스타 리치올리Giovanni Battista Riccioli(1598-1671)와 함께 단진자를 이용하여 지구 표면에서의 중력을 측정하기도 했고, 자유낙하하는 물체가 낙하한 거리가 시간의 제곱에 비례한다는 것을 밝혀내기도 했던 그리말디는 자세한 달의 지도를 작성하기도 했다.

광학기계의 발명

빛에 대한 연구와 함께 작은 물체를 크게 확대해 보는 돋보기를 개량하는 연구도 계속 되었다. 돋보기가 언제부터 사용되었는지는 확실하지 않다. 일부 학자들은 이집트 고왕국 시대에 그려진 그림들 중에도 안경을 쓴 사람의 모습이 포함되어 있으며, 기원전 7세기에도 암석 결정들이 확대경이나 장식용으로 사용된 흔적을 발견할 수 있다고 주장하고 있다. 돋보기를 사용한 기록이 처음 나타나는 것은 1세기이다. 네로 황제의 가정교사가 물을 채운 유리를 통해 보면 아무리 작은 글자도 또렷하게 볼 수 있다는 기록을 남겼다. 그리고 네로 황제가 검투사의 경기를 에메랄드로 만든 돋보기를 통해 보았다는 기록도 있다.

11세기에서 13세기 사이에 유리 공을 반으로 잘라서 만든 독서 스톤이라고 부르는 렌즈가 발명되었다. 주로 수도승들이 사용하던 독서 스톤은 빛을 모아 글자를 비추는 데 사용되었다. 독서 스톤을 사용하면서 얇은 렌즈가 더 효과적이라는 것을 알게 된 사람들은 1286년에 이탈리아의 피사에서 처음으로 두 개의 얇은 렌즈를 이용하여 안경을 만들었다. 안경을 처음 만든 사람이 누구였는지는 알려져 있지 않다.

1608년에는 네덜란드에서 최초로 굴절망원경이 만들어졌다. 처음으로 망원경의 특허를 신청한 사람은 한스 리퍼세이Hans Lippershey(1570-1619)였다. 다음 해인 1609년에 성능이 훨씬 향상된 망원경을 제작한 갈릴레오 갈릴레이는 망원경을 이용해 천체를 관측하고, 목성의 위성들과 토성의 고리,

태양의 흑점 등을 발견했다. 1668년에 아이작 뉴턴은 굴절망원경이 가지고 있는 색수차의 문제를 해결한 오목거울을 이용해 빛을 모으는 반사망원경을 만들었다.

작은 물체를 크게 확대하여 보는 현미경은 1620년에 처음 만들어진 것으로 알려져 있다. 그러나 1590년에 자카리스 얀센Zacharias Janssen(1585-1632)이 발명했다고 주장하는 사람들도 있고, 최초로 망원경의 특허를 출원했던 한스 리퍼세이가 발명했다고 주장하는 사람들도 있다. 갈릴레이도 망원경을 만들었던 경험을 바탕으로 성능이 향상된 현미경을 만들었다.

2. 입자설과 파동설

뉴턴의 『광학』

1687년에 『프린키피아』를 통해 새로운 역학을 제안하여 근대 과학의 기초를 마련한 뉴턴은 광학 연구에도 크게 기여했다. 빛의 굴절을 연구하던 뉴턴은 프리즘을 이용하여 흰빛을 여러 가지 색깔의 빛으로 분산시켰다. 그는 프리즘을 이용해 분산시킨 여러 가지 색깔의 빛을 렌즈를 이용해 다시 모으면 흰색의 빛이 된다는 것을 알아냈다. 그리고 분산된 빛 중에서 한 가지 색깔의 빛만을 프리즘에 통과시키면 더 이상 분산되지 않는다는 것도 확인했다. 이것은 흰색 빛이 순수한 빛이 아니라 색깔을 가진 빛이 순수한 빛이며 흰 빛은 여러 가지 색깔의 빛이 합해진 빛이라는 것을 의미했다. 뉴턴의 이 실험은 확증 실험이라는 이름으로 널리 알려져 있다.

뉴턴은 빛에 관한 실험 결과와 반사망원경을 만든 경험을 바탕으로 1704년에 『광학』을 출판했다. 『광학』에서 뉴턴은 빛은 그가 미립자corpuscles라고 부른 작은 입자들의 흐름이며, 매질의 경계에서 굴절하는 것은 밀한 매질에서 미립자들의 속력이 증가하기 때문이라고 주장했다. 그러나 빛의 분산을 설명하기 위해서 입자의 흐름이 파동의 성질도 가진다는 것을 인정하기도 했다.

1687년에 출판한 『프린키피아』로 명성을 얻게 된 뉴턴이 빛이 입자라고 주장하자 많은 사람이 그의 주장을 받아들이게 되었다. 뉴턴과 같은 시대를 살면서 뉴턴과 직접 교류하기도 했던 네덜란드의 하위헌스와 같은 과학자들이 빛이 가지고 있는 파동의 성질을 주장했지만 널리 받아들여지지 못했던 것도 뉴턴의 영향력 때문이었다. 1800년대가 되어서야 물리학자들은 회절과 간섭과 같은 현상들을 설명하기 위해 빛이 파동이라는 사실을 받아들였다.

하위헌스의 파동설

뉴턴과는 달리 빛이 파동이라고 주장했던 네덜란드의 크리스티안 하위헌스는 진보적인 생각을 가지고 있던 부모님의 영향을 받아 어학, 음악, 역사, 지리학, 수학, 논리학 등 다양한 분야를 공부했으며, 펜싱과 승마를 즐겼고, 갈릴레이나 데카르트와 같은 당시 유럽의 저명한 학자들과 폭넓은 친분 관계를 가졌다. 하위헌스는 16세에 레이든대학과 새로 설립된 오렌지칼리지에서 법률학과 수학을 공부했다. 하위헌스의 아버지는 아들이 외교관이 되기를 바랐지만 하위헌스는 수학과 과학에 더 많은 관심을 가지고 있었다.

대학을 졸업한 후 많은 사람과 교류하면서 다양한 분야에 대한 경험을 쌓은 하위헌스는 한동안 역학 연구에 몰두하기도 했다. 1651년부터 하위헌스는 그의 수학적 재능을 잘 나타내는 여러 편의 논문을 발표하여 수학자들의 주목을 받았다. 그러나 하위헌스는 수학뿐만 아니라 역학, 광학, 천문학과 같은 다른 분야에도 많은 관심을 가지고 있었다.

1650년대에 하위헌스는 데카르트의 충돌이론에 오류가 있다는 것을 밝혀내고 기하학적 분석을 통해 올바른 충돌이론을 이끌어 냈다. 그는 물체들이 충돌할 때 충돌하는 물체들 전체의 질량 중심의 속력과 운동 방향은 변하지 않는다는 것을 보여 주었다. 그는 이것을 운동의 양의 보존이라고 불렀다. 하위헌스의 충돌이론은 『프린키피아』가 출판되기 이전에 발표된 이론 중에서 가장 뉴턴역학에 근접한 이론이었다. 이런 연구 결과들은 개인적 교신과 잘 알려지지 않은 학술 잡지를 통해 발표되어 일부 사람들에게만 알려졌다. 자세한 연구 결과는 그가 세상을 떠난 후에 출판되었다.

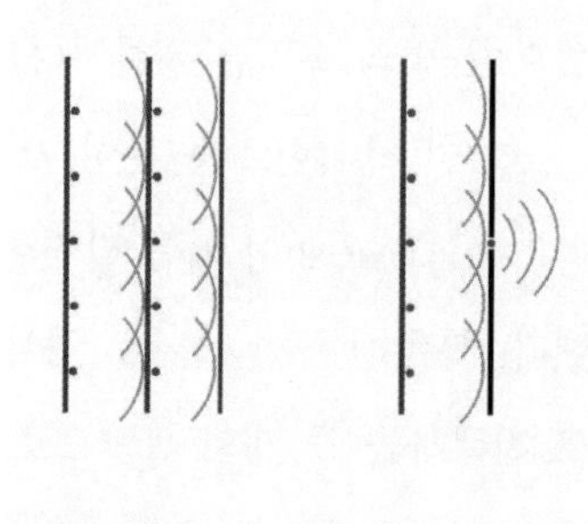

하위헌스의 원리

역학뿐만 아니라 천문학에도 관심을 가지고 있던 하위헌스는 1655년에 토성의 위성인 타이탄을 발견하기도 했고, 1657년에는 진자를 이용한 시계를 발명하기도 했으며, 1661년에는 수성이 태양 앞을 지나가는 것을 관측하기도 했다. 1689년 6월 영국을 세 번째로 방문했을 때 하위헌스는 뉴턴과 만났다. 그들은 아이슬랜드의 온천에 대한 이야기를 나누었고, 저항을 받으며 이루어지는 운동에 대해 의견을 교환했다.

1678년에 하위헌스가 프랑스 과학아카데미에 제출한 빛이 파동이라는 주장이 담긴 논문은 1690년에 『빛에 관한 논문』이라는 제목으로 출판되었다. 그는 이 논문에서 파동이론을 이용해 빛과 관련된 여러 가지 현상들을 수학적으로 설명했다. 그러나 당시에는 빛이 파동이냐 입자냐 하는 빛의 본질에 관한 문제보다는 빛의 전파나 반사, 굴절과 같은 현상을 기하학적으로 설명하는 데 더 많은 관심이 있었다.

하위헌스는 빛이 파동이라는 것을 이용하여 빛의 전파와 굴절을 설명하려고 시도했다. 그는 빛의 파면은 파면에 수직한 방향으로 퍼져 나가는 수많은 작은 파동의 공통 접면이라고 설명했다. 예를 들어 커다란 수많은 작은 원형 파동의 공통 접면이 원형으로 퍼져 나가는 파동의 파면을 이룬다는 것이다. 이것을 하위헌스의 원리라고 부른다. 하위헌스는 빛은 우주공간을 가득 채우고 있는 에테르라는 매질을 통해 전달되는 종파라고 주장했으며, 빛의 속력은 유한하다고 했다.

1672년 하위헌스는 아이슬란드에서 1669년에 라스무스 바르톨린Rasmus Bartholin(1625-1698)이 처음 발견한 방해석에서 나타나는 복굴절 현상을 관찰했다. 복굴절은 한 줄기로 입사한 빛이 방해석을 통과하는 동안 다른 각도로 진행하는 두 개의 광선으로 갈라지는 현상이다. 하위헌스는 그의 파동이론을 이용하여 복굴절 현상을 설명하려고 시도했다.

후에 복굴절은 여러 방향으로 진동하는 횡파로 이루어진 빛이 파동의 진동 방향에 따라 굴절률이 다르기 때문에 생긴다는 것이 밝혀졌지만 빛이 종파라고 생각했던 하위헌스는 복굴절을 제대로 설명할 수 없었다. 하위헌스의 파동설이 복굴절을 제대로 설명하지 못한 것은 파동설이 뉴턴의 입자설보다 널리 받아들여지지 않은 이유 중 하나가 되었다.

영의 이중슬릿 실험

17세기에는 빛에 관한 여러 가지 학설이 대립하고 있었지만 18세기에는 뉴턴이 정리한 입자설이 널리 받아들여졌다. 1789년에 프랑스의 화학자 앙투안 라부아지에Antoine-Laurent de Lavoisier(1743-1794)가 출판한 『화학원론』에 실려 있는 원소표에 빛 입자도 원소의 하나로 포함되어 있었던 것은 빛이 입자라는 생각이 널리 받아들여지고 있었다는 것을 잘 나타낸다. 그러나 19세기에 들어서면서부터 입자설로는 설명할 수 없는 현상들이 발견되기 시작했다. 19세기 초에 간섭 실험을 통해 입자설에 이의를 제기한 사람은 영국의 의사로 에너지라는 용어를 처음으로 사용했던 토머스 영이었다.

영은 1773년에 영국 밀버톤의 퀘이커교도 가정에서 태어났다. 19세였던 1792년에 의학을 공부하기 시작한 영은 다음 해에 눈의 근육이 어떻게 작용하는지를 설명하는 논문을 왕립협회에 제출하여 사람들을 놀라게 했다. 1794년에는 에든버러로 이사했고, 1년 후에는 독일의 괴팅겐으로 옮겨 1796년에 의학박사학위를 받았다. 영은 1799년에 런던에서 병원을 개업했지만 병원을 운영하는 동안에도 과학 실험을 계속했다. 하지만 의사가 다른 일에 많은 시간을 보내고 있다는 비판을 염려하여 논문은 익명으로 발표했다.

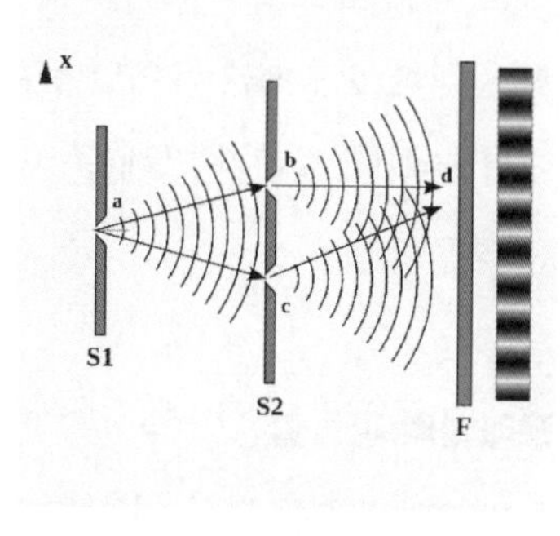

두 개의 슬릿을 이용한 간섭 실험

1800년에 영은 왕립협회의 『철학 회보』에 소리와 빛에 대한 실험 논문을 발표했다. 그의 간섭 실험에 대한 자세한 내용은 1801년의 행한 빛과 색깔에 대한 강의록을 통해 알려졌다. 1803년 11월 24일에 행해진 베이커 강의와 1804년에 발간된 『철학 회보』에 게재된 강의록에서도 그는 간섭 현상을 비롯한 빛의 여러 가지 성질을 설명했다. 영은 이 논문들과 강의록에서 두 개의 슬릿에 의해 만들어지는 밝고 어두운 간섭무늬가 빛이 파동이라는 것을 나타내고 있다고 주장했다.

영은 근접한 두 개의 슬릿을 통과한 빛이 만들어 내는 간섭무늬를 이용하여 오늘날 사용되고 있는 것과 비슷한 회절격자를 만들기도 했다. 그는 또한 물 위에 떠 있는 비누 거품이 여러 가지 색깔을 나타내는 것과 뉴턴 링이 나타나는 원인도 빛의 간섭을 이용하여 설명했다. 그러나 입자설을 받아들이고 있던 사람들은 영의 간섭 실험 결과를 받아들이려고 하지 않았다. 따라서 빛이 파동이라는 사실을 받아들이는 것은 프랑스의 프레넬이 더욱 정교한 실험을 통해 증명할 때까지 기다려야 했다.

영의 이름이 남아 있는 또 하나의 물리 법칙은 영률이다. 영은 물체에 힘을 가할 때 늘어나는 길이가 가해 준 힘과 물체의 길이에 비례하고 단면적에 반비례한다는 것을 알아냈다. 이때 물질에 따라 달라지는 비례상수가 영률이다. 영률은 물질의 고유한 성질 중 하나이다. 물체의 길이와 단면적이 일정한 경우에는 늘어난 길이가 가해 준 힘에 비례한다. 탄성의 한계 내에서 늘어난 길이가 가해 준 힘에 비례한다는 후크의 법칙은 영률의 특별한 경우이다.

프레넬의 파동설

1808년에 복굴절을 연구하고 있던 프랑스의 에티엔-루이 말루Étienne-Louis Malus(1775-1812)가 창문에 반사하는 빛이 편광이라는 것을 발견했다. 두 개의 편광판을 통해 물체를 보면서 한 편광판을 조금씩 돌리면 어떤 각도에서는 물체가 보이지 않게 된다. 이것은 첫 번째 편광판을 통과한 빛이 한 방향으로만 진동하는 편광이어서 직각으로 놓인 편광판을 통과할 수 없기 때문에 나타나는 현상이다. 그런데 편광판 하나를 들고 창문에서 반사되는 빛을 보면서 편광판을 돌리면 어떤 각도에서 반사된 빛이 보이지 않았다. 그것은 창문에서 반사된 빛도 편광판을 통과한 빛과 마찬가지로 편광이라는 것을 나타내는 것이었다. 편광은 빛이 입자라고 한다면 설명할 수 없었다.

빛이 입자의 흐름이 아니라 파동이라는 것을 결정적으로 증명한 사람은 프랑스의 토목기사였던 오귀스탱 프레넬Augustin-Jean Fresnel(1788-1827)이었다. 프레넬은 1788년 프랑스의 브로이에서 토목기사의 아들로 태어났다. 에콜 폴리테크니크를 졸업한 후 토목기사로 군에 근무한 프레넬은 나폴레옹의 신도시 건설에 참여하기도 했고, 스페인에서 프랑스를 통과하여 북부 이탈리아에 이르는 도로 건설에도 참여했다.

프레넬은 군에 근무하는 동안에도 광학에 관심을 가지고 시간이 날 때마다 실험을 계속했다. 광학 실험에 전념하기 위해 군의 토목기사 일을 그만두고 파리로 간 프레넬은 물체에 의해 만들어지는 회절무늬에 대한 실험부터 시작했다. 그리고는 1815년 파동 이론을 이용해 회절무늬를 설명하는 첫 번째 논문을 발표했다.

1819년에 프랑스 과학아카데미가 회절현상을 설명한 사람에게 상금을 주겠다고 발표하자 프레넬은 파동설을 이용하여 회절현상을 설명한 논문을 제출했다. 1819년 도미니크 아라고Dominique Francois Jean Arago(1786-1853)를 위원장으로 하는 과학아카데미의 심사위원회가 프레넬이 제출한 논문을 심사했다. 위원들 다수는 빛의 파동 이론에 대해 잘 몰랐던 사람들로 입자 이론을 선호하는 사람들이었다. 따라서 그들은 입자설을 이용하여 회절현상을 설명하는 사람이 나타나기를 기대하고 있었다. 그러나 심사위원들은 프레넬의 이론적 분석과 그것을 뒷받침하는 실험 결과를 인정하지 않을 수 없었다.

심사위원의 한 사람이었던 시메옹 푸아송Siméon Denis Poisson(1781-1840)은 프레넬의 이론을 이용하여 동전과 같이 불투명한 둥근 물체에 빛을 비추면 뒤쪽에 생기는 그림자 한 가운데 밝은 점이 나타나야 한다는 것을 계산해냈다. 그의 계산 결과가 옳다는 것은 곧 실험을 통해 확인되었다. 그것은 프레넬 이론이 정확하다는 증거가 되기에 충분했다.

프레넬은 아카데미가 수여하는 상금을 수상했고, 이를 계기로 많은 사람이 빛의 파동 이론을 받아들이게 되었다. 1821년에 프레넬은 빛을 횡파라고 하면 반사된 빛이 편광이 되는 현상과 복굴절을 설명할 수 있다는 것을 알아냈다. 프레넬은 그의 연구 업적을 인정받아 1823년에는 프랑스 과학아카데미의 회원이 되었고, 1827년에는 영국 왕립협회 회원이 되었다.

프레넬의 파동설을 다시 한번 확실하게 한 사람은 전자기학을 완성한 영국의 제임스 맥스웰이었다. 맥스웰은 전자기파의 파동 방정식을 유도한 후 전자기파의 속력을 계산했다. 이론적으로 계산한 전자기파의 속력이 실험을 통해 확인된 빛의 속력과 같다는 것을 알게 된 맥스웰은 빛이 전자기파의 한 종류라고 주장했다. 맥스웰이 빛도 전자기파라는 것을 밝혀내는 과정과 전자기파가 발견되는 과정에 대해서는 전자기학을 다룬 부분에서 더 자세하게 설명할 예정이다.

3. 빛의 속력 측정

갈릴레이의 빛 속력 측정

빛은 우리 감각기관으로 감지할 수 없을 정도로 빠르게 전달되기 때문에 그 속력을 측정하는 것은 쉬운 일이 아니다. 그러나 빛의 속력에 따라 우리가 보고 있는 사건의 의미가 달라지기 때문에 빛의 속력은 물리학적으로나 철학적으로 중요한 의미를 가지고 있다. 따라서 많은 과학자와 철학자가 빛의 속력에 대한 자신의 의견을 피력했다. 고대 과학을 완성한 고대 그리스의 아리스토텔레스는 빛이 무한대의 속력으로 전달된다고 주장했다. 따라서 오랫동안 많은 사람은 아리스토텔레스의 주장을 받아들였다.

아리스토텔레스의 주장대로 빛의 속력이 무한대라면 어떤 사건이 일어나는 순간 우리는 그것을 관측할 수 있다. 따라서 우리가 관측하는 사건은 현재 일어나고 있는 사건이다. 빛에 관한 많은 연구 결과를 담은 책 『광학의 서』를 11세기 페르시아의 의학자 이븐 시나Avicenna(980-1037)와 함께 공저한 이븐 알하이탐Ibn al-haytham(965-1040)은 빛의 속력이 매우 빠르기는 하지만 유한하기 때문에 우리가 관측하는 현상은 모두 과거에 일어난 사건이라고 주장했다. 그러나 그들은 빛의 속력을 측정하지는 못했다.

종교 재판을 받고 가택연금 상태에 있던 갈릴레이는 1638년에 빛의 속력을 측정하는 간단한 방법을 제안했다. 밤에 갓을 씌운 등을 든 사람들을 멀리 떨어진 산 위에 세워 놓고 한 사람이 갓을 벗겼을 때 멀리 있는 사람이 첫 번째 사람의 등불 빛을 보는 즉시 등의 갓을 벗겨 빛을 돌려보내도록 한 다음 첫 번째 사람이 그 등불 빛을 본 시간을 측정하면 빛이 산을 왕복하는 시간을 알 수 있을 것이라는 것이다. 그러나 가택 연금 상태에 있었고, 나이가 들어 시력을 거의 상실했던 갈릴레이는 이 실험을 직접 해 볼 수는 없었다.

갈릴레이가 죽고 25년이 흐른 1667년에 플로렌스에 있던 시멘토대학에서 갈릴레이가 제안한 방법을 이용하여 빛의 속력을 측정하는 실험을 했다. 처음에는 두 사람의 관측자가 가까이에서 첫 번째 사람이 등불 빛을 보낸 후 두 번째 사람이 그 빛을 보고 자신의 등불 빛을 돌려보냈다. 빛이 두 사람 사이를 왕복한 시간을 측정했더니 1초보다 짧은 시간이었다. 이 시간은 빛이 전파되는 시간과 관측자들의 반응시간이 포함된 시간이었다.

다음에는 두 사람이 더 멀리 떨어져 있도록 하고 같은 실험을 되풀이했다. 사람의 반응 속도는 거리에 따라 달라지지 않을 것이므로 빛의 속력이 유한하다면 거리가 멀어짐에 따라 빛이 두 사람 사이를 왕복하는 시간이 길어질 것이다. 그러나 두 사람 사이의 거리가 멀어져도 두 등불 빛 사이의 시간이 달라지지 않았다. 그것은 빛의 속력이 무한대이거나 빛이 두 지점을 왕복하는 시간이 관측자의 반응시간과는 비교할 수 없을 정도로 짧다는 것을 뜻했다. 따라서 이 실험으로는 빛의 속력이 시속 1만 킬로미터와 무한대 사이의 어떤 값일 것이라는 결론밖에는 얻을 수 없었다.

이오를 이용한 빛 속력 측정

덴마크의 천문학자 올레 뢰머Ole Christensen Rømer(1644-1710)는 1675년에 목성의 위성인 이오의 주기가 6개월마다 달라지는 것을 관측하고, 이를 바탕으로 빛의 속력을 계산했다. 1644년 덴마크 아후스에서 태어난 뢰머는 1671년에 몇 달 동안 이오의 공전을 140회나 관측하고 목성의 뒤로 들어갔다가 다시 나타나는 시간을 기록했다. 목성을 돌고 있는 네 개의 갈릴레이

위성 중에서 목성에 가장 가까이 있는 이오의 공전 주기는 42.5시간이다. 같은 시기에 프랑스의 조반니 카시니Giovanni Domenico Cassini(1625-1712)도 이오의 공전을 관측했다. 두 곳에서 측정한 이오의 공전을 비교하여 두 지점 사이 경도 차이를 계산할 수 있었다.

1672년에 파리로 온 뢰머는 카시니와 함께 이오의 운동을 계속 관측했다. 뢰머는 카시니의 관측자료에 자신의 관측자료를 더해 지구가 목성으로 다가갈 때는 이오의 공전 주기가 짧아지고, 지구가 목성에서 멀어질 때는 이오의 공전 주기가 길어진다는 것을 확인했다. 3년 동안 이오의 공전 주기와 지구와 목성 사이의 위치를 측정한 뢰머는 그 결과를 1676년 11월 9일에 논문으로 발표했다.

그러나 뢰머는 지구 궤도 반지름에 대한 정확한 정보를 가지고 있지 않았기 때문에 빛의 속력에 대한 정확한 값을 제시하지는 못했고, 빛이 지구의 지름과 같은 거리를 지나가는 데는 1초보다 짧은 시간이 걸릴 것이라는 최솟값만 제시했다. 뢰머로부터 관측자료를 입수한 네덜란드의 크리스찬 하위헌스는 빛이 1초 동안에 지구 지름의 16.6배나 되는 거리를 달린다고 계산해 냈다.

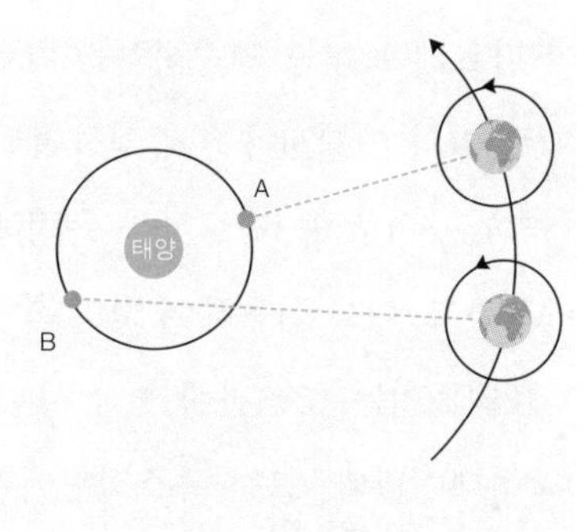

A 지점에서 관측할 때와 B 지점에서 관측할 때는 목성에서부터 지구까지의 거리가 다르므로 빛이 이오에서 지구까지 도달하는 시간도 달라진다.

카시니는 뢰머에게 이오의 주기를 정밀하게 측정하도록 권유한 사람이었고, 이오의 공전 주기가 달라지는 것이 목성과 지구 사이의 거리가 달라지기 때문이라는 주장을 먼저 했던 사람이었다. 그러나 이오의 주기 변화를 이용하여 빛의 속력을 측정할 수 있다는 뢰머의 주장에는 반대했다. 관측자료를 사용하는 문제로 뢰머와 사이가 멀어진 카시니는 빛은 무한대의 속력으로 달린다는 고대의 주장을 고집했다.

그러나 뢰머는 자신의 주장을 바탕으로 이오가 목성 뒤에서 나타나는 시간을 예측했고, 그런 예측은 측정 결과를 통해 확인되었다. 따라서 뢰머의 주장을 받아들이는 사람들이 늘어났다. 다른 사람들이 빛의 속력이 유한하다는 뢰머의 설명을 받아들인 후에도 카시니는 빛의 속력은 무한대라는 생각을 바꾸지 않았다. 이것은 객관적인 관측 결과를 다루는 과학에서도 사람 사이의 감정이 중요한 역할을 한다는 것을 나타내는 대표적인 사례로 이야기되고 있다.

브래들리의 광로차

코페르니쿠스는 1543년에 출판한 『천체 회전에 관하여』에서 지구가 태양 주위를 빠른 속도로 공전하고 있다고 했다. 갈릴레이가 금성의 위상변화를 측정해 태양중심설이 옳다는 것을 확인했지만 과학자들은 아직도 지구가 태양 주위를 빠른 속력으로 공전하고 있다는 직접적인 증거를 찾아내기 위해 노력하고 있었다. 그들은 지구의 위치 변화에 따라 별들의 위치가 다르게 보이는 연주시차를 확인하고 싶어 했다. 다른 학자들과 마찬가지로 별의 연주시차를 측정하려고 시도했던 영국의 제임스 브래들리James Bradley(1693-1762)는 광로차를 측정해 지구가 태양 주위를 돌고 있다는 것을 증명하고, 이를 이용하여 빛의 속력을 측정할 수 있었다.

브래들리는 1693년에 영국 사우스체리턴South cheriton 부근에 있는 쉐르본에서 태어났다. 그는 옥스퍼드대학의 발리올칼리지에서 학사학위와 석사학위를 받았다. 1718년에 브래들리는 삼촌의 친구로 뉴턴역학 탄생 과정에서 중요한 역할을 했던 에드먼드 핼리의 추천으로 왕립협회 연구원이 되었고, 1742년에는 핼리로부터 왕립 천문대장의 직위를 물려받았다. 브래들리가 연주시차를 측정하기 시작한 것은 1725년이었다.

브래들리는 관측 오차를 줄이기 위한 모든 준비를 마친 다음 1725년 12월 3일 망원경으로 용자리의 감마별을 관측했다. 그리고 14일이 지난 12월 17일에 다시 이 별을 관측했다. 그랬더니 놀랍게도 이 별의 위치가 달라져 있었다. 용자리의 감마별은 약 1초(1")[17] 정도 남쪽으로 내려가 있었다. 그러나 그것은 그가 측정하려고 했던 연주시차가 아니었다. 위치 변화가 연주시차에서 예측한 값보다 10배나 컸고, 별의 위치가 이동한 방향도 연주시차에서 예측한 방향과 반대 방향이었다.

브래들리는 이 별의 위치 변화를 계속 추적했다. 그 결과 이 별은 1년 동안 작은 타원을 그리면서 돌고 있었다. 브래들리는 이것이 연주시차가 아니라 지구의 공전운동으로 인해 나타나는 광로차라는 것을 알아냈다. 광로차는 태양 주위를 빠른 속력으로 달리고 있는 지구 위에서 별을 관측하기 때문에 나타나는 현상이다. 광로차가 나타나는 이유는 하늘에서 내리는 비를 생각하면 쉽게 이해할 수 있다. 하늘에서 똑바로 떨어지는 비를 피하려면 우산을 똑바로 머리 위에 써야 한다. 그러나 앞으로 걸어가면서 비를 피하려면 우산을 앞으로 기울여야 한다. 앞으로 걸어가는 속력과 비의 속력이 더해져 비가 오는 방향이 달라지기 때문이다.

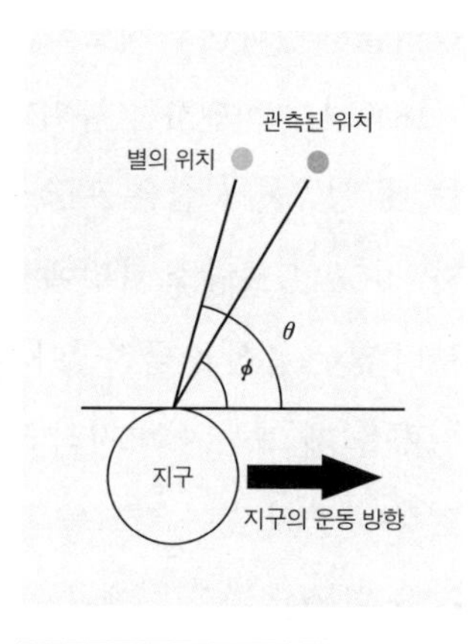

광로차에 의한 별의 위치 변화

빛의 경우에도 달려가면서 측정하면 빛이 앞쪽에서 오고 있는 것처럼 관측된다. 이때 앞쪽으로 기울어지는 정도는 빛의

17 1초(1")는 1도의 3,600분의 1을 나타내는 각도의 단위이다. 1도의 60분의 1은 1분(1')이다.

속력과 지구의 속력에 의해 결정된다. 따라서 지구의 속력을 알고 있고, 계절에 따라 달라지는 별빛의 각도를 측정하면 빛의 속력을 계산할 수 있다. 하지만 지구의 속력이 빛의 속력에 비해 매우 느려 광로차 역시 매우 작기 때문에 이것을 정확하게 측정하는 것은 쉬운 일이 아니다.

브래들리는 광로차를 측정하여 빛의 속력이 지구의 속력보다 1만 배 빠르다고 결론지었다. 브래들리의 역사적 발견은 1729년 1월에 왕립협회에서 발표되었다. 그는 빛이 지구에서 태양까지 가는 데 걸리는 시간은 8분 12초 정도라고 계산했다.

피조의 톱니바퀴

뢰머가 사용한 목성의 위성인 이오의 공전주기의 변화를 이용하는 방법이나 브래들리가 별빛의 광로차를 이용하는 방법은 모두 천체를 이용하여 빛의 속력을 측정하는 방법이었다. 이 방법으로는 여러 가지 다른 매질에서의 빛의 속력을 비교할 수 없었다. 따라서 지상에서의 실험을 통해 빛의 속력을 측정하려고 시도하는 사람들이 나타나기 시작했다.

1849년에 회전하는 톱니바퀴를 이용하여 지상에서 빛의 속력을 측정하는 데 성공한 사람은 프랑스의 아르망 피조Armand Hippolyte Fizeau(1819-1896)였다. 1819년 프랑스 파리에서 태어난 피조는 의사이며 교수였던 아버지로부터 많은 유산을 물려받아 별 어려움 없이 과학 연구에 전념할 수 있었다. 어렸을 때 그는 아버지의 권유를 받아들여 의학을 공부하려고 했었지만 건강이 좋지 않아 학교를 그만 두고 한동안 여행을 했다. 여행을 통해 건강을 회복한 피조는 에콜 폴리테크니크에 다니던 동생의 강의노트를 빌려 물리학을 공부했다.

실험을 통해 이론을 증명하는 것을 좋아했던 피조는 집에 각종 실험도구를 갖춘 실험실을 설치했다. 처음 그가 관심을 가졌던 것은 생생한 모습을 영원히 보존할 수 있게 해 주는 다게르 타이프라고 부르던 사진 기술을 향상시키는 것이었다. 1939년에 루이 다게르Louis-Jacques-Mandé Daguerre(1787-1851)가 발명한 다게르 타이프라고 부르던 사진 기술에서는 요오드를 사용하고 있었지만, 피조는 이것을 브롬으로 대체하여 향상된 영상을 얻어 내는 데 성공했다. 피조는 빛의 속력 측정에 공헌한 또 한 사람의 물리학자 장 푸코Jean Bernard Leon Foucault(1819-1868)와 함께 다게르 타이프를 개량하여 처음으로 선명한 태양 표면의 사진을 찍는 데 성공했다.

피조는 프랑스의 저명한 과학자로 프레넬의 논문을 심사하기도 했던 도미니크 아라고Dominique François Jean Arago(1786-1853)의 권유를 받고 빛의 속력을 측정하는 실험을 시작했다. 아라고는 빛이 입자인지 파동인지를 알아보기 위해 물속에서 빛의 속력을 측정하고 싶어 했다. 물속에서 빛의 속력을 측정하기 위해서는 우선 지상의 실험을 통해 빛의 속력을 측정할 수 있어야 했다. 피조는 회전하는 톱니바퀴를 이용하여 빛의 속력을 측정하기로 하고, 1849년에 실험을 시작했다.

그는 회전하는 톱니바퀴의 골을 통과한 빛이 8.63km 떨어져 있는 고정된 거울에 반사되어 돌아오도록 했다. 톱니바퀴가 회전하므로 골을 통과해 나간 빛이 거울에 반사되어 돌아왔을 때는 톱니의 산에 부딪히게 된다. 따라서 톱니바퀴 뒤에서는 거울에 반사된 빛을 볼 수 없다. 그러나 회전 속도를 높여 골을 통과해 나간 빛이 거울에 반사되어 돌아와 다음 골을 통과할 수 있도록 하면 거울에 반사

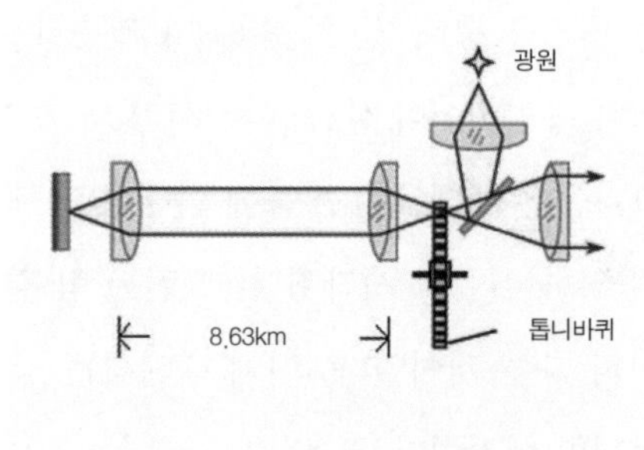

피조가 사용한 빛 속력 측정 장치를 나타내는 그림

된 빛을 볼 수 있다.

이것은 톱니 하나가 지나가는 데 걸리는 시간이 빛이 거울을 왕복하는 시간과 같다는 것을 의미한다. 따라서 톱니바퀴의 회전속도를 이용하여 톱니 하나가 지나가는 시간을 알아내 빛의 속력을 계산할 수 있었다. 피조가 톱니바퀴 방법을 통해 빛의 속력이 초속 315,000킬로미터라는 값을 얻은 것은 1849년 9월이었고, 그 결과를 프랑스 과학아카데미에 보고한 것은 1850년 3월이었다.

피조가 그의 측정 결과를 보고하고 얼마 후에 푸코도 회전하는 거울을 이용하여 측정한 빛의 속력을 보고했다. 피조는 빛의 속력을 측정한 공로를 인정받아 과학아카데미로부터 1856년에 1만 프랑의 상금을 받았고, 1860년에는 과학아카데미 회원이 되었다. 1866년에는 영국의 왕립협회로부터 럼퍼드 메달을 받았다.

그 후 빛의 속력을 측정하는 새로운 방법이 발견되어 더 정확한 빛의 속력을 측정할 수 있게 되었다. 빛의 속력을 결정하는 문제는 빛의 본질이 무엇인가 하는 문제와 밀접한 관계를 가지고 있다. 빛이 입자라면 빛의 속력은 빛 입자를 방출하거나 받아들이는 물체에 대한 속력이다. 그러나 빛이 파동이라면 빛의 속력은 빛을 전달하는 매질에 대한 속력이어야 한다.

빛이 전자기파라는 것을 밝혀낸 맥스웰은 공간을 채우고 있는 에테르라는 매질을 통해 빛이 전파된다고 주장했다. 따라서 빛의 속력은 에테르에 대한 속력이어야 한다. 따라서 빛의 속력을 정확하게 측정할 수 있게 된 과학자들은 에테르의 흐름에 의해 빛의 속력이 어떻게 달라지는지를 알아내기 위한 실험을 시작했다. 그런 실험 결과는 과학자들이 예상했던 것과는 전혀 다른 것이었다. 이에 대해서는 상대성이론을 다룬 부분에서 자세히 설명할 예정이다.

전기학에서 전자기학으로

1. 전기에 대한 이해의 발전

전기와 자기현상의 발견

인류가 전기현상을 경험하기 시작한 것은 아주 오래 전부터였다. 기원전 2750년에 쓰인 이집트의 기록에도 나일 강의 번개 물고기에 대한 기록이 나타나 있고, 고대 그리스, 로마, 아랍의 기록에도 전기 물고기에서 받은 전기 충격과 이러한 쇼크가 물체를 따라 전달될 수 있다는 이야기가 실려 있다. 통풍이나 두통으로 고통받던 환자들에게 효과가 있을지도 모른다는 생각에 전기 물고기를 이용해 충격을 가하기도 했다.

송진이 화석화되어 만들어진 호박을 동물의 털가죽으로 문지르면 가벼운 물체를 끌어당기는 현상도 오래 전부터 알려져 있었다. 기원전 600년경에 오늘날의 튀르키예에 해당되는 이오니아 지방에서 활동했던 탈레스는 호박을 털가죽으로 마찰시켰을 때 생기는 마찰전기를 관찰한 기록을 남겼다. 이로 인해 전기를 뜻하는 electricity라는 말이 그리스어로 '호박'을 뜻하는 'electron'에서 유래했다. 전기현상과 자기현상을 구별하지 않았던 탈레스는 자철석은 마찰시키지 않아도 다른 물체를 끌어당기는 성질을 가지고 있지만, 호박은 마찰시킬 때만 자석의 성질이 나타난다고 했다.

고대 그리스의 엠페도클레스Empedocles는 자석이 쇠를 끌어당기는 것은 두 물체가 내뿜는 기운이 서로 조화하기 때문이라고 설명했다. 중국에서는 기원전부터 자석이 항상 남쪽과 북쪽을 가리킨다는 것이 알려져 있었

사남 © Wikimedia Commons

다. 그들은 자석의 이런 성질을 이용하여 나침반을 만들어 사용했다. 사남司南이라고 불렸던 최초의 나침반은 기원전 4세기경부터 사용되었다.

국자와 같은 모양을 하고 있던 사남은 천연 자석을 연마하여 만든 것으로 매끄러운 판 위에 놓고 돌리면 국자의 자루가 항상 남쪽을 가리켰다. 후한 시대에 활동했던 왕충王充(27-97)이 83년에 쓴 『논형論衡』이란 책에도 사남에 대한 설명이 포함되어 있다. 하지만 천연 자석으로 만든 사남은 자성이 약해서 사용하는 데 어려움이 많았다. 따라서 10세기경에는 인공적으로 자성을 강화한 나침반을 만들어 사용했다. 중국에서 만들어진 나침반은 12세기말부터 13세기 초에 아랍으로 전해지고 그 후 아랍에서 유럽으로 전해졌다.

힘은 접촉을 통해서만 작용할 수 있다고 믿고 있던 고대 과학자들에게 접촉하지 않고도 작용하는 자석이나 호박에 나타나는 현상은 설명할 수 없는 신비스러운 현상이었다. 따라서 자기력은 생명이나 영혼을 가진 현상으로 인식되기도 했다. 전기에 대한 이해의 발전에 크게 기여한 영국의 길버트는 철학자나 신학자들이 원인을 알 수 없는 여러 가지 자연현상을 자석이나 호박 현상을 이용하거나 신과 연관시켜 설명하려고 했다고 비판했다.

전기와 자기를 구별한 길버트

전기와 자기의 성질을 실험을 통해 과학적으로 이해하려고 시도한 사람은 16세기에 영국에서 활동했던 윌리엄 길버트William Gilbert(1544-1603)였다. 길버트는 영국 남동부의 에식스주 콜체스터에서 판사의 아들로 태어났다. 1558년 케임브리지에 입학하여 의학을 공부한 후 1569년 의학박사학위를 받고, 의사로 활동했다. 1600년에는 왕립의사협회 회장에 선출되었고, 1601년에는 엘리자베스 1세 여왕의 시의가 되었다.

윌리엄 길버트

길버트가 태어난 해는 코페르니쿠스의 「천체 회전에 관하여」가 출판된 다음 해였다. 그것은 그가 살았던 시기가 아리스토텔레스의 자연학과 프톨레마이오스의 천문학으로 대표되는 고대 그리스의 과학의 기반이 흔들리고, 새로운 과학의 기초가 마련되던 시기였음을 의미한다.

1600년에 출판되어 길버트의 이름을 후세에 남기게 한 『자석에 대하여』의 원제목은 『자석과 자성 물체에 대하여, 그리고 커다란 자석인 지구에 대하여*De Magnete Magneticiscque Corporibvs et de Magno Magnete Tellure Phyfiologia Noüa*』였다. 『자석에 대하여』는 전기학과 자기학뿐만 아니라 다른 많은 과학 분야의 발전에도 영향을 끼친 중요한 책이다.

길버트는 실제로 실험을 해 보지 않고 자연에 감추어진 원리를 탐구하려 한다면 오류에 빠지게 된다고 하여 실험의 중요성을 강조했다. 실험의 중요성을 강조한 길버트의 업적에 대해 후세 과학사 학자들은 "길버트는 실험의 가치를 반복해서 주장하고 자신도 정해진 규범에 따라 실험을 하며 연구했다"고 평가하기도 했고, "『자석에 대하여』는 실험을 통해 얻은 결과들로 채워져 있다"라고 평가하기도 했다.

『자석에 대하여』는 주로 자석의 성질과 지구 자기에 대해 설명하고 있지

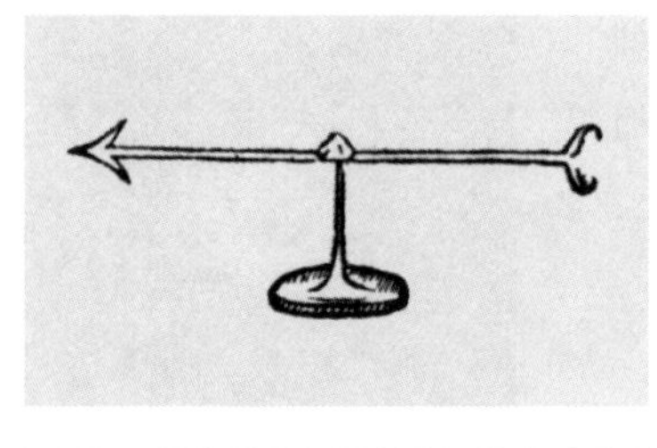

베르소리움

만 제2권의 2장에서는 전기현상을 다뤘다. 길버트는 바늘 모양의 가는 금속 막대를 자유롭게 움직일 수 있는 지지대 위에 얹어 놓은 베르소리움versorium이라고 부르는 실험장치를 고안했다. 베르소리움은 마치 오늘날 바람의 방향을 나타내기 위해 사용하는 풍향계를 축소해 놓은 것과 같은 모양을 하고 있었다. 베르소리움은 대전된 물체를 가까이 가져갔을 때 회전하는 정도를 측정하여 전기력이 어떻게 작용하는지를 알아보는 실험장치였다.

길버트는 베르소리움을 이용하여 여러 가지 물질의 전기현상을 실험하고 전기현상을 나타내는 물질과 나타내지 않는 물질의 목록을 만들었다. 마찰을 했을 때 전기현상을 나타내는 물질에는 호박, 흑옥, 다이아몬드, 사파이어, 홍옥, 오팔, 자수정, 수정, 유리, 형석 등이 포함되었고, 마찰 전기를 띠지 않는 물질에는 에메랄드를 비롯한 여러 종류의 보석, 나무, 금속류 등이 포함되었다.

길버트는 물질을 마찰시켰을 때 나타나는 전기현상과 자석은 서로 아무런 관계가 없는 현상이라고 했다. 자석을 다룬 책에서 전기현상을 설명한 것은 전기와 자기현상을 확실하게 구별하기 위해서였다. 길버트가 서로 다른 두 분야로 나누어 놓은 전기학과 자기학은 19세기에 전류가 자석의 성질을 만들어 낸다는 것이 발견된 후에야 전자기학으로 통합되었다.

자석의 성질을 밝혀내기 위한 실험에서 길버트는 테렐라라고 부르던 원형 자석과 축 주위를 자유롭게 회전할 수 있는 자침을 가진 자기용 베르소리움을 사용했다. 구형자석보다 막대자석이 더 강력한 자석이라는 것을 길버트도 알고 있었지만 원형자석은 지구의 모형으로 사용하기에 편리했

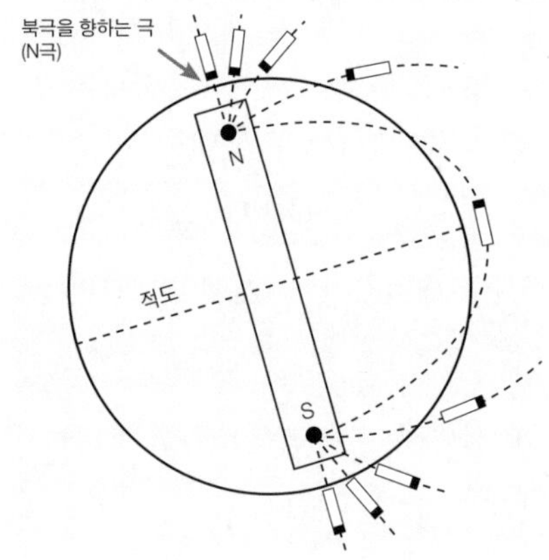

길버트의 지자기 이론

기 때문에 원형자석을 사용했다.

길버트는 제1권 3장에서 자석의 극은 지구의 극을 향해 움직이며, 지구의 극에 종속되어 있다고 설명하고, 완전한 구형 자석이 지구의 자기적 성질을 실험하기에 가장 좋기 때문에 지구 자석과 관련된 중요한 실험은 구형 자석을 이용하려고 한다고 밝혔다. 제1권의 마지막 장에서 길버트는 지구가 하나의 커다란 자석이라고 결론지었다.

그는 지구가 하나의 커다란 자석이라는 가설을 먼저 제시하고 지구의 모델인 테렐라와 자기 베르소리움을 이용하여 가설을 검증해 나가는 방법으로 논의를 전개해 지구가 하나의 자석이라는 결론에 도달했다. 원형자석을 이용해 비슷한 실험을 했던 프랑스의 페레그리누스Petrus Peregrinus de Maricourt(13c)는 자침은 지구의 극을 가리키는 것이 아니라 하늘의 극을 가리킨다고 주장했었다.

자성체의 한 끝이 수평면 아래로 숙여지는 복각현상을 관찰한 길버트는 북반구에서는 북쪽을 가리키는 바늘 끝이 아래로 숙여지고, 남반구에서는 남쪽을 가리키는 바늘 끝이 아래로 숙여진다는 것을 알아냈다. 그는 복각이 나타나는 것은 자석이 지구를 향해 회전하기 때문이라고 설명했다.

> 만약 베르소리움이 자석의 힘 때문에 고개를 숙인다면 매우 강력한 자석으로 만들어진 테렐라에서는 보통의 자석으로 만들어진 테렐라에서보다 큰 각도로 기울어지겠지만 실제로는 그렇지 않다. 자석의 대한 접합의 강도가 서로 다른 텔레라를 사용해도 같은 위도에서의 복각의 크기는 항상 같다. 그뿐만 아니라 같은 테렐라에서의 복각의 크기는 위도에 의해서만 결정될 뿐 테렐라의 중심으로부터의 거리와는 상관이 없다. … 자석이 테렐라에서 나타내는 복각의 변화는 지구상에서의 복각의 변화와 같다.

길버트의 연구는 유럽 전역에서 주목을 받았다. 요하네스 케플러는 길버트의 연구 결과가 자신의 연구에 큰 영향을 주었다고 했으며, 길버트를 매우 위대한 과학자라고 평가한 갈릴레오 갈릴레이는 길버트의 연구에 영향을 받아 자석의 성질에 관심을 갖게 되었다고 했다. 프랜시스 베이컨은 너무 많은 현상을 자석의 성질과 연관시켜 설명하려는 그의 시도를 비판하기도 했지만, 그의 실험적 연구를 높이 평가하고 그의 연구 결과를 수용했다.

그러나 길버트가 『자석에 대하여』에서 주장한 내용은 아직 근대적 의미의 전기학이나 자기학이라고 부르기에는 미흡한 내용들이 대부분이었다. 근대 물리학에서는 정량적으로 측정한 물리량들 사이의 관계인 물리법칙을 수학이라는 언어를 이용하여 나타낸다. 그러나 길버트가 실험을 하고 그것을 해석하는 방법은 아리스토텔레스의 자연학에서 사용한 방법과 비슷했다. 갈릴레이가 길버트의 『자석에 대하여』를 높이 평가하면서도 그가 좀 더 수학적이고 기하학적인 방법에 바탕을 두었으면 좋았을 것이라고 했던 것은 이런 면을 지적한 것이다.

전기 전도도에 대한 연구

길버트의 연구에 자극을 받아 17세기와 18세기에는 전기현상을 연구하는 과학자들이 많이 나타났다. 전기에 대해 연구하기 위해서는 실험에 필요한 충분한 전기를 발생시킬 수 있어야 한다. 그러나 물체를 손으로 마찰시켜 얻는 마찰전기는 전기에 관한 실험을 하기에는 충분하지 않았다. 이런 어려움은 독일 마그데부르크의 시장을 지낸 오토 폰 게리케가 발명한 전기발생장치를 통해 해결되었다. 게리케는 1663년 바퀴를 이용하여 유황구를 돌리면서 다른 물체를 유황 구에 대고 마찰시키면 많은 양의 전기를 만들어 낼 수 있다는 것을 알아냈다.

전기발생장치를 이용해서 발생시킨 전기가 물체를 통해 다른 물체로 전달되는 현상을 집중적으로 연구한 사람은, 아마추어 실험가로 왕립학회가 발행하던 『철학 회보』에 논문을 자주 발표했던 영국의 스티븐 그레이Stephen Gray(1666-1736)였다. 1666년에 영국 켄터베리에서 염색공의 아들로 태어나 정규 대학교육을 받지 않았던 그레이는 50세가 되던 1716년까지 일식과 월식, 태양 흑점, 목성의 위성들을 정밀하게 관측하였고, 그렇게 얻게 된 많은 양의 관측 보고서를 왕립학회 회지에 발표한 후 케임브리지대학 트리니티칼리지의 연구원이 되었다.

케임브리지에 온 후로 그레이의 관심은 천문학에서 전기로 옮겨 갔다. 그는 1729년과 1736년 사이에 마찰로 대전된 유리 막대의 전기가 다른 물체로 흘러가면 다른 물체도 전기를 띠게 되는 것을 보여 주는 많은 실험을 했다. 그는 실험을 통해 물체를 두 종류, 즉 전기가 잘 흘러가는 도체와 전기가 잘 흐르지 않는 부도체로 구분했다. 그레이는 전하를 띤 유리관을 물에 젖은 끈을 이용해 200미터나 떨어져 있는 코르크와 연결했을 때도 코르크가 전기를 띤다는 것을 보였다.

전기에 대한 그레이의 연구는 프랑스의 샤를 뒤페Charles François de Cisternay du

Fay(1698-1739)로 이어졌다. 젊었을 때 프랑스 군의 보병장교로 근무했던 뒤페는 제대한 후 화학을 공부했다. 영국의 그레이로부터 전기 연구에 대해 전해 들은 뒤페는 많은 실험을 통해, 정도는 다르지만 모든 물체가 전기를 띨 수 있다는 것을 알아냈다.

전기가 물체를 통해 흘러가는 눈에 보이지 않는 유체라고 생각하고 있던 뒤페는 1733년에 전기 유체에는 유리전기와 수지전기가 있다는 두 가지 유체설을 주장했다. 대전된 유리막대는 가까이 있는 코르크 조각을 끌어당기지만 대전된 유리막대를 코르크와 접촉시킨 후에는 유리막대가 코르크를 밀어냈다. 뒤페는 이러한 현상을 보고, 두 가지 전기 유체를 같은 양 가지고 있는 중성의 물체는 대전체에 끌려오지만 대전체와 접촉해 두 가지 전기 유체 사이의 균형이 깨지면 서로 밀어낸다고 설명했다.

프랑스의 가톨릭 수도사로 수도원장을 지내기도 했으며, 전기 실험에도 관심이 많았던 장 앙투안 놀레Jean-Antoine Nollet(1700-1770)도 전기와 전류에 대한 여러 가지 새로운 사실을 알아냈다. 수도원에서 생활하면서 여가 시간을 이용하여 전기를 연구하고 있던 놀레는 뒤페와의 교류를 통해 과학과 전기에 대한 관심이 더욱 커졌다. 놀레는 도체의 날카로운 부분이 전기 방전에서 중요한 역할을 한다는 것을 밝혀내기도 했다. 이것은 후에 피뢰침을 만드는 데 응용되었다. 놀레는 또한 연기나 수증기 속에서 전기가 어떻게 흐르는지에 대하여 연구했고, 전하가 액체의 증발에 어떤 영향을 주는지 그리고 식물이나 동물에 어떤 영향을 주는지에 대해서도 연구했다.

라이덴병의 발명

1700년대 중반까지는 유황 구 전기발생장치를 써서 발생시킨 전기를 이용하여 전기 실험을 했다. 그러나 마찰을 이용하는 발전기로는 실험에 필요한 충분한 전기를 얻어 낼 수 없을 뿐만 아니라 만들어 낸 전기를 저장했다가 사용할 수도 없었다. 18세기 과학자들은 전기가 물체를 통해 흘러가는 유체라고 생각하고 있었으므로 이 유체를 그릇에 담아 둘 수 있을 것이라고 생각했다. 따라서 병과 같은 그릇에 전기를 모아 두는 방법을 찾고자 노력했다.

전기를 저장했다가 사용할 수 있는 축전기인 라이덴병을 발명한 사람은 네덜란드의 피터르 판 뮈스헨브루크Pieter van Musschenbroek(1692-1761)와 독일의 에발트 폰 클라이스트Ewald Georg von Kleist(1700-1748)였다. 1745년에서 1746년 사이에 만들어진 라이덴병은 과학자들이 전에는 할 수 없었던 전기에 관한 여러 가지 실험을 할 수 있도록 했다. 라이덴병은 1700년대에 이루어진 전기와 관련된 발명품 중 가장 중요한 발명품이었다.

1692년에 네덜란드 라이덴에서 공기 펌프, 현미경, 망원경과 같은 과학기기를 제조하여 팔던 상인의 아들로 태어난 뮈스헨브루크는 1715년에 라이덴대학에서 의학박사학위를 받고, 한동안 영국과 독일에 머물기도 했다. 네덜란드로 돌아온 후에는 라이덴대학에서 강의하면서 열에 관한 실험을 했고, 금속의 팽창을 이용하여 높은 온도를 측정하는 온도계를 고안하기도 했다.

그러나 뮈스헨브루크의 가장 큰 관심은 전기를 모으는 방법을 알아내는 것이었다. 뮈스헨브루크는 유황 구 전기발생장치로 발생시킨 전기를 유리병에 모으는 실험을 했다. 그는 물을 반쯤 채운 유리병을 오른손에 들고, 유황 구 전기발생장치에 연결되어 있는 철사의 한 끝을 유리병 안에 들어있는 물에 담근 후 전기발생장치를 돌리도록 했다. 하지만 아무 일도 일어나지 않았다. 전기발생장치를 돌리는 동안에 발생한 마찰전기가 유리병 안에 저장되었지만 몸을 통해 전류가 흐르지 않았으므로 아무것도 느끼지 못했던 것이다.

그러나 전기발생장치의 회전을 멈추고 장치에 연결했던 철사를 왼손으

라이덴병을 발명한 실험

로 잡는 순간 엄청난 충격을 받았다. 유리병 안에 저장되었던 전기가 뮈스헨브루크의 몸을 통해 한꺼번에 방전된 것이었다. 뮈스헨브루크는 훗날 그때의 충격은 한 나라를 통째로 준다고 해도 다시 경험하고 싶지 않을 만큼 고통스러운 것이었다고 말했다.

뮈스헨브루크는 이 고통스러운 경험으로 인해 전기를 저장할 수 있는 라이덴병을 발명할 수 있었다. 놀레는 뮈스헨브루크를 기념하기 위해 그의 고향이 있던 라이덴의 이름을 따 '라이덴병'이라고 명명했다. 뮈스헨브루크는 그의 실험 결과를 파리의 과학아카데미에 보고했다. 1746년 1월에 라틴어로 쓴 뮈스헨브루크의 보고서는 놀레에 의해 프랑스어로 번역되었다. 그러나 『철학회보』에 실린 편지의 날짜가 1746년이 아니라 1745년 2월 4일로 되어 있었다. 이 때문에 뮈스헨브루크가 라이덴병을 발명한 날짜가 논란이 되기도 했다. 아마도 편지를 번역할 때나 회보를 편집하는 과정에서 오류로 날짜가 잘못 기록되었던 것으로 보인다.

뮈스헨브루크와 라이덴병의 최초 발명자 자리를 놓고 논란을 벌였던 에발트 폰 클라이스트는 1700년에 독일 포메라니아에서 태어나 라이덴대학에서 공부하면서 과학에 관심을 갖게 되었다. 라이덴대학을 졸업한 후에는 고향인 포메라니아로 돌아가 과학과는 관계없는 일을 시작했지만 과학에 대한 미련을 버리지 못하고 다시 과학으로 돌아왔다.

당시 독일에서는 전기에 관한 관심이 커서 과학을 공부하는 사람이면 대부분 전기 실험을 했다. 1744년 1월에 문을 연 베를린 과학아카데미에서도 전기에 관한 많은 실험이 행해졌다. 과학자들은 사람들 앞에서 유황 구

전기발생장치로 발생시킨 전기를 방전시켜 여러 가지 물질에 불을 붙이는 실험을 했고, 사람들은 이것을 보며 좋아했다.

이에 고무된 클라이스트는 전기를 저장하는 방법을 알아내기 위한 연구를 시작했다. 저장된 전기량이 물체의 질량에 비례할 것이라고 생각한 그는 대전체로 사용될 병을 무겁게 하기 위해 물을 채우고, 전하가 달아나는 것을 막을 수 있도록 병을 부도체로 둘러쌌다. 이렇게 하면 병 안에 모이는 전기량이 늘어날 것이라고 생각했다.

한 손으로 병을 들고, 전기발생장치를 돌려서 병을 대전시킨 후 다른 손으로 병 안의 물을 만졌을 때, 클라이스트도 뮈스헨브루크와 마찬가지로 커다란 충격을 받았다. 그가 들고 있던 병이 예상했던 것보다 훨씬 많은 전기를 저장하고 있었던 것이다. 이것은 1745년 11월 4일에 있었던 일이었다. 그는 이 실험 결과를 베를린 아카데미에 보고했다.

라이덴병의 발명에 대한 우선권 논쟁은 명확한 결론을 내리기 어려운 문제였다. 일부는 클라이스트가 최초로 라이덴병을 발명했다고 주장했고, 일부는 뮈스헨브루크에게 우선권이 있다고 주장했다. 그러나 결국은 두 사람이 비슷한 시기에 독립적으로 라이덴병을 발명한 것으로 인정받게 되었다. 한때는 이 축전기를 클라이스트의 이름을 따서 클라이스트병이라고 부르는 사람도 있었지만 뮈스헨브루크의 고향과 대학 이름을 따서 놀레가 붙인 라이덴병이라는 이름이 일반적으로 사용되는 이름이 되었다.

라이덴병에 전기를 저장해서 가지고 다니면서 실험을 할 수 있게 되자 전기와 관련된 실험이 훨씬 수월해졌고, 전기에 대해 더 많은 것이 밝혀졌다. 유럽에서는 라이덴병에 저장된 전기로 불꽃을 만들어 보여 주거나 비둘기와 같은 동물을 죽이는 것을 보여 주고 돈을 받는 유랑 전기학자들이 나타나기도 했다.

프랭클린과 공중 전기

1700년대 전기에 관한 연구에서 빼놓을 수 없는 사람이 미국의 벤저민 프랭클린Benjamin Franklin(1706-1790)이다. 그는 1706년 보스턴에서 양초를 만들어 파는 사람의 아들로 태어나 미국의 독립운동에 큰 공헌을 했다. 초대 대통령인 조지 워싱턴 다음으로 유명한 정치가였던 프랭클린의 과학 실험은 그의 정치적 업적에 가려 미국에서는 그다지 주목을 받지 못했다. 미국의 100달러짜리 지폐에 프랭클린의 초상화가 들어 있는 것만 보아도 미국에서 그의 정치적 위상을 짐작할 수 있다. 그는 대통령이 아니었던 사람으로 지폐에 초상화가 사용된 두 사람 중 한 사람이다.

그러나 유럽에서는 프랭클린이 정치가보다는 전기를 연구한 과학자로 더 많이 알려졌다. 1740년대에 영국에서 유황 구 전기발생장치를 본 뒤로 전기에 관심을 갖게 된 프랭클린은 라이덴병에 대해서도 알게 되었다. 프랭클린은 라이덴병에 저장되었던 전기가 방전될 때 발생하는 불꽃을 보고, 번개와 벼락이 자연적으로 발생한 전기 불꽃일지도 모른다는 생각을 하게 되었다.

그는 자신의 생각을 증명하기 위한 실험을 하기로 했다. 1752년, 21세이

프랭클린의 실험

던 아들 윌리엄 프랭클린과 함께 그는 구름 속으로 연을 날려 전기를 모으는 실험을 했다. 두 사람은 비바람에도 견딜 수 있도록 비단으로 연을 만들고, 연 위에 전기를 모을 수 있는 철사를 매단 다음 연을 구름 속으로 날렸다. 노끈으로 만든 연줄 끝에는 금속으로 만든 열쇠를 매달았고, 열쇠로부터는 잘 젖지 않도록 명주실을 연결해 손으로 잡았다. 잠시 후 연줄에 매달린 열쇠를 손으로 건드리자 작은 불꽃이 튀었다. 연에 매단 철사에 모인 전기가 연줄을 타고 흘러 열쇠가 대전되었기 때문이었다. 그는 열쇠 대신에 라이덴병을 연결해 전기를 모아서 전기 실험에 사용하기도 했다. 이것으로 번개가 전기 작용이라는 것이 증명되었다.

프랭클린은 자신의 실험 결과를 바탕으로 벼락을 피할 수 있는 피뢰침을 만들었다. 프랭클린과 그의 아들이 했던 이 역사적으로 유명한 실험은 한꺼번에 두 사람의 목숨을 잃을 수도 있는 위험한 실험이었다. 그러나 위험을 무릅쓴 이 실험으로 프랭클린은 과학자로서도 명성을 얻게 되었다. 필라델피아에 있던 그의 집에는 전기 작용을 구경하려는 사람들이 몰려들었다.

프랭클린은 전기에 관한 용어들을 정착시키는 데도 크게 기여했다. 그는 전기가 두 가지 유체가 아니라, 한 가지 유체로 이루어져 있다는 단일 유체설을 주장하기도 했다. 그는 전기 유체가 남아도느냐, 아니면 모자라느냐에 따라 두 가지 다른 성질을 나타낸다고 설명했다.

과학에 대해 체계적으로 교육을 받은 적이 없었지만 그는 전기에 대한 연구 업적으로 하버드, 예일, 윌리엄 앤드 메리 대학으로부터 명예박사학위를 받았으며 1753년에는 영국 왕립협회로부터 금메달을 받았고, 1756년에는 영국 왕립협회 회원이 되었다.

2. 쿨롱의 법칙과 옴의 법칙

쿨롱의 전기력 실험

전하 사이에 작용하는 힘의 크기를 결정할 수 있는 쿨롱의 법칙을 발견하여 전기에 대한 연구를 한 단계 끌어올린 사람은 프랑스의 토목기사였던 샤를 오귀스탱 드 쿨롱Charles-Augustin de Coulomb(1736-1806)이었다. 쿨롱은 프랑스의 마자랭대학에서 수학과 천문학, 식물학을 공부하고, 1761년에 공학 기술자로 군에 입대하여 장교가 되었다. 20년 이상 군에 복무하는 동안 쿨롱은 진지를 설계하여 건축하는 일과 도로나 다리를 건설하는 일을 했다.

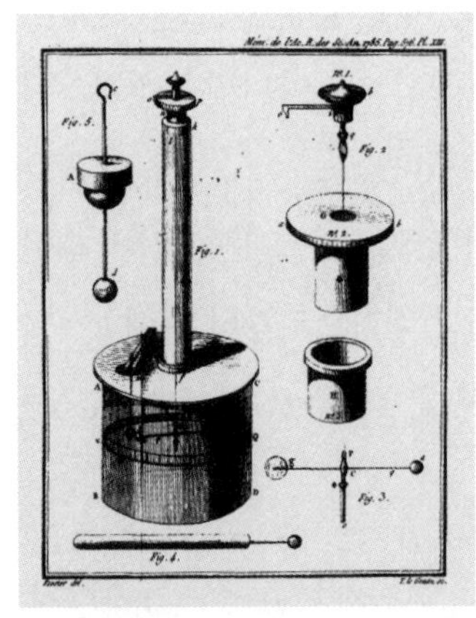

쿨롱의 실험장치. 비틀림 저울을 이용하면 작은 힘도 정확하게 측정할 수 있다.

프랑스로 돌아온 쿨롱은 역학 연구를 시작하여 1773년에 첫 번째 논문을 프랑스 과학아카데미에 제출했다. 구조 분석, 기둥의 균열과 같은 토목공학의 문제들을 미분과 적분을 이용하여 분석한 그의 논문은 과학아카데미에서 높은 평가를 받았다. 1777년에 과학아카데미에서 공모한 나침반 제작법에 응모한 것이 계기가 되어 전기에 관한 연구에 관심을 가지게 되었다.

1781년부터 쿨롱은 전하 사이에 작용하는 힘에 적용되는 법칙을 알아내기 위한 연구를 시작했다. 그는 먼저 전하 사이에 작용하는 힘을 정밀하게 측정하기 위해 철사가 비틀리는 정도를 이용하여 힘의 세기를 측정하는 비틀림 저울을 고안했다. 비틀림 저울을 이용하여 전하 사이에 작용하는 힘을 정밀하게 측정한 쿨롱은 같은 종류의 전하 사이에 작용하는 반발력과 다른 종류의 전하 사이에 작용하는 인력의 세기 모두, 두 전하의 전하량의 곱에 비례하고 두 전하 사이 거리의 제곱에 반비례한다는 것을 알아냈다.

뉴턴이 발견한 중력법칙에서는 물체 사이에 작용하는 중력의 세기가 두 물체의 질량의 곱에 비례하고, 두 물체 사이의 거리 제곱에 반비례한다. 쿨롱이 알아낸 전하 사이에 작용하는 전기력도 전하량의 곱에 비례하고, 전하 사이 거리의 제곱에 반비례한다. 이것은 전기력에 적용되는 법칙과 중력법칙이 같은 형태의 식으로 나타내진다는 것을 의미했다. 쿨롱은 전기력과 중력이 같은 형태의 식으로 나타내지는 것에 큰 의미를 부여했다. 자연의 조화를 생각하는 과학자들에게 그런 일치는 자연을 설명하는 보편법칙을 발견했다는 증거로 여겨졌기 때문이다.

1785년과 1791년 사이에 쿨롱은 전기와 자기의 성질을 설명하는 일곱 편의 논문을 과학아카데미에 제출했다. 이 논문에는 거리 제곱에 반비례하는 전기력에 관한 내용을 비롯해 도체와 부도체의 성질, 전기력의 작용 원리에 대한 설명이 포함되어 있었다. 쿨롱은 물질에는 완전한 도체나 부도체가 존재하지 않으며, 전기력은 중력과 마찬가지로 원격 작용에 의해 작용한다고 설명했다.

전하 사이에 작용하는 전기력의 세기를 전하량과 전하 사이의 거리를 이용하여 나타낸 쿨롱의 법칙을 식으로 표현하면 다음과 같다.

$$전기력(F) = 비례상수(K) \times \frac{전하량_1(g_1) \times 전하량_2(g_2)}{거리(r)^2}$$

이 식에서 비례상수는 1쿨롱(C)의 전하를 가진 물체가 1미터 떨어져 있을 때 이 물체들 사이에 작용하는 전기력이 약 90억 뉴턴(N)이라는 것을 나타내는 상수이다. 뉴턴은 힘의 크기를 나타내는 단위로 1킬로그램의 물체를 들어 올리는 힘은 약 10뉴턴이다. 1쿨롱의 전하를 가지고 있는 두 물체 사이의 거리가 10센티미터로 줄어들면 힘의 크기는 100배가 커져서 9천억 뉴턴이 된다. 1쿨롱의 전하량이 적은 양이 아니라는 것을 알 수 있다.

원자보다 작은 입자들 사이에도 전기력과 함께 중력이 작용하고 있지만, 전기력이 중요한 역할을 하는 것은 입자들 사이에 작용하는 전기력이 중력에 비해 훨씬 강하기 때문이다. 따라서 원자나 분자 세계에서는 전기력이 모든 것을 결정한다. 우리 주위에 있는 물체들 사이의 상호작용은 대부분 전기적인 상호작용이다.

볼타전지 발명

프랑스에서 쿨롱이 쿨롱법칙을 발견하기 위한 실험을 하던 것과 비슷한 시기에 이탈리아에서는 볼로냐대학의 해부학 교수였던 루이지 갈바니Luigi Galvani(1737-1798)가 전기학의 역사에서 중요한 의미를 갖는 실험을 하고 있었다. 1737년에 이탈리아의 볼로냐에서 태어난 갈바니는 신학을 공부한 후 수도원에 들어가고 싶었지만 아버지의 권유를 받아들여 의학을 공부했다. 의학을 공부하면서 과학도 함께 공부한 그는 1759년에 같은 날 의학과 철학에서 두 개의 학사학위를 받았고, 3년 후인 1762년에는 의학박사학위를 받았다. 그는 볼로냐대학의 해부학 교수 겸 자연과학 교수가 되었다.

갈바니는 많은 실험을 통해 명성을 쌓았지만 그를 유명하게 만든 것은

1786년에 했던 개구리 해부 실험이었다. 그는 죽은 개구리 다리에 전기를 흘려주면 개구리 다리가 움직인다는 것을 알아냈다. 이 현상을 자세하게 조사하고 있던 그는 개구리 다리에 전기를 흘리지 않고 해부용 나이프로 개구리 다리를 건드리기만 해도 개구리 다리가 움직이는 것을 발견했다.

더 상세한 실험을 통해, 그는 개구리를 구리판 위에 놓거나 구리철사로 매단 뒤 철로 만든 해부용 칼로 개구리 다리를 건드릴 때도 개구리 다리가 움직인다는 것을 알게 되었다. 또한 비가 오고 천둥과 번개가 치는 날 철로 만든 갈고리에 꿰어 공중에 매달아 놓은 개구리 다리가 움직이는 것도 발견했다.

갈바니는 자신의 발견을 발표하지 않고 미루다가 1791년이 되어서야 「전기가 근육운동에 주는 효과에 대한 고찰」이라는 제목의 논문을 발표했다. 이 논문에서 갈바니는 동물의 근육은 동물전기라고 부르는 생명의 기를 가지고 있다고 주장했다. 그는 동물의 뇌는 동물전기가 가장 많이 모여 있는 곳이며 신경은 동물전기가 흐르는 통로라고 생각하고, 신경을 통해 흐르는 동물전기가 근육을 자극하여 근육이 움직이게 된다고 설명했다.

이런 사실이 알려지자 많은 사람이 개구리를 가지고 실험을 하기 시작했다. 사람들이 개구리 다리 실험을 많이 하는 바람에 한동안 유럽의 개구리 수가 줄어들었다는 이야기도 전해진다. 이 이야기가 사실인지 확인할 수는 없지만 그만큼 많은 사람이 개구리로 실험을 했다는 것을 알 수 있다.

갈바니보다 8년 늦은 1745년에 이탈리아에서 태어나 파비아대학의 교수로 있던 알레산드로 볼타Alessandro Giuseppe Volta(1745-1827)도 갈바니의 실험에 많은 관심을 가지고 있었다. 롬바르드 왕국 귀족 가문의 아들로 태어난 볼타는 초등학교 교육과정을 마친 후 학교를 그만두고 독학으로 전기에 대한 연구를 시작했고, 14세에는 물리학자가 되기로 마음먹었다. 정규 교육을 받지 않은 볼타였지만 18세가 되었을 때는 이미 전기 분야에서 명성을 떨치던 유럽의 학자들과 교류할 수 있을 정도로 전기에 대한 소양을 쌓았다.

24세였던 1769년, 볼타는 최초로 「전깃불의 인력에 대하여」라는 제목의 논문을 발표하여 이탈리아의 저명한 전기 과학자들과 어깨를 나란히 할 수 있게 되었다. 2년 후인 1771년에는 물질의 전기적 성질을 설명하고 그가 고안한 새로운 정전기발생장치를 소개하는 논문을 발표했다. 1762년에 스웨덴의 요한 칼 빌케가 발명한 정전기발생장치인 전기쟁반을 실험실에서 널리 사용할 수 있도록 개량하고 영구 전기쟁반이라고 불렀다. 따라서 볼타가 전기쟁반의 발명자라고 알려지기도 했다.

부도체와 도체 원반으로 이루어진 전기쟁반은 부도체를 마찰하여 대전시킨 후 금속 원판을 부도체와 접촉시키면 정전기 유도에 의해 금속 원판의 전기가 두 가지로 분리된다. 이때 금속 원판을 접지시키면 금속 원판에는 부도체에 대전된 전하와 반대 부호의 전하만 남는다. 금속 원판에 남은 전기를 다른 금속에 모은 다음 이 과정을 여러 번 반복하면 많은 양의 전기를 얻을 수 있어 여러 가지 전기 실험에 사용할 수 있다.

볼타가 만든 볼타전지 © I, GuidoB

전기에 대한 연구를 계속한 볼타는 1778년에 발표된 논문에서 전기 유체는 확장하려는 경향을 가지고 있는데 이로 인해 기체의 압력과 유사한 팽창력을 가지고 있다고 주장했다. 이후 오랫동안 볼타는 전기의 팽창력을 측정하려고 시도했다. 1782년에는 기존의 검전기보다 훨씬 작은 양의 전기를 검출할 수 있는 검전기를 발명하기도 했다. 그가 미세 검전기라고 부른 이 검전기는 두 개의 금속판 사이에 얇은 부도체 막을 끼워 넣은 것으로 축전기와 비슷한 방법으로 작동했다.

1791년에 갈바니가 발표한 「전기가 근육운동에 주는 효과에 대한 고찰」을 읽은 것은 그의 인생의 전환점이 되었다. 갈바니의 논문을 읽고 동물전기에 관심을 가지게 된 볼타는 실험을 통해 갈바니와는 다른 결론을 이끌어 냈다. 볼타는 개구리 다리의 한쪽을 구리판에 대고 다른 쪽에 철로 된 칼을 대면 개구리 다리가 움직이지만, 양쪽에 같은 종류의 금속을 대면 개구리 다리가 움직이지 않는다는 것을 알아낸 것이다. 따라서 그는 개구리 다리에 흐르는 전류는 개구리 다리에서 생긴 것이 아니라 두 가지 서로 다른 금속에 의해 발생한 것이며 개구리 다리는 이 전기를 검출하는 검전기 역할을 했을 뿐이라고 설명했다.

개구리 다리 실험에 대한 새로운 해석으로 볼타는 1794년에 영국 왕립협회로부터 코플리 메달을 받았다. 코플리 메달은 당시 과학자가 받을 수 있는 가장 영예로운 상이었다. 그럼에도 불구하고 동물전기설을 옹호하던 갈바니를 비롯한 많은 과학자가 볼타의 새로운 해석을 받아들이려고 하지 않았다. 따라서 유럽의 과학자들은 볼타파와 갈바니파로 나뉘어 열띤 토론을 벌였다.

1800년에 볼타는 볼타 파일이라고도 부르는 볼타전지를 발명했다고 발표했다. 볼타 파일은 아연과 구리판을 번갈아 쌓은 후 판들 사이에 소금물에 적신 천을 끼워 넣은 것이었다. 볼타 파일의 양 끝을 도선으로 연결하면 도선에 일정한 전류가 흘렀다. 볼타전지의 발명으로 갈바니와의 논쟁은 볼타파의 승리로 끝났으며 볼타는 세계적인 유명 인사가 되었다. 안정적인 전류를 만들어 낼 수 있는 볼타전지가 널리 사용되면서 다양한 전기 실험을 할 수 있게 된 과학자들은 19세기 초에 인류 문명사를 바꿔 놓은 새로운 사실들을 발견할 수 있었다.

볼타전지의 성공으로 명성을 얻은 볼타는 1801년 파리로 가서 그가 볼타전지를 발명하게 된 실험을 재현해 보여 주었고, 나폴레옹 앞에서 「갈바니의 유체와 전기의 동일성에 대한 논문」을 낭독하고 금메달을 받기도 했다. 1805년 나폴레옹은 볼타에게 연금을 지불하기로 결정했고, 1809년에는 이탈리아 왕국의 상원의원으로 임명했으며, 1810년에는 이탈리아 왕국의 백작 작위를 받았다.

볼타전지를 발명한 후 볼타는 정치적인 업무가 많아졌을 뿐만 아니라 가족과 더 많은 시간을 보내기 위해 연구와 강의를 거의 할 수 없었다. 나폴레옹이 권좌에서 물러나는 것과 같은 정치적 소용돌이도 볼타에게는 별다른 영향을 주지 않았다. 새로운 정부도 볼타가 파비아대학의 직책들을 계속 수행해 주기를 바랐다.

볼타전지의 발명은 화학분야의 발전에도 크게 기여했다. 영국의 화학자였던 험프리 데이비Humphry Davy(1778-1829)는 1803년에 볼타전지를 이용하여 여러 가지 금속을 분리하는 실험을 시작했다. 1807년에 그는 칼슘, 스트론튬, 바륨, 마그네슘을 분리해 내는데 성공했다. 이렇게 전기화학이라는 새로운 학문 분야가 탄생하게 되었다.

옴의 법칙

옴의 법칙은 전압과 전류 그리고 저항 사이의 관계를 나타내는 법칙이다. 옴의 법칙을 발견한 사람은 독일의 게오르그 옴Georg Simon Ohm(1789-1854)이었다. 열쇠 수리공이었던 옴의 아버지는 정식 교육을 받은 적이 없었지만 수학과 과학을 독학하여 상당한 수준의 과학 지식을 가지고 있었다. 옴의 형제들은 아버지로부터 수학과 과학에 대해 학교에서 배운 것보다 더 많은 것을 배웠다.

옴은 에르랑겐대학에 입학했지만 학비를 대는 것이 어려워 3학기를 다닌 후에는 더 이상 학교를 다닐 수가 없었다. 대학을 그만둔 옴은 스위스에 가서 수학 교사로 일하기도 했다. 학교 교사와 개인교습을 하면서 혼자서 수학을 계속 공부한 옴은 1811년에 에르랑겐대학으로 돌아와 수학으로 박사학위를 받았다.

게오르그 옴

박사학위를 받은 후 고등학교 교사로 자리를 잡은 옴은 수학과 함께 물리학도 가르쳤다. 물리학을 가르치면서 물리 실험에 관심을 가지게 된 옴은 뛰어난 소질을 발휘해 스스로 정밀한 실험도구를 만들어 여러 가지 실험을 했다. 옴은 물리 실험 중에서도 전기 실험에 특히 관심이 많았다.

옴이 물리 실험을 시작하던 1800년대 초에는 전기가 물리학의 새로운 분야로 떠오르면서 전기 실험을 통해 새로운 사실들이 속속 밝혀지고 있었다. 여러 가지 금속의 전기 전도도가 실험을 통해 결정된 것도 이때였다. 학생들을 가르치면서 수학과 물리학을 공부하던 옴은 1825년에 1년 동안 다른 일을 중단하고 전기에 대한 실험에 전념하기로 했다.

옴의 목표는 그때까지 해 온 실험을 체계적으로 정리하여 논문으로 발표하고 학계의 인정을 받아 대학 교수가 되는 것이었다. 옴은 우선 볼타전지에 연결된 도선에 흐르는 전류의 세기를 측정하는 일부터 시작했다. 그는 쿨롱이 사용했던 것과 비슷한 비틀림 저울을 이용하여 전류의 세기를 측정했다.

다음으로 그가 한 실험은 전류의 세기와 도선의 길이 사이의 관계를 알아내는 것이었다. 그는 같은 굵기의 도선에 같은 크기의 전류가 흐르도록 하기 위해서는 도선의 재료에 따라 길이를 달리 해야 한다는 것을 알아냈다. 같은 크기의 전류가 흐르도록 하는 도선의 길이가 재료에 따라 달라진다는 것은 물질에 따라 전기 저항이 다르다는 것을 뜻했다. 그는 동일한 도선을 사용할 경우 전원의 세기에 따라 전류가 달라진다는 것도 알아냈다.

옴은 이러한 실험 결과를 모아 1826년에 두 편의 중요한 논문을 발표했다. 그 결과들은 옴의 법칙을 이끌어 내기에 충분했다. 옴의 법칙은 1827년에 출판된 『수학적으로 분석한 갈바니 회로』는 책에 실려 있었다. 물체에 흐르는 전류의 세기는 전압에 비례하고 저항에 반비례한다는 것이 옴의 법칙이다. 물리 교과서에서는 옴의 법칙을 다음과 같은 식을 이용해 나타내고 있다.

$$\text{전류}(I) = \frac{\text{전압}(V)}{\text{저항}(R)}$$

어찌 보면 옴의 법칙은 매우 간단하면서도 쉽게 이해할 수 있는 법칙처럼 보인다. 그러나 독일 과학계에서는 옴의 법칙을 인정하지 않았다. 그러나 당시에는 아직 저항이나 전압이 정확하게 정의되어 있지 않았고, 전압과 전류가 서로 관계없는 양이라고 생각하고 있었다. 이러한 오해의 흔적은 전압이라는 단어에서도 발견할 수 있다. 전압electric pressure이라는 말을 그대로 해석하면 전기의 압력이라는 뜻이다.

압력은 단위 면적에 작용하는 힘을 뜻하는 말로, 에너지와는 다른 물리량을 말한다. 따라서 전기에너지의 차이를 전압이라고 부르는 것은 적절한 표현이 아니다. 전압을 두 지점의 전기 위치에너지의 차이라는 뜻으로 전위차라고도 하는데, 전압보다는 전위차가 실제 의미에 더 잘 맞는 용어이다.

옴의 법칙은 전류와 전압, 그리고 저항 사이의 관계를 나타내는 법칙이라고 할 수 있지만 전압이나 저항에 대한 새로운 정의라고도 볼 수 있다.

독일의 과학자들은 그들이 알고 있는 것과는 다른 정의를 포함하고 있는 옴의 법칙을 받아들이려고 하지 않았다. 당시 독일을 통치하고 있던 프러시아의 교육부는 옴의 법칙을 잘못된 이론이라고 규정하고 가르치지 못하도록 했으며, 과학자들 중에는 옴의 법칙을 자연의 권위에 대한 도전이라고 혹평하는 사람도 있었다.

자신의 연구 결과가 독일 과학계에서 받아들여지지 않자 크게 실망한 옴은 학교를 떠나 수학 개인교습으로 생계를 이어가다가 1833년에야 뉘른베르크 공업학교의 교사가 되었다. 그러나 옴의 연구는 외국에서부터 인정받기 시작했다. 세계에서 가장 강한 전자석을 만들었던 미국의 조지프 헨리가 옴의 연구 업적을 높이 평가했고, 프랑스의 과학자들도 옴의 업적을 인정하기 시작했다. 1841년에는 영국 왕립협회가 옴에게 코플리상을 수여하고, 그를 외국인 회원으로 받아들였다. 코플리상은 당시의 과학자들이 받을 수 있는 가장 명예로운 상이었다.

그러자 베를린 과학아카데미에서도 그를 회원으로 받아들였다. 일생의 대부분을 적은 월급을 받는 교사직에 있으면서 전기에 대한 연구를 계속했던 옴은 그가 죽기 5년 전인 1849년에야 그가 원하던 뮌헨대학의 교수가 될 수 있었다. 후에 그의 업적을 기리기 위해 전기 저항의 크기를 나타내는 단위를 '옴(Ω)'이라고 부르게 되었다.

3. 전류의 자기작용과 전자기 유도

전류의 자기작용의 발견

17세기부터 시작된 연구로 전기에 대해 많은 것을 알게 되었지만 전기는 아직 과학자들의 실험실 안에 머물고 있었다. 볼타전지의 발명으로 안정적인 전기실험을 할 수 있게 되었지만 아직 일상생활에 사용할 수 있을 만큼 충분한 전력을 생산할 수는 없었기 때문이었다. 실험실이라는 알 속에 있던 전기가 세상으로 나오기 위해서는 새로운 돌파구가 필요했다. 1820년과 1831년에 이루어진 두 가지 발견은 그런 돌파구를 제공했다. 이 발견들은 자연과학에서는 물론 인류 문명사에 한 획을 그은 중요한 사건이었다. 이 발견들로 인해 과학에서는 길버트 이후 나누어져 있던 전기학과 자기학을 전자기학으로 통합할 수 있었고, 새로운 전기 문명의 불을 지필 수 있었다.

한스 외르스테드

전류의 자기작용을 발견하여 새로운 시대의 문을 연 사람은 덴마크의 물리학자 한스 외르스테드Hans Christian Ørsted(1777-1851)였다. 1777년에 덴마크에서 약사의 아들로 태어난 외르스테드는 코펜하겐대학에서 약학을 공부했고, 1798년에는 칸트철학에 대한 연구로 코펜하겐대학에서 박사학위를 받았다. 박사학위를 받은 후 3년 동안 독일과 프랑스를 여행하면서 많은 학자와 교류하고 돌아온 외르스테드는 1801년에 코펜하겐대학의 교수가 되었다.

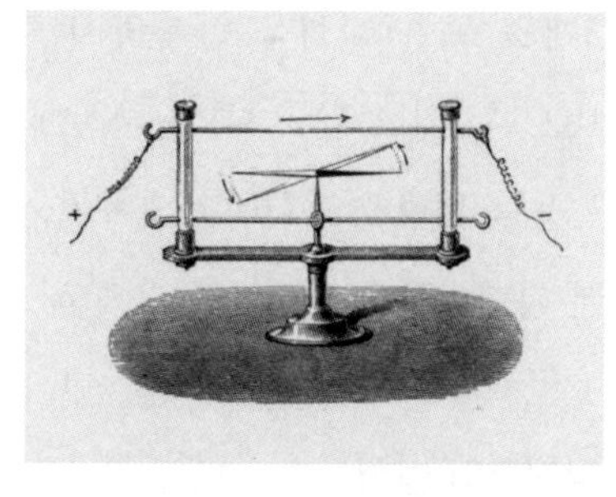

전류가 흐를 때 나침반이 움직인다는 것을 발견해 전기 문명으로 가는 길을 닦은 외르스테드의 실험.

1820년 4월 어느 날 볼타전지를 이용하여 다음날 강의에서 할 실험 준비를 하고 있던 외르스테드는 스위치를 올려 전기회로에 전류가 흐르도록 하자 도선 가까이 있던 나침반의 바늘이 움직이는 것을 발견했다. 깜짝 놀란 외르스테드는 이 실험을 여러 번 반복해 보았다. 스위치를 넣을 때마다 자석의 바늘이 움직이는 것이 확실했다.

외르스테드가 발견한 것은 아주 간단한 현상이었지만 누구도 예상하지 못했던 놀라운 것이었다. 1600년에 길버트가 전기와 자석을 서로 다른 현상이라고 설명한 후 과학자들은 전기와 자석은 아무런 관계가 없다고 생각하고 있었다. 그러나 외르스테드의 실험은 도선에 전류가 흐르면 자석의 성질이 생겨 나침반의 바늘을 돌게 만든다는 것을 보여 주고 있었다.

이것은 전류가 자석의 성질을 만들어 낸다는 것을 뜻했다. 전자들이 이동해 가는 것이 전류이다. 전류가 흐를 때 자석의 성질이 나타난다는 것은 전자가 달려가면 자석의 성질이 나타난다는 것을 의미했다. 즉, 정지해 있는 전자는 자석의 성질을 나타내지 않지만 움직이는 전자는 자석의 성질을 나타낸다. 다시 말해 자성은 움직이는 전자들이 만들어 내는 성질이라는 것이 밝혀진 것이다.

전류가 자석의 성질을 만들어 내는 것을 전류의 자기작용이라고 한다.

3개월 동안 실험을 반복하여 충분한 실험 결과를 얻은 외르스테드는 1820년 7월 21일 「전류가 자침에 미치는 영향에 관한 실험」이라는 제목의 논문을 프랑스 과학아카데미에 제출했다. 외르스테드의 실험 결과를 받아 본 과학자들은 직접 실험을 통해 외르스테드의 발견을 확인했다.

앙페르의 법칙

전류의 의해 발생하는 자기장의 방향과 크기를 알 수 있도록 하는 앙페르의 법칙을 발견한 사람은 프랑스의 물리학자 앙드레 마리 앙페르André-Marie Ampère(1775-1836)였다. 1775년에 리옹시 공무원의 아들로 태어난 앙페르는 아버지로부터 좋은 교육을 받으면서 자라났다. 어린 시절에는 대부분의 시간을 리옹에서 보냈지만 7세 이후에는 리옹에서 가까운 전원마을에서 주로 생활했다. 학교에 다니지 않았지만 앙페르는 아버지의 교육 덕분에 라틴어를 비롯한 어학과 다양한 분야의 과학 지식을 습득할 수 있었다.

13세 때 앙페르는 리옹의 아카데미에 원주와 같은 길이를 가진 선분을 그리는 방법에 관한 논문을 제출했다. 그가 사용한 방법은 원주를 무한하게 작은 구간으로 나누는 방법이었는데 이것은 미분 기하학에서 이미 사용되던 방법이었다. 자신이 독창적으로 생각해 낸 방법이라고 생각했던 방법이 사실은 이미 널리 알려진 방법이라는 것을 알게 된 앙페르는 더 많은 공부가 필요하다는 것을 깨닫고 미분 기하학을 본격적으로 공부하기 시작했다. 미분 기하학을 공부한 앙페르는 오일러, 베르누이, 라그랑주와 같은 학자들의 역학 이론들을 공부하기도 했다.

1789년에 프랑스 대혁명이 일어난 후에도 별일이 없이 자신의 직책을 수행하던 앙페르의 아버지가 1792년에 정치적 사건에 휘말려 단두대에서 처형당했다. 아버지가 처형당한 후 한때 모든 공부를 포기했던 앙페르는 생활비를 벌기 위해 리옹에서 수학을 가르치는 가정교사 일을 하기도 했다. 1802년에 앙페르는 부르 에콜 상트랄의 물리학 겸 화학 교수가 되었다. 앙페르는 1803년에 파리 아카데미에 게임을 수학적으로 분석한 확률 이론을 담은 논문과 미분학에 관한 논문을 제출했다.

몸이 허약해 오랫동안 병으로 고생하던 아내가 1803년에 세상을 떠난 후 크게 좌절한 앙페르는 새로운 환경에서 새로운 삶을 시작하기 위해 파리로 이사했다. 수학자로서 좋은 평가를 받았던 앙페르는 파리로 이주한 이듬해인 1804년에 에콜 폴리테크니크의 해석학 강사가 되었다. 1809년 앙페르는 에콜 폴리테크니크의 수학 교수로 임명되었다.

앙페르는 에콜 폴리테크니크의 교수로 있던 1820년에 외르스테드가 전류가 흐르는 도선 주위에 자석의 성질이 만들어지는 전류의 자기작용을 발견했다는 소식을 들었다. 앙페르의 동료였던 프랑수아즈 아라고가 프랑스 과학아카데미의 회원들 앞에서 외르스테드의 실험을 재현해 보여 주었다. 아라고의 실험에 크게 감명을 받은 앙페르는 실험을 통해 전류가 흐르는 도선 사이에 밀거나 당기는 힘이 작용한다는 것을 알아내고 이를 아라고의 실험 후 2주 만에 과학아카데미에서 발표했다.

1821년에서 1825년 사이에 이루어진 전류의 자기작용에 대한 본격적인 연구의 결과는 1827년에 출판된 「실험으로부터 추론한 전기역학적 현상의 수학적 이론」이라는 논문을 통해 발표했다. 이 논문에는 전류의 자기작용과 관련된 기본법칙들이 포함되어 있었다. 전류가 흐르는 두 도선 사이에 작용하는 힘의 세기는 도선의 길이와 전류의 곱에 비례하고, 도선 사이의 거리에 반비례한다는 앙페르의 힘의 법칙도 이 논문에 포함된 기본법칙들 중 하나였다.

그리고 그가 발견한 법칙들 중 가장 중요한 전류 주위에 형성되는 자기장의 방향과 세기를 결정할 수 있게 한 앙페르의 법칙도 이 논문에 포함되어 있었다. 도선 주위에 만들어지는 자기장의 방향과 세기를 구할 수 있는 앙페르의 법칙은 방향과 크기를 모두 고려해야 하는 벡터 방정식이다. 앙페르의 법칙은 적분식으로 나타내진 것과 미분식으로 나타내진 것이 있는데 앙페르의 법칙을 식으로 나타내면 다음과 같다.

$$\nabla \times B = \mu_0 J$$

이 벡터 방정식이 나타내는 내용 중 자기장의 방향만을 간단하게 나타낸 것이 오른나사의 법칙이다.

오른나사의 법칙은 오른손 엄지를 전류가 흐르는 방향을 향하게 하고 다른 손가락으로 도선을 감싸 잡으면, 다른 손가락 방향이 자기장의 방향이 된다는 것이다. 이것을 오른나사의 법칙이라고 부르는 것은 오른나사가 나가는 방향을 전류의 방향이라고 하면 나사를 돌리는 방향이 자기장의 방향이 되기 때문이다.

전류 주위에 생기는 자기장의 방향은 도선을 싸고도는 방향이기 때문에 자기장에는 시작점과 끝점이 없다. 다시 말해, 자석에는 N극과 S극이 없고, N극 방향과 S극 방향이 있을 뿐이다. N극과 S극이 표시되어 있는 막대자석을 반으로 나누면 한쪽은 N극이 되고 다른 한쪽은 S극이 된다. 자석을 아무리 작게 나누어도 마찬가지이다. 막대자석에도 N극과 S극이 따로 있

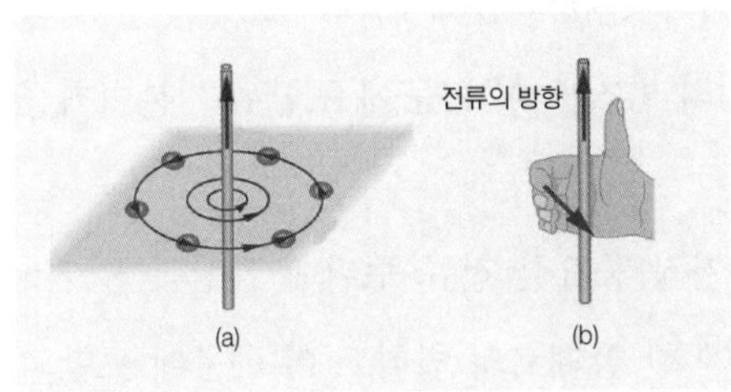

오른나사가 나가는 방향이 전류의 방향이면 오른나사를 돌리는 방향이 자기장의 방향이다.

는 것이 아니라 N극 방향과 S극 방향만 있기 때문이다. 이는 전기장이 양전하에서 시작되어 음전하에서 끝나는 것과는 다르다.

전류가 흐르면 주위에 자기장이 형성된다는 것을 나타내는 앙페르의 법칙은 후에 맥스웰에 의해 일부 수정되었다. 여러 과학자들의 전자기학에 대한 연구 결과들을 모아 전자기학을 완성한 맥스웰은 앙페르의 법칙에 전류가 흐를 때뿐만 아니라 공간에서 전기장의 세기가 변하는 경우에도 자기장이 만들어진다는 것을 의미하는 항을 추가했다. 수정된 앙페르의 법칙은 전자기학의 기본이 되는 맥스웰 방정식의 세 번째 방정식이 되었다.

1821년부터 전기와 관련된 새로운 과학에 대한 열정으로 연구에 매진하던 앙페르는 1827년 이후에는 건강이 나빠져 더 이상 연구 활동을 할 수 없게 되었다. 연구 활동을 중단한 후에도 대학의 행정 업무를 수행하던 앙페르는 1836년 폐렴으로 마르세유에서 세상을 떠났다. 전자기학을 완성한 영국의 맥스웰은 앙페르를 전기학의 뉴턴이라고 불렀다. 1881년에 설립된 국제전기협약은 전자기학 발전에 기여한 앙페르의 업적을 기념하기 위해 전류의 단위를 앙페르(암페어)로 결정했고, 그가 세상을 떠난 6월 10일을 국제 전기 기술자의 날로 정했다.

외르스테드의 발견으로 길버트가 서로 다른 성질이라고 분리해 놓았던 전기와 자기가 다시 결합하게 되었다. 전기력은 정지해 있을 때나 움직일 때나 전하 사이에 항상 작용하는 힘인 반면 자기력은 흐르는 전류, 다시 말해 움직이는 전하 사이에만 작용하는 힘이라는 점이 다르다. 전류가 흐르면 주변에 만들어진 자기장이 자석을 밀어내거나 끌어당긴다.

반대로 자석 주위에 있는 도선에 전류가 흐르면 도선이 힘을 받는다. 자기장 안에서 전류가 흐르는 도선이나 달려가는 전하를 띤 입자가 받는 힘의 방향을 결정하는 것이 플레밍의 왼손법칙이다. 영국의 전기 엔지니어

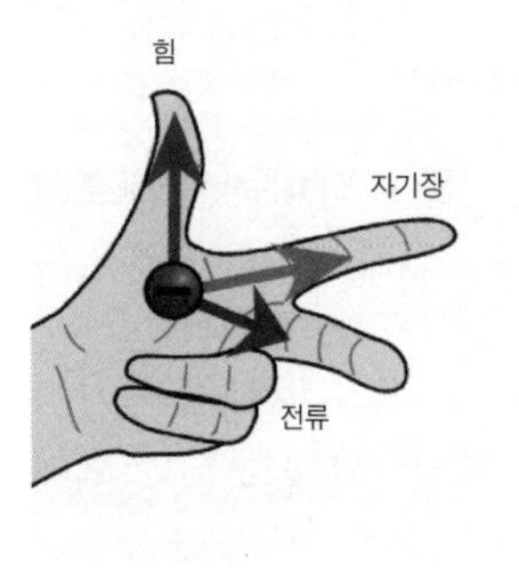

플레밍의 왼손법칙

겸 물리학자였던 존 플레밍John Ambrose Fleming(1849-1945)이 제안한 플레밍의 왼손법칙에 의하면 왼손의 엄지와 검지 그리고 중지를 서로 수직이 되도록 펼쳤을 때 중지의 방향을 전류의 방향과 일치시키고, 검지의 방향을 자기장의 방향과 일치시키면 엄지가 가리키는 방향이 힘의 방향이 된다.

자기장 안에 있는 닫혀 있는 회로에 전류가 흐르면 도선의 각 부분은 플레밍의 왼손법칙에 의해 서로 다른 방향으로 힘을 받는다. 도선 중에서 자기장과 나란한 부분은 힘을 받지 않는 반면 자기장에 수직한 부분에는 전류가 흐르는 방향에 따라 반대 방향으로 힘을 받는다. 따라서 폐회로를 이루는 도선은 회전하게 되어 전류로 작동하는 전동기를 만들 수 있다. 전기 모터라고도 부르는 전동기는 운동에너지를 전기에너지로 전환하는 발전기와는 반대로 전기에너지를 운동에너지로 바꾼다.

전자석과 영구 자석

철심에 도선을 감은 다음 전류를 흘려 전자석을 처음 만든 사람은 윌리엄 스터전William Sturgeon(1783-1850)이었다. 영국의 물리학자이며 발명가로 최초로 실용적인 전기 모터를 발명하기도 했던 스터전은 도선을 말굽 모양의 철심에 서로 닿지 않도록 드문드문하게 감은 전자석을 만들었다. 스터전이 도선을 드문드문 감은 것은 피복하지 않은 도선을 사용했기 때문이었다. 따라서 스터전은 다양한 용도로 사용할 수 있는 강한 전자석을 만들 수는 없었다.

실용적인 전자석을 만들어 전자석 발전에 크게 기여한 사람은 미국의 물리학자 조지프 헨리Joseph Henry(1797-1878)였다. 1775년에 부모를 따라 스코틀랜드에서 미국으로 이민 온 헨리는 아버지가 일찍 세상을 떠나는 바람에 학교를 중도에 그만두었고 시계 만드는 일과 은제품 만드는 일을 배웠다. 책 읽는 것을 좋아했던 그는 16세 때 과학 실험에 관한 책을 읽은 후부터 과학에 관심을 가지기 시작했다. 1819년 22세였던 헨리는 알바니 아카데미에 입학하여 다양한 분야의 과학을 공부하고 모교에서 수학과 자연철학을 가르치는 교사가 되었다.

조지프 헨리

전자석을 만드는 일에 특히 관심이 많았던 헨리는 스터전이 만든 전자석에서 얻은 아이디어와 앙페르 법칙의 이론적 설명을 바탕으로 부도체로 감싼 도선을 철심에 촘촘하게 감아 강한 전자석을 만드는 실험을 시작했다. 1829년 3월 헨리는 말굽형 철심에 길이 약 10미터 정도의 절연된 도선을 400번 감아 강력한 전자석을 만드는 데 성공했다.

헨리는 코일의 길이가 일정한 길이보다 길어지면 오히려 전자석의 세기가 약해진다는 것을 알아냈다. 도선의 길이가 길어지면 전기 저항이 증가해 전류가 약해지기 때문이었다. 그래서 헨리는 전자석의 강도를 높이기 위해, 하나의 긴 도선을 여러 번 감는 대신 짧은 도선을 여러 개 감아 전지에 연결했다. 헨리의 발견으로 전자석이 여러

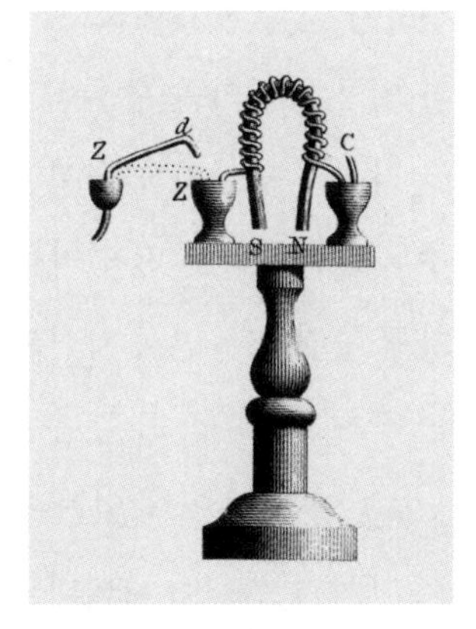

윌리엄 스터전의 전자석

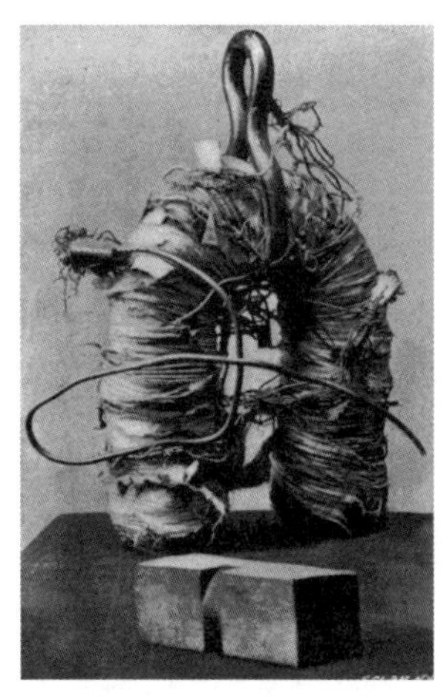

헨리의 전자석

가지 실용적인 용도로 사용될 수 있게 되었다.

자신이 개발한 전자석의 원리를 바탕으로, 헨리는 1831년에 전기로 움직이는 장치를 만들었다. 최초로 만들어진 직류 모터 중 하나라고 할 수 있는 이 장치는 회전 운동을 하는 대신, 전자석을 구멍의 좌우나 아래위로 움직여 문을 잠그거나 열 수 있도록 하는 정치였다. 전자석에 흐르는 전류의 방향을 반대로 하면 전자석이 반대 방향으로 움직였기 때문에 전기 스위치를 이용하여 잠그거나 열 수 있었다. 이 장치는 전기를 이용해 정보를 주고받는 전신기와 전기 모터의 발전에 크게 기여했다. 전류의 변화가 얼마나 큰 기전력을 만들어 내는지를 나타내는 자체 유도 계수(자체 인덕턴스)와 상호 유도 계수(상호 인덕턴스)의 단위는 헨리의 이름을 따라 헨리(H)라고 부르고 있다.

전류가 흐를 때만 자석의 성질이 나타나는 전자석과는 달리 영구 자석은 전류가 흐르지 않아도 자석의 성질을 나타낸다. 따라서 자석에는 전자석과 영구 자석의 두 종류가 있는 것으로 생각하는 사람들도 있다. 그러나 영구 자석도 전류가 만들어 내는 성질이다. 모든 물질은 양전하를 띤 원자핵 주위를 음전하를 띤 전자들이 돌고 있는 원자로 이루어져 있다. 전자는 원자핵 주위를 돌면서 자신의 축을 중심으로 회전 운동도 한다. 따라서 전자는 작은 자석이라고 할 수 있다.

보통의 물체 안에 있는 전자 자석들은 불규칙하게 흩어져 있어 전체적으로 자석의 성질이 나타나지 않는다. 그러나 외부의 자기장이 가해지면 전자 자석들이 한 방향으로 배열하여 자석의 성질을 나타내게 된다. 대부분의 물질에서는 외부 자기장을 제거하면 전자 자석의 방향이 흩어져 자석의 성질이 사라진다. 그러나 영구 자석을 만드는 물질 안의 전자 자석들은 일단 한 방향으로 배열하면 외부 자기장을 제거한 후에도 흩어지지 않고 그대로 배열해 있다. 이런 물질을 강자성체라고 한다. 강자성체는 영구 자석을 만들거나, 자기 테이프나 하드 디스크에 정보를 저장하는 용도로 사용된다.

패러데이의 전자기유도법칙

전류가 자석의 성질을 만들어 낸다는 것을 알게 된 과학자들은 자석을 이용하여 전류를 발생시키는 방법을 연구하기 시작했다. 1831년에 자기장을 이용하여 전류를 발생시키는 방법을 알아내는 데 성공한 사람은 영국의 마이클 패러데이Michael Faraday(1791-1867)였다. 패러데이는 현재는 런던의 일부가 된 런던 부근의 농촌 마을에서 가난한 대장장이의 아들로 태어났다.

어려운 가정 형편으로 13세 때 학업을 포기하고 생활비를 벌기 위해 서적 판매원, 제본공 등의 일을 하던 패러데이는 틈틈이 읽은 책을 통해 과학에 흥미를 가지게 되었다. 그는 과학자들이 일반인들을 위해 개최하는 강연에서 들은 내용을 바탕으로 마찰을 이용하여 전기를 발생시키는 전기발생장치나 볼타전지를 만들기도 했다. 당시 영국에서는 유명한 과학자들이 일반인들을 위한 강연을 하곤 했는데, 표를 사야 강연을 들을 수 있을 정도로 인기가 있었다.

마이클 패러데이

1812년 19세였던 패러데이는 당시 영국에서 가장 유명한 화학자였던 험프리 데이비Humphry Davy가 왕립 연구소에서 하는 대중 강연을 들을 기회가 있었다. 강연이 끝난 후 패러데이는 강연 내용을 정리한 노트와 함께 자신을 조수로 채용해 달라는 편지를 데이비에게 보냈다. 이 일로 데이비의 실험 조수가 된 패러데이는 이때부터 1861년 사임할 때까지 평생 동안 왕립 연구소에서 일했다.

처음에는 데이비의 화학 실험을 보조했던 패러데이는 왕립 연구소의 주임이 된 1824년부터는 전기에 관한 실험을 시작했다. 외르스테드의 실험을 직접 재연해 보고, 전류의 자기 작용으로 작동하는 전기 모터를 고안하기도 했던 그는 자석을 이용해 전류를 발생시키는 방법을 알아내기 위한 실험을 시작했다. 처음에는 패러데이도 다른 과학자들과 마찬가지로 강한 자석이 전류를 발생시킬 것이라고 생각하여, 강한 자석을 만들기 위해 노력했다. 그러나 아무리 강한 자석을 만들어도 주위에 있는 도선에 전류가 흐르지 않았다.

그러던 어느 날 패러데이는 놀라운 사실을 발견했다. 스위치를 올려 도선에 전류가 흐르게 하거나 스위치를 내려 흐르던 전류를 차단하는 순간, 가까이 있는 다른 도선에 잠시 전류가 흐르는 것을 발견한 것이다. 즉, 한 도선에 흐르는 전류의 세기가 변할 때 두 번째 도선에 전류가 흘렀다.

한 도선에 스위치를 넣거나 끌 때만 잠시 두 번째 도선에 전류가 흐른다는 것은, 자기장이 전류를 발생시키는 것이 아니라 자기장의 변화가 전류를 발생시킨다는 것을 뜻했다. 따라서 도선 옆에서 자석을 움직이거나 자석 옆에서 도선을 움직이면 도선에 전류가 흐른다. 패러데이는 이 실험을 더욱 정교한 방법으로 여러 차례 반복했고 그 결과를 1831년 11월에 왕립 학회에서 발표했다. 자기장의 변화가 전류를 발생시키는 현상을 전자기유도라고 부른다. 전자기유도법칙을 벡터 미분 방정식으로 나타내면 다음과 같다.

$$\nabla\times E=-\frac{\partial B}{\partial t}$$

이 식은 발전기와 변압기의 원리로, 현대 전기 문명의 바탕을 이루며 동시에 전자기학의 핵심을 이루는 맥스웰 방정식의 네 번째 식이다. 전자기유도법칙을 발견한 것이 패러데이의 가장 중요한 업적이라면, 전기력과 자기력의 작용을 나타내는 새로운 방법을 발전시킨 것은 그의 두 번째 중요한 업적이다. 학교에서 체계적으로 수학을 배우지 않았던 패러데이는 전기력과 자기력을 그림을 이용해서 설명하려고 시도했다. 그는 어떤 지점에 양전하를 가지고 왔을 때 이 전하가 받는 힘의 방향과 크기를 화살표로 나타내고, 이를 전기력선이라고 불렀다.

양전하는 다른 양전하를 밀어내고 음전하는 양전하를 잡아당기기 때문에 이 화살표들을 이어보면 전기력선이 양전하에서 출발하여 음전하에서 끝난다는 것을 알 수 있다. 자기장의 경우에는 N극이 받는 힘의 방향과 세기를 화살표로 나타내고 이 화살표들을 연결한 것이 자기력선이다. 자기력선은 전류 주위를 싸고도는 방향으로 만들어지기 때문에 시작점과 끝점이 없다.

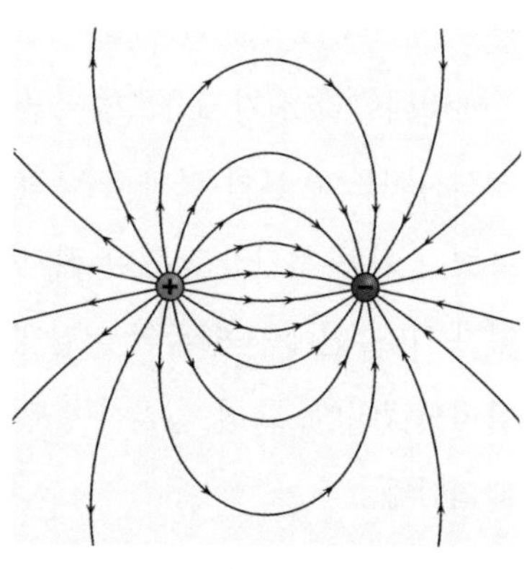

전기력선은 양전하에서 시작되어 음전하에서 끝난다.

전자기유도 현상을 발견하기 전에는 전기를 만들어 내는 방법이 두 가지밖에 없었다. 하나는 물체를 마찰시켜 마찰전기를 만드는 방법이다. 그러나 이 방법으로는 많은 전기를 발생시키는 것이 어렵다. 회전하는 바퀴를 이용하여 마찰전기를 효과적으로 발생시키는 장치가 발명되기도 했지만 이렇게 만들어진 전기는 겨우 전기에 관한 간단한 실험을 할 수 있는 정도였다.

전기를 발생시키는 다른 방법은, 전지를 이용하는 것이다. 전지는 화학 반응을 통해 전기를 발생시킨다. 화학에너지가 전기에너지로 바뀌는 것이다. 화학적 방법을 사용하는 전지로는 안정된 전류를 만들어 낼 수 있지만, 커다란 공장을 돌릴 수 있을 정도의 많은 전기를 만들어 낼 수는 없다.

따라서 패러데이의 전자기유도법칙이 발견되기 전에는 전기가 실생활에 이용되지 못하고 과학 실험에 쓰이거나, 호기심 많은 사람들의 놀이거리로만 이용되고 있었다. 그러나 전자기유도법칙의 발견으로 아주 쉽게 많은 전기를 발전시킬 수 있게 되었다. 따라서 전기가 실생활에 사용될 수 있게 되었다.

발전소의 건설

발전기의 원리인 패러데이의 전자기유도법칙이 발견된 후 대량의 전기를 생산하는 발전소가 건설되어 발전기가 실제로 가동되기까지는 약 50년이 걸렸다. 전류의 자기작용과 전자기유도법칙을 비롯한 전자기현상과 관련된 기본법칙들을 종합하여 전자기학을 완성시키는 과정이 남아 있었을 뿐만 아니라, 발전기를 개발하는 데 시간이 필요했기 때문이다.

패러데이의 전자기유도법칙을 이용한 최초의 발전기는 1878년 영국의 크렉사이드에 설치된 수력 발전기였다. 물의 흐름을 이용하여 발전기를 돌렸던 이 발전기가 생산한 전기는 전깃불, 난방, 기계 작동용으로 사용되었다. 1881년에는 영국의 고달밍에 가로등을 밝히기 위한 수력 발전기가 설치되었지만, 그리 성공적이지 못해 곧 가스를 이용하는 가로등으로 교체되었다.

1882년에는 석탄을 때서 만든 수증기를 이용하여 전기를 생산하는 최초의 화력 발전소가 런던에 설치되었다. 미국의 토머스 에디슨Thomas Alva Edison

(1847-1931)이 설립한 에디슨 전광회사Edison Electric Light Station가 세운 이 화력 발전소의 발전 용량은 93kW(킬로와트)였으며, 교회, 재판소, 전신회사 등에 공급되어 전깃불을 밝혔다. 1882년에는 에디슨 전광회사가 미국 뉴욕에 펄스트리트 화력 발전소를 건설하고 맨해튼 지역에 전깃불을 밝히는 데 필요한 전기를 공급했다. 이 발전소에서는 석탄을 때서 직류 전기를 생산했다. 직류 전기는 송전에 어려움이 있었기 때문에 발전소와 가까운 주변 지역에만 공급할 수 있었다. 1882년에는 미국 위스콘신주 애플턴에 있는 폭스강에도 수력 발전소가 설치되었다.

1886년에는 조지 웨스팅하우스George Westinghouse Jr.(1846-1914)가 교류 전기를 생산하는 발전소를 건설하기 시작했고, 이는 에디슨과의 전류 전쟁으로 이어졌다. 웨스팅하우스와 함께 일했던 니콜라 테슬라Nikola Tesla(1856-1943)와 에디슨 사이의 전쟁으로 알려져 있는 전류 전쟁은 변압기를 이용하여 손쉽게 많은 전기를 송전할 수 있는 교류 전기의 사용을 주장한 웨스팅하우스와 테슬라의 승리로 끝났고, 이후 교류 전기가 널리 쓰이게 되었다.

우리나라에 처음 발전기가 설치된 것은 1887년이었다. 경복궁에 석탄을 때서 작동하는 발전기를 설치하고 전등을 밝힌 것은 영국에 최초의 발전기가 설치되고 9년 후의 일이었다. 불과 9년 만에 은둔 왕국이었던 우리나라에 발전기가 설치된 것을 보면 전기가 얼마나 빠르게 전 세계에 보급되었는지 알 수 있다. 많은 양의 전류를 손쉽게 발생시킬 수 있는 발전소들이 세계 곳곳에 건설되면서 인류는 전기 문명의 시대로 접어들게 되었다.

4. 맥스웰 방정식과 전자기파

맥스웰 방정식

쿨롱, 앙페르 그리고 패러데이와 같은 과학자들에 의해 발견된 법칙들을 종합하여 전자기현상을 설명하는 통일적 이론 체계를 만든 사람은 스코틀랜드 에든버러 출신의 물리학자 제임스 맥스웰James Clerk Maxwell(1831-1879)이었다. 15세가 되기 전에 복잡한 곡선을 수학적으로 분석한 논문을 에든버러 왕립학회에 제출하여 사람들을 놀라게 할 만큼 뛰어난 수학적 재능을 가지고 있던 맥스웰은 케임브리지대학을 졸업하고, 1855년에는 케임브리지대학의 연구원이 되었다.

제임스 맥스웰

1856년에 맥스웰은 애버딘대학 자연철학 교수가 되었고 1860년에는 킹스칼리지로 옮겼다. 맥스웰은 킹스칼리지에서 전자기학 이론의 기초가 되는 「물리적 자력선」, 「전자기장의 역학」 등의 논문을 발표했다. 또한 그는 기체 분자들의 행동을 통계적으로 분석해 기체의 성질을 설명하는 분자운동론에 관한 중요한 연구를 했으며, 전기저항과 관련된 실험을 하기도 했다.

1865년에 맥스웰은 「전자기장의 동력학

이론」이라는 논문에서 전류의 자기작용을 나타내는 앙페르법칙을 일부 수정하여 맥스웰 방정식을 완성했다. 건강상의 이유로 교수직을 사직한 맥스웰은 에든버러로 돌아가 『전자기론』을 쓰는 일에 전념했다. 전자기학을 완성한 것으로 평가되는 이 책은 1873년에 출판되었다.

1874년에 캐번디시 연구소의 초대 소장이 된 맥스웰은 맥스웰 방정식으로부터 전자기파의 파동 방정식을 유도해 냄으로써 전자기파의 존재를 예측했다. 그는 전자기파의 전파 속력이 빛의 속력과 같고, 전자기파가 횡파라는 사실로부터 빛도 전자기파의 일종이라는 것을 밝혀냈다.

다양한 분야에서 중요한 연구 업적을 남겼지만 맥스웰의 가장 중요한 업적은 전자기학의 법칙들을 종합하여 정리한 맥스웰 방정식을 제안한 것이다. 4개의 방정식으로 이루어져 있는 맥스웰 방정식은 전자기학의 기본이 되는 방정식이다. 그러나 이 네 개의 식을 모두 맥스웰이 발견한 것은 아니다. 맥스웰은 이미 다른 과학자들이 발견해 놓은 전자기 현상과 관련된 법칙들을 체계적으로 정리하였다.

맥스웰 방정식은 전기장과 자기장의 성질을 설명하는 두 개의 방정식과 전기장과 자기장의 상호작용을 설명하는 두개의 방정식으로 이루어져 있다. 전기장이나 자기장은 크기뿐만 아니라 방향도 고려해야 하기 때문에 벡터로 나타내야 한다. 따라서 맥스웰 방정식은 벡터 미분 방정식이다. 맥스웰 방정식은 적분식과 미분식의 두 가지 형태의 식으로 나타낼 수 있는데 미분식은 다음과 같다.

$$\nabla \cdot E = \frac{\rho}{\epsilon_0} \qquad \nabla \cdot B = 0$$

$$\nabla \times B = \mu_0 J + \epsilon_0 \mu_0 \frac{\partial E}{\partial t} \qquad \nabla \times E = -\frac{\partial B}{\partial t}$$

전기장에 관한 가우스법칙이라고도 부르는 첫 번째 식은 전기력선이 양전하에서 시작되어 음전하에서 끝난다는 것을 나타내는 방정식이다. 맥스웰 방정식의 두 번째 식은 자기장은 전류를 싸고도는 방향으로 만들어지기 때문에 시작점과 끝점이 없다는 내용을 식으로 나타낸 것이다. 다시 말해 자석에는 N극과 S극이 존재하지 않고, N극 방향과 S극 방향만 존재한다는 것이다.

맥스웰 방정식의 세 번째 식은 전류가 만드는 자기장의 방향과 세기를 결정할 수 있게 하는 앙페르의 법칙을 일부 수정한 방정식이다. 앙페르는 전류가 흐를 때만 주변에 자기장이 만들어진다고 했지만 맥스웰은 전류가 흐르지 않고 전기장의 세기만 변해도 주변에 자기장이 만들어지는 것을 나타내는 항을 추가했다.

맥스웰 방정식의 네 번째 식은 자기장의 변화가 전류를 발생시킨다는 패러데이의 전자기유도법칙을 벡터 미분 방정식으로 나타낸 것이다. 전류가 흐르기 위해서는 전자에 힘이 가해져야 하고, 그러기 위해서는 전기장이 만들어져야 한다. 따라서 전류가 흐른다는 것은 전기장이 만들어진다는 뜻이기도 하다. 따라서 패러데이의 전자기유도법칙은 변해 가는 자기장이 전기장을 만들어 낸다는 것을 나타내는 법칙이다.

네 가지 식으로 이루어진 맥스웰 방정식을 이용하면 전기장과 자기장의 성질과 이들 사이의 상호작용을 모두 이해할 수 있다. 그러나 전자기현상을 설명하기 위해서는 전하 사이에 작용하는 전기력과 운동하고 있는 전하와 자기장 사이에 작용하는 힘인 자기력의 크기와 방향을 알아야 한다. 이 힘을 로렌츠의 힘이라고 한다. 전하가 q인 입자가 속도 v로 달리고 있을 때 전기장에서 받는 로렌츠 힘은 다음과 같은 식으로 나타낼 수 있다.

$$F = qE + qv \times B$$

전기장에 의해 받는 힘의 방향은 전기장의 방향과 같은 방향이지만 자기장에 의해 받는 힘은 자기장과 속도에 수직한 방향이다. 이때 힘과 속도, 그리고 자기장의 방향을 나타내는 법칙이 앞에서 이야기한 플레밍의 왼손 법칙이다.

전자기파 파동 방정식

변하는 전기장이 자기장을 만들어 내고, 변하는 자기장은 전기장을 만들어 낸다는 것을 나타내는 맥스웰 방정식의 세 번째와 네 번째 식은 전기장, 자기장, 그리고 시간을 변수로 하는 연립 미분 방정식이다. 따라서 두 식을 연립해서 자기장을 소거하면 전기장과 시간만을 변수로 하는 식을 만들 수 있고, 반대로 자기장을 소거하면 자기장과 시간만을 포함하는 식을 만들 수 있다. 맥스웰이 두 방정식으로부터 유도한 전기장과 시간만을 포함하는 방정식과 자기장과 시간만을 포함하는 방정식은 파동이 퍼져 나가는 것을 나타내는 파동 방정식이었다.

$$\nabla^2 E = \epsilon_o \mu_o \frac{\partial^2 E}{\partial t^2} \qquad \nabla^2 B = \epsilon_o \mu_o \frac{\partial^2 B}{\partial t^2}$$

맥스웰은 이 식으로부터 공간에는 전기장과 자기장의 변화가 파동처럼 퍼져 나가는 전자기파가 전파되고 있다는 것을 알게 되었다. 전기장과 자기장의 변화는 호수에 돌을 던졌을 때 물결파가 퍼져 나가는 것과 마찬가지로 가까운 곳에서부터 먼 곳으로 파동처럼 퍼져 나간다. 전기장과 자기장이 서로 영향을 주면서 파동처럼 퍼져 나가는 것이 전자기파이다.

맥스웰이 유도한 전자기파의 파동 방정식에 의하면 전자기파의 속도는 $1/\sqrt{\epsilon_o \mu_o}$여야 했다. ϵ_o는 공간의 유전율을 나타내는 상수로 공간에서 전하 사이에 작용하는 힘의 세기를 결정하는 상수이다. 다시 말해 우리가 살아가고 있는 우주공간의 전기적 성질을 나타내는 상수이다. μ_0는 자기력의 세기를 결정하는 상수로 투자율이라고 부른다. 투자율은 우리가 사는 공간의 자기적 성질을 나타낸다.

맥스웰이 실험을 통해 알아낸 공간의 유전율과 투자율을 이용해 계산한 전자기파의 속력은 실험을 통해 측정한 빛의 속력과 같았다. 이것은 우연의 일치라고 할 수 없었다. 이것은 빛도 전자기파의 한 종류임을 뜻했다. 맥스웰은 맥스웰 방정식을 이용해 공간에 전자기파가 빛의 속력으로 전파되고 있으며, 빛도 전자기파라고 결론지었다.

그러나 모든 파동은 매질의 진동을 통해 전달된다는 것이 당시의 생각이었다. 따라서 전자기파가 전파되기 위해서도 매질이 필요하다고 생각했다. 맥스웰은 전자기파가 공간을 채우고 있는 에테르라는 매질을 통해 전파된다고 설명했다. 따라서 많은 물리학자가 빛을 전파시키는 매질을 찾아내기 위한 실험을 시작했다.

전자기파의 발견

하인리히 헤르츠

맥스웰이 그 존재를 예측한 전자기파를 실험을 통해 실제로 찾아낸 사람은 독일의 하인리히 헤르츠Heinrich Rudolf Hertz(1857-1894)였다. 1857년에 독일 함부르크에서 태어나 기술자가 되기 위해 고등공업학교에 다니던 헤르츠는 자연과학을 공부하기로 마음먹고 베를린대학 물리학과에 진학했다. 헤르츠가 전자기 이론과 전자기파에 관심을 가지게 된 것은 그가 22세가 되던 해인 1879년 무렵부터였다.

그는 높은 진동수의 전기 진동을 만들어 내는 회로를 만들어 전자기파를 발생시키고 이를 수신하는 실험에 착수했다. 헤르츠는 하나의 코일을 이용해 높은 진동수의 전기 스파크를 일으키면 이 회로와 떨어져 있는 다른 코일에도 전기 스파크가 생기는 현상을 관측하는 데 성공했다. 헤르츠는 이 실험을 더욱 발전시켜서, 오목거울로 평행한 전자기파를 만들어 내고 이를 이용하여 전자기파의 직진, 반사, 굴절, 편광들의 성질을 조사했다.

이를 통해 헤르츠는 전자기파가 맥스웰의 예측대로 빛과 똑같은 성질을 가진다는 것을 확인했다. 그리고 전자기파의 속력이 빛의 속력과 같다는 것도 확인했다. 이러한 일련의 실험은 1887년 10월에서 1888년 2월 사이에 이루어졌다. 헤르츠의 실험은 단순히 전자기파의 존재를 확인하는 데 그친 것이 아니라, 전자기파의 성질을 모두 규명한 것이었다.

헤르츠의 실험으로 맥스웰이 수학적 계산을 통해 예측했던 전자기파가 실제로 존재한다는 것이 분명해졌다. 헤르츠가 전자기파의 존재를 실험적으로 입증하자, 맥스웰 방정식이 빠른 속도로 전자기학의 중심이론으로 자리 잡게 되었다. 맥스웰이 이론적으로 예측하고 헤르츠가 실험을 통해 확인한 전자기파는 오늘날 우리 생활의 중요한 부분을 차지하고 있다. 지금부터 19세기 말까지만 해도 그런 것이 존재하는지조차 알지 못하던 전자기파가 이제는 우리 생활을 완전히 바꾸어 놓고 있다.

열기관의 발전과 열역학의 성립

1. 전기에 대한 이해의 발전

불의 이용

인류가 불을 사용하기 시작한 것은 약 150만 년 전으로 추정된다. 처음에는 불을 생명을 위협하는 동물을 쫓아내거나 음식물을 익혀 먹는 용도로 사용했다. 인류가 음식물을 익혀 먹기 시작하면서 음식물에서 더 많은 영양분을 섭취할 수 있게 되었고, 불을 이용해 캄캄함 밤을 밝게 밝힐 수 있게 되자 활동할 수 있는 시간이 늘어났다. 따라서 더 많은 시간을 사색적인 일에 사용할 수 있게 된 결과 두뇌가 크게 발달하게 되었다.

신석기 시대에는 불을 이용하여 토기를 만들어 사용하기 시작했다. 불이 사람들이 생활하는 방법을 크게 바꾸어 놓기 시작한 것이다. 불을 이용해 더 높은 온도를 만들어 낼 수 있게 되자 청동기와 철제 무기가 등장했다. 따라서 인류 문명의 역사는 불을 사용하는 방법을 발전시켜 온 역사라고 할 수도 있다. 불이 각종 제례의식이나 문화 행사에서 핵심적인 역할을 하게 된 것은 이 때문일 것이다.

오랫동안 어둠을 밝히는 용도나 요리나 도구 제작에 사용되던 불이 17세기부터 동력을 만들어 내는 데 이용되기 시작했다. 열기관의 등장으로 열을 동력원으로 사용하게 된 것이다. 열기관이 발전하자 열을 이용해 작동되는 기계들이 제품을 생산하기 시작했고, 기차, 비행기, 배와 같은 교통수단들도 모두 열에서 얻은 동력으로 움직이기 시작했다. 열기관의 등장으로 사람이나 동물의 힘에 의지하던 수공업이 기계공업으로 바뀌게 되었고, 이는 제1차 산업혁명으로 이어졌다.

다만 열기관이 널리 사용되기 시작한 후에도 당분간은 열에 대한 과학적 연구가 본격적으로 이루어지지는 않고 있었다. 따라서 열이 무엇인지 제대로 이해하지 못한 채 열기관을 발전시켰다. 열기관이 널리 사용되자 열효율이 더 좋은 열기관을 만들기 위해 열을 연구하는 사람들이 나타나기 시작했다. 물리학자들이 열과 관련된 현상들을 제대로 이해하게 된 것은 19세기부터의 일이다.

파팽의 증기기관

열로부터 얻어 낸 동력으로 작동하는 증기기관을 만들기 시작한 것은 17세기 말부터였다. 증기의 힘을 이용해 움직이는 증기기관을 처음으로 설계한 사람은 프랑스 출신으로 주로 영국과 독일에서 활동했던 드니 파팽Denis Papin(1647-1712)이었다. 프랑스에서 의학을 공부한 파팽은 1670년대에 파리에서 크리스티안 하위헌스, 그리고 고트리브 라이프니츠와 교류하면서 진공을 이용해 동력을 발생시키는 것에 관심을 가지기 시작했다.

1676년부터 1679년까지 개신교인 위그노파 신자로, 루이 14세의 개신교 탄압을 피해 영국에 체류했던 파팽은 화학자였던 로버트 보일Robert Boyle과 함께 일하기도 했다. 파팽은 안전밸브를 장착한 압력 찜통을 만들어 왕립협회에서 발표했다. 1687년에 위그노파 피난민들이 많이 살고 있던 독일로 간 파팽은 1690년에 압력 찜통에서 발생한 수증기가 강한 압력을 가한다는 것을 알게 되었다. 파팽은 액체 상태인 물이 기체 상태인 수증기가 되면 부피가 1,300배 증가하는 성질을 이용하여 열을 이용해 동력을 발생시키는 최초의 증기기관을 만들었다.

파팽의 증기기관은 실린더와 실린더 안에서 상하운동을 하는 피스톤으로 이루어져 있었다. 실린더 안에 물을 넣고 가열하면 수증기가 발생하면서 부피가 팽창해 피스톤이 위로 올라간다. 피스톤이 가장 높은 곳까지 올라간 다음 실린더 안에 차가운 물을 넣어 식히면 수증기가 물로 변하면서 부피가 줄어들어 피스톤이 다시 아래로 내려오게 된다. 피스톤이 아래로 내려오는 것은 중력에 의한 것이었으므로 이런 기관을 중력기관이라고 부르기도 했다.

파팽의 증기기관은 물을 끓여 수증기를 만든 다음 그것을 찬물로 식히고 다시 가열해야 했기 때문에 피스톤이 한 번 왕복하는 데 긴 시간이 걸렸다. 따라서 실용적인 용도로는 사용할 수 없었다. 그러나 수증기의 힘을 동력으로 전환하려는 그의 시도는 증기기관 발전에 큰 영향을 주었다.

1705년 파팽은 라이프니츠의 도움을 받아 영국의 토머스 세이버리가 만든 진공기관을 기반으로 하는 두 번째 증기기관을 만들고, 사람의 힘 대신 증기기관을 이용해 운행하는 최초의 증기선을 만들기도 했다. 그러나 그가 만든 증기기관이나 증기선은 너무 느리게 작동하거나 제대로 작동하지 않았기 때문에 실용적으로 사용할 수는 없었다. 1707년에 영국으로 돌아온 파팽은 왕립협회에 증기기관과 관련된 여러 편의 논문을 발표했다. 그러나 그의 연구는 사람들의 관심을 끌지 못했다.

세이버리의 진공기관

실제로 광산에서 사용된 최초의 증기기관을 만든 사람은 영국의 토머스 세이버리Thomas Savery(1650-1715)였다. 군대에서 엔지니어로 활동하면서 대위까지 진급했었다는 것 외에는 생애에 대해서 알려진 것이 거의 없는 세이버리는 「광부의 친구」라는 제목의 글에서 파이어 엔진(불 엔진)이란 장치에 대해 설명했다. 오늘날에는 파이어 엔진이 소방차를 가리키는 말로 사용되고 있지만 당시에는 증기기관을 가리키는 말이었다. 그러나 세이버리가

세이버리의 증기기관

개발한 진공 펌프는 움직이는 부분이 없었으므로 엔진이라고 할 수 없는 것이었다.

세이버리는 길쭉한 공 모양의 장치 한쪽에 긴 관을 연결하고 그 관의 아래 끝이 광산 안의 물속에 들어가게 했다. 그런 다음 보일러에서 물을 끓여 발생시킨 수증기를 둥근 장치로 들어가게 하여 공기를 밀어내고 수증기로 가득 채웠다. 수증기가 가득 찬 다음 밖에서 찬물을 부어 식히면, 장치 안의 수증기가 물로 바뀌면서 부피가 줄어들어 장치 안은 거의 진공 상태가 되었다. 그러면 아래쪽에 연결된 관을 통해 광산의 물이 올라오게 된다. 그 물을 비운 다음 같은 과정을 반복하면 광산의 물을 퍼낼 수가 있었다. 세이버리는 1700년을 전후하여 탄광의 배수용 진공 펌프 외에 도시의 급수용으로 사용할 수 있는 진공 펌프도 개발했다.

물을 끌어올리는 높이를 최대로 하기 위해서는 수증기의 압력을 높여 가능하면 많은 공기를 밀어내고 수증기로 채워야 했는데 높은 압력에 용기가 터지는 문제가 발생하기도 했다. 그러나 파팽의 증기기관을 개량한 뉴커먼의 증기기관이 나타난 후에도 오랫동안 세이버리의 진공기관도 사용되었다.

뉴커먼의 증기기관

파팽의 증기기관을 개량하여 널리 사용된 실용적인 증기기관을 만든 사람은 영국의 토머스 뉴커먼Thomas Newcomen(1663-1729)이었다. 다트머스에서 철물점을 운영하던 뉴커먼은 세이버리가 만드는 진공기관의 부품을 제작하기도 하고, 광산에 세이버리의 진공기관을 설치하거나 수리하기도 했다. 수증기로 작동하는 기관에 대해 알게 된 뉴커먼은 파팽의 증기기관을 개량하여 세이버리의 진공기관과는 다른 방법으로 작동하는 증기기관을 만드는 데 성공했다.

뉴커먼이 만든 증기기관은 실린더에서 직접 물을 끓였다가 식혔던 파팽의 증기기관과는 달리 보일러에서 물을 끓여 발생시킨 수증기를 관을 통해 실린더에 주입했다. 따라서 실린더를 식힌 다음 곧바로 다시 수증기를 주입하여 작동할 수 있어서 빠르게 작동할 수 있었다. 그러나 뉴커먼은 자신이 발명한 증기기관의 특허를 받지 않았다. 자신이 발명한 증기기관이 세이버리가 낸 특허에서 폭넓게 설명한 증기기관의 범주에 포함된다고 생각했기 때문이었다.

증기기관에 대한 특허를 가지고 있지 않아 독자적으로 증기기관을 생산할 수 없었던 뉴커먼은 1712년부터 세이버리와 공동으로 증기기관을 생산하여 보급하기 시작했다. 1712년 영국 더들리 카슬 탄광에 설치한 뉴커먼의 증기기관은 1분에 12회 왕복운동을 하며 물을 퍼 올렸는데, 일률은 약 5마력 정도였다. 1마력은 말 한 마리가 하는 일률을 나타내는 단위로 746kW에 해당된다.

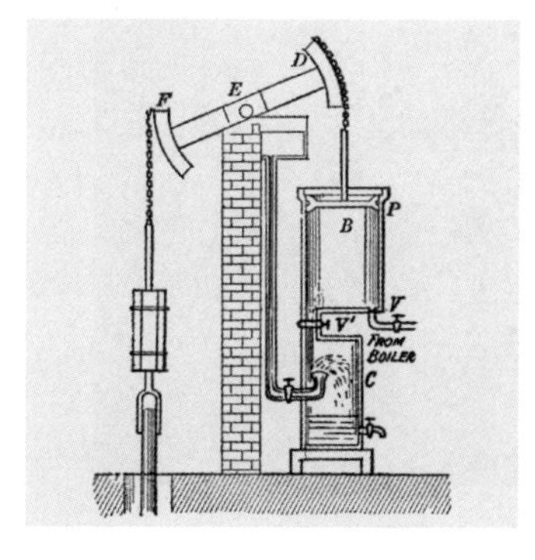

뉴커먼의 증기기관

그 후 금속가공기술이 발달하여 더 큰 실린더를 만들 수 있게 되자 증기기관도 점점 더 커졌다. 처음에는 지름이 17.5센티미터인 실린더를 사용했지만, 1725년에는 지름이 75센티미터로 커졌고, 1765년에는 185센티미터로 커졌다. 커다란 실린더를 사용하면서 증기기관의 출력도 크게 늘어나 사람 20명과 말

50마리가 밤낮으로 쉬지 않고 움직여 1주일 걸려 했던 배수 작업을 2명의 작업자가 48시간 만에 할 수 있게 되었다. 뉴커먼의 증기기관은 4년 동안에 8개국에 보급되었고, 그가 죽던 해인 1729년에는 유럽의 거의 모든 나라에 보급되었다.

와트의 증기기관

오래 전에 우리나라에서 사용하던 교과서에는 영국의 제임스 와트James Watt(1736-1819)가 물이 끓고 있는 주전자의 뚜껑이 움직이는 것을 보고 증기기관을 발명했다는 이야기가 실려 있었다. 따라서 많은 사람은 아직도 와트가 증기기관을 발명했다고 알고 있다. 그러나 그는 증기기관을 발명한 사람이 아니라 기존의 증기기관을 개량한 사람이었다.

영국 글래스고 근처의 그리녹이라는 곳에서 태어난 와트는 런던에서 기술을 배우고 고향으로 돌아와 1757년 말에 글래스고대학에 공작실을 차렸다. 대학에서 사용하는 기계를 제작하거나 고장을 수리해 주는 일을 하던 와트는 1763년 글래스고대학에 있던 고장난 뉴커먼의 증기기관 모형을 수리하게 되었다.

증기기관을 개량하여 산업혁명을 가능하게 한 제임스 와트

와트는 이보다 앞선 1760년경에 뉴커먼 기관의 기초가 된 파팽 기관을 사용하여 고압 증기 실험을 한 일이 있었기 때문에, 증기기관에 대하여 어느 정도의 지식과 경험을 가지고 있었다. 와트는 뉴커먼 기관을 수리하여 작동시켜 보았지만 많은 연료를 소모하면서도 효율은 그리 좋지 않았을 뿐만 아니라 너무 크고 무거웠다. 따라서 그

는 뉴커먼의 증기기관을 개량하여 더 좋은 성능을 가지는 열기관을 만들기로 했다.

그러나 많은 노력에도 불구하고 열효율이 좋은 증기기관을 만드는 일은 제대로 진척되지 않았다. 새로운 증기기관을 개발하기 위한 연구를 시작하고 처음 4년 동안 연구비로 많은 돈을 쓰는 바람에 빚이 늘어나 연구를 포기해야 할 지경에 이르기도 했다. 이때 글래스고대학의 화학 교수였던 조지프 블랙Joseph Black(1728-1799)의 도움을 받아 연구를 계속할 수 있었다.

블랙은 이산화탄소를 최초로 분리해 냈을 뿐만 아니라 잠열을 발견하여 열역학 발전에 크게 기여한 사람으로 열기관에도 많은 관심을 가지고 있었다. 와트가 블랙의 도움을 받아 열효율이 향상된 새로운 증기기관을 만든 것은 1768년이었고, 특허를 받은 것은 1769년 1월 5일이었다.

뉴커먼 기관의 가장 큰 약점은 한 번 수증기가 들어가 실린더를 데워 준 다음 뜨거워진 실린더에 차가운 물을 뿌려 넣어 실린더를 식혔다가 다시 수증기를 넣어 주는 과정을 반복해야 한다는 것이었다. 와트는 실린더 전체를 식히는 대신 실린더 옆에 새로운 장치를 달고, 수증기를 그리로 빼내 식히는 방법을 생각해 냈다. 와트가 새로 부착한 장치를 영어로는 콘덴서라고 부르는데 우리말로는 '응축기'라고 번역할 수 있다. 콘덴서는 와트가 개량한 증기기관의 가장 중요한 기술적 진보였다.

와트의 증기기관이 처음으로 광산에 설치된 것은 1769년이었다. 그러나 와트의 증기기관이 널리 사용되기 시작한 것은 1776년 이후였다. 처음 와트가 만든 증기기관에서는 피스톤이 위아래로 상하운동만 할 수 있었다. 그러나 와트는 피스톤의 왕복운동을 회전 운동으로 바꾸는 장치를 개발했다. 따라서 증기기관이 광산의 물을 퍼 올리는 용도로 뿐만 아니라 방직공장을 비롯한 많은 공장의 기계를 작동시키는 데도 사용할 수 있게 되었다.

와트가 개량한 증기기관이 탄광에 성공적으로 설치된 1776년부터

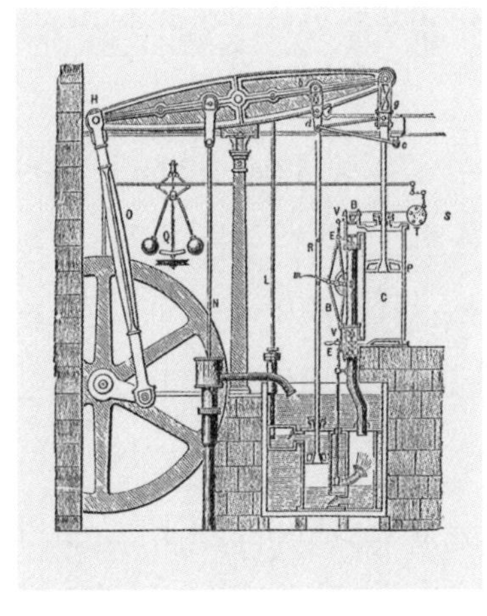

와트의 증기기관

1800년까지 496대의 증기기관이 되었는데, 이중 164대는 물을 퍼 올리는 데 사용되었고, 308대는 회전형 증기기관으로 주로 방직기계를 작동하는 데 사용되었다. 1785년에 왕립학회의 회원이 된 와트는 1790년 이후 히스필드에서 조용히 연구 생활을 계속하다가 1816년 83세를 일기로 세상을 떠나 웨스트민스터 사원에 묻혔다.

증기기관차와 증기선의 등장

제임스 와트가 발명한 증기기관은 산업혁명의 원동력이 되었다. 와트가 개량한 증기기관은 광산이나 탄광에서 물을 퍼 올리는 데는 물론 옷감을 짜는 방직기계를 돌리는 데도 사용되었고, 철공소에서 화로에 쓰이는 풀무를 움직이는 데도 사용되었다. 증기기관을 사용하게 되면서 기계를 이용한 대량 생산이 가능하게 되었다. 손으로 물건을 만드는 것을 수공업이라고 하고 기계를 이용하여 많은 물건을 만드는 것을 기계공업이라고 한다. 증기기관의 발명으로 수공업이 기계공업으로 바뀌기 시작했고, 이는 산업혁명으로 이어졌다.

증기기관은 물건의 생산뿐만 아니라 교통수단에도 사용되기 시작했다. 증기기관을 이용하는 기관차를 처음 만든 사람은 영국의 조지 스티븐슨 George Stephenson(1781-1848)이라고 알려져 있다. 하지만 스티븐슨 이전에도 증기기관차를 만들려고 시도한 사람들이 있었다. 증기기관으로 바퀴를 회전시켜 달리는 기관차를 처음 만든 것은 와트의 증기기관이 발명된 직후인

1769년의 일이었다.

프랑스의 공병대 대위였던 니콜라 조제프 퀴뇨Nicolas-Joseph Cugnot(1725-1804)는 철로 위를 시속 3.6킬로미터의 속력으로 달리는 증기기관차를 만들어 15분간 움직이는 실험을 해 보였다. 하지만 많은 짐을 싣지도 못하고 걷는 것보다 느리게 움직이는 이 기관차는 실용적인 용도로 사용할 수 없었다.

영국의 뉴캐슬 부근에 있는 와이렌이라는 탄광촌에서 가난한 광부의 아들로 태어난 스티븐슨은 가난으로 인해 정규 교육을 받지 못했지만 독학으로 기계에 대한 공부를 하면서 증기기관차에 관심을 가지게 되었다. 스티븐슨이 증기기관차에 관심을 가지고 증기기관에 대한 연구를 시작한 것은 1814년 무렵부터였고, 그가 만든 증기기관차가 미국의 스톡턴과 달링턴 사이를 처음으로 달린 것은 1825년이었다.

스톡턴과 달링턴 사이에 증기기관차가 달릴 수 있는 철도를 건설하기 시작한 것은 1821년이었다. 처음 이 철도는 석탄을 실은 화물차를 말이 끄는 것으로 계획되었지만 스티븐슨이 증기기관차가 운행하는 철도로 변경했다. 이때 건설된 철로의 선로 폭이 1,435밀리미터였는데 이것이 후에 국제철도 연맹에 의해 표준 선로 폭으로 결정되었다. 스티븐슨이 만든 로코모션 1호라고 명명된 증기관차는 밀가루 80톤을 싣고 시속 39킬로미터의 속력으로 달리는 데 성공했다. 이 철도로는 사람을 수송하는 객차도 운행되었는데 객차는 증기기관차가 아닌 말이 끌었다.

조지 스티븐슨

두 번째로 부설된 철도는 리버풀과 맨체스터 사이에 부설된 철도였다. 이 철도는 원래 리버풀과 맨체스터 사이에 21개의 증기기관을 설치하고 케이블을 이용하여 화물차를 끄는 것으로 계획했었다. 그러나 철도 건설을 맡은 스티븐슨은 증기기관차를 이용할 것을 주장했다. 스티븐슨은 여러 가지 지형적 난관을 극복하고 1829년에 46킬로미터의 철도를 부설하여 두 도시를 연결했다. 리버풀과 맨체스터 사이의 철도 건설을 주관했던 회사는 1829년 10월에 일주일 동안 레인힐 부근의 약 2.8킬로미터 구간을 왕복하는 레인힐 기관차 경주 대회를 개최하여 이 구간을 운행할 기관차로 스티븐슨과 그의 아들이 공동으로 제작한 로켓호를 선정했다.

증기기관의 발달은 해상 교통수단에도 혁명적인 변화를 가져 왔다. 미국 펜실베이니아주 출신으로 영국에 유학하기도 했던 로버트 풀턴Robert Fulton (1765-1815)은 새로운 엔진을 장착한 군함을 설계하여 1793년 영국 정부에 제출했지만 영국 해군은 그의 설계를 채택하지 않았다. 프랑스로 간 그는 프랑스 황제였던 나폴레옹에게 증기기관으로 운항하는 증기선을 만들 것을 제안했지만 거절당했다.

1806년 미국으로 돌아와 증기선을 만드는 연구를 다시 시작한 풀턴이 클레어몬트호의 운행에 성공한 것은 1807년이었다. 1807년 8월 풀턴은 클레어몬트호로 허드슨강 연안에 있는 뉴욕과 올바니 사이를 왕복 운행하는

풀턴의 증기기선

데 성공했다. 1807년 11월 1일부터 두 도시 사이에 증기선을 이용한 정기 항로가 개설되었다.

그 후 증기선은 빠르게 보급되기 시작했다. 미국뿐만 아니라 유럽 여러 나라에도 증기선의 정기항로가 개설되었고, 1815년경에는 러시아에서도 증기선이 운행되었다. 1818년에는 미국의 사반나호가 대서양 횡단에 성공하여 본격적인 증기선의 시대를 열었다. 미국은 사반나호가 조지아주의 사반나에 입항한 날을 기념하여 5월 22일을 바다의 날로 정했다. 증기선의 보급으로 바람에 의존하지 않고도 넓은 바다를 항해할 수 있게 되어 해상 교통의 새로운 시대가 열리게 되었다.

2. 열소설과 운동설

열소설

1700년대에 열을 이용하여 동력을 얻어 내는 열기관이 개발되기 시작했고, 1800년대 초에는 열기관을 이용하여 달리는 증기기관차와 증기선이 운행되었지만 열에 대한 체계적인 연구는 아직 이루어지지 않고 있었다. 열기관이 널리 보급되자 유럽 여러 나라들은 열효율이 더 좋은 열기관을 만들기 위한 경쟁을 벌였다. 열효율이 좋은 열기관을 만들기 위해서는 열이 무엇인지, 그리고 열기관이 어떻게 작동하는지를 이해해야 했다.

과학자들은 위에서 아래로 떨어지는 물의 힘을 이용하여 작동하는 물레방아와 높은 온도에서 낮은 온도로 흐르는 열을 이용하여 작동하는 열기관을 같은 방법으로 설명하려고 했다. 물레방아가 작동하는 경우 위에서 아래로 떨어지는 물의 양은 변하지 않고 물이 가지고 있던 위치에너지가 운동에너지로 바뀐다. 마찬가지로 열기관에서는 높은 온도에서 낮은 온도로 열소가 흐르고 있으며 열기관을 작동시키는 것은 열소가 가지고 있던 에너지라고 생각했다.

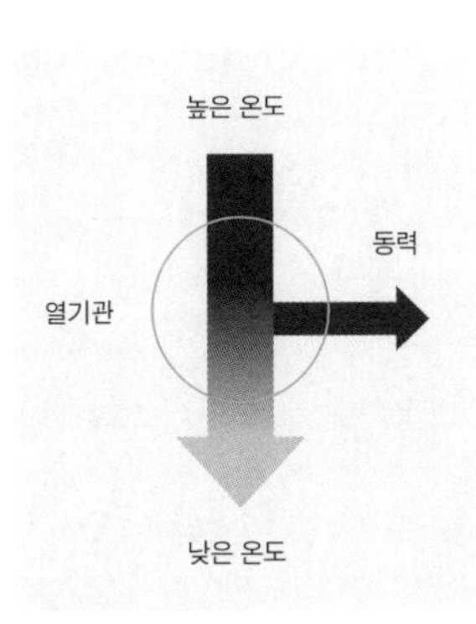

열소설로 설명한 열기관의 작동 원리

열을 열소라는 눈에 보이지 않는 물질의

화학작용이라고 설명하는 열소설을 주장한 사람은 스코틀랜드에 있는 글래스고대학의 화학 교수로 와트의 증기기관 개발에 도움을 주기도 했던 조지프 블랙이었다. 증기기관에 많은 관심을 가지고 있었던 블랙은 증기기관의 작동을 설명하기 위해 1770년에 열소설을 제안했다. 그는 열소는 모든 물체에 스며들어 있는 유체이며, 열은 열소의 화학 작용이라고 주장했다.

화학 반응이 일어나는 동안 질량이 보존된다는 질량 보존의 법칙과 산화와 연소가 모두 물질이 산소와 결합하는 화학 반응이라는 것을 밝혀내 근대 화학의 아버지라고 불리는 프랑스의 앙투안 라부아지에도 열소설을 받아들였다. 1789년에 라부아지에가 출판한 『화학원론』에 실려 있는 원소표에는 빛 입자와 함께 열소가 '칼로릭'이라는 이름으로 포함되어 있었다.

운동설

많은 과학자가 열소설을 받아들였던 것과는 달리 미국에서 태어나 영국을 비롯한 유럽 여러 나라에서 활동했던 벤저민 톰프슨 럼퍼드Count Benjamin Thompson, Rumford(1753-1814)는 열소설을 받아들이지 않고 열은 운동의 한 가지 형식이라고 주장했다. 미국 독립전쟁 동안 영국군 편에서 활동했던 럼퍼드는 전쟁이 끝난 후 영국으로 이주하여 영국의 관리로 일하면서 군함을 설계하기도 했으며, 독일 동남부를 통치하고 있던 바이에른 왕국으로 건너가 군대를 개편하고 육군 장관으로 일하기도 했다. 그는 이런 활동으로 영국으로부터는 기사 작위를 받았고, 신성로마제국으로부터는 백작의 작위를 받았다. 원래 이름은 벤저민 톰프슨이었지만 백작 작위를 받은 후부터 럼퍼드 백작으로 불리게 되었다.

과학자로서는 특이한 이력을 가지고 있는 럼퍼드는 대포와 화약, 그리고 열과 관련된 현상에 관심을 가지고 많은 실험을 했으며, 고체의 비열을 측

벤저민 럼퍼드

정하는 방법을 고안하기도 했다. 모피, 양모, 깃털과 같은 다양한 물질의 단열 성능에 대해 실험했던 럼퍼드는 공기는 대류를 통해서만 열을 전달할 뿐 전도를 통해서는 열을 전달하지 않는다는 잘못된 주장을 하기도 했다. 그는 후에 액체도 전도에 의해서는 열을 전달하지 않는다고 주장하여 많은 과학자로부터 비판을 받았다.

럼퍼드의 열에 관한 연구 중에서 가장 중요한 실험은 독일의 뮌헨에서 행해졌다. 럼퍼드는 특별히 준비한 둔한 천공기를 이용하여 물에 잠겨 있는 철봉을 깎아 포신을 만들었다. 천공기에서 발생하는 열에 의해 물이 끓는 데는 한 시간 반 정도 걸렸다. 천공기를 계속 작동 시키자 열이 계속 발생했다. 그는 천공기를 계속 작동하면 포신을 녹일 수 있을 정도로 많은 열을 발생시킬 수 있을 것이라고 주장했다. 그는 또한 내부를 깎아서 만든 대포와 깎여 나간 부스러기의 비열을 측정해 보았지만 깎아내기 전과 아무런 변화가 없었다.

이 실험 결과를 바탕으로 럼퍼드는 열이 금속 안에 들어 있던 열소의 화학작용이 아니라 천공기의 운동으로 인해 발생한 것이라고 주장했다. 그는 열이 열소의 화학작용이라면 천공기를 이용하여 깎아낸 부스러기에는 열소가 조금밖에 포함되어 있지 않아 비열이 달라져야 한다고 주장했다. 그는 금속 내부에 금속을 녹이고도 남을 정도의 열소가 포함되어 있으면 금속을 낮은 온도로 유지하는 것이 불가능할 것이라고 했다.

금속을 깎을 때 나오는 부스러기를 마찰시키자 다시 열이 발생했다. 따라서 열은 금속 속에 들어 있던 열소라는 눈에 보이지 않는 물질 때문에 생기는 것이 아니라 천공기의 운동이 열로 바뀐 것이라고 주장했다. 럼퍼드는 이런 실험 결과를 1798년에 「마찰에 의해 발생하는 열의 근원과 관련된 실험적 의문」이라는 제목의 논문으로 발표했다.

역학에 아직 에너지라는 개념이 확립되어 있지 않았던 때여서 그는 열도 에너지의 한 종류라고 설명하는 대신 열이 운동에 의해 발생했다고 설명했다. 럼퍼드는 운동과 열의 관계에 대해 더 자세한 실험을 하지는 않았지만 그의 연구는 후에 열역학 제1법칙이 성립되는 데 크게 기여했다.

영국의 화학자로 볼타전지를 이용하여 알칼리 금속과 알칼리 토금속을 전기 분해하는 데 성공하여 전기 화학의 기초를 닦은 험프리 데이비 또한 실험을 통해 열도 에너지라고 주장했다. 데이비는 얼음에 열을 가하지 않고 그냥 비비기만 해도 얼음이 녹는다는 것을 실험을 통해 보여 주었다. 그것은 얼음을 녹이는 데 사용된 열이 외부에서 들어온 열소에 의한 것이 아니라 얼음을 비비는 데 사용된 운동의 일부가 전환된 것임을 의미했다. 데이비는 진공 속에서 두 개의 금속을 마찰시킬 때 발생하는 열로 초를 녹이는 실험을 하기도 했다.

그러나 이러한 일련의 주장이나 실험에도 불구하고 19세기 초의 많은 과학자는 열소설을 선호했다. 에너지라는 개념이 아직 생소했을 뿐만 아니라 열기관의 작동을 더 잘 설명할 수 있었기 때문이었다(실제로는 잘못된 설명이었지만). 운동설로는 열기관이 작동하기 위해서 열이 높은 온도에서 낮은 온도로 흘러가야 하는 것을 설명할 수 없었기 때문이었다.

열기관과 열효율

열소설을 바탕으로 열기관의 열효율 문제를 체계적으로 분석하여 열역학을 한 단계 발전시킨 사람은 프랑스의 사디 카르노Nicolas Léonard Sadi Carnot(1796-1832)였다. 나폴레옹 통치 시절 내무부 장관을 지낸 아버지로부터 교

사디 카르노

육을 받은 카르노는 에콜 폴리테크니크를 졸업한 후 군인이 되었다. 하지만 나폴레옹이 전쟁에서 패배한 후 아버지가 독일로 망명하자 군대를 제대하고 대학으로 돌아왔다. 이때부터 그는 열기관에 관심을 가지고 더 성능이 좋은 열기관을 만들기 위한 이론적 연구에 전념했다.

카르노는 28세였던 1824년에 열기관의 작동 원리를 체계적으로 분석한 「불의 동력 및 그 힘의 발생에 적합한 기계에 관한 고찰」이라는 논문을 발표했다. 그러나 36세였던 1836년에 콜레라로 사망하는 바람에 그의 연구는 더 이상 진전되지 못했다. 콜레라로 죽으면 모든 유품을 폐기하던 관습에 따라 그의 논문도 모두 폐기되어 사람들의 관심을 끌지 못하다가 20년이 지난 후에야 열역학 발전에 크게 공헌한 켈빈에 의해 그의 연구가 세상에 알려지게 되었다.

카르노는 열기관의 열효율은 얼마든지 좋아질 수 있는가, 아니면 어떤 기술적 진보를 통해서도 뛰어넘을 수 없는 사물의 본성에 기인하는 한계에 의해 제한되어 있는가 하는 문제의 답을 얻기 위해 체계적인 분석을 시작했다. 카르노가 사물의 본성에 오는 한계라고 한 것은 열기관의 구조나 열기관의 종류에 관계없이 보편적으로 적용되는 열효율의 한계를 의미했다.

카르노는 증기기관이 수증기에 의해 작동되는 것처럼 보이지만 수증기는 단지 열을 운반하는 역할을 할 뿐이고, 동력을 발생시키는 것은 열 그 자체라고 생각했다. 카르노는 열이 열소라는 물질의 화학작용이라고 주장한 열소설과 운동의 일종이라고 주장하는 운동설 중에서 어떤 것을 받아들어야 할지에 대해 곤혹스러워 했지만, 열소설을 바탕으로 열기관의 열효율 문제를 다루기로 했다.

카르노는 열이 높은 온도에서 낮은 온도로 흐를 뿐만 아니라 물체의 부피가 변할 때도 열이 이동한다는 데 주목했다. 기체가 팽창하면 온도가 내려가 주위의 열을 흡수하고 압축하면 온도가 올라가 주위로 열을 방출한다. 반대로 열이 흘러 들어와 온도가 높아지면 기체가 팽창하고 열이 흘러나가 온도가 내려가면 부피가 줄어든다. 카르노는 열을 이용해 동력을 얻어 내는 열기관에서는 높은 온도에서 낮은 온도로 흘러가는 열의 흐름과 부피의 변화에 동반된 열의 흐름의 두 가지가 있다고 보았다.

이 두 가지 열의 흐름은 전혀 다른 성질을 가지고 있었다. 높은 온도에서 낮은 온도로 흘러간 열은 다시 높은 온도로 흘러가지 않는다. 그러나 부피의 변화에 의해서 발생하는 열의 흐름은 반대 방향으로도 진행될 수 있다. 주위에 아무런 영향을 남기지 않고 반대 방향으로 반응이 진행되어 원래의 상태로 돌아갈 수 있는 변화를 가역적인 변화, 또는 가역과정이라고 한다. 높은 온도에서 낮은 온도로 열이 흘러가는 것과 같이 한쪽 방향으로만 진행되는 변화는 비가역적인 변화, 또는 비가역과정이다.

카르노는 가역과정을 통해서만 작동해 반대 방향으로도 작동할 수 있는 이상적인 열기관을 고안했다. 이 기관은 열기관이 작동하는 모든 과정에서, 열의 이동이 물체의 부피 변화를 통해서만 일어나도록 하고, 온도 차에 의한 열의 이동은 일어나지 않게 한 기관이었다. 이런 열기관을 카르노 기관이라고 한다. 카르노는 가역기관의 열효율은 모든 열기관의 열효율 중에서 가장 높다는 것과 가역기관의 열효율에는 높은 온도와 낮은 온도에 의해 결정되는 상한선이 있다는 것을 증명했다.

카르노는 열기관이 작동하는 동안 열소가 높은 온도가 낮은 온도로 이동하면서 동력을 발생시킨다는 가정하에 이런 결론을 이끌어 냈다. 열이 열소의 화학작용이라는 열소설을 받아들이지 않은 과학자들은 카르노가 열소설을 취했다는 이유로 그의 분석 방법을 불신했을 뿐만 아니라, 열효율에 상한선이 있다는 카르노의 결론도 잘못되었다고 단정했다.

그러나 영국의 물리학자로 글래스고대학과 케임브리지대학을 중심으로 활동하면서 물리학에서는 물론 공업 기술 분야에서도 많은 업적을 남겼던 영국의 켈빈William Thomson, 1st Baron Kelvin(1824-1907)은 열기관의 열효율에 최댓값이 존재한다는 카르노의 결론이 매우 중요한 의미를 포함하고 있다고 생각했다. 켈빈은 카르노의 연구가 열의 본성에 대한 무언가를 포함하고 있다고 카르노의 분석 결과를 재평가했다.

에너지 보존법칙

역학에서 에너지의 개념이 널리 받아들여진 1840년대가 되자 열도 에너지의 한 형태라고 주장하는 사람들이 나타나기 시작했다. 독일의 의사로 동인도 회사 소속의 의사가 되어 인도네시아의 자바로 가기 위해 항해하는 동안 열이 운동으로 바뀌고 운동이 열로 바뀐다는 생각을 하게 된 율리우스 폰 마이어Julius Robert von Mayer(1814-1878)는 1841년에 열을 포함한 전체 에너지의 양이 보존된다고 주장하는 내용이 포함된 「힘의 양적 및 질적 규정에 관하여」라는 제목의 논문을 발표했다.

폰 마이어

이 논문에서 마이어는 음식물이 몸 안으로 들어가서 열로 변하고, 이것이 몸을 움직이게 하는 역학적 에너지로 변한다고 주장했다. 그는 한 종류의 에너지가 다른 형태의 에너지로 전환되는 것은 가능하지만 전체 에너지의 양은 보존되어야 한다고 했다. 즉 화학에너지, 열에너지, 역학적 에너지 등 모든 에너지를 합한 총량은 변하지 않는다는 것이다. 그는 이런 주장을 뒷받침하기 위해 구체적인 열과 일의 변환 계수를 제시하기도 했다.

마이어는 이 논문을 물리 분야의 전문학술지인 『물리학 및 화학 연보』에 보냈다. 하지만 『물리학 및 화학 연보』의 편집자는 마이어의 논문이 너무 사색적일 뿐만 아니라 실험적 증거가 충분하지 못하다고 출판을 거부했다. 마이어는 할 수 없이 1842년에 발행된 화학 잡지인 『화학 및 약학 연보』에 논문을 발표했다.

그는 1842년에 「무생물계에 있어서의 힘의 고찰」, 1845년에 「생물 운동 및 물질 대사」, 1846년에 「태양의 빛 및 열의 발생」, 그리고 1848년에 「천체 역학에 관한 기여」라는 제목의 논문을 발표하고, 우주 전체의 에너지 총량이 보존된다고 주장했다. 그는 태양에서 에너지가 계속 공급되지 않으면 지구는 5,000년 안에 식어 버릴 것이라고 주장하기도 했다.

그러나 마이어의 이런 노력에도 불구하고 그의 생각은 학계의 인정을 받지 못했다. 따라서 그는 1842년에 『화학 및 약학 연보』에 발표한 논문을 제외한 다른 논문들은 모두 자비로 출판해야 했다. 자신의 연구 결과가 인정받지 못하자 크게 실망한 마이어는 우울증으로 자살을 시도하기도 했으며, 정신병원에 수용되기도 했다. 사람들의 관심을 끌지 못했던 그의 논문들은 1862년 아일랜드의 물리학자 존 틴들John Tyndall(1820-1893)에 의해 재조명되었고, 1869년에는 프랑스 과학아카데미가 수여하는 퐁셀레 상을 받아 에너지 보존법칙을 제안한 공로를 인정받았다. 그러나 이때는 그의 건강이 매우 나빠진 후였다.

마이어와 마찬가지로 독일의 의사였던 헤르만 폰 헬름홀츠Hermann Ludwig Ferdinand von Helmholtz(1821-1894)도 에너지 보존법칙을 주장했다. 프리드리히

폰 헬름홀츠

빌헬름 의학 연구소에서 공부한 후 의사가 된 헬름홀츠는 군의관으로 복무하면서 열과 에너지에 대해 연구했다. 헬름홀츠는 마이어가 1842년에 발표한 논문의 내용을 알지 못한 채 생명체의 열은 생명력에 의한 것이 아니라 음식물의 화학에너지에 의한 것이라고 주장했다. 이것은 마이어의 주장보다 훨씬 정리된 형태의 에너지 보존법칙이었다.

그는 역학적 에너지에만 적용되던 에너지 보존법칙을 다른 에너지에까지 확장시켰다. 헬름홀츠는 이런 생각이 담긴 논문을 『물리학 및 화학 연보』에 투고했지만, 마이어와 마찬가지로 편집인으로부터 출판을 거부당했다. 헬름홀츠도 할 수 없이 이 내용을 물리학회 강연집인 『에너지 보존법칙에 관해서』라는 소책자로 출판할 수밖에 없었다.

헬름홀츠는 에너지 보존법칙을 제안한 것 외에 상태 변화의 방향을 나타내는 자유에너지라는 개념도 제시하여 열역학의 발전에 크게 기여하였으며, 전자기학, 유체역학, 음향학, 시각이론 등 여러 분야에서 많은 연구 업적을 남겼다. 독일에서는 헬름홀츠를 기념하기 위해 독일의 가장 큰 과학자 단체를 헬름홀츠 협회라고 부르고 있다.

줄의 열의 일당량 실험

독일에서뿐만이 아니라 영국에서도 에너지 보존법칙에 관심을 가지는 사람들이 나타났다. 열과 역학적 에너지 사이의 관계를 실험을 통해 밝혀낸 사람은 영국의 제임스 줄James Prescott Joule(1818-1889)이었다. 에너지의 크기를 나타내는 줄(J)이라는 에너지의 단위에 자신의 이름을 남긴 줄은 영국의 부유한 양조장집 아들로 태어났다. 그는 학교에 다니는 대신 집에서 가정교사를 두고 공부했는데, 한때 원자론을 제안한 존 돌턴John Dalton에게 배우기도 했다.

줄이 20대였던 1840년대는 과학자들이 열, 전기, 자기, 화학변화, 그리고 운동에너지가 서로 변환될 수 있는 에너지라는 것을 인정하기 시작하던 때였다. 하지만 이들 사이의 정확한 관계에 대해서는 아직 잘 모르고 있었다. 줄은 가족이 운영하는 양조장에서 일을 하면서도 과학 실험을 계속했다. 줄은 전기에 대해서도 관심이 많았다. 당시에는 이미 전기를 이용하여 동력을 얻어 내는 전기 모터가 발명되어 사용되고 있었다. 줄은 전기에너지가 얼마나 많은 양의 열을 만들어 내는지를 알아보기 위해 전기가 흐를 때 발생하는 열로 물을 데우면서 발생한 열의 양을 측정했다.

줄은 이러한 경험을 통해 물의 온도로써 열의 양을 정확하게 측정하는 방법을 알게 되었다. 전기를 이용하여 발생시킨 열의 양을 측정한 줄은 이번에는 물체가 높은 곳에서 낮은 곳으로 떨어질 때 나오는 에너지를 이용하여 발생시킬 수 있는 열의 양이 얼마인가를 알아보는 실험을 시작했다. 추가 낙하할 때 추에 연결된 회전날개가 물을 휘젓도록 하고 그때 발생하는 열량을 측정하여 열의 일당량을 결정하는 실험이었다.

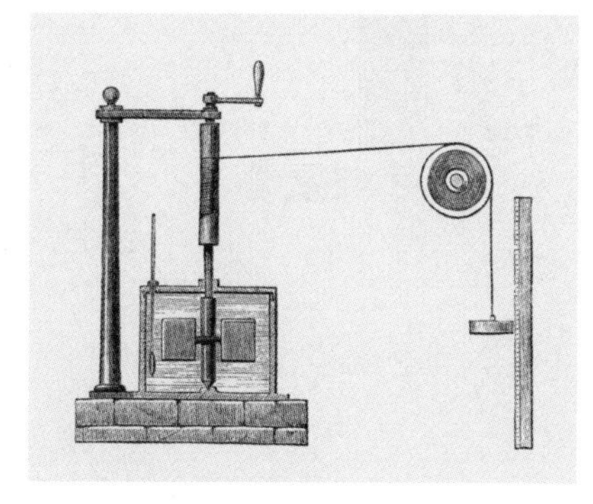
줄의 실험장치

열의 양을 측정하는 단위는 '칼로리'이고 일이나 에너지의 양을 측정하는 단위는 '줄'이다. 줄이 실험을 통해 열량과 에너지의 크기 사이의 관계를 밝혀내기 전까지는 칼로리와 줄은 서로 다른 물리량을 나타내는 단위라고 생각했다. 그러나 줄의 실험을 통해 1줄의 에너지는 약 0.24칼로리와 같으며, 1칼로리는 약 4.2줄이라는 것을 알게 되었다. 이것을 일의 열 당량, 또는 열의 일당량이라고 한다.

줄의 실험으로 열에너지는 역학적 에너지로, 그리고 역학적 에너지는 열에너지로 전환될 수 있으며, 한 형태의 에너지에서 다른 형태의 에너지로 전환되더라도 에너지의 총량은 같아야 한다는 에너지 보존법칙이 널리 받아들여지게 되었다.

에너지 보존법칙이 받아들여지자 열기관의 작동과정을 열소설과는 전혀 다르게 설명할 수 있게 되었다. 열기관은 높은 온도의 열원에서 공급 받은 열의 일부를 동력으로 전환하고, 나머지 열을 낮은 온도의 열원으로 방출한다. 이때 높은 온도에서 공급받은 열량은 동력으로 전환한 열량과 낮은 온도로 방출하는 열량을 합한 것과 같아야 한다. 따라서 열기관이 계속 작동하기 위해서는 높은 온도로부터 열을 계속 공급받아야 한다.

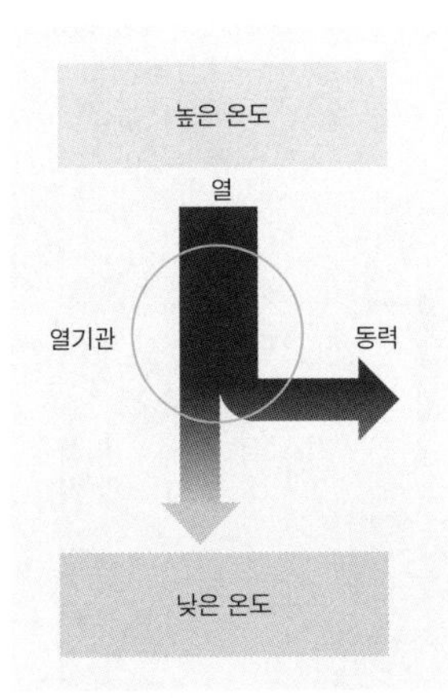

에너지 보존법칙을 이용하여 설명한 열기관의 작동 원리

외부에서 열이나 일을 받아들이지 않고 외부로 계속 일을 해 줄 수 있는 기관을 1종 영구기관이라고 한다. 오랫동안 많은 사람이 만들려고 시도했던 외부에서 에너지를 공급받지 않고도 영원히 작동하는 1종 영구기관은 에너지 보존법칙으로 인해 더 이상 가능하지 않게 되었다.

3. 열역학 제2법칙과 엔트로피

열역학 제2법칙

열도 에너지의 일종이라는 것이 밝혀지고, 열을 포함한 에너지 보존법칙이 확립되었지만 에너지 보존법칙만으로는 설명할 수 없는 현상들이 많았다. 그중 하나는 열이 온도가 높은 곳에서 낮은 곳으로만 흐르는 것이었다. 열이 온도가 낮은 곳에서 높은 곳으로 흘러가더라도 총량이 변하지 않으면 에너지 보존법칙에 어긋나지 않는다. 그리고 역학적 에너지는 모두 열에너지로 바꿀 수 있지만 열에너지는 열기관을 이용하여 일부만 역학적 에너지, 즉 동력으로 바꿀 수 있는 것이었다. 열이 모두 역학적 에너지로 바뀌어도 에너지 보존법칙에 어긋나지 않기 때문이 이것도 에너지 보존법칙으로 설명할 수 없는 현상이었다.

열역학이 당면하고 있던 이런 문제들을 해결하여 열역학을 완성한 사람은 독일의 루돌프 클라우지우스Rudolf Julius Emanuel Clausius(1822-1888)였다. 목사의 아들로 태어나 고등학교를 졸업하고 18세였던 1840년에 베를린대학에 진학한 클라우지우스는 처음에는 역사학을 공부할 생각이었지만 마음을 바꿔 수학과 물리학을 공부하기로 했다. 그는 대학을 졸업한 후 잠시 고등학교에서 물리학과 수학을 가르치기도 했지만 24세가 되던 1846년에 대학원에 입학하여, 이듬해에 할레대학에서 박사학위를 받았다.

클라우지우스의 박사학위 논문은 하늘이 왜 푸른색으로 보이며, 아침저

녁에는 붉은색으로 보이는지를 설명하는 것이었다. 그는 산란이 아니라 굴절과 반사를 이용하여 이것을 설명하려고 했기 때문에 올바른 결론을 이끌어 내지는 못했지만 이 문제를 수학적으로 심도 있게 다루어 논문 심사위원들에게 깊은 인상을 심어 주었다.

클라우지우스는 박사학위를 받고 2년 후인 1850년에 열역학 제2법칙의 핵심 개념을 포함하고 있는 역사적으로 매우 중요한 「열의 동력에 관해서」라는 제목의 논문을 발표했다. 이 논문의 중요성이 인정받아 클라우지우스는 1850년 9월 베를린에 있는 왕립 공업학교의 교수가 되었고, 12월에는 베를린대학의 시간강사를 겸직했다.

클라우지우스는 1855년 8월에 취리히 공과대학의 수리물리학과 학과장이 되었으며 취리히대학의 교수도 겸직했다. 열역학에 엔트로피를 도입한 논문은 그가 취리히에 있던 기간에 발표되었다. 1867년에는 뷔르츠버그대학으로부터 교수직을 제의받고 취리히를 떠나 독일로 돌아왔고, 1869년에는 본대학 교수가 되었다.

애국심이 강했던 클라우지우스는 철혈재상으로 불리는 프로이센의 비스마르크가 남부 주들을 독일 연합에 참여시키기 위해 일으킨 프랑스와의 전쟁에 50세의 나이로 의무부대를 조직하여 참전했다. 이 전쟁에서 다리에 심각한 부상을 입은 클라우지우스는 나머지 생을 불구로 지내야 했다. 다리가 불편한 그에게 말을 타고 다니라고 권유한 의사의 권고를 받아들여 말을 타고 출퇴근하기도 했다. 애국심이 강했던 클라우지우스는 영국이나 프랑스 학자들이 발표한 연구 결과를 받아들이려고 하지 않아 영국의 맥스웰을 비롯한 많은 학자와 논쟁을 벌였다.

클라우지우스는 1850년에 발표한 「열의 동력에 관해서」라는 제목의 논문에서 열역학이 봉착하고 있던 문제를 해결하는 뜻밖의 해법을 제시했다. 당시의 과학자들은 열기관이 작동하기 위해서는 높은 온도의 열원과 낮은 온도의 열원이 필요한 이유를 설명하지 못하고 있었다. 클라우지우스는 열이 높은 온도에서 낮은 온도로만 흐르는 것을 설명하는 대신 그것을 열이 가지고 있는 본성의 하나로 받아들이기로 했다.

다시 말해 열이 높은 온도에서 낮은 온도로만 흐르는 것을 새로운 열역학법칙으로 하자고 제안한 것이다. 이 새로운 열역학법칙은 에너지 보존법칙과 양립할 수 있을 뿐만 아니라, 열과 관계된 현상을 설명하는 데 매우 효과적이라는 것이 밝혀졌다.

그뿐만 아니라 열소설을 기초로 하여 유도했던 열효율에 상한선이 있다는 카르노의 결론도 새로운 열역학법칙을 이용하여 유도할 수 있었다. 클라우지우스는 에너지 보존법칙과 새롭게 제안한 법칙을 이용해 열역학의 체계를 세워 나갔다. 클라우지우스가 제시했던 열역학의 법칙들을 그가 쓴 표현대로 정리하면 다음과 같다.

> 열역학 제1법칙: 일을 열로, 또 열은 일로 변할 수 있다. 그때 한쪽의 양은 다른 쪽의 양과 같다.
>
> 열역학 제2법칙: 열은 주변에 아무런 변화를 남기지 않고 저온 물체에서 고온의 물체로 이동할 수 없다.

클라우지우스의 발견으로 인해 마이어와 헬름홀츠 그리고 줄이 주장했던 에너지 보존법칙이 열역학 제1법칙이 되었고, 열이 높은 온도에서 낮은 온도로만 흐르는 것을 나타내는 새로운 법칙은 열역학 제2법칙이 되었다. 열역학 제2법칙의 도입으로 더 이상 왜 열은 높은 온도에서 낮은 온도로만 흐르는지 설명하지 않아도 되었다. 남은 문제는 열역학 제1법칙과 제2법칙을 이용하여 열역학과 관련이 있는 현상들을 체계적으로 설명하는 것뿐이었다.

클라우지우스가 열역학 제2법칙을 제안한 후인 1851년에 켈빈은 또 다른 형태의 열역학 제2법칙을 제안했다.

> 열역학 제2법칙: 하나의 물체에서 열을 빼내 그것을 모두 같은 양의 일로 바꿀 수 있는 열기관은 존재하지 않는다.

켈빈이 제안한 열역학 제2법칙은 운동에너지는 모두 열에너지로 바꿀 수 있지만 열에너지는 모두 운동에너지, 즉 동력으로 바꿀 수 없다는 것을 나타내고 있다. 이것은 열기관의 작동을 통해 확인된 것이었다. 이렇게 되어 열역학 제2법칙에는 두 가지 다른 표현이 있게 되었다.

> 열역학 제2법칙의 두 가지 표현
> ① 클라우지우스: 열은 높은 온도에서 낮은 온도로만 흐른다.
> ② 켈빈: 열을 100% 일로 바꾸는 것은 가능하지 않다.

켈빈이 제시한 열역학 제2법칙과 클라우지우스가 제시한 열역학 제2법칙이 전혀 다른 내용을 이야기하고 있는 것 같지만 사실은 같은 내용을 담고 있음을 간단히 증명할 수 있다. 열이 온도가 낮은 곳에서 온도가 높았던 곳으로 흘러갈 수 있다고 가정하면 열기관을 작동시키면서 온도가 낮은 곳으로 방출한 열을 다시 온도가 높았던 곳으로 흘러가게 할 수 있다. 그렇게 되면 온도가 높은 곳에서 받은 열 모두를 동력으로 전환한 것이 되어 열을 100% 일로 바꿀 수 있다. 다시 말해 클라우지우스의 열역학 제2법칙이 옳지 않다면 켈빈의 열역학 제2법칙도 옳지 않게 된다.

그리고 만약 열을 모두 일로 바꿀 수 있다면 온도가 낮은 곳에서 받은 열을 모두 동력으로 전환한 후 온도가 높은 곳에서 다시 열로 전환하면 열이 온도가 낮은 곳에서 높은 곳으로 흘러간 것이 된다. 다시 말해 켈빈의 열역학 제2법칙이 옳지 않다면 클라우지우스의 열역학 제2법칙도 옳지 않다. 이것은 두 가지 열역학 제2법칙이 동시에 성립해야 한다는 것을 말해 준다.

엔트로피의 도입

클라우지우스와 켈빈은 열역학 제2법칙을 제안하여 열기관의 작동 원리를 설명하는 데 성공했다. 그러나 과학자들은 두 가지 다른 표현으로 설명되어 있는 열역학 제2법칙에 만족할 수 없었다. 이것은 마치 실제로는 이해하지 못한 현상에 법칙이라는 이름을 붙여서 이해했다고 주장하는 것처럼 보였다. 따라서 과학자들은 열역학 제2법칙을 좀 더 일반적인 형태로 나타내는 방법을 찾아내기 위한 연구를 계속했다.

클라우지우스는 카르노 기관이 한 번 작동한 후 원래의 상태로 돌아오는 것은 카르노 기관이 작동하는 동안 보존되는 양이 있기 때문이라고 생각했다. 높은 곳에서 공을 떨뜨리면 공은 바닥에 부딪힌 다음 다시 원래의 높이까지 튀어 오른다. 그것은 공의 에너지가 보존되고 있기 때문이다. 열기관의 경우에도 원래의 상태로 돌아오기 위해서는 보존되는 어떤 양이 있어야 할 것이라고 생각한 것이다.

클라우지우스는 1854년에 발표한 논문에서도 그런 양의 존재를 이야기했지만 이 양에 엔트로피라는 이름을 붙이고 이 양을 정확하게 정의한 것은 1865년에 발표한 논문에서였다. 클라우지우스는 가역과정을 거치는 동안에 변하지 않는 양을 열량과 온도를 결합한 양에서 찾으려고 했다. 클라우지우스는 열원에서 열이 들어오고 나갈 때 이 양도 들어오고 나간다고 생각했다. 열이 고온의 열원에서 열기관으로 흡수될 때는 이 양도 함께 흡수되어 내부에 축적된다. 그리고 열기관에서 저온의 열원으로 열이 흘러

가면 이 양도 함께 흘러나간다고 생각했다.

열기관이 작동을 끝내고 원래의 상태로 돌아오기 위해서는 작동하는 동안 고온의 열원으로부터 흡수했던 이 양을 모두 저온의 열원으로 내보내야 한다. 반대 방향으로도 작동하는 가역기관이 작동할 때는 열기관이 흡수하는 양과 방출하는 양이 같아야 하지만, 일반적인 열기관의 경우에는 꼭 같을 필요는 없다고 생각했다.

클라우지우스는 이 새로운 물리량이 에너지와 비슷한 성격을 가진다는 점에 주목하여 엔트로피라는 이름을 붙였다. 에너지의 어원은 힘이나 활력 등을 의미하고, 엔트로피의 어원은 변화를 의미한다. 변화라는 의미를 가진 엔트로피라는 이름을 붙인 것은 이 양이 열이 동력으로 전환되는 과정에서 중요한 역할을 한다고 생각했기 때문이다. 이렇게 해서 엔트로피라는 새로운 물리량이 세상에 그 모습을 드러내게 되었다. 클라우지우스는 엔트로피를 '열량을 온도로 나눈 양'으로 정의했다.

$$\text{엔트로피}(S) = \frac{\text{열량}(Q)}{\text{온도}(T)}$$

엔트로피는 열량을 절대온도로 나눈 양이다. 따라서 같은 열량이라도 높은 온도에서는 엔트로피가 작고, 낮은 온도에서는 엔트로피가 크다. 그리고 열이 아닌 다른 형태의 에너지는 엔트로피가 0이다.

클라우지우스는 새로 도입한 엔트로피를 이용하여 열역학 제2법칙의 두 가지 표현을 통일적으로 설명할 수 있었다. 열이 높은 온도에서 낮은 온도로 흐르는 것은 엔트로피가 증가하는 변화이고, 반대로 열이 낮은 온도에서 높은 온도로 흐르는 것은 엔트로피가 감소하는 변화이다. 열이 높은 온도에서 낮은 온도로만 흐른다는 것은 열이 엔트로피가 증가하는 방향으로

만 흐른다고 할 수 있다. 다시 말해 엔트로피가 증가하는 방향으로만 변화가 일어난다는 것이다.

열을 모두 일로 전환할 수 없다는 켈빈의 표현도 엔트로피를 이용하여 설명할 수 있다. 운동에너지나 위치에너지와 같은 역학적 에너지의 엔트로피는 0이다. 따라서 역학적 에너지가 열에너지로 바뀌는 것은 없던 엔트로피가 생겨나는 것이므로 엔트로피가 증가하는 과정이다. 그러나 열에너지가 모두 운동에너지로 바뀌는 것은 있던 엔트로피가 0으로 되는 것이므로 엔트로피가 감소하는 과정이다. 따라서 열을 모두 일로 바꿀 수 없다는 것은 에너지의 전환이 엔트로피가 증가하는 방향으로만 일어날 수 있다는 것을 뜻한다.

따라서 클라우지우스가 설명한 열역학 제2법칙과 켈빈이 설명한 열역학 제2법칙은 모두 엔트로피 증가의 법칙으로 통합해 설명할 수 있게 되었다. 가역기관인 이상 기관은 엔트로피의 변화가 0인 열기관이다. 따라서 엔트로피 증가의 법칙은 엔트로피 감소 불가능의 법칙이라고 해야 할 것이다. 그러나 엔트로피가 보존되는 경우는 특수한 경우이고, 일반적인 경우에는 항상 엔트로피가 증가하기 때문에 그냥 엔트로피 증가의 법칙이라고 부르게 되었다. 엔트로피를 이용하여 열역학 제2법칙을 나타내면 다음과 같다.

열역학 제2법칙

엔트로피 증가의 법칙: 고립된 계에서는 엔트로피가 감소할 수 없다.

엔트로피를 에너지의 효용성을 나타내는 양이라고 설명할 수도 있다. 다시 말해 엔트로피는 에너지가 얼마나 쓸모 있는 에너지인지를 나타내는 양이다. 엔트로피가 낮을수록 효용성이 큰 에너지이다. 따라서 같은 열에너지라도 높은 온도에 있는 열에너지가 낮은 온도에 있는 열에너지보다 효용성이 크다.

에너지 중에서 가장 효용성이 큰 에너지는 운동에너지나 전기에너지와 같이 엔트로피가 0인 에너지이다. 그리고 가장 낮은 효용성을 가지는 에너지는 가장 낮은 온도에 있는 열에너지이다. 따라서 절대영도에 있는 열에너지가 가장 효용성이 낮은 에너지이다. 세상은 효용성 큰 에너지가 효용성이 적은 에너지로 바뀌는 방향으로 변해 가고 있다.

엔트로피 증가의 법칙은 외부와 에너지나 물질을 주고받지 않는 고립계에서만 성립된다. 열기관이 작동하는 경우 높은 온도의 열원은 에너지를 방출하므로 엔트로피가 줄어들고, 낮은 온도의 열원은 열이 흘러 들어옴으로 엔트로피가 증가한다. 따라서 고온의 열원과 저온의 열원을 따로 떼어 보면 엔트로피 증가의 법칙이 성립하지 않는다. 그러나 열기관 전체를 하나로 보면 고립계가 되므로 전체 엔트로피는 감소할 수 없다.

엔트로피 증가의 법칙은 열이 가지고 있는 비가역적인 성질을 잘 나타낸다. 엔트로피 증가의 법칙으로 인해 일단 열로 바뀐 역학적 에너지는 모두 원래 상태로 되돌아갈 수 없다. 엔트로피가 0인 운동에너지는 마찰로 인해 열로 전환되고, 열은 보다 낮은 온도로 흘러간다. 켈빈은 이것을 에너지의 확산이라고 했다. 켈빈은 「역학적 에너지가 확산되려고 하는 자연의 보편적 경향에 대해서」라는 논문에서 다음과 같이 설명했다.

(1) 물질세계에는 에너지가 확산되려는 보편적 경향이 존재한다.

(2) 열에너지를 원래의 역학적 에너지 상태로 되돌려 놓기 위해서는 되돌려 놓는 에너지보다 더 많은 양의 운동에너지가 열로 전환되지 않고는 불가능하다. 이것은 식물이나 동물의 경우에도 마찬가지이다.

(3) 현재 생명체에 적용되고 있는 물리법칙에 의하면 지구는 과거 일정 기간 동안 생명체가 존재할 수 없는 천체였으며, 다가올 유한한 미래에

다시 생명체가 살 수 없는 천체가 될 것이다.

켈빈이 이런 결론을 내린 것은 우리가 사는 지구는 태양을 고온의 열원으로 하고 대기권 밖의 우주공간을 저온의 열원으로 하는 커다란 열기관이라고 보았기 때문이다. 따라서 우리 주위에서 일어나는 여러 가지 자연현상은 모두 지구라는 거대한 열기관의 실린더 안에서 일어나는 일이다. 따라서 언젠가 태양으로부터 에너지 공급을 받지 못해 지구의 온도가 우주공간의 온도와 같아지면 지구라는 열기관이 작동을 멈춘 죽음의 세계가 될 것이다.

켈빈은 이런 생각을 바탕으로, 지구에 사람이 살 수 없게 되는 때까지 남은 시간을 계산한 결과를 제시하기도 했다. 하지만 당시에는 태양의 에너지원이 원자핵 반응이라는 것이 알려져 있지 않았기 때문에 태양의 수명이 겨우 수천만 년이라고 주장해 사람들을 놀라게 했다. 클라우지우스도 엔트로피 개념을 제안한 1865년 논문의 마지막 절에서 켈빈의 생각을 인용하여 열역학법칙을 다음과 같이 요약해 놓았다.

(1) 우주의 에너지 총량은 일정하다.

(2) 우주의 엔트로피는 최댓값을 향해 변해 간다.

엔트로피는 감소하지 않는다는 간단한 명제는 그 간단함에도 불구하고 중요한 의미를 포함하고 있다. 증가나 감소라는 개념 자체가 과거에서 미래로 흘러가는 시간의 방향을 전제로 한 것이다. 따라서 열역학 제2법칙은 과거에서 현재로 그리고 미래로 흐르는 시간에 물리적 의미를 부여하게 되었다.

그러나 아직 열량을 온도로 나눈 양인 엔트로피가 왜 증가해야 하는지를 충분히 설명했다고 할 수 없었다. 열은 높은 온도에서 낮은 온도로만 흐른다고 했던 열역학 제2법칙을 엔트로피는 감소할 수 없다는 말로 바꿔 놓은 것에 지나지 않았다. 엔트로피 증가의 법칙이 성립하는 이유를 좀 더 확실하게 이해하기 위해서는 엔트로피에 대한 통계물리학적 해석이 등장할 때까지 기다려야 했다.

분자운동론

기체의 운동을 분석하는 방법에는 입자 하나하나의 운동을 분석하는 방법과 입자 하나하나의 운동을 무시하고 전체 기체의 평균적인 상태를 나타내는 압력, 부피, 온도와 같은 변수들을 이용해 분석하는 방법이 있다. 기체의 압력과 부피는 서로 반비례한다는 보일의 법칙이나, 부피와 온도는 비례한다는 샤를의 법칙, 그리고 보일의 법칙과 샤를의 법칙을 통합한 기체의 상태 방정식은 모두 온도, 부피, 압력과 같이 전체 기체의 상태를 나타내는 변수들을 이용하여 기체의 행동을 나타낸다. 실험을 통해 확립된 이상 기체의 상태 방정식은 다음과 같다.

$$\frac{\text{압력}(P) \times \text{부피}(V)}{\text{온도}(T)} = \text{몰수}(n) \times \text{기체상수}(R)$$

기체의 상태 방정식은 탄성충돌을 통해서만 상호작용하고, 기체 분자가 차지하는 부피가 전체 부피에 비해 무시할 수 있을 정도로 작은 이상 기체에 성립하는 식으로 기체의 행동을 나타내는 가장 중요한 식이다. 그러나 실험식인 상태 방정식에 포함되어 있는 기체상수(R)의 물리적 의미는 기체 분자들의 운동을 통계적으로 분석한 분자운동론이 등장한 후에야 이해할 수 있었다.

19세기 중반에 오스트리아의 루트비히 볼츠만Ludwig Eduard Boltzmann(1844-1906)은 기체를 이루고 있는 분자 하나하나의 운동을 뉴턴역학을 이용하여 분석하고, 그 결과를 통계적으로 처리하여 기체의 행동을 나타내는 식들을 유도하려고 시도했다. 이런 분석 방법을 분자운동론이라고 한다. 볼츠만은 기체를 이루고 있는 분자 하나하나의 운동을 통계적으로 분석한 결과와 실험을 통해 알아낸 기체의 상태 방정식을 결합하여 기체 분자의 에너지가 온도에 비례한다는 것을 알아냈다. 다시 말해 온도를 측정하는 것은 입자의 열운동에너지를 측정하는 것이다. 따라서 온도는 입자의 열운동에너지로 환산할 수 있다.

$$\text{분자의 열운동에너지} = \frac{3}{2} \times \text{볼츠만상수}(k_B) \times \text{온도}(T)$$

볼츠만상수는 절대온도와 분자의 에너지 사이의 비례상수이다. n몰의 기체에 포함된 분자의 총수는 **몰수**(n) × **아보가드로수**(A)이므로 기체 n몰의 열운동에너지는 다음과 같다.

$$\text{기체 } n\text{몰의 열운동에너지} = \frac{3}{2} \times n \times A \times k_B \times T$$

이 식을 기체의 상태 방정식에 대입하면 아보가드로수와 볼츠만상수의 곱이 기체상수 R이 된다는 것을 알 수 있다. 볼츠만상수는 절대온도를 분자 하나의 열운동에너지로 환산하는 상수이고, 기체상수는 절대온도를 기체 1몰의 열운동에너지로 환산하는 상수이다. 분자운동론을 통해 온도와 분자의 열운동에너지 사이의 관계를 이해할 수 있게 되었고, 기체상수의 물리적 의미도 알게 되었다.

분자운동론의 분석 결과에 의하면 온도가 같을 경우, 분자의 종류나 크기에 관계없이 분자들의 열운동에너지가 같아야 한다. 그것은 같은 온도에서는 가벼운 분자들은 빠르게 운동하고 무거운 분자들은 천천히 운동하고 있음을 뜻한다. 운동에너지는 질량에 비례하고 속력의 제곱에 비례하므로 같은 온도에서 분자들의 속력은 질량의 제곱근에 반비례한다. 수소 분자의 분자량은 2이고 산소 분자의 원자량은 32이다. 산소 분자의 질량은 수소 분자 질량의 16배이므로 같은 온도에서 수소 분자가 산소 분자보다 4배 빠른 속력으로 운동하고 있다.

그러나 같은 기체 분자들이라고 해도 모두 같은 속력으로 운동하고 있는 것은 아니다. 평균보다 더 빠르게 운동하고 있는 입자도 있고 평균보다 더 느리게 운동하는 입자들도 있다. 전자기학을 종합한 맥스웰 방정식을 제안한 제임스 맥스웰과 통계 역학의 기초를 닦은 볼츠만은 분자운동론적 분석을 통해 어떤 온도에서 입자들의 속력이 어떻게 분포되어 있는지를 나타내는 속력 분포함수를 알아냈다.

볼츠만-맥스웰 속력 분포함수에 의하면 무거운 분자들은 대부분 평균 속력과 비슷한 속력으로 운동하고 있지만, 가벼운 분자의 경우에는 속력

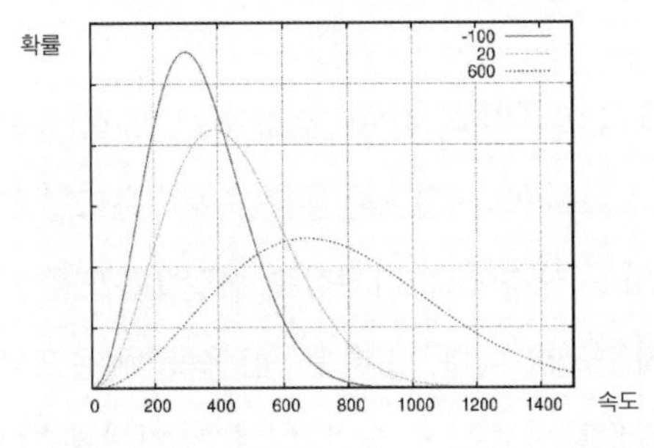

여러 가지 불활성 기체 분자들의 속력 분포함수. 가벼운 분자는 속력 분포가 넓고, 무거운 분자일 속력 분포가 좁다.

의 분포 범위가 넓다. 따라서 가벼운 수소나 헬륨 분자들 중에는 지구의 탈출 속력보다 더 빠른 속력으로 운동하고 있는 분자들이 많아 지구 중력을 이기고 대기 밖으로 달아날 수 있다.

통계적 엔트로피

기체의 행동을 분자 하나하나의 운동을 바탕으로 이해할 수 있게 된 물리학자들은 엔트로피를 통계적으로 이해하려고 시도했다. 통계적인 방법으로 엔트로피와 엔트로피 증가의 법칙을 새롭게 해석한 사람은 오스트리아의 빈대학 교수로 있던 루트비히 볼츠만이었다. 그는 스승이었던 요제프 슈테판Josef Stefan(1835-1893)이 1879년 실험을 통해 발견한 물체가 가지는 복사에너지는 온도의 네제곱에 비례한다는 법칙을 설명하는 이론적인 기반을 마련하기도 했다. 따라서 이 법칙을 슈테판-볼츠만법칙이라고 부르기도 한다. 슈테판-볼츠만의 법칙을 식으로 나타내면 다음과 같다.

$$\text{복사에너지}(U) = \sigma T^4$$

볼츠만의 가장 큰 공헌은 확률의 개념을 이용하여 엔트로피를 새롭게 정의한 것이었다. 우리가 측정하는 기체의 상태에는 분자들의 운동 상태를 나타내는 여러 가지 미시 상태가 포함되어 있다. 볼츠만은 미시 상태는 모두 같은 확률을 가진다는 가정을 바탕으로 고립계의 엔트로피는 감소할 수 없다는 엔트로피 증가의 법칙을 유도해 냈다.

우리가 실험을 통해 측정하는 상태는 하나하나의 미시 상태가 아니라 거시 상태이다. 우리는 다른 측정 결과를 나타내는 거시 상태는 다른 상태로 파악하지만, 같은 측정 결과를 나타내는 미시 상태들은 같은 상태로 취급한다. 우리가 어떤 상태가 어떤 상태로 변해 간다던지, 어떤 상태가 확률이

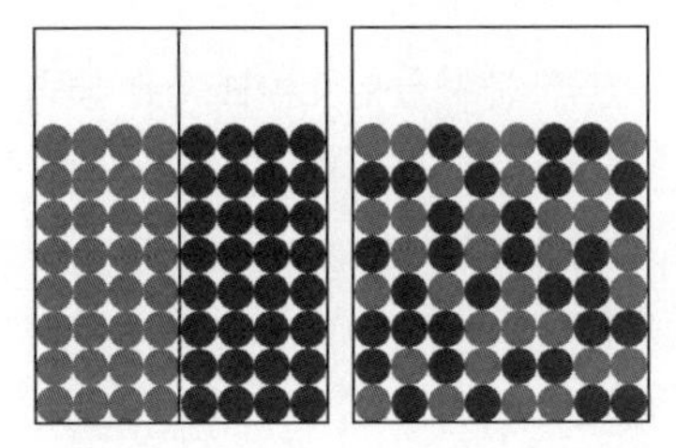

색깔이 다른 구슬이 따로 있는 것보다 섞여 있는 것이 더 많은 미시 상태를 포함하고 있다. 따라서 섞여 있을 확률이 더 크다.

높은 상태라고 이야기할 때는 모두 우리가 측정할 수 있는 거시 상태를 가리킨다.

크기와 모양, 그리고 무게가 같은 파란 구슬과 붉은 구슬이 섞여 있는 경우를 생각해 보자. 한쪽에는 파란 구슬만 모여 있고, 반대쪽에는 붉은 구슬만 모여 있는 것도 하나의 거시 상태이고, 파란 구슬과 붉은 구슬이 골고루 섞여 있는 상태도 하나의 거시 상태이다. 그런데 한쪽에는 파란 구슬들만 있고, 반대쪽에는 푸른 구슬들만 있는 거시 상태보다는 두 가지 구슬이 골고루 섞여 있는 거시 상태가 더 많은 미시 상태를 포함하고 있다. 다시 말해 더 많은 배열 방법을 가지고 있다.

따라서 파란 구슬과 붉은 구슬이 따로따로 모여 있을 확률보다 골고루 섞여 있을 확률이 더 크다. 따로따로 분리되어 있던 구슬들이 시간이 지남에 따라 점점 섞이는 방향으로 변해 가는 것은 더 많은 미시 상태를 포함하고 있어서 확률이 높은 상태로 변해 가는 것이다. 다시 말해 자연에서 일어나는 변화는 모두 확률 높은 상태로 향하는 변화라는 것이다.

볼츠만은 거시 상태가 포함하고 있는 미시 상태의 수에 로그 값을 취한 다음 볼츠만상수를 곱한 값을 엔트로피라고 정의했다.

$$S(\text{통계적 엔트로피}) = k_B(\text{볼츠만상수}) \times \log W(\text{미시 상태의 수})$$

볼츠만상수는 통계적 엔트로피가 열역학적 엔트로피와 같은 물리적 의미를 가지는 양이 되도록 하기 위해 곱해 주는 상수이다. 새롭게 정의된 엔트로피를 이용하면 엔트로피 증가의 법칙은 적은 미시 상태를 포함하고 있는 상태에서 더 많은 미시 상태를 포함하고 있는 상태로 변해 간다는 것을 의미하고, 이는 확률이 낮은 상태에서 확률이 높은 상태로 변해 간다는 것을 의미한다.

이것을 자연이 질서 있는 상태에서 무질서한 상태로 변해 간다고 설명하기도 한다. 그러나 질서와 무질서는 인간의 가치 판단이 반영된 설명이다. 질서 있는 상태는 바람직한 상태이고, 무질서한 상태는 혼란스러운 상태라는 인식이 내재되어 있기 때문이다. 자연은 질서와 무질서에 대한 이런 가치 판단과는 관계없이 항상 확률이 높은 상태를 향해 변해 가고 있다.

통계적인 방법으로 정의된 새로운 엔트로피를 이용하면 열역학 제2법칙도 새롭게 설명할 수 있다. 물체의 온도가 높다는 것은 물체를 이루는 입자들이 큰 에너지를 가지고 빠르게 운동하고 있다는 것을 나타내고, 온도가 낮다는 것은 물체를 이루는 입자들이 적은 에너지를 가지고 천천히 운동하고 있다는 것을 나타낸다. 두 기체를 이루고 있는 입자들이 마음대로 이동할 수 있도록 두 기체를 접촉시켜 놓으면 빠르게 움직이는 분자들과 천천히 움직이는 분자들이 골고루 섞이게 될 것이다. 분자들이 섞이면 통계적 엔트로피가 증가한다.

빠르게 운동하는 입자들과 천천히 흐르는 입자들이 섞이게 되면 온도가 높은 기체의 온도는 낮아지고, 온도가 낮은 기체의 온도는 높아진다. 다시 말해 열이 온도가 높은 기체에서 온도가 낮은 기체로 흘러간 결과가 나타난다. 다시 말해 열이 온도가 높은 곳에서 온도가 낮은 곳으로 흘러가는 것은 빠르게 운동하는 입자들과 느리게 운동하는 입자들이 섞이는 과정이라고 할 수 있다.

고체를 이루고 있는 입자들처럼 자유롭게 움직일 수 없는 입자들의 경우에는 입자들이 섞이는 대신 운동이 섞인다. 입자들은 제자리에서 운동하

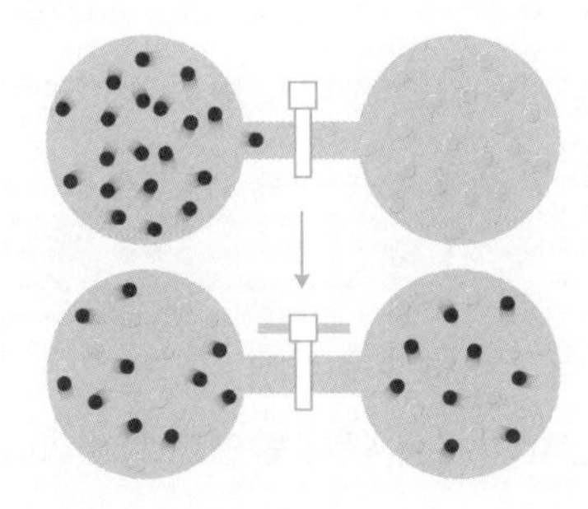

열이 높은 온도에서 낮은 온도로 흐르는 것은 온도가 낮은 입자들과 온도가 높은 입자들이 골고루 섞이는 과정이다.

고 있지만 입자들 사이의 상호작용을 통해 빠르게 움직이는 입자들의 운동과 천천히 움직이는 입자들의 운동이 섞여 오랜 시간이 지나면 비슷하게 운동하게 된다. 이것 역시 높은 온도에서 낮은 온도로 열이 흘러간 결과가 된다.

운동에너지는 100% 열로 전환할 수 있지만 열은 100% 일로 전환할 수 없는 것도 새로운 엔트로피를 이용하여 설명할 수 있다. 열에너지는 물질을 구성하고 있는 입자들의 불규칙한 열운동에 의한 에너지이고, 운동에너지는 물체를 이루는 입자들이 모두 한 방향으로 이동하는 운동에 의한 에너지이다. 다시 말해 열에너지는 무질서한 운동에 의한 에너지이고 운동에너지는 질서 있는 운동에 의한 에너지이다.

따라서 운동에너지가 열에너지로 바뀌는 것은 질서 있던 운동이 무질서한 운동으로 바뀌는 것이다. 이것은 입자들의 운동 방향이 섞이는 변화라고 할 수 있으므로 엔트로피가 증가하는 변화이다. 열에너지가 모두 운동에너지로 변환되는 것은 무질서한 운동이 질서 있는 운동으로 변화되는 것이므로 엔트로피를 감소시키는 변화이다. 따라서 운동에너지가 모두 열로 바뀌는 변화는 새롭게 정의한 엔트로피 증가법칙에도 어긋난다.

그러나 입자들이 다른 방향으로 움직이지 못하도록 막아 놓고 한 방향으로만 움직이도록 하면 열의 일부를 일로 바꿀 수 있다. 따라서 열에너지를 모두 역학적 에너지로 바꿀 수는 없지만 일부를 역학적 에너지로 바꾸는 것은 가능하다. 이런 일을 하는 장치가 열기관이다. 통계적 엔트로피의 등장으로 열역학 제2법칙을 나타내는 표현이 조금 더 다양해졌다. 열역학 제2법칙을 나타내는 여러 가지 표현들을 정리해 보면 다음과 같다.

열역학 제2법칙의 여러 가지 표현

① 열은 높은 온도에서 낮은 온도로만 흐른다.

② 일은 모두 열로 바꿀 수 있지만 열은 모두 일로 바꿀 수 없다.

③ 고립계에서 열량을 온도로 나눈 값으로 정의된 엔트로피는 감소할 수 없다.

④ 자연은 더 많은 미시 상태를 포함하고 있는 확률이 높은 상태를 향해 변해 간다.

통계적 엔트로피를 이용하면 절대영도에서의 엔트로피를 결정할 수 있다. 절대영도에서의 엔트로피가 얼마인지를 설명하는 법칙을 열역학 제3법칙이라고 한다. 열역학에서 절대영도는 모든 입자들의 열운동이 정지되는 온도이다. 따라서 입자들이 가질 수 있는 상태가 한 가지 밖에 없다. 다시 말해 미시 상태의 수가 1이다. 따라서 절대영도에서의 엔트로피는 0이다. 그러나 양자역학에 의하면 입자가 가질 수 있는 최저 에너지, 즉 바닥 상태의 에너지는 0이 아니다. 따라서 절대영도에 도달하는 것은 가능하지 않다. 그리고 바닥 상태의 에너지를 가지는 경우에도 여러 가지 다른 양자역학적 상태를 가질 수 있다. 따라서 바닥 상태에서의 엔트로피는 바닥 상태가 가지고 있는 양자역학적 상태의 수에 의해 결정되는 상수 값을 갖는다. 따라서 열역학 제3법칙은 다음과 같이 쓸 수 있다.

열역학 제3법칙

온도가 절대영도에 다가가면 엔트로피는 일정한 값으로 수렴한다.

엔트로피 증가의 법칙은 고립계에서만 성립된다. 외부로부터 물질이나 에너지가 들어오거나 나가지 않는 우주는 엄밀한 의미에서 고립계이다. 따라서 우주의 총 엔트로피는 항상 증가해야 한다. 138억 년 전에 있었던 빅뱅으로 시작된 우주는 팽창하면서 식어 가고 있다. 그것은 우주의 총 엔트로피가 증가하는 변화이다. 우주 이곳저곳에서는 별들이 핵융합 반응을 하면서 에너지를 방출하고 있다. 이것 역시 우주 엔트로피를 증가시키는 변화들이다.

우주의 엔트로피는 최댓값이 될 때까지 계속 증가할 것이다. 우주의 엔트로피가 최댓값이 되는 상태는 우주 전체가 열적 평형 상태에 도달한 상태이다. 우주의 총 엔트로피가 최대가 된 후에는 우주에는 어떤 일도 일어나지 않아야 한다. 엔트로피가 최대가 된 다음에 일어나는 변화는 엔트로피를 감소시킬 수밖에 없기 때문이다. 이렇게 아무 일도 일어나지 않는 상태를 열적인 죽음 상태라고 부른다. 열역학적인 해석에 의하면 우주는 엔트로피 값이 최대가 되는 열적 죽음 상태를 향해 달려가고 있다.

상대성이론과 시공간에 대한 새로운 이해

1. 물리학에 나타난 불협화음

마이컬슨과 몰리의 실패한 실험

우주공간에 빛을 전달하는 에테르라는 매질이 가득 차 있어야 한다고 생각했던 19세기 물리학자들은 에테르를 찾아내기 위해 많은 노력을 기울였다. 이론적 분석을 통해 에테르의 성질을 예측하기도 하고, 에테르를 찾아내기 위한 실험을 하기도 했다. 앨버트 마이컬슨Albert Abraham Michelson(1852-1931)도 에테르를 찾아내기 위한 정밀한 실험을 했던 사람들 중 한 사람이었다. 그러나 그는 에테르를 찾아내는 데 실패했고, 그 실패한 실험으로 1907년에 미국인 최초로 노벨 물리학상을 받았다.

독일의 유태인 가정에서 태어나 2세 때 부모를 따라 미국으로 이민 온 마이컬슨은 해군사관학교를 졸업한 후 2년 동안 해상 근무를 한 후 해군사관학교에서 물리학과 화학을 강의하기도 했고, 유럽에 파견되어 독일과 파리의 대학에서 견문을 넓히기도 했다. 해군보다는 과학을 더 좋아했던 마이컬슨은 특히 빛의 속력을 측정하는 실험에 큰 관심을 가지고 있었다.

해군사관학교에 근무하던 1877년에 처음으로 빛의 속력을 측정하는 실험을 했던 마이컬슨은 측정 방법을 개선하여 1879년에는 공기 중에서 빛의 속력이 초속 29만 9,864킬로미터라는 측정 결과를 얻었고, 이는 진공에서의 빛의 속력이 초속 29만 9,940킬로미터라는 것을 뜻했다. 이것은 당시로서는 가장 정확한 값이었다.

마이컬슨은 빛에 대한 연구에 전념하기 위해 해군에서 제대한 후 미국 오하이오주에 있는 케이스대학의 물리학 교수가 되었다. 마이컬슨은 케이스대학에서 에테르를 찾아내는 실험을 시작했다. 그는 우주공간이 에테르라는 매질로 가득 차 있다면 빠른 속력으로 우주공간을 달리고 있는 지구 주위에는 에테르의 바람이 불고 있을 것이라고 생각했다.

지구 주위에 에테르 바람이 불고 있다면 지구가 달리고 있는 방향으로 전파되고 있는 빛과, 지구가 달리고 있는 방향과 수직한 방향으로 전파되는 빛의 속력이 다를 것이다. 따라서 서로 수직한 방향으로 전파되는 빛의 속력을 측정해 비교하면 에테르의 존재 여부를 알 수 있을 것이라고 생각했다. 1880년 마이컬슨은 수직한 두 방향으로 달리는 빛의 속력을 비교할 수 있는 정밀한 간섭계를 고안했다.

마이컬슨 간섭계는 광원에서 나온 빛이 빛 분리기에 의해 두 갈래로 갈라진 다음 직각을 이루는 두 방향으로 진행했다가 거울에 반사되어 돌아와 스크린에서 만나 간섭무늬를 만들도록 고안되었다. 만약 두 방향으로 전파하는 빛의 속력이 다르다면 가운데 부분에 어두운 무늬가 나타나겠지만 두 방향으로 전파하는 빛의 속력이 같다면 밝은 무늬가 나타나야 한다. 마이컬슨은 이 간섭계를 이용하여 많은 정밀한 실험을 했지만 수직한 방향으로 달리는 두 빛의 속력 차이를 찾아낼 수 없었다.

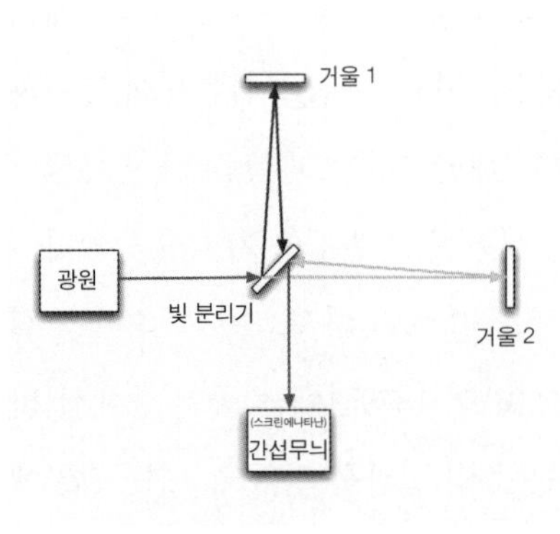

수직한 두 방향으로 진행한 두 빛이 간섭무늬를 만들도록 한 마이컬슨 간섭계.

좀 더 정밀한 실험이 필요하다고 생각한 마이컬슨은 뛰어난 실험 화학자인 에드워드 몰리Edward

Williams Morley(1838-1923)와 공동연구를 시작했다. 그들은 실험 오차를 줄이기 위해 실험장치를 정밀하게 조립했고, 작은 흔들림에 의한 오차도 없애기 위해 실험장치 전체를 수은에 띄웠다. 그러나 오랫동안의 정밀한 실험에도 불구하고 그들은 빛의 속력에 영향을 주는 에테르 바람이 존재한다는 어떤 증거도 찾아내지 못했다.

일부 물리학자들은 마이컬슨의 실험이 에테르의 존재를 증명하지 못한 것은 지구가 달리면서 에테르를 끌고 가기 때문이라고 주장했다. 그렇게 되면 지구와 에테르가 같은 속력으로 달리게 되어 지구 주위에는 에테르의 바람이 불지 않는다는 것이다. 그러나 그런 경우에는 멀리 있는 별에서 오는 빛에 에테르의 영향이 나타나야 한다.

그러나 별에서 오는 빛의 관측에서도 에테르의 영향을 찾아낼 수 없었다. 그것은 빛의 속력이 지구의 운동 방향에 관계없이 일정하다는 것을 나타내는 것이고, 동시에 우주공간에 에테르라는 매질이 가득 차 있지 않다는 것을 나타내는 것이었다.

1889년 케이스대학을 떠나 매사추세츠주에 있는 클라크대학의 물리학 교수가 되었다가 1892년에 새로 설립된 시카고대학의 첫 번째 물리학과 책임자가 된 마이컬슨은 1907년 정밀한 광학 실험장치를 이용하여 분광학적 실험에 기여한 공로로 노벨 물리학상을 받았다. 그의 노벨상 연구 업적에는 에테르를 찾아내지 못한 실험이 명시되어 있지 않았지만, 많은 사람은 그가 에테르가 존재하지 않는다는 것을 확인한 공로로 노벨상을 받았다고 생각하고 있다.

뉴턴역학, 전자기학, 그리고 빛의 속력

뉴턴역학에 의하면 무빙 워크 위에서 걸어가고 있는 사람의 속력은 무빙 워크의 속력과 걷는 속력을 합한 값과 같아야 한다. 이것은 뉴턴역학을 모르고 있는 사람이라도 일상생활의 경험을 통해 잘 알고 있는 사실이다. 그것은 뉴턴역학이 우리가 감각경험으로 알고 있는 사실과 잘 일치한다는 것을 나타낸다. 그러나 빛의 속력은 감각경험을 통해 얻어진 상식으로는 이해하기 어려운 성질을 가지고 있다는 것이 밝혀졌다.

마이컬슨과 몰리의 실험에 의하면 빠르게 달리고 있는 지구에서 지구가 달리고 있는 방향으로 비춘 플래시 불빛의 속력과 지구가 달리고 있는 방향에 수직인 방향으로 비춘 플래시 불빛의 속력이 같다. 이것은 지구의 운동이 빛의 속력에 영향을 주지 않는다는 것이고, 이는 뉴턴역학으로는 빛의 속력을 설명할 수 없음을 의미한다.

맥스웰이 맥스웰 방정식을 이용해 유도한 전자기파의 파동 방정식에 의하면 빛의 속력은 공간의 전자기적 성질을 나타내는 공간의 유전율(ϵ_0)과 투자율(μ_0)에 의해 결정된다. 빛의 속력은 측정하는 사람이나 광원의 속력에 의해 달라지는 것이 아니라 공간의 전자기적 성질에 의해 결정되는 상수이다. 이것은 고전 물리학의 두 기둥이라고 할 수 있는 뉴턴역학과 전자기학이 서로 다른 이야기를 하고 있음을 나타낸다.

물리학자들에게 이것은 심각한 문제가 아닐 수 없었다. 따라서 이 문제는 19세기의 물리학자들이 해결해야 할 가장 큰 숙제였다. 뉴턴역학이 완전하다고 믿고 있던 대부분의 물리학자는 뉴턴역학은 그대로 두고, 다른 방법으로 이 문제를 해결하려고 시도했다. 19세기 말에 로렌츠와 피츠제럴드가 제안한 로렌츠-피츠제럴드의 수축은 이 문제를 해결하고자 한, 당시의 많은 방법 중 하나였다.

로렌츠-피츠제럴드 수축

아일랜드 더블린에 있는 트리니티칼리지의 자연 및 실험 철학 교수였던 조지 프랜시스 피츠제럴드George Francis FitzGerald(1851-1901)는 1889년 학술잡지인 『사이언스』지에 「에테르와 지구 대기」라는 제목의 편지를 보냈다. 이 편지에서 피츠제럴드는 지구가 운동하고 있는 방향으로 전파하는 빛의 속력과 수직한 방향으로 전파하는 빛의 속력이 같은 것은 에테르의 작용으로 운동 방향의 거리가 줄어들기 때문이라고 설명하고, 속력에 따라 길이가 얼마나 줄어드는지를 나타내는 식을 제안했다.

이렇게 운동하는 방향으로 길이가 줄어드는 것을 피츠제럴드의 수축이라고 한다. 피츠제럴드는 뉴턴역학과 에테르를 포기하지 않으면서 마이컬슨과 몰리의 실험 결과를 설명할 수 있는 방법을 제안한 것이다.

그런데 얼마 후 피츠제럴드와 비슷한 생각을 가진 사람이 또 나타났다. 그는 네덜란드에서 태어나 라이덴대학에서 공부한 후 라이덴대학의 이론물리학 교수로 있던 헨드릭 로렌츠Hendrik Antoon Lorentz(1853-1928)였다. 1892년 로렌츠는 지구의 빠른 운동이 빛의 속력에 영향을 주지 않는 것은 에테르의 흐름 방향으로 공간의 거리가 수축하기 때문일 뿐만 아니라 시간의 흐름도 느려지기 때문이라고 주장하고 공간의 수축과 시간의 지연 정도를 계산할 수 있는 식을 제안했다.

공간의 거리가 짧아지는 것을 나타내는 식과 시간이 느려지는 것을 나타내는 식을 합쳐 로렌스 변환식이라고 부른다. 그가 얻은 공간의 수축 정도는 피츠제럴드가 1889년에 얻었던 결과와 같았다. 따라서 사람들은 운동 방향으로 공간의 거리가 짧아지는 것을 로렌츠-피츠제럴드의 수축이라고도 부른다.

피츠제럴드와 로렌츠는 우주공간을 채우고 있는 에테르라는 매질의 미묘한 작용으로 속력에 따라 공간의 거리나 시간이 달라진다고 생각했다. 그들은 에테르가 존재한다는 것을 기정사실로 받아들이고 이를 바탕으로 마이컬슨의 실험 결과를 설명하고 뉴턴역학과 전자기학, 그리고 빛의 속력 사이의 불협화음을 해결하려고 시도했던 것이다. 그들이 만약 에테르를 포기했다면 아인슈타인보다 먼저 상대성이론에 도달했을지도 모른다. 그러나 그들은 빛도 파동이며, 파동은 매질을 통해서만 전달된다는 뉴턴 역학의 틀 안에서 문제를 해결하려고 노력했기 때문에 상대성이론에 도달할 수 없었다. 따라서 상대성이론이 등장하기 위해서는 뉴턴역학의 한계를 과감히 뛰어넘을 수 있었던 아인슈타인이 나타날 때까지 기다려야 했다.

2. 특수상대성이론

아인슈타인의 기적의 해

알베르트 아인슈타인Albert Einstein(1873-1955)이 물리학의 역사를 바꾸어 놓은 세 편의 논문을 발표한 1905년을 아인슈타인의 기적의 해라고 부른다. 이 해를 기적의 해라고 부르는 것은 보통 사람으로는 불가능하다고 생각되는 일을 아인슈타인이 이 해에 해냈기 때문이다. 기적의 해에 아인슈타인은 스위스 베른에 있는 특허사무소에서 서기로 일하고 있었다.

스위스의 취리히에 있는 스위스연방공과대학에서 물리학을 공부하고 졸업한 후에 1년 동안 취직을 준비하던 아인슈타인이 베른 특허사무소의 3급 검사관으로 취직한 것은 그가 23세였던 1902년이었다. 다행히 특허사무소의 일이 많지 않아 하루 3시간 정도면 일을 마치고 자신의 공부를 마음대로 할 수 있었다.

1902년부터 1904년까지 특허사무소에 근무하면서 물리학을 계속 공부하고 있던 아인슈타인은 이 기간 동안에 몇 편의 논문을 발표했다. 아인슈타인의 전기[18]를 쓴 토머스 레벤슨은 이 논문들이 물리학 학술지에 실릴 정도의 전문성을 갖추기는 했지만 뛰어난 논문이라고 할 수는 없었다고 평가했다. 1904년까지 아인슈타인은 평범한 수많은 연구자 중 한 사람일

18 토머스 레벤슨, 『알베르트 아인슈타인』, 김혜원 옮김, 해냄, 2005.

뿐이었다.

그러나 1905년 한 해 동안에 그는 과학의 흐름을 바꾸어 놓은 네 편의 논문을 발표했다. 이 중 두 편은 특수상대성이론과 관련된 논문이어서 흔히 들 아인슈타인이 기적의 해에 세 편의 논문을 발표했다고 말한다. UN은 아인슈타인의 기적의 해 100주년을 기념하기 위해 2005년을 세계 물리학의 해로 선포하고 각종 행사를 개최했다. 우리나라에서도 물리학회와 국회가 이 해를 물리의 해로 선포했었다.

1905년에 아인슈타인이 발표한 첫 번째 논문은 3월 18일 『물리학 연대기』에 제출되어 6월 9일 출판된 광전효과를 설명한 논문이었다. 이 논문은 금속에 전자기파를 비췄을 때 금속에서 광전자가 튀어나오는 현상을 빛이 파동이 아니라 알갱이라고 가정하여 성공적으로 설명한 논문이었다. 아인슈타인은 양자역학의 기초가 된 이 논문으로 1921년 노벨 물리학상을 받았다.

1905년에 아인슈타인이 발표한 두 번째 논문은 5월 11일에 제출되어 6월 18일에 발간된 『물리학 연대기』에 게재된 브라운 운동을 설명한 논문이었다. 브라운 운동이란 흐르지 않는 물 위에 떠 있는 꽃가루가 무작위한 운동을 계속하는 것을 말한다. 처음에는 꽃가루가 가지고 있는 생명의 힘으로 인한 운동이 아닐까 생각했지만 꽃가루뿐만 아니라 미세한 분말이 모두 이런 운동을 한다는 것이 밝혀졌다.

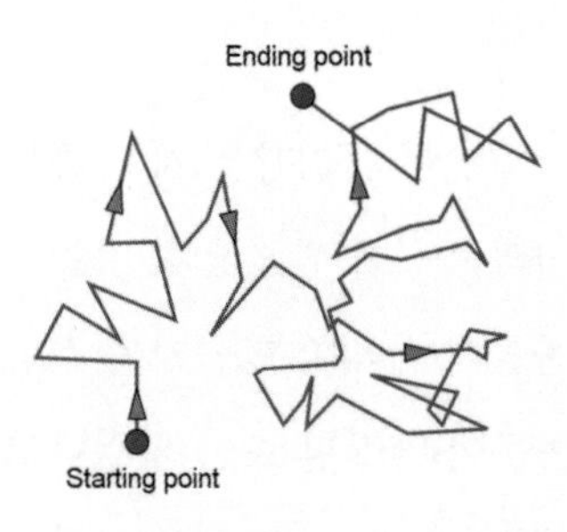

아인슈타인은 브라운 운동을 열운동하는 분자들의 충돌로 설명했다. © MHz'as at the Lithuanian language Wikipedia

아인슈타인은 열운동을 하고 있는 액체 분자들이 사방에서 불규칙하게 꽃가루나 분말 입자들에 충돌하고 있기 때문에 브라운 운동이 일어난다고 설명하고, 브라운 운동을 관찰하여 액체 분자의 크기와 운동에너지를 계산할 수 있는 식을 제안했다. 이것은 오랫동안 분자나 원자가 실제로 존재하느냐 아니면 물리현상을 설명하기 위한 가설에 지나지 않느냐 하는 논쟁을 마무리 지은 중요한 논문이었다.

아인슈타인의 기적의 해에 발표된 세 번째 논문은 6월 30일 제출되어 9월 26일에 발간된 『물리학 연대기』에 실린 「움직이는 물체의 전기역학에 대하여」라는 제목의 논문이었다. 이 논문은 맥스웰 방정식과 역학법칙의 모순을 해결한 논문이었다. 이 논문에 실린 내용은 후에 특수상대성이론이라고 부르게 되었다.

이 해 9월 27일 제출되어 11월 21일 『물리학 연대기』에 출판된 「물체의 질량이 에너지에 의존하는가?」라는 제목의 네 번째 논문에는 에너지와 질량을 환산하는 $E = mc^2$이라는 식이 포함되어 있었다. 이 식은 앞서 발표한 특수상대성이론의 결과 중 하나지만 특수상대성이론 자체보다도 더 널리 알려진 식이 되었다.

아인슈타인의 기적의 해에 발표된 이 논문들은 현대 과학을 탄생시키는 기반이 되었다. 대학에서 물리학을 공부한 후 특허사무소에서 일하면서 틈틈이 물리학을 공부하고 있던 아인슈타인이 불과 3개월 남짓한 기간 동안에 물리학은 물론 과학의 역사를 바꾸어 놓은 논문들을 연이어 발표한 것이다.

아인슈타인의 일생

토머스 레벤슨이 쓴 아인슈타인의 전기 『알베르트 아인슈타인』[19]에 실려 있는 내용을 중심으로 아인슈타인의 일생을 정리해 보면 다음과 같다. 아

19 위의 책.

14세의 아인슈타인

인슈타인은 1879년에 독일 남부에 있는 울름이라는 도시에서 유대인 가정의 장남으로 태어났다. 아인슈타인은 어려서부터 전기 기술자였던 삼촌과 정기적으로 집을 방문해 아인슈타인의 공부를 도와주었던 의대 학생이 준 많은 책을 읽었다. 이때 읽은 과학과 철학에 관한 책들은 후에 아인슈타인이 위대한 과학자가 되는 데 밑거름이 되었다.

1894년에 아인슈타인의 부모는 이탈리아로 이주했지만 당시 15세였던 아인슈타인은 고등학교에 다니기 위해 뮌헨에 있는 친척집에 남아 있었다. 그러나 군대와 같은 강압적인 교육을 하던 독일 고등학교를 무척 싫어했던 아인슈타인은 학교를 그만두고 이탈리아로 부모님을 찾아가 아버지가 운영하고 있던 전기회사 일을 돕겠다고 했다.

그러나 아인슈타인이 계속 공부하기를 원했던 부모님은 고등학교 졸업장이 없어도 시험만 합격하면 대학에 진학할 수 있는 스위스로 가서 대학에 다니라고 설득했다. 스위스로 간 아인슈타인은 16세였던 1895년 10월에 취리히에 있는 연방공과대학 입학시험을 보았다.

이 시험에서 아인슈타인은 수학과 물리학에서는 좋은 성적을 받았지만 라틴어, 동물학, 식물학 등에서는 좋은 점수를 받지 못해 대학에 들어갈 수 없었다. 수학과 물리학 성적을 좋게 평가했던 교수들은 아인슈타인에게 아라우에 있는 주립 고등학교에 다닌 후 다시 대학에 오도록 권유했다. 아인슈타인은 교수들의 권유를 받아들여 취리히 근처에 있는 작은 마을인 아라우에 있던 고등학교를 1년 동안 다녔다.

19세기 말에 있었던 사회개혁운동의 영향을 받은 학교였던 아라우고등학교는 어학 교육보다는 수학과 같은 실용적인 분야의 교육을 강조했다. 아라우 고등학교에 다니는 동안 아인슈타인은 진보적인 성향을 가지고 있던 요스트 빈텔러Jost Winteler 선생님 집에서 생활하면서 창의적인 자신의 생각을 발전시킬 수 있었다.

이때 아인슈타인의 사고실험 중에는 물체가 빛과 같은 속력으로 달리면 어떤 현상이 나타날 것인가와 같은 것도 있었다. 아인슈타인은 자신이 탄 기차가 빛의 속력으로 달릴 수 있다면 기차와 함께 얼굴이나 거울도 빛의 속력으로 달리고 있으므로 얼굴을 떠난 빛이 거울에 도달할 수 없을 것이라고 생각했다. 따라서 빛의 속력으로 달리고 있는 기차에서는 거울로 자신의 얼굴을 볼 수 없을 것이다.

이런 기차에서는 밖을 내다보지 않고, 거울로 자신의 얼굴을 비춰보는 것만으로도 자신이 달리고 서 있는지 알 수 있다. 이것은 등속도로 달리는 계에서는 같은 물리법칙이 성립한다는 갈릴레이의 상대성원리에 어긋나는 것이다. 따라서 빛의 속력으로 달리는 관성계에서도 상대성원리가 성립하기 위해서는 빛의 속력을 다른 방법으로 취급해야 된다는 것을 알 수 있다. 이것은 상대성이론과 관련된 아인슈타인의 최초의 사고실험이었다.

1896년 1월 아인슈타인은 아버지의 동의를 받아 독일(정확하게는 비텐베르크 왕국) 국적을 포기했다. 16세까지 국적을 포기하지 않으면 독일 군대에 가야 했던 것도 독일 국적을 포기한 이유 중에 하나였을 것이다. 그러나 스위스 군대에 가야 되는 스위스 시민권을 취득한 것을 보면 군대를 싫어했던 것이 아니라, 강압적인 독일 군대를 싫어했다는 것을 알 수 있다. 아인슈타인은 스위스의 신체검사에서 정맥류와 평발로 병역이 면제되어 실제로 군대에 가지는 않았다.

아라우고등학교를 졸업한 아인슈타인은 1896년 10월 취리히 연방 공과

대학 물리교육과에 입학했다. 2학년까지 그의 성적은 매우 좋았지만 3학년이 되면서부터 성적이 떨어지기 시작했다. 강의에 출석하는 대신 혼자서 물리학 책을 읽으면서 공부하는 일이 자주 있었다. 그는 실습 과목에서 낙제 점수를 받기도 했다.

1900년에 대학을 졸업하고 교사 자격증을 취득했다. 아인슈타인은 취리히 공과대학이나 다른 대학의 물리학 조교로 취직하기 위해 많은 교수에게 편지를 보내고 접촉했지만 모두 거절당했다. 아인슈타인을 좋게 평가한 추천서를 받지 못했기 때문이었다. 1년 넘게 취직을 하지 못해 어려움을 겪던 아인슈타인은 대학 동창이었던 마르셀 그로스만Marcel Grossmann의 아버지의 도움을 받아 베른에 있는 특허사무소에 취직했다.

베른의 특허사무소에 근무하고 있던 1905년에 아인슈타인은 세 편의 주요 논문을 발표했을 뿐만 아니라 박사학위 논문을 제출하고 취리히대학으로부터 박사학위를 받기도 했다. 당시에는 대학원에 다니지 않고 논문만 써서 통과되면 박사학위를 받을 수 있는 제도가 있었다. 취리히대학의 실험물리학 교수였던 알프레드 클라이너Alfred Kleiner 교수를 지도교수로 하여 작성한 그의 박사학위 논문 제목은 「분자 차원의 새로운 결정」이었다.

아인슈타인은 1905년을 그의 기적의 해로 만든 세 편의 주요한 논문을 발표한 후에도 1908년까지 계속해서 베른의 특허사무소에 근무했다. 당시 유럽 대학의 교수 채용 절차가 느렸던 탓이기도 했지만 특허사무소의 월급이 대학 강사의 월급보다 많기 때문이기도 했다. 아인슈타인이 특허사무소를 그만두고 베른 대학의 강사가 된 것은 1908년이었다.

1년 후인 1909년에 아인슈타인은 박사학위 논문 지도교수였던 알프레드 클라이너 교수의 추천을 받아 새로 만들어진 취리히대학의 이론물리학 부교수가 되었다가, 1911년에는 정교수직과 더 많은 월급을 제시한, 프라하에 위치한 카를 페르디난트대학의 교수가 되었다. 아인슈타인이 조교직도 거절당했던 스위스 연방공과대학의 이론물리학 교수가 되어 취리히로 돌아온 것은 1912년이었다. 그러나 아인슈타인은 이곳에서도 오래 있지 않았다.

양자역학의 기초를 마련한 독일의 뛰어난 물리학자 막스 플랑크와 물리화학이라는 새로운 분야를 개척한 발터 네른스트가 취리히에 있던 아인슈타인을 방문한 것은 1913년 여름이었다. 플랑크와 네른스트는 아인슈타인에게 프로이센 과학아카데미의 회원, 베를린대학의 교수직, 곧 세워질 카이저 빌헬름 연구소의 물리학 책임자직을 제안했다. 강의를 하지 않고, 연구에만 전념할 수 있는 베를린대학의 교수직은 매력적인 제안이었다.

1914년에 아인슈타인은 그들의 제안을 받아들여 그가 고등학교 때 떠났던 베를린으로 돌아갔다. 그러나 아인슈타인이 베를린으로 돌아온 해에 제1차 세계대전이 발발하는 바람에 카이저 빌헬름 연구소의 설립이 연기되었다. 카이저 빌헬름 연구소가 설립되어 아인슈타인이 그곳의 물리학 책임자가 된 것은 1917년이었다.

독일에 머무는 동안 아인슈타인은 왕성한 연구 활동을 통해 많은 논문을 발표했지만 가장 중요한 업적은 1915년 11월에 발표한 일반상대성이론이었다. 1905년에 발표한 특수상대성이론이 일정한 속력으로 달리고 있는 서로 다른 관성계에서 물리법칙과 물리량이 어떻게 달라지는지를 설명한 이론이라면 1915년에 발표한 일반상대성이론은 가속도를 가지고 달리고 있는 기준계에서의 물리량과 물리법칙을 다룬 논문이었다.

일반상대성이론은 원격작용을 이용하여 중력을 설명하는 뉴턴의 중력법칙 대신 휘어진 시공간을 이용하여 중력을 설명하는 새로운 중력이론이었다. 1919년에 영국의 아서 에딩턴Arthur Stanley Eddington(1882-1944)이 이끄는 관측팀이 5월 29일에 있었던 일식을 관측하여 아인슈타인의 일반상대성이론이 옳다는 것을 증명한 후 아인슈타인은 세계적인 유명 인사가 되었다.

두 번째 부인 엘자와 여행 중인 알베르트 아인슈타인(1921)

세계 각국의 신문들은 에딩턴의 발표를 크게 보도했다.

1921년에 아인슈타인은 노벨 물리학상을 수상했다. 노벨상 심사위원회는 아직 더 확실한 증명이 필요하다고 생각했던 상대성이론보다는 광전효과를 그의 노벨상 수상 업적으로 선정했다. 그 후 아인슈타인에게 강연과 방문 요청이 쇄도했다. 아인슈타인은 미국을 두 차례 방문했고, 아시아와 남아메리카의 여러 나라를 방문하여 대중 강연을 하고 주요 인사들과 교류했다.

그러나 그동안 아인슈타인 개인적으로는 불행한 일도 있었다. 대학에서 동료 학생으로 만나 1903년 결혼했던 밀레바 마리치와 1919년 이혼하고, 이모의 딸이었으며 동시에 아버지 사촌의 딸이기도 했던 엘자 뢰벤탈과 재혼했다. 엘자와의 결혼생활은 1936년 엘자가 죽을 때까지 계속되었다. 아인슈타인은 밀레바와 사이에서는 두 아들을 두었지만 엘자와의 사이에서는 자녀가 없었다.

그리고 아인슈타인의 연구 인생에도 어려움이 있었다. 아인슈타인은 광전효과를 설명하고 빛의 이중성을 밝혀내 양자역학의 기초를 마련하는 데 크게 공헌했지만 1927년 보어를 주축으로 한 젊은 학자들이 제안한 양자역학은 반대했다. 아인슈타인은 양자역학에서 원자보다 작은 세계에서 일어나는 일들을 확률적으로 해석하는 것은 우리가 아직 원자의 세계를 충분히 이해하지 못하고 있기 때문이라고 주장했다. 따라서 아인슈타인은 양자역학으로 원자의 구조를 밝혀내는 데 성공한 주류의 물리학자들로부터 멀어지게 되었다.

아인슈타인은 정치적으로도 어려움을 겪게 되었다. 히틀러가 주도하는 나치당이 독일 정치권력의 전면에 등장했기 때문이었다. 많은 사람이 히틀러가 정권을 잡게 되면 독재국가가 될 것이라는 것을 알고 있었고, 아인슈타인도 그런 사람들 중 한 사람이었다. 더구나 아인슈타인은 히틀러가 증오했던 유대인이었다.

1933년 아인슈타인이 미국 여행에서 돌아오는 동안 나치가 베를린에 있는 그의 집을 수색하고, 보트와 별장을 압수했다는 소식을 들었다. 1933년 3월 벨기에에 도착한 아인슈타인은 독일 영사관을 찾아가 여권을 반납하고 독일 국적을 포기한 후 7월에 영국으로, 10월 미국으로 가서 프린스턴 대학 구내에 새로 설립된 고등학술 연구소에 정착했다. 고등학술 연구소는 1929년에 뉴저지주에 있던 밤베르거 백화점의 소유주 루이스 밤베르거와 그의 누이동생 펠릭스 홀드가 백화점을 메이시 백화점에 팔고 그 자금으로 세계 최고의 학자들을 초빙하여 연구에만 전념할 수 있도록 돕는 것을 목표로 설립된 연구소였다.

고등학술 연구소에 정착한 아인슈타인은 통일장 연구에 전념하기 시작했다. 통일장 이론은 질량 사이에 작용하는 중력과 전하 사이에 작용하는 전자기력을 통일적으로 설명하기 위한 이론이었다. 그러나 아인슈타인의 연구는 생각처럼 잘 진척되지 못했다. 미국에 정착한 이후 아인슈타인은 베를린에서처럼 많은 연구 성과를 내지 못했다.

이에 대해 일부 연구자들은 아인슈타인이 양자역학을 반대하고 주류의 물리학자들과 멀어진 것이 그 원인이라고 주장했다. 그러나 또 다른 연구자들은 아인슈타인이 통일장이라는 소화하기에 너무 어려운 주제에 집착했기 때문이라고 설명하고 있다. 양자역학에서는 중력과 전자기력 외에도 강한 핵력과 약한 핵력이 있다는 것을 밝혀냈지만 양자역학을 반대했던 아인슈타인은 강한 핵력과 약한 핵력에 관심을 보이지 않고 중력과 전자기력을 통합하는 일에만 매달렸다.

1939년 7월 아인슈타인은 레오 실라르드Leo Szilard(1898-1964)의 요청을 받아들여 원자폭탄 개발을 권유하는 편지를 루즈벨트 대통령에게 보냈고, 이로 인해 원자폭탄을 개발한 맨해튼 프로젝트가 추진되었다. 평화주의자였던 아인슈타인은 맨해튼 프로젝트에 참여하지 않았지만, 후에 원자폭탄 개발을 권유했던 것을 크게 후회했다.

1940년에 미국 시민권을 받은 아인슈타인은 1952년에 이스라엘의 제2대 대통령직을 제안받았지만 거절했다. 1955년 오래 전에 앓았던 복부 정맥류가 재발한 아인슈타인은 수술을 거부하고 76세의 나이로 세상을 떠났다. 아인슈타인은 "나는 내가 원할 때 가고 싶다. 나는 인위적으로 생명을 연장하고 싶지 않다. 나는 내가 할 일을 다 했다. 이제는 갈 시간이다. 나는 아름답게 나의 마지막을 장식하고 싶다"라는 말로 수술을 거절했고 그의 유해는 자신의 유언대로 화장된 뒤 알려지지 않은 곳에 뿌려졌다.

특수상대성이론의 두 가지 전제

갈릴레이가 『두 우주 체계에 대한 대화』에서 설명한 상대성원리는 모든 관성계에서는 같은 물리법칙이 성립한다는 것이다. 빠른 속력으로 달리고 있는 지구 위에서 지구가 달리고 있다는 것을 느끼지 못하고 살아갈 수 있는 것은 상대성원리 때문이다. 관성계는 관성의 법칙이 성립하는 기준계를 말한다. 등속직선운동을 하는 기준계가 대표적인 관성계이다. 뉴턴역학에서는 모든 관성계에서는 상대성원리가 성립될 뿐만 아니라 물리량도 같다고 생각했다.

아인슈타인은 뉴턴역학과 전자기학 사이의 불협화음을 해결하기 위해 모든 관성계에서 물리법칙과 물리량이 같다고 설명하는 대신 물리법칙과 빛의 속력이 같아야 한다는 전제를 바탕으로 하는 새로운 역학을 제안했다. 뉴턴역학의 틀 안에서 빛의 속력이 만들어 낸 문제를 해결하려고 했던 다른 물리학자들과는 달리 아인슈타인은 뉴턴역학을 수정하여 문제를 해결하려고 한 것이다. 아인슈타인이 상대성이론의 바탕으로 삼은 두 가지 전제는 다음과 같다.

1. 상대성원리: 모든 관성계에서 같은 물리법칙이 성립한다.
2. 광속 불변의 원리: 모든 관측자가 측정한 빛의 속력이 같다.

모든 관성계에서 측정한 빛의 속력이 같기 위해서는 길이, 시간, 질량과 같은 물리량이 측정하는 사람과 물체 사이의 상대 속력에 따라 달라져야 한다. 아인슈타인은 상대성원리와 광속 불변의 원리가 성립하기 위해서는 서로 다른 관성계에서 측정한 길이, 시간, 질량이 상대속력에 어떻게 달라져야 하는지를 계산할 수 있는 식을 제안했다. 이 식을 로렌츠 변환식이라고 부른다. 측정하는 물체와 같은 관성계에 있는 관측자가 측정한 물리량과 물체에 대해 x방향으로 V의 속력으로 달리고 있는 관측자가 측정한 물리량 사이의 관계를 나타내는 로렌츠 변환식은 다음과 같다.

$$x' = \frac{x - Vt}{\sqrt{1 - V^2/c^2}},$$

$$y' = y,$$

$$z' = z,$$

$$t' = \frac{t - Vx/c^2}{\sqrt{1 - V^2/c^2}}$$

이 식에서 '가 붙은 물리량들은 물체에 대해 V의 속력으로 달리고 있는 관측자가 측정한 값이고, '이 붙지 않은 물리량들은 물체와 같은 관성계에 있는 관측자가 측정한 물리량이며, c는 빛의 속력이다. 로렌츠 변환식은 특수상대성이론의 핵심이 되는 식이다.

특수상대성이론은 모든 관성계에서 같은 물리법칙이 성립하고, 빛의 속력이 일정하기 위해 길이, 시간, 질량이 로렌츠 변환식이 나타내는 대로 달라져야 한다는 이론이다. 로렌츠는 에테르라는 매질의 작용으로 시간과 길이가 로렌츠 변환식이 나타내는 것처럼 달라져야 한다고 설명했지만 아인슈타인은 에테르는 존재하지 않으며, 상대성원리가 성립하고, 빛의 속력이 모든 관측자에게 같은 값으로 측정되기 위해서 물리량들 사이에 로렌츠 변환식이 나타내는 것과 같은 관계가 있어야 한다고 새롭게 해석한 것이다.

로렌츠 변환식에 의하면 지구 위에 있는 관측자가 지구 위에서 일어나는 일들을 관측할 때와 우주선을 타고 달리면서 지구 위에서 일어나는 일들을 관측할 때 속력, 거리, 시간, 질량과 같은 물리량들이 다른 값으로 측정된다. 이런 경우 우리는 한 가지 측정 결과는 참값이고, 다른 하나는 달리면서 측정했기 때문에 나타난 값이라고 생각하기 쉽다. 그러나 지구 위의 관측자에게는 지구에서 측정한 값이 참값이고, 우주선을 타고 있는 관측자에게는 우주선에서 측정한 값이 참값이다. 상대성원리에 의해 모든 관성계는 물리적으로 동등하기 때문이다.

아인슈타인이 특수상대성이론을 만들던 1905년에는 특수상대성이론을 예측을 실험해 볼 수 있을 정도로 빠르게 달리는 물체가 없었다. 그러나 1900년대 후반에 세계 곳곳에 건설된 입자 가속기 안에서는 전자나 양성자와 같은 입자들이 빛 속력에 가까운 속력으로 달리고 있다. 이런 입자들의 운동을 측정하면 그 결과가 로렌츠 변환식을 이용하여 계산한 결과와 일치한다는 것을 알 수 있다.

속력 더하기

뉴턴역학에 의하면 시속 100킬로미터로 달리고 있는 기차 위에서 시속 5킬로미터의 속력으로 걷고 있는 사람의 속력을 길가에 서 있는 사람은 시속 105킬로미터라고 측정한다. 그렇다면 지구에서 볼 때 0.6c(c는 빛의 속력)의 속력으로 날아가는 우주선에서 앞쪽을 향해 0.8c의 속력으로 발사한 총알의 속력을 지구에서 측정하면 1.4c가 돼야 한다. 다시 말해 이 총알은 빛 속력의 1.4배나 되는 빠른 속력으로 달리고 있어야 한다.

그러나 로렌츠 변환식을 이용하여 분석한 속력 더하기를 나타내는 식은 다음과 같다.

$$v' = \frac{v+V}{1+vV/c^2}$$

이 식에 의하면 아무리 빠른 속력을 더해도 빛의 속력보다 빠를 수 없다. 지구에 대해 0.6c의 속력으로 달리는 우주선에서 앞쪽으로 0.8c의 속력으로 발사한 총알의 속력을 지구에서 측정하면 0.9459c가 된다. 지구에서 측정한 총알의 속력은 빛의 속력에 매우 가까워졌지만 아직 빛의 속력보다는 느린 값이다.

특수상대성이론의 속력 더하기에 의하면 우주선이 0.99c로 달리고 우주선에서 0.99c의 속력으로 총알을 발사했다고 해도 지구에서 측정한 총알의 속력은 약 0.999949c가 되어 빛의 속력에 아주 가까울 뿐 빛의 속력보다는 느리다. 따라서 아무리 빠른 속력을 더해도 빛의 속력보다 빨라질 수 없다. 특수상대성이론에 의하면 빛의 속력은 우주에서 가장 빠른 속력이다.

시간의 지연과 길이의 수축

우주에서 가장 빠른 속력인 빛의 속력은 시간 측정에도 영향을 준다. 지구와 태양 사이에 작용하고 있는 중력으로 인해 지구는 태양으로부터 멀리 달아나지 않고 태양 주위를 공전하고 있다. 태양에서 지구까지의 거리는 약 1억 5천만 킬로미터이다. 이것은 빛이 약 8분 20초 동안 달려야 하는 거리이다. 그리고 목성은 태양으로부터 빛이 약 1시간 20분 동안 달려야 하는 거리에서 태양을 돌고 있다.

어느 순간 태양이 사라진다고 해도 우리는 8분 20초 후에나 그 사실을 알 수 있을 것이고, 목성은 1시간 20분 후에나 그런 소식을 듣게 될 것이다. 태양이 사라졌다는 소식이 전달되기 전까지는 태양이 예전의 모습대로 빛나고 있을 뿐만 아니라 중력도 그대로 작용한다. 이것은 하나의 사건을 위치에 따라 다른 시간에 일어난 일로 관측한다는 것을 의미한다.

지구를 출발해 아주 빠른 속력으로 멀리 있는 별을 향해 날아가고 있는 우주선에서 태양을 관측한다면 어떻게 될까? 우주선의 속력이 빠르면 빠를수록 태양이 사라졌다는 소식이 늦게 도달할 것이다. 만약 이 우주선의 속력이 0.99c라면 태양이 사라졌다는 소식이 이 우주선에 도달하기까지는 아주 오랜 시간이 걸릴 것이다.

이제 태양이 사라지기 전에 커졌다 작아졌다 하는 진동을 하다가 사라졌다고 가정해 보자. 지구와 목성, 그리고 우주선에서는 태양의 진동을 어떻게 측정할까? 지구에서는 태양이 진동을 시작하고 8분 20초 후에나 태양이 진동을 시작했다는 것을 관측할 것이고, 목성에서는 1시간 20분 후에나 태양의 진동을 감지할 것이다. 그러나 진동하는 주기는 같게 관측할 것이다. 다시 말해 위치에 따라 진동이 시작되는 시간은 다르게 관측하겠지만 태양에서 일어나는 일들 사이의 시간 간격은 같게 관측할 것이다. 지구와 목성은 태양으로부터의 거리는 다르지만 같은 관성계에 있기 때문이다.

그러나 태양계에서 멀어지고 있는 우주선에서는 진동이 시작되는 시간도 다르게 관측하고, 한 번 진동하는 데 걸리는 시간도 다르게 관측할 것이다. 태양이 한 번 진동하는 동안에도 우주선이 태양으로부터 멀어지고 있기 때문이다. 이것은 우주선의 위치와 속력에 따라 사건이 시작되는 시각뿐만 아니라 태양에서 일어나는 일들 사이의 시간 간격도 다르게 측정한다는 것을 의미한다. 다시 말해 멀어지고 있는 우주선에서 보면 태양이 천천히 진동하고 있는 것처럼 보인다.

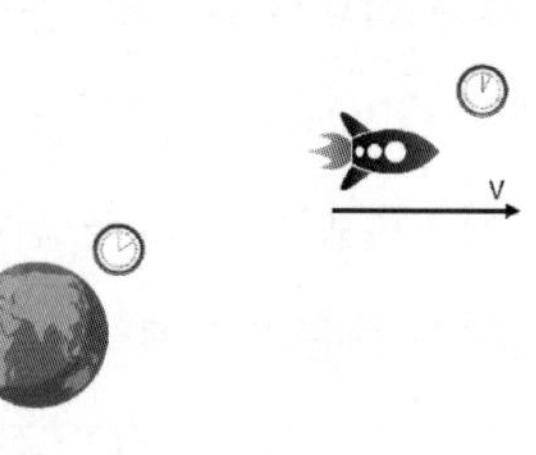

지상과 우주선의 관측자는 서로 상대방이 나이를 천천히 먹는 것으로 관측한다.

이것은 시간은 누구에게나 똑같이 흘러간다는 것이 더 이상 사실이 아니라는 것을 의미한다. 누구에게나 빛의 속력이 일정한 우주에서는 시간마저도 측정하는 사람의 상대속력에 따라 달라져야 한다. 누구에게나 일정하게 흘러가는 시간을 절대시간이라고 한다면 측정하는 사람의 상대속력에 따라 달라지는 시간을 상대시간이라고 한다.

로렌츠 변환식을 이용하여 분석해 보면 측정하는 사람과 같은 관성계에 있는 시계로 측정한 시간은 이 시계에 대해 달리고 있는 관성계에서 측정한 시간보다 항상 짧다. 다시 말해 상대적으로 달리고 있는 관측자는 정지해 있는 관측자보다 모든 일들이 천천히 진행되는 것으로 관측한다. 이런 것을 시간 지연이라고 한다. 시간 지연을 나타내는 식은 다음과 같다.

$$\Delta t' = \frac{\Delta t}{\sqrt{1 - V^2/c^2}}$$

이 식에서 Δt는 같은 관성계에 있는 시계로 측정한 시간 간격이고, $\Delta t'$는

V의 속력으로 달리고 있는 시계로 측정한 시간 간격이다. 시간 지연은 시계로 측정한 시간만 천천히 가는 것이 아니라 모든 물리 화학적 변화도 천천히 일어난다는 것을 의미한다. 여러 관성계에서 측정한 시간 중에서는 시계와 같은 관성계에 있는 관측자가 측정한 시간이 가장 빨리 간다. 시계와 같은 관성계에 있는 관측자가 측정한 시간을 고유시간이라고 부른다. 따라서 고유시간은 가장 빨리 가는 시간이다.

이번에는 한 관성계에 놓여 있는 막대의 길이를 다른 관성계에서 측정하는 경우를 생각해 보자. 로렌츠 변환식을 이용하여 분석한 결과에 의하면 막대에 대해 상대적으로 운동하고 있는 관측자가 측정한 길이가 이 막대에 대해 상대적으로 정지해 있는 관측자가 측정한 길이보다 짧다. 이것을 길이의 수축이라고 한다. 길이의 수축을 나타내는 식은 다음과 같다.

$$L' = L\sqrt{1 - V^2/c^2}$$

이 식에서 L'와 L은 각각 달리는 관성계에서 측정한 길이와 같은 관성계에서 측정한 길이를 나타낸다. $\sqrt{1-V^2/c^2}$이 항상 1보다 작은 값이어서 L'가 L보다 항상 작아야 한다.

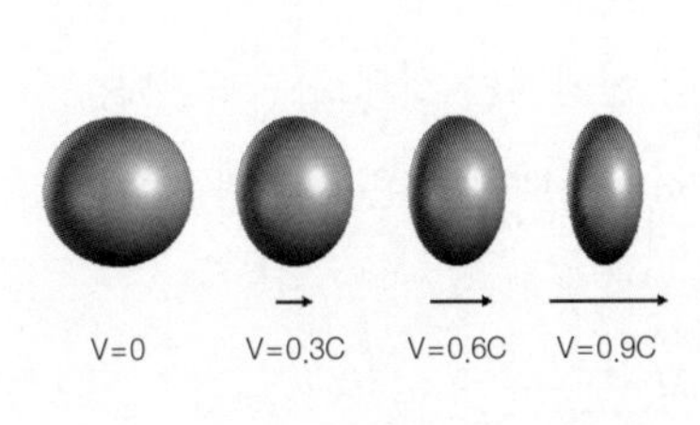

속력에 따라 달리는 방향의 길이가 줄어들어 공의 모양이 변한다.

빛의 속력보다 아주 느린 속력으로 달리면서 살아가는 우리는 길이의 수축을 경험할 수 없다. 따라서 자동차가 서 있을 때나 달리고 있을 때 길이가 같다고 생각한다. 그러나 특수상대성이론에 의하면 자동차의 길이는 자동차의 속력이 빨라짐에 따라 줄어든다. 빛의 속력의 60%나 되는 빠른 속력(0.6c)로 달리면 길이가 약 20% 줄어들고, 80%나 되는 빠른 속력(0.8c)으로 달리는 경우에는 길이가 약 40% 줄어든다. 속력이 점점 빨라져 빛의 속력에 아주 가까운 속력으로 달리면 길이도 아주 짧아져 0에 가까워진다.

질량과 에너지

물리법칙 중에서 운동량 보존법칙은 우리가 사는 우주공간의 성질과 관련된 가장 기본적인 법칙이다. 두 물체가 충돌하는 것을 두 다른 관성계에서 측정하는 경우를 생각해 보자. 두 다른 관성계에서는 물체의 위치와 시간을 다른 값으로 측정하지만 운동량 보존의 법칙은 성립되어야 한다. 물리량은 다른 값으로 측정되더라도 물리법칙은 같아야 하기 때문이다.

로렌츠 변환식을 이용하여 분석해 보면 두 다른 관성계에서 운동량 보존법칙이 성립하기 위해서는 물체에 대해 달리고 있는 관성계에서 측정한 질량이 물체에 대해 정지해 있는 관성계에서 측정한 질량보다 커야 한다. 물체에 대해 정지해 있는 관측자가 측정한 질량을 정지 질량($m_{\circ}$)이라고 하면 V의 속력으로 달리는 경우의 질량(m)은 다음과 같다.

$$m = \frac{m_{\circ}}{\sqrt{1-V^2/c^2}}$$

이 식에 의하면 속력이 빨라질수록 질량이 증가한다. 물체에 힘을 가해 가속시키는 경우 가속도의 크기는 질량에 반비례한다. 따라서 속력이 느린 경우에는 질량이 작아 쉽게 가속시킬 수 있지만, 물체의 속력이 빛의 속력에 가까이 다가가면 물체의 질량이 무한대로 증가하기 때문에 아무리 큰 힘을 가해도 속력을 더 이상 증가시킬 수 없게 된다.

질량은 물체가 가지고 있는 고유한 양이어서 변하지 않는다고 했던 뉴턴

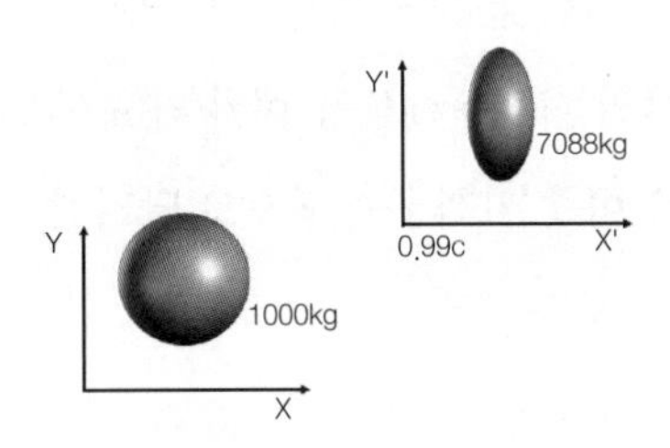

0.9c의 속력으로 달리고 있는 물체의 질량은 정지해 있을 때보다 7배 이상 증가한다.

역학에서는 물체에 충분히 큰 힘을 가하거나, 아주 오랫동안 힘을 가하면 빛의 속력보다 더 빠르게 달리게 할 수 있었다. 그러나 속력이 빨라짐에 따라 질량이 증가하는 특수상대성이론에서는 질량을 가지고 있는 물체를 빛의 속력으로 달리게 하는 것은 가능하지 않다.

빛의 속력으로 달릴 수 있는 것은 빛 입자인 광자와 같이 질량을 가지고 있지 않은 입자들뿐이다. 강한 핵력을 전달해 주는 글루온이나 중력을 전달하는 입자인 중력자도 질량을 가지고 있지 않아 빛의 속력으로 달릴 수 있다.

물체에 일을 해 주면 물체의 운동에너지가 증가한다. 물체의 속력이 증가해도 질량이 변하지 않는 뉴턴역학에서는 물체에 가해 준 모든 에너지가 물체의 속력을 증가시키는 데 사용된다. 그러나 상대성이론에 의하면 물체에 해 준 일의 일부는 속력을 증가시키는 데 사용되고 일부는 질량을 증가시키는 데 사용된다. 아인슈타인은 로렌츠 변환식을 이용해 에너지가 얼마의 질량으로 바뀌는지, 그리고 질량이 얼마의 에너지로 바뀌는지를 나타내는 식을 유도해 냈다.

$$E = mc^2$$

이 식은 물리학을 공부하지 않은 사람들도 잘 알고 있는 가장 유명한 식이다. 따라서 이 식을 특수상대성이론이라고 생각하고 있는 사람들도 많다. 그러나 이 식은 특수상대성이론의 여러 가지 결과 중 하나이다. 이 식에 의해 에너지는 질량으로, 질량은 에너지로 바뀔 수 있게 되었다. 아인슈타인의 특수상대성이론이 등장하기 전에는 질량 보존의 법칙과 에너지 보존의 법칙이 따로 있었다. 그러나 이제 질량이 에너지로, 그리고 에너지가 질량으로 바뀔 수 있게 됨에 따라 더 이상 두 가지 보존법칙이 따로 성립하지 않고 질량-에너지 보존법칙으로 통합되었다.

많은 실험을 통해 입자와 반입자 쌍이 사라지면서 에너지가 되는 것이 확인되었고, 큰 에너지를 가진 감마선이 입자와 반입자의 쌍을 만들어 내는 것도 확인되었다. 그리고 이 식은 별이 내는 에너지를 설명할 수 있게 해 주었고, 원자폭탄과 원자력 발전의 원리를 제공했다. 따라서 이 식은 많은 자연현상을 이해하는 데 크게 기여했을 뿐만 아니라 세계 정치 질서나 우리의 생활에도 큰 영향을 끼치게 되었다.

3. 일반상대성이론

관성력과 중력

서로 다른 관성계에서 측정한 물리량 사이에 어떤 관계가 있는지를 다룬 특수상대성이론을 완성한 아인슈타인은 속도가 달라지고 있는 기준계에서의 물리량에 대해 생각하기 시작했다. 속도가 달라지고 있는 기준계를 가속계라고 부르고, 가속계에서 일어나는 일들을 다루는 이론이 일반상대성이론이다.

가속계를 어떻게 다룰 것인지를 놓고 고심하고 있던 아인슈타인은 1907년 어떤 사람이 지붕에서 일을 하다 떨어질 때 순간적으로 공중에 붕 떠 있는 무중력 상태를 느꼈다는 이야기를 듣고 그가 가장 즐거운 상상이라고 부른 사고실험을 시작했다. 그는 지붕에서 떨어지는 것을 상상했다. 지붕에서 떨어질 때는 주변에 있던 물건들도 같이 떨어진다. 떨어지면서 보면 같이 떨어지고 있는 주변의 물건들이 정지해 있는 것처럼 보이고, 중력이 사라진 것 같은 편안한 상태를 느낄 것이다.

자유낙하를 하고 있던 사람이 중력을 느끼지 못하고, 주변의 물체가 정지해 있는 것처럼 느끼는 것은 중력 질량과 관성 질량이 같기 때문이다. 중력 질량은 중력의 크기를 결정하는 양이고, 관성 질량은 힘이 가해졌을 때 가속도의 크기를 결정하는 질량이다. 이 두 가지 질량이 같아야 할 이유는 없다. 그러나 지금까지의 수많은 실험에 의하면 두 가지 질량이 같은 값을 갖는다. 아인슈타인은 중력 질량과 관성 질량이 같다는 실험 결과를 일반상대성 이론의 출발점으로 삼았다.

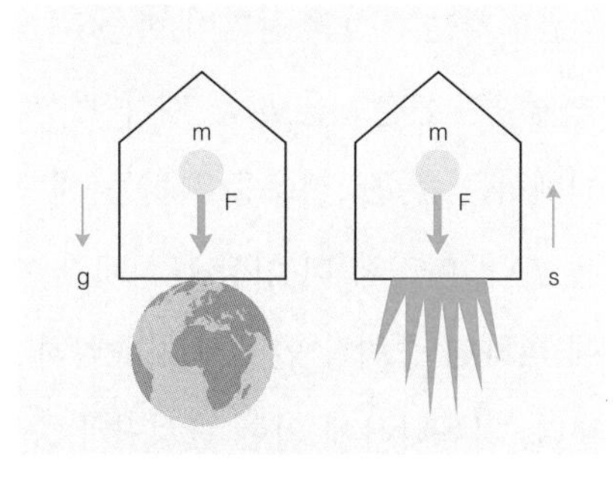

중력이 작용하는 기준계와 가속되고 있는 가속계는 물리적으로 동등하다.

아인슈타인은 중력 질량과 관성 질량이 같다는 실험 결과를 중력이 작용하고 있는 기준계와 가속되고 있는 가속계가 물리적으로 동등하다는 등가원리로 격상시켰다. 다시 말해 밖을 내다볼 수 없는 우주선 안에서는 어떤 실험을 해도 우주선이 가속되고 있는지, 우주선 아래쪽에 있는 천체에 의해 중력이 작용하고 있는지 알 수 있는 방법이 없다는 것이다. 그것은 중력장 안에서 일어나는 일이 가속되고 있는 계에서도 똑같이 일어난다는 것을 의미했다.

등가원리

1. 중력이 작용하는 계와 가속되고 있는 계는 물리적으로 동등하다.
2. 내부에서의 실험만으로 중력이 작용하고 있는지 가속도로 움직이고 있는지 알 수 있는 방법이 없다.

중력이 작용하고 있는 계와 가속되고 있는 계가 물리적으로 동등하므로 가속계를 이용하여 분석한 결과는 중력이 작용하고 있는 계에 적용할 수 있고, 반대로 중력이 작용하고 있는 계에서의 실험을 통해 알아낸 결과를 가속계에도 적용할 수 있다. 등가원리와 특수상대성이론을 이용하면 중력이 시간의 흐름에 어떤 영향을 주는지, 그리고 질량 부근의 공간이 어떻게 휘어져 있는지를 알아낼 수 있다.

관성계는 관성의 법칙이 적용되는 계이다. 중력이 작용하지 않는 경우에는 등속직선운동을 하는 계가 관성계이다. 그러나 중력이 작용하고 있는 계에서는 등속직선운동을 하는 계에서도 중력으로 인해 물체가 가속운동을 한다. 따라서 더 이상 관성계가 아니니다. 그러나 아인슈타인의 사고실험에 의하면 중력장 안에서 자유낙하를 하는 경우에는 관성의 법칙이 성립한다. 자유낙하에 의한 관성력과 중력이 상쇄되어 힘이 작용하지 않는 상태가 되기 때문이다. 따라서 중력장 안에서는 자유낙하를 하는 계가 관성계이다.

중력에 의한 시간의 지연

일반상대성이론에 의하면 중력이 강한 곳에서는 중력이 약한 곳에서보다 시간이 천천히 간다. 이것을 중력에 의한 시간 지연이라고 부른다. 중력의 세기는 지구 중심으로부터의 거리 제곱에 반비례해서 작아지기 때문에 지구 중심에 가까울수록 강한 중력이 작용하고, 높이 올라갈수록 중력이 약해진다. 따라서 중력에 의한 시간 지연에 의해 지구 중심에서 가까운 곳에 놓여 있는 시계는 멀리 있는 곳에 놓여 있는 시계보다 천천히 간다.

두 시계의 시간 차이는 중력의 차이가 크면 클수록 커진다. 다시 말해 지상에 있는 시계는 중력의 차이로 인해 인공위성에 실려 있는 시계보다 천천히 간다. 인공위성의 높이가 높을수록 지상과 중력 차이가 커져서 시계가 더 천천히 간다.

중력에 의한 시간 지연의 결과로 나타나는 현상 중 하나가 중력에 의한 편이 현상이다. 중력이 강한 곳에서는 시간이 천천히 가기 때문에 전자기파가 한 번 진동하는 데 걸리는 시간이 길어진다. 한 번 진동하는 데 걸리는 시간이 길면, 1초 동안에 몇 번 진동하는지를 나타내는 진동수가 감소하고, 진동수가 감소하면 진동수에 반비례하는 파장이 길어진다. 백색왜성과 같이 중력이 큰 천체가 내는 빛의 스펙트럼에서는 스펙트럼이 파장이 긴 쪽으로 이동하는 적색편이가 나타난다. 반대로 중력이 약한 곳에서 방출된 빛을 중력이 강한 곳에서 관측하면 파장이 짧아지는 청색편이가 나타난다.

쌍둥이 역설

상대성이론 이야기를 하다보면 빠짐없이 등장하는 것이 쌍둥이 역설이다. 같은 날 태어난 쌍둥이 형제 중 한 사람은 우주 비행사가 되었고, 한 사람은 작가가 되었다. 25세가 되는 생일날, 우주 비행사가 된 쌍둥이가 빠르게 달리는 우주선을 타고 우주여행을 떠났다. 우주선을 타고 여행을 하던 쌍둥이가 10년 후 우주여행을 끝내고 다시 집으로 돌아왔다면, 두 쌍둥이 중에서 누가 나이를 더 먹었을까?

일정한 속력으로 우주여행을 하고 있는 동안에는 특수상대성이론에 의한 시간 지연이 나타난다. 따라서 지구에 있는 쌍둥이가 볼 때는 우주여행을 하고 있는 쌍둥이가 나이를 덜 먹고, 우주여행을 하고 있는 쌍둥이가 볼 때는 지구의 쌍둥이가 나이를 천천히 먹는다. 두 사람은 서로 다른 관성계에 있으므로 나이를 서로 다르게 측정한 것이다. 따라서 일정한 속력으로 달리고 있는 동안에는 누가 더 나이를 먹었는지 결정할 수 없다. 두 쌍둥이가 측정한 시간은 각각의 쌍둥이에게 사실이기 때문이다.

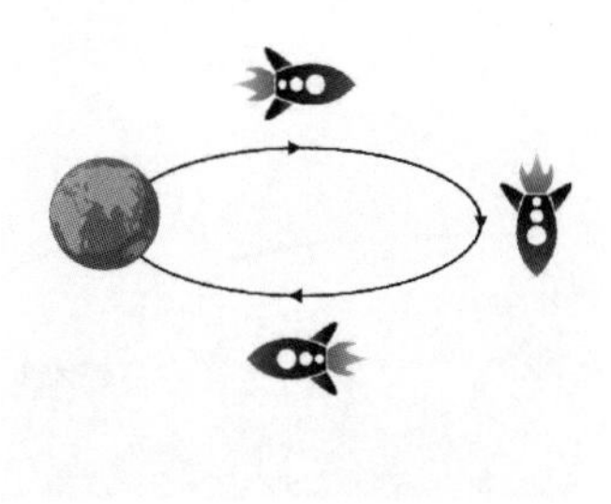
우주여행을 하고 있던 쌍둥이가 지구로 돌아오기 위해서는 가속상태를 거쳐야 한다.

그렇다면 우주여행을 하고 있던 쌍둥이가 우주여행을 마치고 지구로 돌아왔을 때는 누가 나이를 덜 먹었을까? 우주여행을 하고 있던 쌍둥이가 지구로 돌아오기 위해서는 달리던 속력을 줄인 다음 다시 반대 방향으로 속력을 높여야 하고, 지구 부근에 와서는 속력을 줄여 지구에 착륙해야 한다. 다시 말해 우주여행을 하던 쌍둥이는 항상 같은 관성계에만 있었던 것이 아니라 가속계를 거쳐야 한다. 일반상대성이론의 시간 지연에 의해 가속계, 즉 중력이 작용하는 계에서는 시간이 천천히 간다. 따라서 우주여행을 하고 돌아온 쌍둥이가 나이를 적게 먹는다.

휘어진 시공간

중력에 의한 시간 지연 외에 일반상대성이론의 또 다른 중요한 효과는 질량에 의해 시공간이 휘어진다는 것이다. 등가원리에 의하면 가속되고 있는 기준계와 중력이 작용하는 기준계에서는 똑같은 일이 일어난다. 따라서 중력이 작용하고 있는 공간에서 빛이 어떻게 행동하는지 알아보기 위해서는 가속되고 있는 공간에서 빛이 어떻게 행동하는지 알아보면 된다.

우주선의 한쪽 벽에는 빛이 들어올 수 있는 작은 창문이 나 있다. 우주선이 정지해 있으면 창문으로 들어온 빛은 우주선을 똑바로 가로질러 반대편 벽 같은 높이에 도달할 것이다. 그러나 우주선이 일정한 속력으로 위쪽으로 달리고 있으면 창문으로 들어온 빛은 우주선을 비스듬하게 가로질러 반대편 벽 아래쪽에 도달할 것이다. 이 경우 빛이 지나간 경로는 직선이 된다.

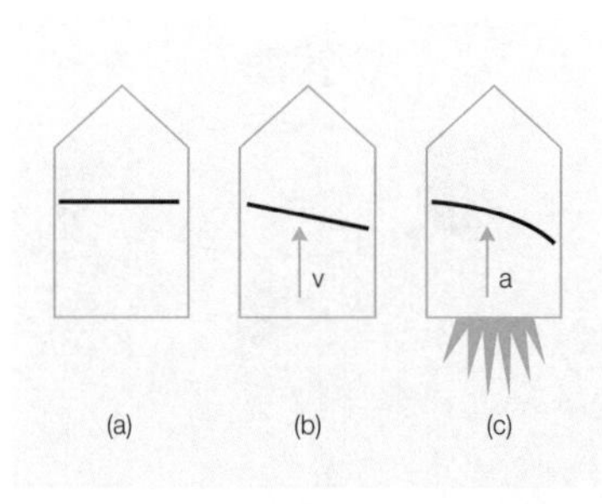

우주선의 상태에 따라 빛의 경로가 달라진다.

이번에는 우주선이 일정한 가속도로 위로 올라가고 있는 경우에 대해 생각해 보자. 이 경우에도 빛이 반대편 벽 아래쪽에 도달할 것이다. 그러나 우주선이 가속도를 가지고 달리고 있으므로 빛이 지나간 자리는 직선이 아니라 포물선이 된다. 빛이 똑바로 지나가지 않고 휘어져 지나가는 것이다.

가속되고 있는 공간에서 빛이 휘어져 진행한다면 중력이 작용하고 있는 공간에서도 빛이 휘어져 지나가야 한다. 빛이 휘어가는 것을 어떻게 설명해야 할까? 아인슈타인은 빛이 휘어가는 것은 질량 주변의 공간이 휘어져 있기 때문이라고 설명했다. 그리고 이 휘어진 공간으로 인해 질량 사이에 서로 잡아당기는 중력이 작용한다고 했다. 일반성대성이론을 새로운 중력이론이라고 하는 것은 이 때문이다.

어떤 점의 중력의 세기는 그 지점의 공간이 얼마나 휘어졌느냐에 의해 결정되는데 공간의 휘어진 정도를 나타내는 것을 곡률이라고 부른다. 질량이 공간을 휘게 하고, 휜 공간이 물체의 운동에 영향을 주는 것을 가리켜 "질량은 공간이 어떻게 휠 것인지를 이야기해 주고, 휜 공간은 질량이 어떻게 행동할 것인지를 말해 준다"라고 표현하기도 한다.

아인슈타인이 제안한 새로운 중력이론은 중력이 약한 곳에서는 뉴턴역학의 중력과 같은 값을 나타낸다. 그러나 중력이 강한 곳에서는 뉴턴역학의 예측과 다른 값을 나타낸다. 따라서 새로운 중력이론이 뉴턴의 중력이론보다 더 정확하다는 것을 증명하기 위해서는 중력이 강한 곳에서 실험해 보아야 했다.

일반상대성이론과 우주

아인슈타인의 새로운 중력이론은 우주의 구조를 분석하는 이론이 되었다. 우주에는 별, 행성, 은하, 은하단과 같은 여러 가지 복잡한 구조들이 있다. 우주의 구조를 분석하기 위해 이들의 분포를 모두 알아야 한다면 우주의 구조를 연구하는 것이 불가능할 것이다. 그러나 아인슈타인은 우주의 구조를 연구하기 위해 우주 원리를 적용했다.

은하단과 같은 아주 큰 구조마저도 작은 점들로 취급할 수 있는 아주 큰 규모에서 보면 우주의 모든 부분이 균일하고, 모든 방향의 물리적 성질이 동일하다는 것이 우주 원리이다. 일반상대성이론을 바탕으로 우주의 구조를 분석한 아인슈타인은 우주가 정적인 상태가 아니라 팽창하거나 수축하는 동적인 상태에 있어야 한다는 것을 알게 되었다.

그러나 우주가 정적인 상태에 있어야 한다고 믿고 있던 아인슈타인은 자신의 방정식에 우주가 정적인 상태에 있을 수 있게 하는 우주상수라고 하는 항을 추가했다. 우주상수는 중력 작용에 반대로 작용하는 반중력을 나타내는 항이었다. 그러나 후에 관측을 통해 우주가 팽창하고 있다는 것이 밝혀져 우주상수가 필요 없게 되었다. 아인슈타인은 자신의 방정식에서 우주상수를 추가한 것은 자신의 가장 큰 실수였다고 말했다.

중력에 의해 공간이 휘어진다는 일반상대성이론은 블랙홀을 탄생시킨 이론이기도 하다. 일반상대성이론에 의하면 밀도가 아주 커지면 공간의 곡률이 아주 커져 빛마저도 빠져나올 수 없는 천체가 된다. 이런 천체가 블랙홀이다. 블랙홀 중에는 커다란 별의 마지막 단계에 만들어지는 블랙홀과 은하 중심에 자리 잡고 있는 거대 블랙홀이 있다.

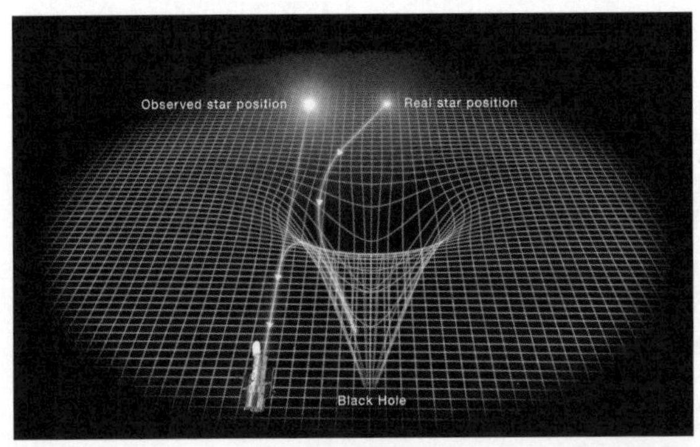

별에서 오는 빛이 태양 주위의 휘어진 공간을 통과하면서 굽어서 진행한다.

큰 질량을 가지고 있는 별들은 일생의 마지막 단계에 초신성 폭발을 하게 되는데 이때 많은 질량을 공간으로 날려버리고 밀도가 큰 핵만 남게 된다. 이 핵의 질량이 충분히 크면 중력에 의해 붕괴되어 블랙홀이 만들어진다. 태양 질량의 수십만 배나 되는 큰 질량을 가지고 있는 은하 중심에 있는 거대 블랙홀은 은하의 형성 과정에 중요한 역할을 했을 것으로 보인다.

4. 상대성이론의 증명

일식 관측

일반상대성이론에 대한 실험 중에서 가장 유명한 실험은 일식 때 태양 주위의 별들 사진을 찍어 태양이 없을 때 찍은 별들의 사진과 비교해 보는 일식 실험이다. 일반상대성이론에서 예측한 대로 태양 주변의 공간이 휘어져 있다면 별에서 오는 빛이 태양 주변을 지나오는 동안 휘어져 오기 때문에 별들의 위치가 달라져 보일 것이다. 따라서 일식 때 찍은 사진과 밤에 찍은 사진을 비교하여 위치가 달라진 정도를 측정하면 일반상대성이론의 진위 여부를 가릴 수 있다.

이런 실험을 처음 계획했던 사람은 아인슈타인과 에르빈 프로인틀리히Erwin Freundlich(1885-1964)였다. 아인슈타인은 일반상대성이론을 발표하기 전인 1914년 8월 21일에 있었던 일식 때 태양 주위의 별들 사진을 찍어 증거자료로 일반상대성이론 논문에 포함시킬 생각이었다. 프로인틀리히가 이 일식을 관측하기 위해 러시아로 갔지만 여행하는 도중 제1차 세계대전이 발발하자 독일 스파이로 몰려 러시아 포로가 되었다. 포로로 잡혔던 프로인틀리히는 포로 교환을 통해 독일로 돌아올 수 있었지만 관측여행은 실패로 끝나고 말았다.

일식 실험을 성공적으로 해낸 사람은 영국의 천문학자 아서 에딩턴이었다. 케임브리지 천체 연구소 소장이었던 에딩턴은 일반상대성이론을 누구보다 잘 이해하고 있던 사람이었다. 에딩턴이 쓴『수학적 상대성이론』이라는 책을 본 아인슈타인은 상대성이론에 관한 책들 중에서 가장 훌륭한 책이라고 칭찬하기도 했다.

에딩턴은 1919년 3월 29일에 일어날 개기일식이 많은 별이 몰려 있는 히아데스성단을 배경으로 하여 일어나기 때문에 별빛이 중력에 의해 휘어진다는 것을 측정하기에 가장 좋은 조건이라는 것을 알고 있었다. 이 일식은 남아메리카와 아프리카에서 관측할 수 있는 일식이었다. 1919년 3월 8일 리버풀을 출발한 에딩턴은 탐사대를 두 팀으로 나누어 한 팀은 브라질의 소브라우로 보내고, 에딩턴이 이끄는 두 번째 팀은 서부 아프리카의 적도기니 해변으로부터 조금 떨어져 있는 프린시페섬으로 향했다. 두 곳 중 한 곳의 날씨가 나쁘더라도 다른 곳에서는 일식 사진을 찍을 수 있도록 하기 위해서였다.

3월 29일이 되자 소브라우와 프린시페에 천둥과 번개를 동반한 폭우가 쏟아지기 시작했다. 그러나 프린시페에서는 달이 태양의 가장자리를 가리기 한 시간 전쯤에 폭우가 약해졌다. 그러나 하늘은 구름으로 덮여 있어 일식 사진을 찍을 수 있을지 알 수 없었다. 이때의 일을 에딩턴은 다음과 같이 기록해 놓았다.

> 비는 정오쯤에 그쳤다. 그리고 태양이 부분적으로 가려지기 시작할 때인 1시 30분쯤에 구름 사이로 태양 빛을 조금씩 볼 수 있었다. 우리는 운에 맡기고 사진 찍는 일을 계속할 수밖에 없었다. 나는 사진 건판을 바꿔 끼우느라고 일식을 보지 못했다. 일식이 시작했는지를 확인하기 위해 하늘을 쳐다본 것과 구름이 얼마나 남아 있는지를 보기 위해 하늘을 쳐다본 것이 전부였다.

에딩턴이 1919년 프린시페에서 찍은 일식 사진

프린시페 팀에서 찍은 16장의 사진 대부분은 구름이 별들을 가려 쓸모가 없었다. 그러나 구름이 없어지는 아주 짧은 순간에 찍은 한 장의 사진에는 별들이 나타나 있었다. 에딩턴은 이 사진에 나타난 별들의 위치를 태양이 없는 밤에 찍은 사진에 나타난 별들의 위치와 비교했다. 그 결과 별들의 위치가 일반상대성이론에서 예측한 것과 같이 달라져 있었다.

에딩턴의 관측결과는 1919년 11월 6일 왕립천문학회와 왕립협회가 공동으로 주관한 학술회의에서 발표되었다. 에딩턴의 관측 결과는 일반상대성이론을 받아들이게 하는 결정적인 증거가 되었다. 그의 관측은 뉴턴 시대의 종말을 알리고 일반상대성이론 시대의 시작을 알리는 것이었다. 다음 날 에딩턴의 발표는 전 세계 신문에 실렸다. 이로 인해 아인슈타인은 과학자로서는 처음으로 세계적 슈퍼스타가 되었다.

중력에 의한 시간 지연 실험

에딩턴의 중력 실험이 있는 후에도 일반상대성이론에 대한 시험은 계속되었다. 중력에 의해 공간이 휘어진다는 것을 확인하기 위해 1919년 이후 있었던 일식 때마다 태양 주변 별들의 사진을 찍어 밤하늘의 사진과 비교하는 실험이 이루어졌고, 중력에 의한 시간 지연 효과를 확인하는 실험도 이어졌다.

1959년 하버드대학 물리학과 교수였던 로버트 파운드Robert Vivian Pound(1919-2010)와 그의 대학원 학생이던 글렌 레브카Glen Anderson Rebka Jr.(1931-2015)

가 감마선을 이용하여 지구 중력이 감마선의 파장에 주는 영향을 확인할 수 있는 실험을 계획했다. 이것은 중력에 의한 적색편이를 측정하여 중력에 의한 시간 지연을 확인하는 실험이었다.

중력의 세기가 같은 곳에 원자가 놓여 있는 경우에는 방출하는 전자기파와 흡수하는 전자기파의 파장이 같다. 그러나 높은 곳에 있는 원자가 낸 전자기파가 낮은 곳에 있는 원자에 도달하면 중력에 의한 청색편이의 영향으로 파장이 달라져 원자가 흡수하지 못한다. 반대로 낮은 곳에 있는 원자가 낸 빛이 높은 곳에 도달할 때는 중력에 의한 적색편이로 인해 파장이 길어져 원자가 흡수하지 못한다.

파운드와 레브카는 방사성 동위원소인 철-57 원자핵에서 방출된 전자기파가 하버드대학 제퍼슨 연구동에 있는 길이 22.5미터의 엘리베이터 통로를 통해서 내려갈 때 파장이 짧아지는 것과, 올라갈 때 파장이 길어지는 것을 측정하는 데 성공했다. 그들의 관측결과는 일반상대성이론의 예측 결과와 일치했다. 그것은 건물의 아래층과 위층 사이에도 중력 차이로 인한 시간 지연이 나타나고 있다는 것을 의미했다.

1964년에 미국의 천체 물리학자였던 어윈 샤피로Irwin Ira Shapiro(1929-)는 일반상대성이론을 이용하여 빛이 중력이 강한 곳을 통과하면 시간이 조금 더 걸릴 것이라는 이론적 예측을 내놓았다. 지구에서 다른 행성을 탐사하기 위해 발사한 탐사선과 주고받는 전자기파는 위치에 따라 태양 주위를 지나가기도 한다. 따라서 탐사선과의 통신에 걸리는 시간을 조사하면 중력에 의한 시간 지연을 측정할 수 있다. 1979년에 화성에 보낸 바이킹 탐사선이 보낸 신호가 태양 부근을 지나오는 동안에 247마이크로초(μs)의 시간이 지연되는 것이 확인되었다. 마리너 6호와 7호, 그리고 보이저 2호와 같은 우주 탐사선을 이용해서도 같은 실험을 했다. 샤피로는 2003년에 토성으로 향하는 카시니 탐사선을 이용해서도 시간 지연 실험을 했다. 실험 결과는 오차 범위 0.002% 내에서 일반상대성이론의 예측과 일치했다.

아인슈타인은 큰 밀도를 가지고 있는 백색왜성이 내는 빛의 스펙트럼을 조사하면 중력에 의한 적색편이를 확인할 수 있을 것이라고 예측했다. 1954년 캘리포니아대학UCLA의 다니엘 포퍼Daniel M. Popper(1913-1999)가 동반성이 그다지 밝지 않아 관측이 용이한 백색왜성인 40 에리다니-B의 스펙트럼을 측정하는 데 성공했다. 그리고 1971년에는 제시 그린스타인Jesse Leonard Greenstein(1909-2002)이 시리우스의 동반성인 시리우스-B의 스펙트럼을 관측하는 데 성공했다. 후에 허블 우주 망원경도 이 백색왜성의 적색편이를 측정했다. 이러한 측정 결과들은 모두 일반상대성이론이 예상했던 값과 오차 범위 안에서 일치했다.

1971년에는 하펠레-키팅 실험이 이루어졌다. 한국전 참전 용사로 미국 세인트루이스에 있는 워싱턴대학의 물리학 교수였던 조지 하펠Joseph Carl Hafele(1933-2014)은 간단한 계산을 통해 세슘 원자가 방출하는 진동수가 91억 9263만 1770인 복사선을 이용하여 작동하는 원자시계를 사용하면 여객기를 이용해서도 일반상대성이론의 시간 지연 효과를 시험해 볼 수 있다는 것을 알게 되었다. 이 실험을 위한 경비를 지원받기 위해 많은 사람과 접촉하던 하펠은 해군 천문관측소에서 일하고 있던 리처드 키팅Richard E.Keating(1941-2006)을 만나 이 실험을 같이하기로 했다.

해군으로부터 연구 자금을 지원받는 데 성공한 하펠과 키팅은 두 개의 원자시계를 가지고 여객기로 동쪽으로 비행하면서 지구를 돌았다. 동쪽으로 도는 것은 지구가 자전하는 방향과 같은 방향으로 도는 것이어서 지상에 있는 시계와의 상대속력이 작았다. 그 다음에는 서쪽으로 비행하여 지구를 돌았다. 서쪽으로 돌면 지구의 자전 방향과 반대 방향으로 도는 것이기 때문에 지상에 있는 시계와의 상대속력 컸다. 그들은 이런 상대속력의 차이로 인한 특수상대성이론의 효과를 계산했고, 비행기의 고도의 차이에 따른 중력 시간 지연도 계산했다. 그들은 두 가지 시간 지연효과를 더하면 동쪽으로 비행하는 경우에는 비행기에 실려 있는 시계가 40마이크로초 느려지고, 서쪽을 비행하는 경우에는 비행기에 실려 있는 시계가 지상의 시계보다 275마이크로초 빨라질 것이라고 예측했다.

그들은 실험을 통해 동쪽으로 비행한 비행기에 실려 있던 원자시계는 지상에 있던 원자시계보다 59마이크로초 느리게 간다는 것을 확인했고, 서쪽으로 비행한 비행기에 실려 있던 원자시계는 273마이크로초 빠르게 갔다는 것을 확인했다. 이것은 오차 범위 안에서 이론적 예측과 잘 맞는 결과였다. 이들의 실험 결과는 1972년 『사이언스』지에 발표되었다.

그래비티-B 위성의 측정

2004년에는 스탠퍼드대학의 프랜시스 에버릿Francis Everitt(1934-)이끄는 연구팀이 지구 질량에 의해 휘어져 있는 시공간을 측정하기 위해 그래비티-B 위성을 지구 궤도에 올려놓고 2005년까지 관측자료를 수집했다. 2004년 4월 20일 발사되어 지상 65킬로미터 상공에서 남극과 북극을 지나는 궤도를 따라 지구를 돌면서 실험을 했던 그래비티-B 인공위성에는 초전도체로 코팅되어 있는 탁구공 크기의 수정으로 만든 네 개의 자이로스코프가 실려 있었다. 자이로스코프는 회전 관성에 의해 항상 같은 방향을 유지하도록 고안한 장치로 비행기가 비행할 때 비행방향을 정하기 위해 사용되기도 한다.

그래비티-B에 실려 있는 자이로스코프는 페가수스자리의 IM 별을 향해 고정되었다. 만약 지구 주위의 공간이 휘어져 있지 않다면 그래비티-B가 지구를 공전하는 동안 이 자이로스코프들은 항상 이 별을 향하고 있어야 한다. 그러나 지구 주위의 시공간이 휘어져 있다면 위성이 지구의 반대편에 왔을 때는 자이로스코프의 방향이 달라져 있을 것이다. 그래비티-B 위성의 관측자료를 분석한 미국항공우주국의 과학자들은 2008년 12월 일반상대성이론의 예상과 0.5%의 오차 범위에서 일치하는 결과를 얻었다고 발표했다.

중력파의 측정

일반상대성이론을 지지하는 많은 실험 결과에도 불구하고 과학자들은 일반상대성이론의 결정적 증거를 기다리고 있었다. 그것은 공간의 흔들림을 관측하는 것이었다. 질량이 공간을 휘게 할 수 있다면 폭발이나 충돌과 같은 급격한 질량의 변화는 시공간을 흔들어 놓을 것이다. 급격한 질량의 변화에 의한 공간의 흔들림이 파동의 형태로 퍼져 나가는 것이 중력파이다.

그러나 멀리 있는 곳에서 일어난 폭발이나 충돌에 의한 공간의 흔들림은 아주 작아서 그것을 측정하는 것은 아주 어려운 일이다. 따라서 중력파를 검출하기까지는 많은 시행착오가 있었다. 중력파 검출 장치를 처음 만든 사람은 미국 해군 장교였던 조셉 웨버Joseph Weber(1919~2000)였다. 웨버는 1955년부터 미국 국립과학재단에서 연구비를 받아 안식년 동안에 메릴랜드대학에서 중력파 검출 장치를 만들기 시작했다.

중력파가 지나가면 공간이 흔들리기 때문에 공간에 있는 모든 것의 길이가 늘어났다가 짧아졌다가를 반복한다. 웨버는 길이가 2미터이고 지름이 1미터인 웨버 바라고 불렀던 알루미늄 원통으로 이루어진 중력파 검출 장치를 만들었다. 웨버는 웨버 바의 길이가 달라지는 것을 이용하면 중력파를 측정할 수 있다고 했다. 1968년에 웨버는 웨버 바를 이용하여 중력파를 검출하는 데 성공했다고 발표했다.

웨버의 발표는 많은 물리학자의 관심을 끌었다. 이로 인해 중력 측정 실험을 하는 사람들이 많아졌다. 많은 사람이 웨버 바를 만들어 웨버의 실험을 다시 해 보았다. 그러나 다른 학자들은 웨버와 같은 실험 결과를 얻을 수 없었다. 따라서 웨버가 중력파라고 주장했던 것이 사실은 냉각장치를 사용하지 않았기 때문에 생긴 알루미늄 원자의 열운동에 의한 진동이었다고 주장하는 사람들이 나타났고, 웨버의 장치는 중력파를 검출할 수 있을 정도로 정밀하지 않다고 지적하는 사람들이 많아지면서 중력파를 검출하는 데 성공했다는 그의 주장은 받아들여지지 않았다.

물리학자들은 웨버 바와는 다른 중력파 검출 장치를 개발하기 시작했다. 알루미늄 막대 대신 레이저 간섭계를 이용하여 공간의 흔들림을 측정하는 방법이 연구되었다. 레이저 간섭계를 이용하는 중력파 검출 장치를 라이고LIGO라고 부른다. 라이고는 레이저 간섭계 중력파 관측소라는 뜻을 가진 영어의 머리글자를 따서 만든 약자이다.

라이고는 두 개의 관을 직각으로 설치한 것이다. 고도의 진공 상태를 유지하고 있는 관의 끝에 설치된 거울을 향해 발사된 레이저는 거울에 반사된 후 다시 한 점에 모여 간섭무늬를 만든다. 두 관의 길이가 같을 때는 두 빛이 보강간섭을 일으켜 밝은 무늬를 만들지만, 중력파에 의해 한 관의 길이가 조금이라도 변하면 간섭무늬의 밝기가 변하게 된다. 라이고에서는 이러한 간섭무늬의 밝기 변화를 측정하여 원자핵의 지름보다 작은 길이의 변화까지도 알아낼 수 있다.

1970년대에는 길이가 수 미터에서 수십 미터 정도인 소형 라이고를 이용하여 중력파 검출을 위한 기술을 발전시켜 나갔다. 그리고 1994년 본격적인 라이고 제작을 위한 작업이 시작되었고, 2002년에는 미국 워싱턴주 헨퍼드와 루이지애나주 리

미국 루이지애나에 설치되어 있는 라이고

빙스턴에 관의 길이가 4킬로미터나 되는 라이고가 설치되어 가동을 시작했다.

그러나 2002년부터 2007년까지 5년 동안에는 중력파 측정 기술 개발이 주목적이었기 때문에 실제로 중력파를 측정하지는 못했다. 여러 가지 실험을 통해 기술을 축적한 연구팀은 라이고의 가동을 중단하고 라이고를 어드밴스드 라이고로 업그레이드하는 작업을 시작했다. 2007년 5월에는 유럽에 또 다른 중력파 측정 시설인 비르고VIRGO가 건설되어 라이고와 함께 중력파 측정 활동을 시작했다.

어드밴스드 라이고로의 업그레이드 작업이 끝나갈 무렵인 2015년 9월 14일 중력파로 보이는 신호가 감지되었다. 과학자들은 즉시 검증 작업을 시작했다. 검증 작업에는 6개월이나 걸렸다. 모든 검증 과정을 거친 과학자들은 이 신호가 지구로부터 약 13억 광년 떨어져 있는 곳에서 서로를 돌고 있던 태양 질량의 36배와 29배인 두 개의 블랙홀이 충돌하면서 만들어낸 중력파라는 것을 알아내고, 2016년 2월 11일 중력파 측정에 성공했다고 발표했다.

중력파 측정은 이후에도 계속되었다. 2016년에는 14억 광년 떨어진 곳에서 태양 질량의 21배 정도의 질량을 가진 블랙홀이 만들어질 때 발생한 두 번째 중력파 측정에 성공했다는 발표가 있었고, 2018년 5월에는 30억 광년 떨어진 곳에서 두 개의 블랙홀이 충돌해 태양 질량의 49배 정도의 질량을 가지고 있는 블랙홀이 만들어지는 과정에서 발생한 중력파를 측정했다고 발표했다. 일반상대성이론을 증명하는 결정적인 증거라고 여겨졌던 중력파가 드디어 과학자들 앞에 모습을 드러낸 것이다.

중력파 측정 기술이 발전하면 중력파는 우주를 보는 새로운 창을 제공할 것으로 기대하고 있다. 지금까지는 파장이 다른 여러 가지 전자기파를 이용하여 우주를 관측했다. 그러나 전자기파로는 물질 내부를 들여다 볼 수 없기 때문에 별 내부에서 일어나고 있는 일들이나 은하 중심에서 일어나는 일들을 관측할 수는 없다. 그러나 중력파를 이용하면 별의 내부나 은하의 중심 부분은 물론 불투명했던 우주 초기까지 관측할 수 있을 것이다. 중력파는 우주를 관측하는 또 다른 강력한 수단을 제공하여 우주에 대한 인류의 지식을 크게 확장시킬 것이다.

양자역학과 원자

1. 원자론의 성립과 붕괴

돌턴의 원자론

고대 그리스 자연철학자들이 제안한 네 가지 원소들은 얼마든지 작은 양으로 나눌 수 있는 연속된 물질이었다. 고대 그리스에도 물질이 더 이상 쪼갤 수 없는 원자라는 알갱이로 이루어져 있다는 원자론이 등장했었지만 이들의 생각은 아리스토텔레스를 비롯한 주류 철학자들에 의해 배척되었기 때문에 사람들의 주목을 받지 못했다. 따라서 네 가지 원소가 조금씩 다른 비율로 결합하여 세상 만물을 만든다는 4원소론이 오랫동안 물질의 조성과 변화를 설명하는 기본 이론이었다.

그러나 18세기 말에 화학자들은 연속적인 원소들의 조합으로는 설명할 수 없는 여러 가지 현상들을 발견했다. 4원소론으로 설명할 수 없는 실험결과를 설명하기 위해 물질이 더 이상 쪼갤 수 없는 알갱이인 원자로 이루어졌다는 원자론을 제안한 사람은 영국의 존 돌턴John Dalton(1766-1844)이었다. 영국 컴벌랜드주의 작은 마을인 이글스필드에서 가난한 직물공의 아들로 태어난 돌턴은 엄격한 퀘이커교도 가정에서 자랐다. 초등학교 교육밖에 받지 못한 돌턴은 기상학을 잘 알고 있던 퀘이커교도로부터 수학과 기상학을 배우고, 기상학에 관심을 가지게 되었다.

돌턴은 12세 때 재능을 인정받아 마을 초등학교 교장이 되었고, 15세가 되던 1781년에는 형 조나단과 함께 켄달로 이주하여 퀘이커교도의 학교를

존 돌턴

운영하면서 수학, 라틴어, 그리스어, 프랑스어 등을 독학으로 공부했다. 그는 직접 만든 기구를 이용하여 온도, 기압, 강수량 등을 측정하면서 기상학을 연구하는 한편 식물학, 곤충학, 수학과 같은 다양한 분야도 공부했다. 1793년 27세였던 돌턴은 맨체스터의 뉴칼리지에서 수학과 과학철학, 그리고 화학을 강의하기 시작했으며, 1794년에는 맨체스터 문학 및 철학학회 회원이 되었다.

맨체스터 문학 및 철학학회 회원으로 활동하던 1803년에 돌턴은 물질이 더 이상 쪼갤 수 없는 알갱이인 원자로 이루어졌다는 생각이 담겨 있는 최초의 논문을 철학협회에서 낭독했으며, 1805년에 출판된 논문에도 그런 내용이 포함되어 있었다. 돌턴은 자신이 생각한 원자론을 토머스 톰슨 Thomas Thomson(1773-1852)에게 설명했고, 톰슨은 돌턴의 허락을 받고 1807년에 출판한 『화학의 체계』 3판에 원자론에 대한 내용을 포함시켰다.

돌턴은 1808년에 발간된 『화학의 새로운 체계』에 원자론에 대한 더 자세한 내용을 실었다. 많은 사람은 『화학의 새로운 체계』가 발간된 1808년을 돌턴이 원자론을 제안한 해로 보고 있다. 돌턴이 제안한 원자론의 주요 내용은 다음과 같다.

1. 원소는 원자라는 작은 입자로 구성되어 있다.
2. 같은 종류의 원자는 크기, 질량, 부피가 동일하며, 다른 종류의 원자는 크기, 질량, 부피가 다르다.
3. 원자는 창조하거나 파괴할 수 없으며 쪼갤 수 없다.

4. 한 종류의 원자들은 다른 종류의 원자들과 정수배로 결합하여 화합물을 만든다.
5. 화학반응 과정에서는 원자들이 생성되거나 소멸되는 것이 아니라 원자들이 결합 상태를 바꿔 새롭게 배열된다.

『화학의 새로운 체계』의 첫 페이지에는 20가지 원소와 이 원소들로 이루어진 화합물 17개가 포함된 표가 실려 있다. 기호를 이용하여 원소들을 나타낸 이 표에는 화합물의 조성 역시 기호를 이용하여 나타냈다. 그러나 이 표에 실려 있는 화합물의 조성은 오늘날 우리가 알고 있는 것과는 많이 다르다. 그것은 돌턴의 원자론만으로는 화합물의 조성을 결정하는 것이 가능하지 않았다는 것을 나타낸다.

돌턴이 원자론을 제안했던 19세기 초에는 화학 반응에 참여하는 기체의 질량의 비는 알려져 있었다. 그러나 원자 하나의 질량을 알 수 없었기 때문에 화합물의 조성이나 화학 반응을 설명하는 데 원자론이 큰 도움이 되지 못했다. 따라서 1860년대에 분자에 포함된 원자 수의 비를 측정할 수 있게 될 때까지는 원자론이 널리 받아들여지지 않았다. 그러나 화학 반응에 참여하는 기체 부피의 비가 원자나 분자 수의 비와 같다는 것이 밝혀지면서 실험을 통해 원자나 분자의 수의 비를 결정할 수 있게 되자 원자론이 널리 받아들여지

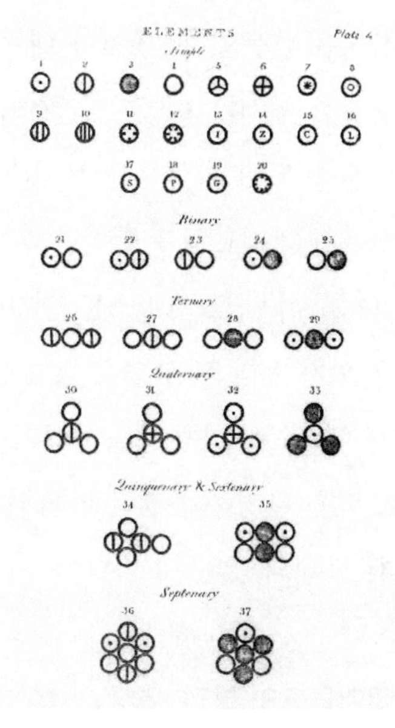

「화학의 새로운 체계」에 실려 있는 원소표

게 되었다.

원소의 특성 스펙트럼

독일의 로베르트 분젠Robert Wilhelm Eberhard Bunsen(1811-1899)과 구스타프 키르히호프Gustav Robert Kirchhoff(1824-1887)는 고온에서 기체를 태우면 원소의 종류에 따라 달라지는 고유한 선스펙트럼이 나온다는 것을 알아냈다. 1852년 하이델베르크대학으로 온 분젠은 전에 빛의 분산을 함께 연구한 적이 있는 키르히호프를 하이델베르크대학으로 초청하여 함께 연구를 시작했다. 분젠은 1855년에 기체와 공기를 적절하게 혼합하여 그을음을 남기지 않으면서도 높은 온도의 불꽃을 만들어 낼 수 있는 분젠 버너를 만들었다. 분젠과 키르히호프는 분젠 버너를 이용하여 여러 가지 기체가 내는 스펙트럼을 조사했다.

두 사람은 분젠 버너를 이용하여 알려진 모든 원소들이 내는 스펙트럼의 목록을 만들었다. 원소가 내는 선스펙트럼은 새로운 원소를 발견하는 데 중요한 열쇠가 되었다. 원소의 선스펙트럼이 발견되기 전에는 주로 화학반응을 통해 화합물을 분리해 내는 방식으로 새로운 원소를 발견했지만 고유한 스펙트럼을 발견한 후에는 화합물을 태울 때 나오는 선스펙트럼을 분석하여 새로운 원소를 발견했다. 원소가 고유한 선스펙트럼을 내는 것은 원자가 더 쪼갤 수 없는 가장 작은 알갱이가 아니라 복잡한 내부 구조를 가지고 있을 가능성을 이야기해 주고 있었다. 원소가 내는 고유한 선스펙트럼을 설명하는 것은 양자역학을 개척한 물리학자들의 가장 큰 연구 과제 중 하나였다.

주기율표의 발견

원자들이 더 쪼갤 수 없는 가장 작은 알갱이가 아니라 복잡한 내부 구조

No.	No.	No.	No.	No.	No.	No.	No.
H 1	F 8	Cl 15	Co & Ni 22	Br 29	Pd 36	I 42	Pt & Ir 50
Li 2	Na 9	K 16	Cu 23	Rb 30	Ag 37	Cs 44	Os 51
G 3	Mg 10	Ca 17	Zn 24	Sr 31	Cd 38	Ba & V 45	Hg 52
Bo 4	Al 11	Cr 19	Y 25	Ce & La 33	U 40	Ta 46	Tl 53
C 5	Si 12	Ti 18	In 26	Zr 32	Sn 39	W 47	Pb 54
N 6	P 13	Mn 20	As 27	Di & Mo 34	Sb 41	Nb 48	Bi 55
O 7	S 14	Fe 21	Se 28	Ro & Ru 35	To 43	Au 49	Th 56

뉴랜즈의 원소표

를 가지고 있을지도 모른다는 더 강력한 증거는 원소들의 화학적 성질을 조사하는 과정에서 나타났다. 많은 원소가 발견되고 이들의 화학적 성질이 밝혀지자 과학자들은 원소가 가진 규칙성을 찾으려는 노력을 시작했다. 1864년 영국의 존 뉴랜즈John Alexander Reina Newlands(1837-1898)는 그때까지 발견된 수소부터 토륨까지의 모든 원소들을 원자량 순서로 배열한 원소표를 만들었다.

1865년에 뉴랜즈는 원자량의 순서로 배열한 표에서 모든 원소는 다음 여덟 번째 원소와 비슷한 화학적 성질을 가진다는 옥타브 법칙을 발견했다. 1882년에 러시아의 드미트리 멘델레예프Dmitry Ivanovich Mendeleyev(1834-1907)와 독일의 율리우스 마이어Julius Lothar Meyer(1830-1895)가 원소 주기율표를 발견한 공로로 영국 왕립협회가 주는 데이비 메달을 받자 뉴랜즈는 자신의 우선권을 강력히 주장했다. 왕립협회는 뉴랜즈의 주장을 받아들여 1887년에 그에게도 데이비 메달을 수여했다.

원소들이 가지는 규칙성을 발견하려는 노력들을 종합하여 주기율표를 완성한 사람은 독일의 마이어와 멘델레예프였다. 마이어는 뉴랜즈와 마찬가지로 원소들을 원자량 순서대로 배열하면 화학적 성질과 물리적 성질이 비슷한 원소들이 주기적으로 반복되어 나타난다는 것을 알아냈다. 그가 1864년에 출판한 『현대 화학 이론』에는 28개의 원소를 여섯 개 그룹으로 나누어 배열한 기초적인 주기율표가 실려 있었다. 그러나 원자량을 정확하게 측정하지 못해 원소의 순서를 정하는 데 어려움을 겪었다.

시베리아에서 대가족의 막내아들로 태어난 멘델레예프는 아버지가 세상을 떠난 후 경제적으로 어려워지자 어머니와 함께 상트페테르부르크로 이주하여 그곳에서 학교를 다녔다. 영국의 뉴랜즈와 마이어가 원소들을 원자량의 순서로 배열하고 원소들 사이의 규칙성을 찾으려고 노력했다는 것을 알지 못했던 멘델레예프는 독자적으로 원소들을 배열하여 주기율표를 만들고, 이를 1869년에 러시아 화학협회에서 「원소의 원자량과 성질 사이의 관계」라는 제목의 논문을 통해 발표했다.

이 논문에서 멘델레예프는 원소를 원자량 순서대로 배열하면 같은 화학적 성질을 가지는 원소가 주기적으로 반복해서 나타난다는 것을 지적하고, 이를 바탕으로 아직 발견되지 않은 여러 가지 원소의 성질을 예측했으며, 이웃 원소들의 원자량과 비교하여 몇몇 원소의 원자량을 수정했다. 특히 그는 아직 발견되지 못한 원소들이 들어갈 빈자리를 남겨 놓고 이 자리에 들어갈 원소들을 에카실리콘(게르마늄), 에카알루미늄(갈륨), 에카보론(스칸듐)이라고 불렀다.

멘델레예프가 예측했던 갈륨은 1871년에 발견되었고, 스칸듐은 1879년에 발견되었으며, 1886년에는 게르마늄이 발견되었다. 멘델레예프가 주기율표를 발표했을 때는 그다지 많은 관심을 끌지 못했지만 주기율표를 이용해 예측했던 새로운 원소들이 발견되자 멘델레예프의 주기율표를 진지하게 받아들이게 되었다. 멘델레예프가 1869년에 주기율표를 발표하고 몇 달 후 마이어도 독자적으로 1864년에 발표했던 주기율표를 확장하여 멘델레예프의 주기율표와 거의 같은 주기율표를 만들었다.

선스펙트럼과 주기율표는 원자가 복잡한 내부 구조를 가지고 있는 복합 입자일 가능성을 암시하고 있었다. 그러나 이것은 원자가 더 쪼갤 수 없는 가장 작은 알갱이라는 돌턴의 주장을 부정할 결정적인 증거가 되지는 못했다. 그러나 1895년부터 1900년 사이에 원자도 더 쪼개질 수 있다는 실험 증거들이 연달아 발견되었다.

뢴트겐의 엑스선 발견

1895년부터 5년 동안에는 마치 20세기에 꽃 피우게 될 현대 물리학의 기반을 마련하려는 것처럼 놀라운 발견들이 집중적으로 이루어졌다. 1895년에는 엑스선이 발견되었고, 1896년에는 방사선이 발견되었으며, 1897년에는 전자가 발견되었다. 그리고 1898년에는 방사성 원소인 폴로늄과 라듐이 발견되었으며, 원자가 내는 방사선에는 세 종류가 있다는 것을 알게 되었다. 이런 발견들로 인해 과학자들은 원자가 더 이상 쪼갤 수 없는 가장 작은 알갱이라는 생각을 버리고 원자보다 작은 세계에 대한 연구를 시작하지 않을 수 없게 되었다.

현대 과학의 기초가 된 엑스선과 전자는 음극선관을 이용한 실험을 통해 발견되었다. 음극선을 처음 발견한 사람은 전자기유도법칙을 발견한 영국의 마이클 패러데이였다. 패러데이는 유리관의 양 끝에 설치된 전극을 전원에 연결하면 마이너스 극에서 무엇인가가 나와 플러스 극으로 흘러간다는 것을 발견하고 이것을 음극선이라고 불렀다. 그런데 마이너스 극에서 나오는 음극선은 유리관 안에 공기가 들어 있으면 공기의 방해를 받아 잘 흐르지 못한다. 그래서 유리관 안을 진공으로 만들고 양끝에 전극을 설치한 것이 음극선관이다.

진공기술이 좋지 않았던 초기의 음극선관은 성능이 좋지 않았다. 그러나 1859년에 독일의 유리 기구 제작자이며 엔지니어였던 요한 가이슬러Johann Heinrich Wilhelm Geißler(1814-1879)가 진공도를 높인 음극선관인 가이슬러관을 만

크룩스관

들었고, 1870년대에는 영국의 물리학자 윌리엄 크룩스William Crookes(1832-1919)가 음극선에 대한 여러 가지 실험을 할 수 있는 크룩스관을 개발했다. 엑스선의 발견이나 전자의 발견은 모두 크룩스관을 이용한 실험을 통해 이루어졌다.

1895년에 크룩스관을 이용한 실험을 통해 엑스선을 발견하여 1890년대 말에 이루어진 연속적 발견의 포문을 연 사람은 독일 뷔르츠부르크대학의 물리학 교수였던 빌헬름 뢴트겐Wilhelm Conrad Röntgen(1845-1923)이었다. 뢴트겐은 1895년 11월 음극선관에 낸 얇은 알루미늄 창 가까이에 형광물질을 바른 스크린을 놓아두고 창을 통과한 음극선이 스크린에 부딪혔을 때 만들어 내는 형광을 조사하고 있었다.

물체가 빛을 받은 후 받은 빛보다 파장이 길고 에너지가 낮은 빛을 방출하는 것이 형광이다. 외부에서 빛을 받아 형광을 내는 물질을 형광물질이라고 하는데 뢴트겐은 백금시안산바륨을 형광물질로 사용했다. 실험을 하는 도중 뢴트겐은 음극선관에서 1미터 이상 떨어진 곳에 놓아두었던 형광판에서도 희미하게 형광이 나오는 것을 발견했다. 이것은 음극선으로 인한 것이 아니었다. 음극선은 공기 중에서 그렇게 멀리까지 갈 수 없었다. 따라서 이것은 음극선보다 공기를 잘 통과할 수 있는 다른 복사선에 의한 것이 확실했다.

빌헬름 뢴트겐

음극선관에서 음극선 외에 두꺼운 종이를 통과할 수 있는 새로운 형태의 복사선이 나오고 있었던 것이다. 이 실험을 여러 가지로 반복한 뢴트겐은 자신이 새로운 복사선을 발견했음을 알게 되었다. 뢴트겐은 정체를 알 수 없는 이 복사선을 수학에서 미지수를 나타내는 데 사용하는 알파벳 x에서 따서 엑스선이라고 불렀다. 뢴트겐은 물체를 잘 투과하는 엑스선을 이용하여 뼈가 선명히 보이는 아내의 손 사진을 찍기도 했다.

뢴트겐은 엑스선의 발견 과정을 정리한 「새로운 종류의 복사선에 대하여」라는 제목의 논문을 1895년 12월 28일에 뷔르츠부르크 물리의학 학회지에 제출했다. 엑스선 발견 소식은 1896년 1월에 열렸던 독일 물리학회 50주년 기념 학회를 통해 독일 과학자들에게 알려졌고, 곧 신문을 통해 수차례 보도되었다. 의학계에서는 질병 진단에 엑스선을 사용하기 시작했다.

그러나 엑스선이 무엇인가에 대해서는 많은 논란이 있었다. 일부 과학자들은 엑스선이 파장이 짧은 전자기파라고 주장했지만, 빛을 전달하는 매질이라고 믿었던 에테르의 파동, 파장이 짧은 음파, 또는 입자의 흐름이라고 주장하는 사람들도 있었다. 엑스선이 무엇인가에 대한 논쟁은 1912년에 독일의 막스 라우에Max Theodor Felix von Laue(1879-1960)가 엑스선이 파장이 짧은 전자기파라는 것을 밝혀낼 때까지 계속되었다.

베크렐의 방사선 발견

1895년 말에 있었던 엑스선 발견으로 전 세계 과학계가 들떠 있던 1896년 초에 프랑스의 앙투앙 앙리 베크렐Antoine Henri Becquerel(1852-1908)은 원자가 내는 방사선을 발견했다. 1895년에 에콜 폴리테크니크의 물리학 교수가 된 베크렐은 인광에 관심이 많았다. 물체에 쪼여 준 빛을 제거한 후에도 한동안 내는 빛이 인광이다. 낮에 햇빛을 받았다가 밤에 빛을 내는 야광 교통

표지판이나 야광 시계는 모두 인광을 이용하는 것들이다. 이것을 인광이라고 부르는 것은 인에서 이런 현상을 처음 관측했기 때문이다.

뢴트겐의 엑스선 발견 소식을 전해 들은 베크렐은 우라늄 화합물과 같이 인광을 내는 물질에 빛을 쪼여 주면 엑스선처럼 투과성이 강한 인광이 나올지 모른다는 생각을 하게 되었다. 베크렐은 사진 감광지를 빛이 들어가지 못하도록 두꺼운 종이로 싼 다음 그 위에 우라늄 화합물을 올려놓고 빛을 쪼여 주었다. 그런 후에 두꺼운 종이로 싸여 있던 감광지를 현상하자 물체의 형상이 나타났고, 인광물질과 감광지 사이에 끼워 놓은 금속 조각의 모양도 나타났다.

빛을 쪼인 우라늄 화합물에서 두꺼운 종이를 투과하는 엑스선이 나오는 것이 틀림없다고 생각한 베크렐은 이 실험 결과를 1896년 2월 24일에 프랑스 과학아카데미에서 발표했다. 베크렐은 이 현상을 더 자세하게 관측하기 위해 몇 가지 실험을 더 준비했지만 날씨가 좋지 않아 제대로 된 실험을 할 수 없었다. 그는 두꺼운 종이에 싼 감광지를 우라늄 화합물과 함께 어두운 서랍에 넣어 두었다. 며칠 동안 날씨가 계속 좋지 않자 그는 그대로 감광지를 현상해 보기로 했다. 그는 우라늄에 빛을 쪼여 주지 않았으므로 매우 흐릿한 영상이 나타날 것이라고 생각했다. 그러나 예상했던 것과 달리 선명한 영상이 나타나 있었다.

그것은 우라늄에서 나오는 복사선이 외부에서 쪼여 준 빛과 관계가 없음을 뜻하는 것이었다. 베크렐은 이 실험 결과를 1896년 3월 2일에 발표했다. 우라늄을 이용한 여러 가지 실험을 한 베크렐은 1896년 5월에 투과성이 강한 이 복사선이 외부의 빛과는 관계없이 우라늄 원소에서 나온다고 결론지었다.

우라늄 원소에서 복사선이 나온다는 것은 매우 중요한 사실이었다. 더 이상 쪼갤 수 없는 가장 작은 알갱이인 원자에서는 아무것도 나오지 않아야 한다. 따라서 원자에서 무엇이 나온다는 것은 원자가 복잡한 내부 구조를 가지고 있을지도 모른다는 것을 뜻하는 것이었다.

전자의 발견

음극선이 전자의 흐름이라는 것을 밝혀낸 사람은 영국의 조지프 톰슨 Joseph John Thomson(1856-1940)이었다. 톰슨은 영국 맨체스터의 치덤힐에서 태어난 후에 맨체스터대학으로 바뀐 오웬스칼리지에서 공학을 공부했고, 케임브리지대학의 트리니티칼리지로 옮겨 수학 학사학위와 석사학위를 받은 후 캐번디시 연구소의 물리학 교수가 되었다.

톰슨은 음극선의 정체를 규명하기 위해 중요한 세 가지 실험을 했다. 첫 번째 실험은 음극선에는 음전하를 띤 입자들 외에 다른 입자들도 포함되어 있는지를 알아보는 실험이었다. 톰슨은 음극선관 주위에 자기장을 걸어 음극선의 흐름을 휘게 하면 똑바로 진행하는 것이 아무것도 없다는 것을 확인했다. 이것은 음극선이 음전하를 띤 입자들로만 이루어져 있음을 의미했다.

두 번째 실험은 음극선에 전기장을 걸어 주었을 때 음극선이 휘는 정도를 알아보는 실험이었다. 이런 실험이 전에도 시도되었지만 실패했었다. 음극선관 안에 남아 있던 기체 때문이었을 것이라고 생각한 톰슨은 관 안의 진공도를 훨씬 높인 다음 실험을 다시 해 보았다. 예상했던 대로 음극선이 플러스 극 쪽으로 휘어졌다. 그것은 음극선이 음전하를 띤 입자들의 흐름이라는 것을 다시 한번 확인하는 것이었다.

톰슨의 마지막 실험은 전기장 안에서 음극선이 휘어 가는 정도를 측정하여 음극선을 이루는 알갱이의 전하와 질량의 비(e/m)를 결정하는 실험이었다. 톰슨이 측정한 음극선 입자의 e/m 값은 수소 이온의 e/m 값보다 1,840배나 큰 값이었다. 그것은 이 입자가 음전하를 띠고 있으며 질량에 비

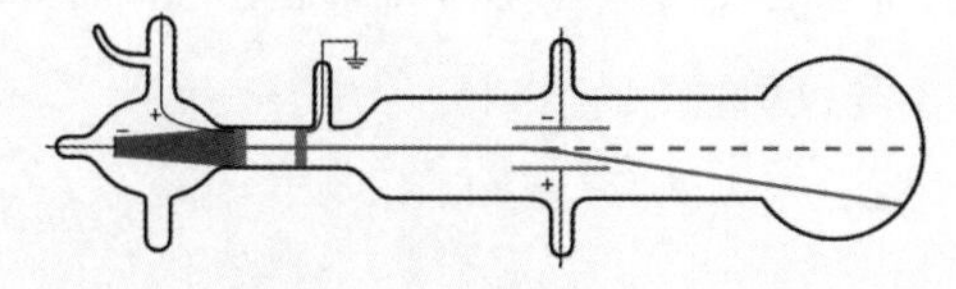

전기장 안에서 음극선이 휘어 가는 정도를 측정한 톰슨의 실험장치

해 큰 전하량을 가진 입자라는 것을 뜻했다. 톰슨은 이 입자를 미립자라고 불렀다.

1897년 4월 30일에 톰슨은 영국 왕립 연구소에서 음극선에 대한 실험 결과를 발표했다. 톰슨은 음극선을 이루고 있는 미립자가 음극을 이루고 있는 물질 안에 포함되어 있는 원자에서 나온다고 설명했다. 톰슨이 미립자라고 부른 이 입자를 과학자들은 톰슨이 전자를 발견하기 전인 1894년에 아일랜드의 물리학자 조지 스토니George Johnstone Stoney(1826-1911)가 전하량의 기본 단위를 나타내기 위해 제안한 전자라는 이름으로 부르기 시작했다.

전자가 가지고 있는 전하의 크기를 알아낸 사람은 미국의 로버트 밀리컨Robert Andrews Millikan(1868-1953)이었다. 일리노이주 출신으로 컬럼비아대학에서 박사학위를 받은 후 시카고대학 교수로 있던 밀리컨은 1909년 기름방울 실험을 통해 전자가 가지고 있는 전하를 결정하는 데 성공했다. 밀리컨이 결정한 전자의 전하는 1.592×10^{-19}쿨롱이었다. 이는 오늘날 우리가 알고 있는 전자의 전하량 1.602×10^{-19}쿨롱보다 작은 값이다. 톰슨이 실험을 통해 알아낸 e/m값에 이 값을 대입하면 전자의 질량은 9.1×10^{-31}킬로그램이라는 것을 알 수 있다. 이로서 원자보다 작은 세계의 주요 구성원인 전자가 세상에 그 모습을 드러내게 되었다.

라듐과 폴로늄의 발견

마리 퀴리Marie Curie(1867-1934)의 이름 앞에 최초라는 수식어가 많이 붙어

실험 중인 퀴리 부부

있다. 그녀는 최초의 여성 노벨상 수상자였고, 최초로 물리학과 화학 분야에서 두 개의 노벨상을 받은 사람이었으며, 최초로 박사학위를 받은 여성이었고, 첫 번째 파리대학 여성 교수였다. 폴란드 바르샤바에서 교육자의 딸로 태어나 어려운 가정 형편 때문에 가정교사를 하면서 공부를 하던 마리 퀴리는 1891년에 프랑스 파리의 소르본대학에 진학하여 물리학과 수학을 공부했다. 1894년 대학 강사로 있던 피에르 퀴리Pierre Curie(1859-1906)를 만나 다음 해 결혼한 마리 퀴리는 베크렐이 우라늄 화합물에서 발견한 투과력이 큰 복사선을 박사학위 연구 주제로 선정했다.

퀴리는 남편 피에르 퀴리가 발명한 전하를 정밀하게 측정할 수 있는 전위차계를 이용하여 기본적인 조사를 진행했다. 마리 퀴리는 주변 공기를 이온화시키는 정도를 측정해 우라늄 화합물에서 나오는 복사선의 세기가 화합물에 포함되어 있는 우라늄 원소의 양에 의해서만 달라진다는 것을 알아냈다. 따라서 그녀는 이 복사선이 우라늄 화합물의 화학 반응에 의해 방출되는 것이 아니라 우라늄 원자에서 나오는 것이라고 생각했다.

퀴리는 전위차계를 이용하여 우라늄 광물인 피치블렌드와 토버나이트도 조사했다. 그런데 놀랍게도 피치블렌드에서는 우라늄 화합물보다 네 배 더 강한 복사선이 나오고 있었고, 토버나이트에서는 두 배 더 강한 복사선이 나오고 있었다. 복사선의 세기가 우라늄 원소의 양에 의해서만 결정되는 것이라면 우라늄을 소량 포함하고 있는 우라늄 광석에서는 우라늄 화합물에서보다 더 강한 복사선이 나오지 않아야 한다.

퀴리는 이 두 광석이 우라늄보다 더 강한 복사선을 내는 것은 이 광석에 우라늄보다 더 강한 복사선을 내는 새로운 원소가 포함되어 있기 때문이라고 생각했다. 그녀는 우라늄 광석을 정제하여 강한 복사선을 내는 원소를 찾아내는 것을 그의 박사학위 연구 주제로 정했다.

1898년 중반에 마리 퀴리의 연구에 흥미를 느낀 남편 피에르 퀴리도 자신이 하던 연구를 중단하고 마리 퀴리의 연구에 동참했다. 남편의 의견을 참고하기는 했지만 연구의 기본적인 아이디어는 마리 퀴리가 생각해 낸 것이었다. 여성은 창의적인 일을 할 수 없다고 생각하던 당시 사람들의 편견을 의식한 마리 퀴리는 이 점을 분명하게 했다.

퀴리는 이 원소들이 내는 복사선을 방사선, 방사선을 내는 물질을 방사성 물질이라고 불렀다. 그러나 라듐과 폴로늄을 포함하고 있는 화합물을 발견했을 뿐 아직 순수한 폴로늄과 라듐을 분리해 내지는 못하고 있었다. 퀴리부부는 1902년에 염화라듐에서 라듐을 분리해 내는 데는 성공했지만 반감기가 138일인 폴로늄을 분리해 내는 데는 성공하지 못했다.

방사선에 대한 연구와 새로운 원소의 발견으로 마리 퀴리는 1903년 6월에 박사학위를 받았고, 그해 12월에는 스웨덴 왕립협회가 방사선을 발견한 베크렐과 함께 피에르 퀴리와 마리 퀴리를 노벨 물리학상 공동 수상자로 결정했다. 그러나 퀴리 부부는 건강상의 이유로 12월 스톡홀름에서 열린 노벨상 수상식에 참석하지 못했고, 1905년 6월이 되어서야 스톡홀름을 방문해 노벨상 수상 연설을 할 수 있었다. 여성이라는 이유로 마리 퀴리의 연설은 허용되지 않아 피에르 퀴리만 수상 연설을 했다. 그러나 피에르 퀴리는 수상 연설에서 마리의 업적을 구체적으로 설명했다.

1903년에 퀴리 부부가 받은 노벨상의 수상 업적에는 폴로늄과 라듐의 발견이 제외되어 있었는데 그것은 새로운 원소의 발견에는 물리학상이 아니라 화학상을 수여해야 한다는 화학계의 반대 때문이었다. 따라서 마리 퀴리는 폴로늄과 라듐을 발견한 공로로 1911년 노벨 화학상을 받을 수 있었다. 이로 인해 마리 퀴리는 물리학과 화학 분야에서 두 번의 노벨상을 받은 유일한 사람이 되었다. 남편 피에르 퀴리가 노벨 화학상을 공동으로 수상하지 못한 것은 1906년 4월 19일 비가 많이 오는 길에서 마차에 치이는 교통사고로 목숨을 잃었기 때문이다.

마리 퀴리는 1906년 5월 13일 피에르 퀴리의 뒤를 이어 파리대학 물리학 교수가 되었다. 그해 마리 퀴리는 남편의 전기 『피에르 퀴리』를 저술했다. 마리 퀴리는 세상을 떠난 1934년까지 연구와 후진 양성을 위한 활동을 활발하게 계속했다.

러더퍼드의 방사선 연구

원자에서 나오는 방사선에 대한 연구를 통해 원자가 더 작은 입자들로 이루어져 있다는 것을 확실하게 밝혀낸 사람은 뉴질랜드 출신으로 영국에서 활동한 어니스트 러더퍼드Ernest Rutherford, 1st Baron Rutherford of Nelson(1871-1937)였다. 뉴질랜드대학에서 학사학위와 석사학위를 받고 2년 동안 연구원으로 일하면서 전파 안테나를 개발하기도 했던 러더퍼드는 1895년 영국으로 가서 전자를 발견한 조지프 톰슨이 소장으로 있던 캐번디시 연구소에서 연구를 시작

어니스트 러더퍼드

했다.

케임브리지에서 러더퍼드는 베크렐이 발견한 방사선이 투과력이 다른 두 가지 복사선으로 이루어졌다는 것을 알아내고, 이들이 각각 양전하와 음전하를 띠고 있다는 것을 밝혀냈다. 1898년 톰슨은 러더퍼드가 캐나다 몬트리올에 있는 맥길대학 물리학 교수로 갈 수 있도록 추천해 주었다.

맥길대학에서도 캐번디시 연구소에서 했던 방사선에 관한 연구를 계속한 러더퍼드는 1899년에 두 가지 방사선 중 양전하를 띤 방사선을 알파선, 음전하를 띤 방사선을 베타선이라고 불렀다. 1903년에는 방사선에 알파선이나 베타선보다 투과력이 큰 또 다른 복사선이 포함되어 있다는 것을 발견하고 이를 감마선이라고 불렀다.

러더퍼드는 토륨이 방사성을 가진 기체를 방출한다는 것을 알아내고 토륨의 반이 붕괴하는 데 걸리는 시간인 반감기가 물리 화학적 상태와 관계없이 항상 일정하다는 것을 알아냈다. 러더퍼드는 반감기가 일정하다는 것을 이용하여 최초로 지구의 나이를 알아내려고 시도하기도 했다.

1900년부터 1903년까지 러더퍼드는 맥길대학의 젊은 화학자 프레데릭 소디Frederick Soddy(1877-1956)와 함께 토륨의 방사성 붕괴 시에 방출되는 기체의 정체를 규명하는 연구를 했다. 소디는 이 기체가 불활성 기체의 하나라는 것을 밝혀내고 토론이라고 부를 것을 제안했지만 후에 라돈의 동위원소라는 것이 밝혀졌다. 1902년 러더퍼드와 소디는 이 연구를 통해 방사성 붕괴를 하면 한 원소가 다른 원소로 변환된다는 것을 알아냈다.

러더퍼드와 소디가 원소가 방사선을 내고 다른 종류의 원소로 변환한다는 것을 밝혀낸 것은 혁명적인 발견이었다. 원자가 복잡한 내부 구조를 가지고 있음을 나타내는 많은 실험 결과에도 불구하고 대부분의 과학자들은 원자가 물질의 가장 기본적인 단위라고 생각하고 있었다. 그러나 한 원소가 방사선을 내고 다른 원소로 바뀐다는 러더퍼드와 소디의 실험 결과로 인해 원자가 더 이상 쪼개지지 않는 가장 작은 알갱이라는 돌턴의 원자론이 공식적으로 폐기되었다.

1907년에 러더퍼드는 영국 맨체스터대학으로 자리를 옮겼고, 이듬해인 1908년에 방사성 원소의 붕괴를 밝혀낸 공로로 노벨 화학상을 수상했다. 러더퍼드의 최대 업적이라고 할 수 있는 원자핵을 발견한 실험은 그가 노벨상을 수상한 다음 해인 1909년에 이루어졌다.

2. 여러 가지 원자모형

톰슨의 원자모형

원자의 내부 구조에 대한 연구를 시작하던 1900년대 초에 원자에 대해 알려졌던 사실은 원소에서 특성 스펙트럼이 나온다는 것과 원소들이 주기율표에 규칙적으로 배열된다는 것, 원자에서 세 가지 방사선이 나온다는 것, 그리고 세 가지 방사선 중에서 투과력이 약한 알파선은 양전하를 띠고 있는 알갱이의 흐름이며, 투과력이 중간인 베타선은 음전하를 띤 전자의 흐름이고, 감마선은 큰 에너지를 가지고 있는 전자기파라는 것이 전부였다. 과학자들은 이런 사실을 바탕으로 원자의 내부 구조를 알아내야 했다.

그러나 원자는 너무 작기 때문에 내부 구조를 직접 살펴볼 수는 없다. 아무리 성능이 좋은 현미경을 이용하더라도 원자가 어디에 있는지 정도만 알 수 있을 뿐 내부 구조를 들여다볼 수는 없다. 따라서 원자의 내부 구조를 연구하기 위해서는 알려진 원자의 성질들을 설명할 수 있는 원자모형을 만들어야 한다.

원자보다 작은 세상이 크기만 작을 뿐 우리가 알고 있는 물리법칙이 그대로 적용되는 세상이었다면 원자모형을 만드는 일이 그렇게 어렵지는 않았을 것이다. 원자의 구조를 연구한 물리학자들은 원자보다 작은 세상이 크기만 작은 것이 아니라 우리가 알고 물리법칙과는 다른 물리법칙이 적용되는 세상이라는 것을 알게 되었다. 20세기 초에 활동했던 물리학자들은 원자보다 작은 세상에서 일어나고 있는 일들을 설명할 수 있는 양자역학을 만들었다. 원자의 성질을 제대로 설명할 수 있는 원자모형을 만들어 가는 과정에서 뉴턴역학과는 다른 양자역학이 탄생한 것이다.

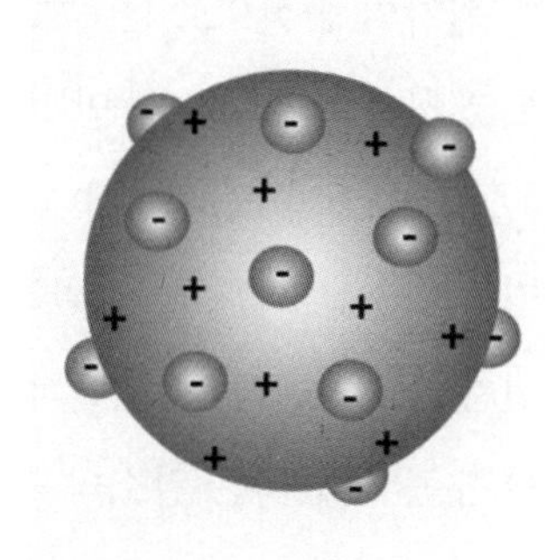

플럼푸딩 원자모형

최초의 원자모형은 전자를 발견한 톰슨이 1904년에 제안한 원자모형이었다. 처음 등장한 원자모형은 원자에서 양전하를 띤 알파선과 음전하를 띤 전자가 나온다는 사실을 설명하는 데 초점이 맞추어졌다. 따라서 톰슨은 원자 전체에 골고루 분포되어 있는 양전하를 띤 물질에 음전하를 띤 전자가 여기저기 박혀 있는 원자모형을 제안했다. 이런 원자는 마치 크리스마스에 주로 먹는 건포도가 여기저기 박혀 있는 플럼푸딩을 닮았다 하여 플럼푸딩 모형이라고 불렀다.

플럼푸딩 모형이 포함된 논문은 1904년 3월에 발간된 『철학 회보』에 실렸다. 이 논문에서 톰슨은 원자에 전자가 포함되어 있다는 것은 확실히 했지만 양전하를 띤 부분이 무엇으로 이루어져 있는지에 대해서는 제대로 설명하지 못했다. 아직 양성자나 중성자가 발견되기 전이었기 때문이다. 따라서 그는 양전하를 띤 물질이 원자 전체에 수프나 구름처럼 퍼져 있다고 생각했다. 원자는 단단한 공이 아니라 전자가 그 안에서 운동할 수 있고, 빠져나올 수도 있는 연한 물질로 이루어져 있다고 보았다.

톰슨은 전자들은 원자 안에서 여러 가지 다른 방법으로 배치될 수 있으며 원자의 중심 주변을 회전하고 있다고 설명했다. 전자가 회전하다가 원자의 중심으로부터 멀어지면 중심으로 향하는 힘이 커져 더 멀리 벗어날 수 없어 안정된 상태를 유지할 수 있다고 설명했다. 전자들은 고리를 이루어 원자의 중심으로 돌 수도 있는데 그렇게 되면 전자들 사이의 상호작용으로 전자의 궤도가 더 안정한 상태를 유지할 수 있다고 설명했다.

톰슨은 전자 고리의 에너지 차이를 이용하여 원자가 내는 스펙트럼을 설명하려고 시도했지만 성공하지는 못했다. 톰슨이 제안한 플럼푸딩 모형은 원자에서 양전하를 띤 알파선과 음전하를 띤 베타선이 나오는 것을 설명할 수는 있었지만 원소의 특성 스펙트럼이나 주기율표를 설명할 수는 없었다.

러더퍼드의 금박 실험과 원자핵의 발견

원자의 중심 부분에 크기는 작지만 원자 질량의 대부분을 가지고 있는 양전하를 띤 원자핵이 자리 잡고 있고, 그 주위를 음전하를 띤 가벼운 전자가 돌고 있다는 것을 알아내 원자에 대한 연구를 한 단계 발전시킨 사람은 방사선에 대한 연구로 1908년에 노벨상을 받은 어니스트 러더퍼드였다.

러더퍼드는 1909년 그가 교수로 있던 맨체스터대학에서 그의 제자였던 한스 빌헬름 가이거Johannes "Hans" Wilhelm Geiger(1882-1945), 그리고 어니스트 마스덴Ernest Marsden(1889-1970)과 함께 원자의 구조를 확인하기 위한 실험을 했다. 그들은 납으로 만든 용기 안에 방사성 원소인 라듐을 넣어 두고 알파선이 한 방향으로만 나오도록 한 다음, 알파선 출구 앞에 얇은 금박을 놓고 라듐에서 나온 알파 입자들이 금박을 통과한 후 어떤 방향으로 진행하는지를 조사했다.

그들은 알파 입자가 진행한 방향을 알아내기 위해 금박 뒤쪽에 알파 입자가 날아와 충돌했을 때 작은 불꽃을 만들어 내는 형광물질인 황화아연을 바른 스크린을 설치했다. 이 실험에 비싼 금속인 금을 사용한 것은 금이 금속 중에서 가장 얇게 펼 수 있었기 때문이었다. 금박을 통과한 알파 입자가 스크린에 부딪힐 때 만들어지는 불꽃은 아주 작고 희미했기 때문에 이 빛을 측정하기 위해서는 모든 불을 끄고 어둠 속에서 현미경으로 스크린을 들여다보면서 작은 불꽃의 수를 세어야 했다.

이 실험을 하기 전에는 플럼푸딩 원자모형을 바탕으로 원자를 이해하고 있었기 때문에 양전하를 띤 물질이 원자 전체에 얇게 퍼져 있고, 여기저기에 음전하를 띤 가벼운 전자가 흩어져 있을 것이라고 생각했다. 러더퍼드는 플럼푸딩 원자모형이 옳다면 알파 입자가 아주 조금만 휘어져 진행할 것이라고 예상했다.

가이거와 마스덴이 금박을 통과한 알파 입자가 만들어 내는 작은 불꽃을 조사해 보니 대부분의 알파 입자가 금박을 그대로 통과했고, 일부만 아주 조금 휘어져 진행했다. 이것은 플럼푸딩 모형이 예상했던 것과 같은 결과였다. 따라서 초기의 실험은 플럼푸딩 원자모형이 옳다는 것을 보여 주는 것 같았다.

그런데 어느 날 실험 과정을 지켜보던 러더퍼드가 스크린을 금박의 앞쪽만이 아니라 금박과 라듐 용기 한가운데에도 놓아 보라고 했다. 양전하를 띤 무거운 알파 입자가 금박의 뒤쪽으로 튕겨 나올지도 모른다고 예상했기 때문이 아니라 무엇이든지 직접 확인하는 그의 성격 때문이었다.

그러나 그 결과는 놀라운 것이었다. 금박에 충돌한 알파 입자 중에서 몇

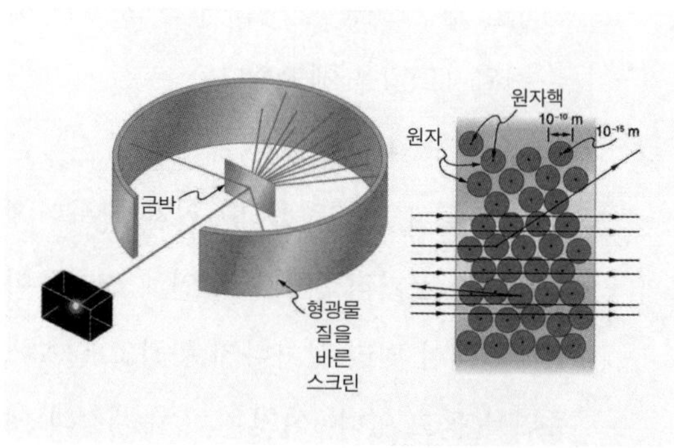

금박에 충돌한 알파 입자 중 일부는 큰 각도로 튕겨나가거나 뒤쪽으로 튕겨져 나오기도 했다.

몇 개가 금박의 뒤쪽으로 튕겨져 나왔던 것이다. 무거운 볼링공이 가벼운 탁구공에 충돌해서는 뒤쪽으로 튕겨 나올 수 없고, 탁구공이 볼링공에 충돌할 때만 뒤쪽으로 튕겨져 나올 수 있다는 것을 잘 알고 있다. 다시 말해 뒤쪽으로 튕겨져 나오기 위해서는 가벼운 물체가 무거운 물체에 충돌해야 한다.

따라서 금박에 충돌했을 때 뒤쪽으로 튕겨져 나오는 알파 입자가 있다는 것은 금박 안에 알파 입자보다 무거운 입자가 들어 있다는 것을 의미했다. 원자가 구름처럼 퍼져 있는 양전하를 띤 물질에 여기저기 박혀 있는 가벼운 전자들로 이루어져 있다면 알파 입자를 뒤로 튕겨 낼 무거운 입자가 들어있지 않아야 했다. 이것은 놀라운 실험 결과였다. 러더퍼드는 후에 "이것은 나의 일생에 일어났던 일들 중에서 가장 믿을 수 없는 사건이었다. 이것은 지름이 40센티미터나 되는 포탄을 얇은 종이를 향해 발사했는데 그것이 종이와 충돌한 후 뒤로 튕겨져 나온 것과 같이 믿을 수 없는 일이었다"라고 회상했다.

러더퍼드는 금박에 충돌한 알파 입자들이 진행하는 방향을 수학적으로 분석한 후 1911년에 원자 질량의 대부분을 가지고 있는 양전하를 띤 원자핵이 원자의 중심에 자리 잡고 있고, 그 주위를 음전하를 띤 가벼운 전자들이 돌고 있는 새로운 원자모형을 제안했다.

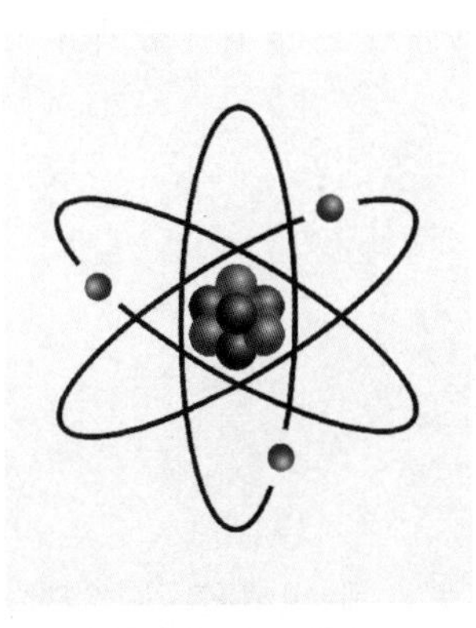
원자핵 주위를 전자들이 돌고 있는 러더퍼드의 원자모형

러더퍼드의 원자모형에서는 음전하를 띤 전자들과 양전하를 띤 원자핵 사이에 작용하는 전기적 인력으로 인해 전자들이 원자핵에서 멀리 달아나지 못하고 원자핵 주위를 돌고 있다. 이것은 마치 행성과 태양 사이에 작용하는 중력으로 인해 행성들이 태양으로부터 멀리 달아나지 못하고 태양 주위를 도는 것과 같아 행성모형이라고도 불렸다. 원자핵의 크기는 원자의 크기에 비해 아주 작아서 원자의 대부분은 몇 개의 작은 전자들이 날아다니는 텅 빈 공간이다. 이것은 원자가 속이 가득 찬 공과 비슷한 모양일 것이라고 생각했던 예전의 원자와는 다른 모습이었다.

그런데 러더퍼드의 원자모형은 기존의 물리학 이론으로는 설명할 수 없는 여러 가지 문제점을 가지고 있었다. 러더퍼드의 원자모형은 행성들이 태양을 중심으로 돌고 있는 태양계와 비슷해 보이지만 근본적으로 다른 점이 있다. 태양계의 행성들을 공전 궤도 위에 붙들어 두는 힘은 질량 사이에 작용하는 중력이다. 그러나 원자에서 전자들이 달아나지 못하도록 붙들어 두는 힘은 전하 사이에 작용하는 전기력이다. 중력과 전기력은 전혀 다른 특성을 가지고 있다. 중력이 작용하는 행성들은 태양 주위를 돌아도 에너지를 잃지 않기 때문에 태양계는 오랫동안 안정한 상태를 유지할 수 있다. 그러나 맥스웰의 전자기학 이론에 의하면 가속운동을 하는 전하를 띤 입자는 전자기파를 방출하고 에너지를 잃는다.

따라서 원자핵 주위를 돌고 있는 전자는 전자기파를 방출하여 에너지를 잃고 원자핵으로 끌려 들어가야 한다. 따라서 러더퍼드 원자모형과 같은 원자는 안정한 상태로 존재할 수 없다. 다시 말해 기존의 물리학 이론이 옳다면 러더퍼드의 원자모형과 같은 원자는 존재할 수가 없다.

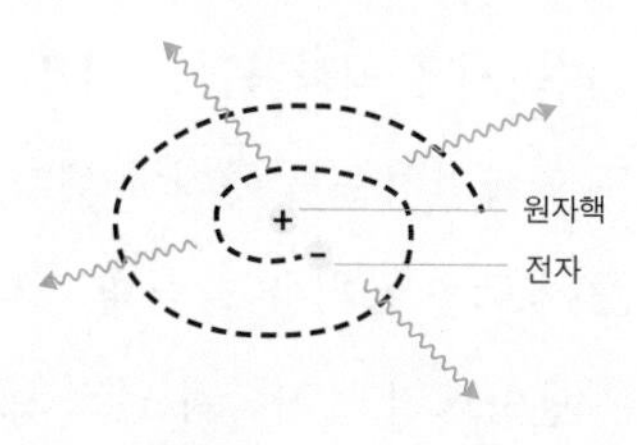

원자핵 주위를 도는 전자는 전자기파를 내고 원자핵으로 빨려 들어가야 한다.

그리고 원자핵 주위를 도는 전자가 내는 전자기파의 진동수는 전자가 원자핵 주위를 도는 진동수와 같아야 한다. 따라서 일정한 궤도에서 원자핵을 도는 전자는 특정한 진동수의 전자기파를 방출한다. 하지만 원자핵을 돌면서 전자기파를 방출하고 에너지를 잃으면 전자의 궤도와 진동수가 달라져야 하고 따라서 방출하는 전자기파의 진동수도 달라져야 한다. 그렇게 되면 전자는 특정한 진동수만 가지는 선스펙트럼이 아니라 진동수가 연속적으로 변하는 연속 스펙트럼을 방출해야 한다. 이것은 원소들이 고유한 선스펙트럼을 내는 것과 맞지 않는다.

러더퍼드 원자모형의 또 다른 문제점은 원자의 크기를 정할 수 없다는 것이다. 원자핵 주위를 돌고 있는 전자에 대해 알고 있는 것은 질량과 전하뿐이다. 그러나 전자의 질량과 전하에 대한 정보만으로는 원자의 크기를 정할 수 있는 방법이 없었다. 물질을 이루기 위해서는 원자가 일정한 크기를 가져야 한다. 따라서 원자의 크기를 설명할 수 없는 러더퍼드의 원자모형은 실제 원자를 나타내는 것이라고 할 수 없었다.

러더퍼드의 원자모형은 실험 결과를 바탕으로 만든 것이다. 러더퍼드의 실험 결과가 옳다면 원자의 중심에는 크기가 작으면서도 원자 질량의 대부분을 차지하고 있는 원자핵이 자리 잡고 있고, 그 주위를 가벼운 전자들이 돌고 있는 러더퍼드의 원자모형도 옳은 것이어야 한다. 정밀한 실험 결과를 바탕으로 한 러더퍼드의 원자모형은 올바른 원자모형이었다. 다만 원자핵 주위를 돌고 있는 전자들에 적용되는 새로운 역학법칙을 모르고 있었기 때문에 전자의 행동을 제대로 설명할 수 없었을 뿐이었다.

따라서 물리학자들은 이제 러더퍼드의 원자모형을 설명할 수 있는 새로운 역학법칙을 찾아내야 했다. 원자핵 주위를 돌고 있는 전자들에 적용되는 새로운 규칙을 발견해 러더퍼드의 원자모형을 한 단계 발전시킨 사람은 덴마크의 물리학자 닐스 보어였다.

양자화된 에너지

러더퍼드의 원자모형을 설명할 수 있는 새로운 물리학으로 향하는 문을 연 사람은 독일의 막스 플랑크였다. 플랑크는 에너지가 양자화되어 있다는 새로운 가정을 이용해 오랫동안 물리학자들을 괴롭히고 있던 흑체복사의 문제를 해결했다. 흑체복사의 문제란 물체가 방출하는 복사선의 파장과 세기가 물체의 온도에 따라 달라지는 현상을 설명하는 문제였다.

온도가 높은 물체는 파장이 짧은 전자기파를 주로 내고, 온도가 낮은 물체는 파장이 긴 전자기파를 낸다. 낮은 온도에서는 붉은색으로 보이지만 온도가 높아지면 푸른색으로 보이는 것은 이 때문이다. 흑체복사의 문제는 왜 온도가 낮은 물체는 붉은색으로 보이고, 온도가 높아지면 푸른색으로 보이는지를 설명하는 문제였다. 19세기 말에 많은 과학자가 전자기학 법칙을 이용해 흑체복사의 문제를 설명하려고 시도했지만, 성공하지 못하고 있었다.

플랑크는 기존의 물리학으로는 받아들일 수 없는 대담한 가정을 통해 흑체복사의 문제를 해결했다. 그는 전자기파의 에너지가 연속적인 값을 가지는 것이 아니라 특정한 값의 정수배에 해당하는 값만 가질 수 있다고 가정했다. 다시 말해 에너지가 더 이상 작게 나눌 수 없는 덩어리로 되어 있다는 것이다. 에너지가 이렇게 띄엄띄엄한 값만 가지는 것을 에너지가 양자화되어 있다고 말한다. 양자라는 말은 에너지를 비롯한 물리량의 가장 작은 덩어리 또는 최솟값을

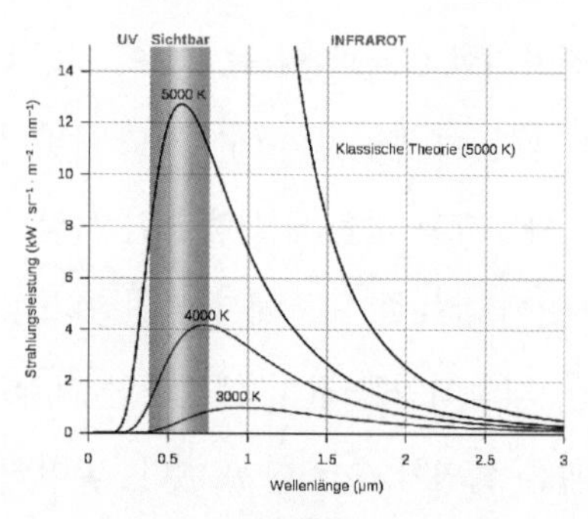

온도와 파장에 따라 복사선의 세기가 어떻게 변하는지를 나타내는 흑체복사곡선

뜻한다. 따라서 양자화되었다는 말은 물리량이 특정한 양의 정수배로만 존재하고 주고받을 수 있음을 의미한다.

양자역학이란 양자화되어 있는 물리량을 다루는 역학이라는 뜻이다. 에너지의 가장 작은 단위를 나타내는 플랑크상수의 크기는 6.6×10^{-34} J·sec 이다. 우리가 에너지를 연속적인 물리량으로 취급해 온 것은 가장 작은 에너지 덩어리의 값이 우리가 알아차릴 수 없을 정도로 작은 값이기 때문이었다. 플랑크는 에너지가 양자화되어 있다는 양자화 가설을 통해 흑체복사의 문제를 해결하고, 1918년에 노벨 물리학상을 수상했지만 기존의 물리학으로는 설명할 수 없는 양자화된 물리량을 좋아하지 않았다. 그는 전자기파가 띄엄띄엄한 값만 가지는 이유를 기존의 물리학으로 설명할 수 있게 되기를 바랐다.

그러나 전자기파의 에너지가 양자화되어 있다는 것은 광전효과를 설명하는 과정에서 다시 한번 확인되었다. 물질에 가시광선이나 자외선과 같은 전자기파를 비췄을 때 전자가 튀어 나오는 현상을 광전효과라고 한다. 1902년 독일의 필립 레나르트Philipp Lenard(1862-1947)는 광전효과에 의해 발생한 광전자의 에너지가 빛의 세기가 아니라 빛의 색깔에 따라 달라진다는 것을 발견했다. 이것은 전자기학 이론으로는 설명할 수 없는 현상이었다. 전자기학 이론에 의하면 빛의 에너지는 색깔이 아니라 세기에 따라 달라지기 때문에 광전자의 에너지도 색깔이 아니라 세기에 따라 달라져야 한다.

광전효과의 문제를 해결한 사람은 알베르트 아인슈타인이었다. 1905년 3월에 발표한 논문에서 아인슈타인은 플랑크의 양자 가설을 이용하여 빛이 띄엄띄엄한 값의 에너지만 가질 수 있는 알갱이라고 가정하면 광전효과를 설명할 수 있다고 했다. 빛이 연속된 에너지가 아니라 양자화된 에너지만을 가질 수 있는 알갱이라고 보는 것을 광양자설이라고 부른다. 후에 빛 알갱이를 광자(포톤)라고 부르게 되었다.

진동수가 낮은 붉은 빛은 작은 에너지를 가지고 있는 빛 알갱이의 흐름이고, 진동수가 높은 푸른빛은 큰 에너지를 가지고 있는 빛 알갱이의 흐름이다. 빛이 금속이나 원자 속에 들어 있는 전자를 떼어 낼 때는 빛 알갱이와 전자가 일대일 충돌을 통해 전자를 떼어 낸다. 따라서 에너지가 큰 푸른 빛 알갱이는 전자를 떼어 낼 수 있지만 에너지가 작은 붉은 빛 알갱이는 전자를 떼어 낼 수 없다. 붉은 빛은 아무리 세게 비추어도 광전자가 나오지 않지만, 푸른빛이나 자외선은 약하게 비춰 주어도 전자가 튀어나오는 것은 이 때문이다.

그렇다고 해서 빛이 가지고 있는 파동의 성질이 없어진 것은 아니었다. 이것은 빛이 어떤 때는 파동처럼 행동하고, 어떤 때는 입자처럼 행동한다는 것을 의미했다. 빛이 입자와 파동의 성질을 모두 가진다는 것은 우리 상식으로는 쉽게 이해하기 어려운 이야기이다. 우리의 경험세계에서는 그런 일이 가능하지 않기 때문이다.

빛이 파동과 입자의 성질을 모두 가지는 것을 빛의 이중성이라고 한다. 빛의 이중성은 빛이나 전자와 같이 작은 세계에서는 우리의 경험세계에서 일어나는 것과는 전혀 다른 일이 일어날 수 있음을 나타낸다. 따라서 양자화된 에너지와 빛의 이중성은 원자보다 작은 세상을 설명하기 위해서는 기존의 물리법칙과는 다른 새로운 물리법칙이 필요함을 의미했다.

보어의 원자모형

1911년에 러더퍼드가 실험을 통해 알아낸 원자모형을 설명할 수 있는 새로운 역학을 만들어 내는 일을 시작한 사람은 덴마크의 물리학자로 코펜하겐대학에서 박사학위를 받은 후 영국에 와서 연구원으로 있던 닐스 보어Niels Henrik David Bohr(1885-1962)였다. 캐번디시 연구소에서 톰슨의 지도를 받으며 연구하고 있던 보어는 맨체스터대학에 있으면서 자주 케임브리지를 방문하던 러더퍼드를 만난 후 맨체스터대학으로 옮겨 러더퍼드와 함께 원자모형을 완성시키기 위한 연구를 시작했다.

보어는 원자핵 주위를 돌고 있는 전자들이 안정한 상태를 유지할 수 있도록 하기 위해 플랑크가 흑체복사의 문제를 해결하기 위해 제안했고, 아인슈타인이 광전효과를 설명하기 위해 사용했던 양자화된 에너지를 원자핵 주위를 돌고 있는 전자에도 적용하기로 했다. 원자핵 주위를 돌고 있는 전자가 모든 에너지를 가질 수 있는 것이 아니라 특정을 조건을 만족하는 띄엄띄엄한 에너지만을 가질 수 있다고 가정한 것이다. 보어는 원자가 안정한 상태를 유지하고, 특정한 파장의 선스펙트럼을 내도록 하기 위해 원자핵 주위를 돌고 있는 전자에 다음과 같은 규칙을 부여했다.

> 조건 1. 전자는 특정한 궤도에서만 원자핵을 돌 수 있고, 이 궤도에서 원자핵을 도는 동안에는 전자기파를 방출하지 않는다.
> 조건 2. 전자가 한 궤도에서 다른 궤도로 건너뛸 때만 전자기파를 방출하거나 흡수한다.

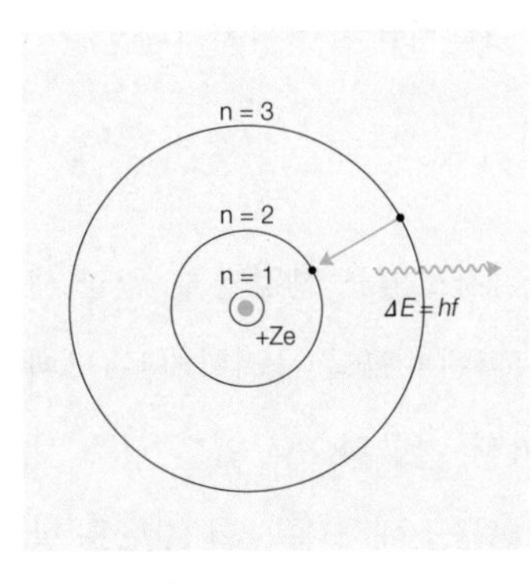

보어의 원자모형

전자가 특정한 궤도 위에서만 원자핵을 돌아야 한다는 보어의 가정은 뉴턴역학이나 맥스웰의 전자기학 이론으로는 설명할 수 없는 새로운 발상이었다. 그러나 보어는 원자를 안정한 상태로 유지하기 위해 과감하게 기존 물리학의 경계를 뛰어넘었다. 전자가 같은 궤도 위에서 원자핵을 돌 때는 에너지를 잃지 않고 한 궤도에서 다른 궤도로 건너뛸 때만 에너지를 얻거나 잃는다는 것 역시 기존의 물리학으로는 설명할 수 없는 현상이었다. 보어는 원자핵을 도는 전자는 전자기파를 방출해야 한다는 전자기학 이론에도 구애받지 않았다.

기존 물리학에서는 에너지를 잃거나 얻을 때는 연속적으로 에너지가 증가하거나 감소해야 하기 때문에 에너지가 변하는 동안 중간의 모든 값을 거쳐야 한다. 그러나 보어는 전자가 일정한 양의 에너지 덩어리를 내보내거나 흡수하고, 중간 단계를 거치지 않고 다음 에너지 준위로 건너뛰도록 했다. 이런 것을 양자 도약이라고 부른다.

전자가 가질 수 있는 에너지를 나타내는 에너지 준위는 번호를 붙여 나타낸다. 원자핵에 가장 가까이에서 원자핵을 돌고 있어 가장 적은 에너지는 가지고 있는 에너지 준위는 1번, 두 번째 준위는 2번, 세 번째 준위는 3번이 된다. 에너지 준위의 번호를 주양자수라고 부른다. 보어는 각 에너지 준위의 에너지를 계산하는 규칙을 발견했다. 따라서 한 에너지 준위에서 다른 에너지 준위로 건너뛸 때 방출하는 복사선의 진동수를 계산할 수 있었다.

과감하게 기존의 물리학 법칙을 뛰어넘은 보어의 원자모형은 원자가 안정한 상태로 존재할 수 있게 했으며, 원소가 특성 선스펙트럼을 내는 것을 성공적으로 설명했다. 보어의 새로운 원자모형은 1913년에 출판된 『원자 및 분자의 구성에 관해서』라는 제목의 3부작 형태로 된 세 편의 논문을 통해 발표되었다.

물리학자들은 수소 원자가 내는 스펙트럼을 성공적으로 설명한 보어의 원자모형에 관심을 보였지만 보어가 부여한 규칙을 선뜻 받아들일 수 없었다. 보어의 원자모형을 발전시켜 보어의 원자모형이 널리 받아들여질 수 있도록 한 사람은 아르놀트 조머펠트Arnold Johannes Wilhelm Sommerfeld(1868-1951)였다. 뮌헨대학의 교수로 있으면서 현대 물리학의 기초를 닦는 데 크게 공헌한 많은 제자들을 길러 낸 조머펠트는 보어 원자모형을 일반화하는 방법을 찾기 시작했다. 많은 시행착오를 거친 후 조머펠트는 1915년과 1916년 사이에 주기운동을 하는 경우 한 주기 동안 운동량을 적분한 값이 플랑크상수의 정수배가 되어야 한다고 가정하면 전자가 가질 수 있는 에너지를 계산할 수 있음을 알아냈다. 원자핵 주위를 돌고 있는 전자는 각운동량을 한 주기 동안 적분한 값이 플랑크상수의 정수배가 되는 궤도 위에서만 원자핵을 돌고 있을 수 있다는 것이 결국은 정확하지 않은 것으로 밝혀졌지만 조머펠트의 양자 조건은 보어 원자모형을 이론적으로 설명하는 데는 매우 효과적이었다. 보어의 원자모형에 조머펠트의 양자 조건을 더하자 보어의 원자모형에 관심을 가지는 사람들이 늘어났다.

그러나 보어의 원자모형으로는 설명할 수 없는 현상이 이미 발견되어 있었다. 아인슈타인 이전에 상대성이론에 가장 근접했던 로렌츠의 제자였던 네덜란드 출신의 피터르 제이만Pieter Zeeman(1865-1943)이 1896년에 원자를 자기장 안에서 태우면 하나의 선스펙트럼으로 보였던 빛이 여러 개의 선으로 갈라진다는 것을 발견했다. 로렌츠는 원자가 전기를 띤 알갱이들로 이루어졌다고 가정하여 이 현상을 이론적으로 설명했다. 당시는 전자나 양성자, 또는 원자핵이 발견되기 이전이어서 원자가 전기를 띤 알갱이로 이루어졌다는 것은 혁신적인 생각이었다. 로렌츠와 제이만은 이로 인해 1902년 노벨 물리학상을 공동 수상했다. 그리고 독일의 요하네스 스타르크Johannes Stark(1874-1957)는 1913년 전기장 안에서도 원소가 내는 선스펙트럼이 몇 개의 선으로 분리된다는 스타르크 효과를 발견했다.

보어 원자모형에서 에너지 준위의 번호를 주양자수라고 한다. 전자가 주양자수가 높은 에너지 준위에서 주양자수가 낮은 준위로 떨어질 때는 두 준위의 차이에 해당하는 에너지를 가진 복사선이 방출된다. 그런데 하나의 선이었던 이 복사선이 자기장이나 전기장 안에서는 파장이 다른 여러 개의 복사선으로 나누어진다. 그것은 한 에너지 준위에도 조금씩 다른 여러 상태가 있음을 뜻한다. 제만 효과와 스타르크 효과를 설명하기 위해 조머펠트와 보어는 새로운 양자수를 도입했다.

이제 전자의 상태를 나타내기 위해서는 에너지의 크기를 나타내는 주양자수 n, 그리고 평소에는 같은 에너지를 가지지만 자기장이나 전기장 안에서는 다른 에너지를 갖도록 하는 상태를 나타내는 부양자수 k가 필요하게 되었다. 그들은 주양자수가 n, 그리고 부양자수가 k인 전자의 상태를 n_k라는 기호를 이용하여 나타냈다. 조머펠트는 전자는 원 궤도를 따라 원자핵을 도는 것이 아니라 타원 궤도를 따라 원자핵을 돌고 있는데 주양자수는 궤도 장축의 길이를 결정하고, 부양자수는 타원의 모양을 결정한다고 설명했다.

후에 주양자수와 부양자수에 대한 조머펠트의 설명은 옳지 않은 것으로 밝혀졌지만 전자의 상태를 나타내기 위해 주양자수 외에 또 다른 양자수가 필요하다는 그의 생각은 옳은 것이었다. 그 후에 이루어진 실험을 통해 전자의 상태를 나타내기 위해서는 두 개의 양자수 외에 두 개의 양자수가 더 필요하다는 것을 알게 되었다. 전자의 상태는 생각보다 복잡했던 것이다. 보어의 원자모형은 이런 복잡한 전자의 상태를 설명하는 데 역부족이었다.

모즐리와 주기율표

보어의 원자모형을 널리 받아들이게 하는 데 크게 기여한 사람은 영국 물리학자 헨리 모즐리Henry Gwyn Jeffreys Moseley(1887-1915)였다. 어려서부터 뛰어난 학생이었던 모즐리는 장학금을 받고 이튼대학을 다녔으며 1906년 옥스퍼드대학의 트리니티칼리지에 진학하여 학사학위를 받았다. 학사학위를 받은 후 맨체스터대학에 있던 러더퍼드의 연구원이 된 모즐리는 1913년부터 금속 원소들이 내는 엑스선을 조사하기 시작했다. 모즐리는 금속 원소의 원자번호와 금속 원자가 방출하는 엑스선의 진동수 사이에 관계를 나타내는 모즐리법칙을 발견했다.

모즐리의 법칙이 발견되기 이전에는 원자번호는 원자들을 원자량 순서로 배열했을 때 몇 번째 원소인지를 나타내기 위한 숫자로 생각했기 때문에 특별한 물리적 의미를 가지지 못했다. 그러나 모즐리의 발견으로 원자번호가 물리적으로 중요한 의미를 가지고 있다는 것을 알게 되었다. 모즐리는 원자번호가 원자핵 안에 포함되어 있는 양전하의 양을 나타낸다는 것을 알아냈다.

모즐리법칙의 발견으로 원소의 화학적 성질을 결정하는 것은 원자량이 아니라 원자번호라는 것을 알게 되었다. 현재 우리는 원자번호가 원자핵 안에 포함되어 있는 양성자의 수를 나타낸다는 것을 알고 있지만 모즐리가 연구하던 1900년대 초에는 아직 양성자가 발견되기 이전이어서 원자번호가 무엇을 의미하는지 정확히 모르고 있었다. 보어의 원자모형을 이용하면 모즐리의 법칙을 설명할 수 있었다. 따라서 모즐리의 발견으로 보어의 원자모형이 널리 받아들여지게 되었다.

주기율표를 발견한 멘델레프는 주기율표에 원소들을 원자량의 순서로 배열하면서 일부 원자들은 원자량이 아니라 원자의 성질을 감안하여 순서를 바꾸어 놓았다. 예를 들면 원자량 순서로 배열하면 28번 니켈이 27번 코발트보다 앞에 와야 하지만 물리 화학적 성질을 고려하여 코발트를 앞에 놓고 니켈을 뒤에 놓았다. 모즐리의 법칙이 발견되자 이렇게 순서를 바꾸는 것이 물리적으로 정당하다는 것을 알게 되었다.

군복을 입은 헨리 모즐리

모즐리는 또한 43번과 61번, 그리고 72번

과 75번 자리가 비어 있다는 것을 알아냈다. 43번과 61번은 자연에는 존재하지 않는 반감기가 짧은 방사성 원소인 테크네튬과 프로메튬이라는 것이 후에 밝혀졌고, 72번과 75번은 하프늄과 레늄으로 지구상에 극히 소량 존재하는 원소여서 1923년과 1925년이 되어서야 발견되었다.

1914년에 모즐리는 옥스퍼드로 돌아가 연구를 계속할 생각으로 맨체스터대학을 사임했다. 그러나 1914년 제1차 세계대전이 발발하자 모즐리는 옥스퍼드로 가는 대신 군대에 입대하여 통신 장교로 근무했다. 전투 지역이던 튀르키예의 갈리폴리에 근무하던 모즐리는 1915년 8월 10일 작전 중 전사했다. 많은 사람이 뛰어난 과학자가 젊은 나이에 전쟁터에 목숨을 잃은 것을 애석해 했다. 모즐리의 전사 후 영국 정부는 뛰어난 과학자가 전투에 참가하는 것을 금지했다.

파울리의 배타원리

보어의 원자모형을 이용해 수소 원자가 내는 스펙트럼을 성공적으로 설명한 과학자들은 주기율표를 설명할 수 있는 방법을 찾기 시작했다. 1899년 하버드대학에서 박사학위를 취득했고, 독일 라이프치히대학과 괴팅겐대학에서도 공부했던 미국 물리학자 겸 화학자인 길버트 루이스Gilbert N. Lewis(1899-1946)는 최외각 전자가 8개일 때 가장 안정한 상태가 된다는 옥텟 규칙을 제안했다. 그는 1916년에 발표된 「원자와 분자」라는 논문에서 원자들은 전자껍질에 짝수개의 전자를 가지려는 경향이 있으며 특히 육면체의 각 꼭짓점에 하나씩의 전자가 대칭적으로 배치되어 있는 구조를 선호한다고 했다. 육면체의 꼭짓점 수는 8개이다. 그의 이런 설명은 올바른 것이 아니었지만 옥텟 규칙은 주기율표를 설명하는 데 효과적이라는 것이 밝혀졌다.

독일 괴팅겐대학에서 공부했으며 계면 현상에 대한 연구를 통해 1932년 노벨 화학상을 수상한 미국 물리학자 어빙 랭뮤어Irving Langmuir(1881-1957)는

1919년에 원자 안의 전자들이 전자껍질을 채우는 방법을 일정한 방법으로 조직화하면 주기율표를 설명할 수 있을 것이라고 제안했다. 영국의 이론 물리학자로, 케임브리지에서 공부하였으며 강자성체에 대한 연구를 주로 했던 에드먼드 스토너Edmund C. Stoner(1899-1968)는 1924년에 발표한 『원자 준위 사이의 전자 분포』라는 제목의 논문에서 전자들이 에너지 준위에 어떻게 분포하는지를 설명하려고 시도했다.

그러나 간단한 규칙을 통해 에너지 준위에 들어갈 전자의 수를 알아내고, 이를 통해 주기율표를 설명할 수 있는 파울리의 배타원리를 제안한 사람은 오스트리아 출신 물리학자 볼프강 파울리Wolfgang Ernst Pauli(1900-1958)였다. 오스트리아의 빈에서 태어난 파울리는 독일 뮌헨에서 조머펠트의 지도를 받아 1921년에 수소 이온을 보어의 원자모형을 이용하여 설명한 논문을 제출하고 박사학위를 받았다. 박사학위를 받은 후 양자물리학을 완성시키는데 중심 역할을 한 독일의 괴팅겐대학과 코펜하겐의 이론물리 연구소에서 연구하기도 했던 파울리는 1923년부터 1928년까지는 함부르크대학에서 강사로 지내던 기간에 파울리의 배타원리를 제안했다.

볼프강 파울리

1924년에 파울리는 그동안에 이루어진 실험 결과를 설명하기 위해서는 이미 제안되어 있던 주양자수와 부양자수 외에 2개의 양자수가 더 필요하다는 알아냈다. 이렇게 해서 전자의 상태를 나타내는 양자수가 4개로 늘어났다. 양자수는 전자의 상태를 구별하기 위한 기호이다. 원자핵 주위를 돌고 있는 전자의 상태를 나타내는 양자수가 4개가 어떤 물리량을 나타내지는 후에 양자역학이 확립된 후에 밝혀졌다. 원자핵을 돌고 있는 전자들을 양자수는 다르지만 비슷한 에너지를 가지는 전자들을 하나로 묶어 같은 에너지 껍질로 분류할 수 있다. 에너지 껍질에 들어갈 수 있는 전자의 수와 파울리 배타원리를 이용하면 주기율표를 성공적으로 설명할 수 있다.

파울리의 배타원리는 같은 원자 안에 있는 전자는 모두 다른 양자역학적 상태에 있어야 한다는 것이다. 파울리 배타원리로 인해 전자들은 여러 에너지 상태에 흩어져 있어야 한다. 많은 전자를 가지고 있는 원자가 안정된 낮은 에너지 상태에 있기 위해서는 전자들이 에너지가 낮은 양자역학적 상태부터 차례로 채워 나가야 한다. 아래 에너지 껍질에 있는 상태가 다 채워진 다음에는 다음 에너지 껍질에 속한 상태들에 전자가 채워진다.

따라서 가장 바깥쪽 에너지 껍질에 들어가는 전자(최외각 전자)의 수가 주기적으로 변하게 된다. 그런데 원소의 화학적 성질은 가장 바깥쪽 에너지 껍질에 들어가 있는 전자의 수에 의해 결정되므로 원자번호(원자에 포함된 전자의 수) 순서대로 원자를 배열하면 주기적으로 같은 화학적 성질이 반복해서 나타나야 한다. 이것이 주기율표이다.

양자물리학이 성립된 후에 네 개의 양자수가 가지는 물리적 의미를 확실하게 이해할 수 있었고, 파울리의 배타원리도 수학적으로 증명할 수 있었다. 파울리의 배타원리의 적용을 받는 입자들을 페르미온이라고 한다. 양성자, 중성자, 전자, 쿼크와 같이 물질을 구성하는 입자들은 모두 파울리의 배타원리가 적용되는 페르미온이다. 그러나 파울리의 배타원리가 적용되지 않아 같은 양자역학적 상태에 얼마든지 많은 입자가 들어갈 수 있는 입자들을 보손이라고 한다. 힘을 매개하는 입자들인 포톤이나 글루온과 같은 입자들이 보손이다. 페르미온이 결합해서 만들어진 입자들 중에도 보손이 있다.

3. 양자역학의 성립

드브로이의 물질파 이론

1920년대가 되자 원소가 내는 스펙트럼과 원소가 주기율표에 주기적으로 배열되는 현상을 설명하기 위한 시도는 어느 정도 성공을 거둔 것 같았다. 그러나 아직 모든 것이 잘 정리되어 있지 않았다. 따라서 그때까지 발견된 모든 것을 통합할 수 있는 새로운 이론이 필요했다. 물질에 대한 새로운 이론을 제안하여 양자역학으로 향하는 길을 닦은 사람은 프랑스의 루이 드브로이Louis Victor Pierre Raymond de Broglie, 7th duc de Broglie(1892-1987)였다.

귀족 집안의 둘째 아들로 태어나 가문의 전통에 따라 외교관이 되기 위해 역사학을 공부했던 드브로이는 1910년 역사학 학사학위를 받고 다시 물리학을 공부하기 시작하여 1913년에 물리학 학사학위도 받았다. 물리학 학사학위를 받은 다음 군에 입대한 드브로이는 제1차 세계대전 동안 에펠탑에 있던 무선국에 근무했고, 전쟁이 끝난 후 다시 물리학 공부를 시작했다.

루이 드브로이

드브로이는 박사학위 논문에서 빛이 파동과 입자의 성질을 가지고 있는 것과 마찬가지로 전자와 같은 입자들도 파동의 성질을 가지고 있다고 주장하고, 입자의 파장은 에너지의 최소 단위인 플랑크 상수를 질량과 속도를 곱한 양인 운동량으로 나눈 값과 같다고 제안했다.

$$\text{입자의 파장}(\lambda) = \frac{\text{플랑크상수}(h)}{\text{운동량}(mv)}$$

플랑크상수가 아주 작은 값이어서 우리 주변에 있는 보통 물체의 경우에는 파장이 너무 짧아 파동의 성질을 알아차릴 수 없다. 그러나 전자와 같이 질량이 작은 입자들의 경우에는 실험을 통해 확인할 수 있는 크기의 파장을 가지고 있다. 드브로이의 물질파 이론에 의하면 원자핵 주위를 돌고 있는 전자도 파동이다. 다시 말해 전자의 파동이 원자핵을 돌고 있는 것이다. 드브로이는 보어의 원자모형에서 전자들에게 허용된 궤도는 궤도의 둘레가 전자가 가지는 파장의 정수배가 되는 궤도들이라고 설명했다.

전자와 같은 입자들도 파동의 성질을 가진다는 드브로이의 물질파 이론은 새롭고 충격적인 이론이었다. 드브로이의 박사학위 논문을 심사했던 교수들마저도 이 논문을 어떻게 처리해야 할지 몰라 당황했다고 전해진다. 그러나 심사위원 중 한 사람이 아인슈타인의 조언을 구했을 때 아인슈타인은 이 논문을 진리를 포함하고 있는 중요한 논문이라고 높게 평가했다.

물질파 이론이 제안된 후 많은 과학자가 전자의 파동성을 측정하기 위한

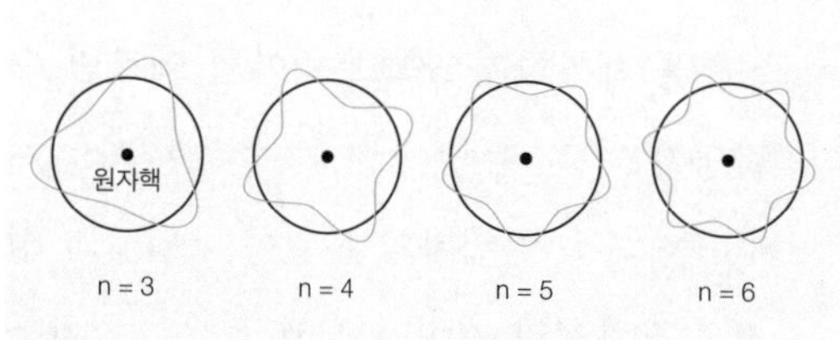

전자들은 둘레가 드브로이 파장의 정수배인 궤도에서만 원자핵을 돌 수 있다.

실험을 시작했다. 1927년 3월에 미국의 조지프 데이비슨Clinton Joseph Davisson(1881-1958)과 리스터 저머Lester Halbert Germer(1896-1971)가 니켈 단결정을 이용하여 전자의 회절 현상을 확인하는 데 성공했다. 벨 연구소 연구원들이었던 데이비슨과 저머는 니켈 표면에 전자를 입사시켜 전자들이 어떻게 반사되는지 알아보는 실험을 했다.

니켈 단결정 표면에 전자를 입사시켰을 때 반사되어 나온 전자들을 조사한 그들은 놀라운 사실을 발견하였다. 전자들이 회절 무늬를 만들었던 것이다. 이것은 전자들도 파동처럼 행동한다는 것을 뜻했다. 그들이 측정한 전자의 파장은 드브로이의 식으로 계산한 전자의 파장과 오차의 범위 안에서 일치했다. 두 사람은 이 실험으로 1937년에 노벨 물리학상을 받았다.

1927년 11월에는 영국의 조지 톰슨George Paget Thomson(1892-1975, 전자를 발견한 톰슨의 아들)이 알루미늄, 금, 셀룰로이드 등의 분말을 이용하여 전자의 회절 사진을 찍는 데 성공했다. 이 실험으로 톰슨은 1937년 데이비슨, 저머와 함께 노벨 물리학상을 공동을 수상했다. 드브로이는 물질파 이론을 제안하고 5년 후인 1929년에 노벨 물리학상을 수상했다. 드브로이의 물질파 이론으로 인해 전자와 같은 입자를 파동으로 다룰 수 있게 되었다.

에르빈 슈뢰딩거

슈뢰딩거 방정식

1923년에 드브로이가 전자와 같은 입자도 파동의 성질을 가질 수 있다는 물질파 이론을 제안하자 오스트리아의 에르빈 슈뢰딩거Erwin Rudolf Josef Alexander Schrodinger(1887-1961)는 파동이 입자의 본질이며 입자의 성질은 부차적인 것이라고 생각하고, 전자를 파동으로 취급하는 새로운 역학을 만들기 시작했다. 그는 전자의 상태를 나타내는 파동함수를 구할 수 있는 방정식을 제안했다. 이 방정식을 슈뢰딩거 방정식이라고 부른다.

1926년 1월에 슈뢰딩거가 발견한 슈뢰딩거 방정식은 양자역학의 핵심이 되는 방정식이다. 슈뢰딩거 방정식을 풀면 전자의 파동함수를 구할 수 있고, 이 파동함수로부터 전자가 가질 수 있는 에너지나 각운동량과 같은 물리량들을 알아낼 수 있다. 슈뢰딩거는 슈뢰딩거 방정식을 풀어서 구한 파동함수가 전자의 밀도 파동을 나타낸다고 설명했다. 밀도 파동이란 질량이 한 점에 모여 있는 것이 아니라 파동 형태로 퍼져 있다는 것이다. 다시 말해 전자가 구슬과 같은 알갱이가 아니라 고운 밀가루처럼 퍼져서 파동을 만든다는 것이다.

그러나 보어와 함께 원자모형을 연구하고 있던 독일 괴팅겐대학의 막스 보른Max Born(1882~1970)은 슈뢰딩거 방정식으로부터 구한 파동함수가 전자의 밀도 파동을 나타내는 것이 아니라 전자가 특정한 위치에서 발견될 확률을 나타내는 확률함수라고 새롭게 해석했다. 보른이 이런 해석을 하게 된 것은 전자를 이용한 이중슬릿 실험에서 전자 하나하나는 입자처럼 스크린의 한 점에 도달하지만 전자의 수가 많아지면 파동과 같은 간섭무늬가 나타난다는 것을 알게 되었기 때문이었다.

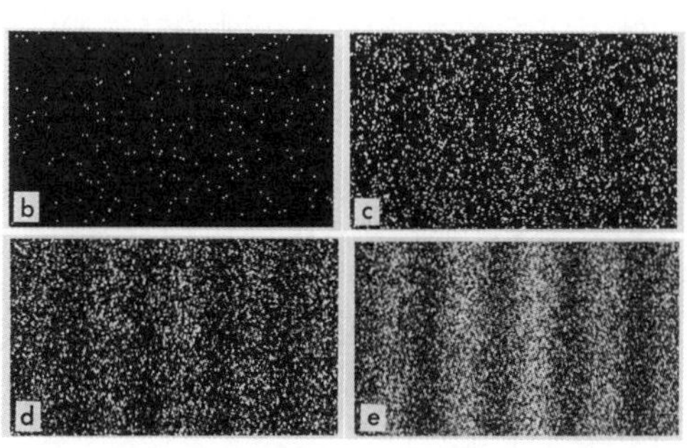

전자를 이용하여 이중슬릿에 의한 간섭 실험을 해 보면 전자 하나하나는 입자처럼 한 점에 도달하지만 전자의 수가 늘어나면 간섭무늬가 나타난다.

전자와 같은 입자가 파동의 성질도 가질 수 있고, 연속적인 에너지나 운동량을 가지는 것이 아니라 띄엄띄엄한 값만 가질 수 있다는 것도 이미 기존의 물리학의 경계를 뛰어넘는 새로운 주장이었다. 그러나 여기에 한술 더 떠 전자의 위치나 물리량을 알 수 있는 것이 아니라 어디에서 발견될 확률이 얼마나 되는지, 그리고 전자의 에너지나 운동량의 기댓값이 얼마나 되는지를 알 수 있을 뿐이라는 것이다. 이것은 전자의 행동을 나타내는 슈뢰딩거 방정식이 기존의 물리법칙과는 다른 새로운 역학이라는 것을 의미했다.

보어를 비롯한 주류 물리학자들은 파동함수를 확률함수로 해석한 보른의 해석을 양자역학의 기본 해석으로 받아들였다. 그러나 아인슈타인이나 슈뢰딩거와 같은 일부 물리학자들은 파동함수를 확률함수로 해석하는 것에 반대했다. 전자기파의 에너지가 양자화되어 있고, 빛이 입자의 성질도 가진다는 가정을 바탕으로 광전효과를 성공적으로 설명하여 양자역학의 기초를 마련한 아인슈타인과 양자역학의 핵심이 되는 방정식을 발견한 슈뢰딩거가 양자역학을 앞장서서 반대하는 이상한 상황이 벌어진 것이다.

아인슈타인이나 슈뢰딩거와 같은 위대한 물리학자들의 반대에도 불구하고 대부분의 물리학자들이 파동함수를 확률적으로 해석한 양자역학을 받아들였다. 새로운 해석이 실험 결과를 잘 설명할 수 있었기 때문이었다. 물리학자들은 슈뢰딩거 방정식을 이용하여 원소들이 내는 스펙트럼의 종류와 세기를 계산해 낼 수 있게 되었고, 원자핵을 돌고 있는 전자들의 상태를 나타내는 네 가지 양자수의 물리적 의미를 알 수 있게 되었으며, 파울리의 배타원리를 수학적으로 유도해 낼 수 있게 되었다.

불확정성원리와 상보성원리

지금까지 밝혀진 사실만으로도 원자보다 작은 세상이 우리가 살아가는 세상과 전혀 다른 세상이라는 것을 알 수 있다. 그러나 놀라운 일은 그것이 전부가 아니었다. 1927년에 보어와 함께 연구하고 있던 베르너 하이젠베르크Werner Karl Heisenberg(1901-1976)가 양자역학의 기본 원리 중의 하나인 불확정성 원리를 발견한 것이다.

조머펠트의 지도로 물리학 박사학위를 받은 하이젠베르크는 독일의 괴팅겐대학과 덴마크 코펜하겐에 있는 이론물리 연구소를 오가면서 보어, 보른, 파울리 등과 함께 양자역학을 연구했다. 그는 1925년에 수소원자가 내는 복사선의 세기를 계산할 수 있는 식을 찾아냈고, 이 식은 보른에 의해 행렬역학이라는 수학 형식으로 정리되었다. 행렬역학은 슈뢰딩거의 파동역학과 같은 내용을 포함하고 있다는 것이 밝혀졌다. 하이젠베르크가 슈뢰딩거보다 먼저 양자역학의 식을 발견했음에도 불구하고 슈뢰딩거 방정식이 양자역학의 중심 역할을 하게 된 것은 슈뢰딩거 방정식이 수학적으로 더 간단하면서도 적용할 수 있는 범위가 더 넓었기 때문이다. 따라서 후에는 양자역학이라면 슈뢰딩거의 파동역학을 의미하게 되었다.

하이젠베르크의 행렬역학에는 전자가 가지는 물리량에 대한 정보는 포함되어 있었지만 원자핵을 돌고 있는 전자의 궤도에 대한 정보는 포함되어 있지 않았다. 다시 말해 전자의 궤도 대신에 양자화된 물리량들만 남게 된 것이다. 그러나 슈뢰딩거의 파동역학에는 보어가 제안했던 전자의 궤도가 남아 있었다. 하이젠베르크는 안개상자와 같은 측정 장치에는 전자가 지나간 자취가 나타나는데 원자핵을 돌고 있는 전자의 궤도는 결정할 수 없는 이유를 알아내기 위한 연구를 시작했다. 그는 그동안 전자의 궤도라고 생각했던 안개상자에 나타난 궤적이 사실은 전자가 지나가면서 만들어 낸 물방울들의 자취여서 전자의 정확한 위치를 나타내는 것이 아니라는 생각을 하게 되었다.

이런 생각을 바탕으로 하이젠베르크는 전자와 같은 입자를 파동으로 나타내는 수학 형식을 분석해 불확정성원리를 발견했다. 전자와 같은 입자의 파동은 파장이 다른 여러 개의 파동이 더해서 만들어진 파속(파동묶음)으로 나타낼 수 있다. 여러 파동을 합해서 만든 파속은 어느 정도의 너비를 가지고 있다. 전자의 정확한 위치는 이 너비 안의 어느 지점이 되겠지만 정확하게 어느 지점인지 알 수는 없다. 따라서 전자의 위치를 결정하는 데는 어느 정도의 오차가 있을 수밖에 없다. 그런데 파장이 다른 적은 수의 파동을 합하여 만든 파동은 너비가 넓어 위치의 오차가 커지고, 더 많은 파동을 합하여 파동을 만들면 파동의 너비가 좁아 위치의 오차가 작아진다.

넓은 범위의 운동량을 가지는 파동을 합한다는 것은 운동량의 오차가 커진다는 것을 의미하고, 좁은 범위의 운동량을 합한다는 것은 운동량의 오차가 줄어든다는 것을 의미한다. 따라서 이것은 운동량의 오차가 줄어들면 위치의 오차가 커지고, 반대로 운동량의 오차가 커지면 위치의 오차가 줄어든다는 것을 나타낸다. 운동량의 오차와 위치의 오차를 곱한 값이 일정한 값보다 작아질 수 없다는 것이 불확정성원리이다.

운동량과 위치의 측정값 사이에 적용되는 불확정성원리는 에너지와 시간의 측정값 사이에도 적용된다. 따라서 에너지 값의 오차가 작아지면 시간의 오차가 커지고, 에너지 값의 오차가 커지면 시간의 오차가 작아진다. 불확정성원리는 측정 방법이 발전하면 물리량을 얼마든지 정밀하게 측정할 수 있을 것이라고 생각했던 고전 물리학의 생각과는 전혀 다른 결과였다.

한편 양자역학의 성립에 핵심적인 역할을 했던 보어는 상보성원리를 제안했다. 드브로이가 물질파 이론을 제안한 후 전자가 입자와 파동의 성질을 모두 가진다는 것이 실험을 통해 확인되었다. 보어는 측정을 통해 확인한 입자의 성질과 파동의 성질은 전자 자체의 성질이 아니라 측정 작용과 전자가 상호작용하여 나타난 결과라고 했다. 다시 말해 입자의 성질을 알아내기 위한 측정을 하면 입자의 성질이 나타나지만, 파동의 성질을 알아내기 위한 실험을 하면 파동의 성질이 나타난다는 것이다. 그러므로 한 가지 실험으로 두 가지 성질을 모두 측정하는 것은 가능하지 않고, 입자의 성질을 측정할 때는 입자의 성질만 나타나고 파동의 성질을 측정할 때는 파동의 성질만 나타난다는 것이 상보성원리이다.

서로 관련이 있는 물리량을 동시에 정밀하게 측정하는 데는 한계가 있다는 불확정성원리와 서로 상보적인 두 가지 성질이 동시에 나타나지 않는다는 상보성원리는 밀접한 관계가 있다. 불확정성원리와 상보성원리가 나타나는 것은 원자보다 작은 세계를 측정해서 얻은 결과는 측정 작용이 영향을 준 결과이기 때문이다. 그것은 측정하지 않을 때는 전자가 입자도 아니고 파동도 아니라는 의미이다. 그렇다면 측정하지 않는 동안에는 전자는 무엇일까? 우리는 측정하지 않을 때 전자가 어떻게 행동하는지를 수학식을 이용하여 나타낼 수 있다. 그것이 양자역학이다. 그러나 우리가 알고 있는 언어를 이용하여 전자가 무엇이라고 말할 수는 없다. 우리는 그런 상태를 경험한 적이 없어 그런 상태를 나타내는 언어나 개념을 가지고 있지 않기 때문이다. 따라서 광자나 전자가 입자의 성질과 파동의 성질을 모두 가지고 있다고 말하는 것은 정확하게 설명한 것이 아니라 우리가 알고 있는 언어로 가장 비슷하게 설명한 것이라고 할 수 있다.

하이젠베르크가 1969년에 출판한 그의 저서인 『부분과 전체』[20]에는 하이젠베르크와 보어가 이 문제를 놓고 벌인 토론의 자세한 내용이 들어있다. 두 사람은 양자역학의 철학적인 면을 무척 중요하게 생각했다. 그러나 실용적인 면을 더 중요하게 생각하는 대부분의 과학자들은 양자역학이 고전 물리학보다 실험 결과를 잘 설명할 수 있다는 데 주목했다. 따라서 그들

20 베르너 하이젠베르크, 『부분과 전체』, 김용준 옮김, 지식산업사, 1982.

은 쉽게 양자역학을 받아들일 수 있었다.

코펜하겐 해석

1927년 10월 브뤼셀에서 유럽의 저명한 물리학자들이 모여 개최되었던 제5차 솔베이 회의와 1930년에 열렸던 제6차 솔베이 회의에서는 보어를 주축으로 하는 물리학자들이 제안한 파동함수를 확률적으로 다룬 양자역학에 대한 열띤 토론이 전개되었다. 코펜하겐에 설립된 이론물리학 연구소에서 보어를 중심으로 한 젊은 학자들이 주축이 되어 제안한 양자역학에 대한 해석을 코펜하겐 해석이라고 부른다. 코펜하겐 해석의 주요 내용은 다음과 같다.

> 첫째, 양자역학으로 나타낼 수 있는 입자의 상태는 파동함수에 의해 결정되며, 파동함수의 제곱은 특정한 위치에서 전자가 발견될 확률을 나타낸다.
>
> 둘째, 측정된 물리량과 측정 작용을 완전히 분리할 수 없다. 물리적 대상이 가지는 물리량은 관측과 관계없는 객관적인 값이 아니라 측정 작용의 영향을 받는 값이다.
>
> 셋째, 위치와 운동량, 시간과 에너지와 같이 서로 연관되어 있는 물리량들의 오차를 곱한 값은 특정한 값보다 작아질 수 없다는 불확정성 원리가 성립한다.
>
> 넷째, 양자역학으로 나타낼 수 있는 계는 파동의 성질을 확인하기 위한 실험에서는 파동의 성질이 나타나고, 입자의 성질을 확인하기 위한 실험을 하는 경우에는 입자의 성질이 나타나는 상보적인 성질을 가진다.
>
> 다섯째, 양자역학적으로 허용된 한 상태에서 다른 상태로 변해 갈 때는 중간 상태를 거쳐 연속적으로 변해 가는 것이 아니라 한 상태에서 사라지고 동시에 다른 상태에서 나타나는 양자 도약을 통해 변해 간다.

여섯째, 양자역학 상태의 극한은 고전 역학적 상태로 수렴한다. 다시 말해 양자역학은 고전 역학을 포함한다.

아인슈타인과 슈뢰딩거는 코펜하겐 해석을 반대했다. 아인슈타인은 양자역학의 확률적 해석과 불확정성의 원리를 받아들일 수 없다고 했다. 아인슈타인은 그의 오랜 친구로 파동함수를 확률적으로 해석한 막스 보른에게 다음과 같은 편지를 보냈다. "양자물리학은 확실히 인상적입니다. 그러나 내 생각에 그것은 아직 사실이 아닌 것 같습니다. 이 이론은 많은 것을 이야기하고 있지만 신의 비밀에 가까이 다가간 것 같지는 않습니다. 나는 신이 주사위 놀이를 하고 있지 않다고 확신합니다."

앞서 언급했듯 아인슈타인이나 슈뢰딩거와 같은 위대한 물리학자들의 반대에도 불구하고 대부분의 물리학자들은 실험 결과를 잘 설명할 수 있는 코펜하겐 해석을 받아들였다. 그들은 물리법칙은 우리가 감각경험을 바탕으로 알게 된 상식에 맞는 법칙이어야 하는 것이 아니라 실험 결과를 설명할 수 있으면 된다고 생각했다.

그러나 양자역학을 반대했던 물리학자들은 자연법칙을 확률적으로 해석하는 것은 우리가 아직 자연법칙에 영향을 주는 모든 요소들을 알고 있지 못하기 때문이라고 주장하고, 그런 요소들이 밝혀지면 확률을 이용하지 않고도 원자보다 작은 세상에서 일어나는 일들을 설명할 수 있을 것이라고 주장했다.

양자역학적 원자모형

슈뢰딩거 방정식을 풀면 원자핵 주위를 돌고 있는 전자의 상태를 나타내는 파동함수를 구할 수 있다. 원자핵 주위를 하나의 전자가 돌고 있는 수소의 경우에는 슈뢰딩거 방정식의 정확한 해를 구하는 것이 가능하다. 다시 말해 수소 원자핵 주위를 돌고 있는 전자가 어떤 상태에 있는지를 수학적으로 완전하게 풀어 낼 수 있다. 이것은 인류가 이루어 낸 가장 위대한 과학적 성과라고 할 수 있을 것이다.

수소 원자보다 복잡한 원자들의 경우에는 수소 원자에 대한 해를 바탕으로 하여 근삿값을 구할 수 있다. 따라서 원자핵 주위를 돌고 있는 전자들의 행동을 이해할 수 있게 되었다. 원자핵 주위를 돌고 있는 전자들이 가질 수 있는 에너지와 물리량을 이해하게 되자 원소들이 주기율표에 규칙적으로 배열되는 이유도 알 수 있게 되었다.

원자핵 주위를 돌고 있는 전자의 양자역학적 상태는 네 가지 양자수에 의해 결정된다. 에너지의 크기를 나타내는 주양자수(n), 운동량의 크기를 나타내는 궤도 양자자수(l), 운동량의 성분을 나타내는 자기 양자수(m), 그리고 전자의 스핀 상태를 나타내는 스핀 양자수(s)가 그것이다. 양자역학에서는 전자의 상태를 나타내는 파동함수를 Ψ_{nlms}과 같이 양자수를 이용해 나타낸다. 양자수는 전자의 상태를 나타내는 전자의 이름표라고 할 수 있다. 슈뢰딩거 방정식을 풀면 이 양자수들이 어떤 값들을 가져야 하는지 알 수 있다.

주양자수(n): 모든 양의 정수 값을 가질 수 있다.

즉, 1, 2, 3, 4, … 와 같은 값을 가질 수 있다.

궤도 양자수(l): 0에서부터 주양자수보다 1 적은 정수 값을 가질 수 있다.

즉, 0, 1, 2 … n-1의 값을 가질 수 있다.

자기 양자수(m): $-l$에서 l 사이의 정수 값을 가질 수 있다.

즉, $-l$ … -1, 0, 1, 2 … l과 같은 값을 가질 수 있다.

스핀양자수(s): 1/2과 -1/2의 두 가지 값만 가질 수 있다.

따라서 원자핵 주위를 돌고 있는 전자는 다음과 같은 양자역학적 상태만 가능하다. 두 가지 값만 가능한 스핀 양자수는 분류에서 제외했다. 따라서 이 표에 나타난 각각의 양자역학적 상태는 스핀이 다른 두 개의 양자 역학적 상태를 포함하고 있다.

파동함수	주양자수(n)	궤도양자수(l)	자기양자수(m)
Ψ_{100}	1	0	0
Ψ_{200}	2	0	0
Ψ_{21-1}		1	−1
Ψ_{210}			0
Ψ_{211}			1
Ψ_{300}	3	0	0
Ψ_{31-1}		1	−1
Ψ_{310}			0
Ψ_{311}			1
Ψ_{32-2}		2	−2
Ψ_{32-1}			−1
Ψ_{320}			0
Ψ_{321}			1
Ψ_{322}			2

궤도양자수가 0인 상태를 s, 1인 상태를 p, 2인 상태를 d, 3인 상태를 f 등으로 나타내기도 한다. 이 경우 1s 상태는 주양자수가 1이고, 궤도양자수가 0인 상태를 나타내며 3d 상태는 주양자수가 3이고, 궤도양자수가 2인 상태를 나타낸다.

그런데 한 원자 안에 들어 있는 전자들은 파울리의 배타원리에 의해 모두 다른 양자역학적 상태에 있어야 하기 때문에 같은 에너지를 갖는 전자들의 수가 일정한 값으로 제한된다. 즉 주양자수가 1인 전자는 최대 2개, 주양자수가 2인 전자는 최대 8개, 주양자수가 3인 전자는 최대 18개까지만 가능하다. 상온과 같이 에너지가 낮은 상태에서는 전자들이 에너지가 낮은 상태, 즉 주양자수가 작은 상태부터 채우게 되고, 낮은 주양자수 상태에 전자가 다 채워진 후에는 주양자수가 하나 많은 상태에 전자가 채워지게 된다.

과학자들은 전자가 가질 수 있는 양자역학적 상태를 에너지가 낮은 상태부터 높은 상태로 배열했을 때 에너지 간격이 넓은 부분을 기준으로 몇 개의 에너지 껍질로 묶을 수 있다는 것을 알게 되었다. 가장 에너지가 낮은 껍질부터 차례로 K, L, M, N 등의 기호를 이용해 나타낸다. 각각의 에너지 껍질에 들어갈 수 있는 전자의 수는 그 껍질에 포함되어 있는 양자역학적 상태의 수에 따라 K-껍질에는 2개, L-껍질에는 8개, 그리고 M-껍질에는 18개, N-껍질에는 32개가 들어갈 수 있다. 원소의 화학적 성질은 원자핵 주위를 돌고 있는 전체 전자수가 아니라 가장 바깥쪽 에너지 껍질에 들어가 있는 전자의 수에 의해 결정된다. 원소들이 주기율표에 18개 족으로 나누어 배열되는 것은 이 때문이다.

보어의 원자모형에서는 전자가 가지는 에너지를 나타내는 주양자수를 알면 그 원자가 돌고 있는 궤도의 지름을 알 수 있었다. 다시 말해 전자가

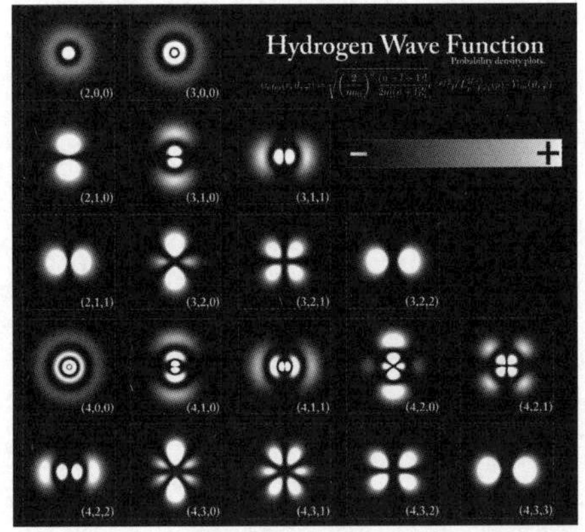

양자수에 따라 달라지는 전자 확률 구름의 모양. (괄호 안의 숫자는 양자수를 나타낸다.)

원자핵 주위를 돌고 있는 궤도가 있었다. 그것은 행성들이 일정한 궤도 위에서 태양 주위를 돌고 있는 것과 비슷했다. 그러나 양자역학적 원자모형에 의하면 특정한 에너지와 운동량을 가지는 전자가 원자핵으로부터 얼마나 떨어진 곳에서 원자핵을 돌고 있는지 알 수 없고, 특정한 위치에서 전자가 측정될 확률만을 알 수 있다.

따라서 전자가 돌고 있는 궤도가 사라지고, 전자가 있을 확률을 나타내는 확률 구름만 남게 되었다. 따라서 양자역학적 원자모형에서는 원자를 전자의 확률 구름이 중심에 있는 원자핵을 둘러싸고 있는 모양으로 나타낸다. 전자 확률 구름의 모양은 양자수, 즉 전자가 가지고 있는 에너지나 운동량에 따라 달라진다. 이것을 전자가 구름처럼 원자핵을 둘러싸고 있다고 말하기도 한다. 그러나 그것은 원자에 대한 정확한 설명이 아니라 우리가 알고 있는 언어를 이용하여 원자를 가장 비슷하게 설명한 것이라고 할 수 있다.

전자의 확률밀도함수는 양자수가 커질수록 더 복잡한 모양을 하고 있다. 과학자들은 원자핵 주위를 돌고 있는 전자들의 확률밀도함수는 물론 분자 내의 전자들의 확률밀도함수도 알아내 화학 반응을 설명하는 데 이용하고 있다. 간단한 원자모형을 기대하던 사람들에게 확률밀도함수로 나타내지는 복잡한 양자역학적 원자모형은 실망스러울 수도 있다. 하지만 양자역학적 원자모형은 원자의 성질을 성공적으로 설명하여 현대 과학의 기초를 마련했다.

4. 양자역학의 응용

반도체 소자와 전기 문명

양자역학을 이용하면 원자핵 주위를 돌고 있는 전자들이 어떤 물리량을 가질 수 있는지 알 수 있을 뿐만 아니라 금속 안에 들어 있는 전자들의 행동도 이해할 수 있다. 금속에서 중요한 역할을 하는 것은 원자에 속박되어 있는 전자가 아니라 원자에서 떨어져 나와 쉽게 이동할 수 있는 자유전자들이다. 자유전자들도 모든 에너지를 가질 수 있는 것이 아니라 양자역학적으로 허용된 에너지만 가질 수 있다.

그런데 자유전자에 허용된 에너지 사이의 간격은 아주 작아 거의 연속적인 에너지를 가질 수 있는 것처럼 보이지만 특정한 부분에서는 에너지 간격이 넓다. 허용된 에너지 준위들이 매우 가까이 분포하는 영역을 에너지띠라고 하고 허용된 에너지 사이의 간격이 넓은 부분을 간격이라고 부른다. 에너지띠의 모양과 에너지 간격의 너비는 물질에 따라 달라진다.

아래쪽에 있는 에너지띠부터 전자가 채워질 때 전자가 채워진 가장 위쪽의 에너지띠를 공유띠라고 부르고, 전자가 채워진 공유띠 바로 위쪽에 있는 비어 있는 에너지띠를 전도띠라고 부른다. 부도체, 반도체, 도체는 공유띠와 전도띠의 상태, 그리고 공유띠와 전도띠 사이의 에너지 간격의 크기에 의해 결정된다.

공유띠와 전도띠 사이의 에너지 간격이 큰 물질이 부도체이다. 반면에 공유띠가 부분적으로 채워져 있거나 공유띠와 전도띠 사이의 에너지 간격이 작은 물질은 도체가 된다. 전자들이 작은 에너지로도 비어 있는 전도띠로 쉽게 이동할 수 있기 때문이다.

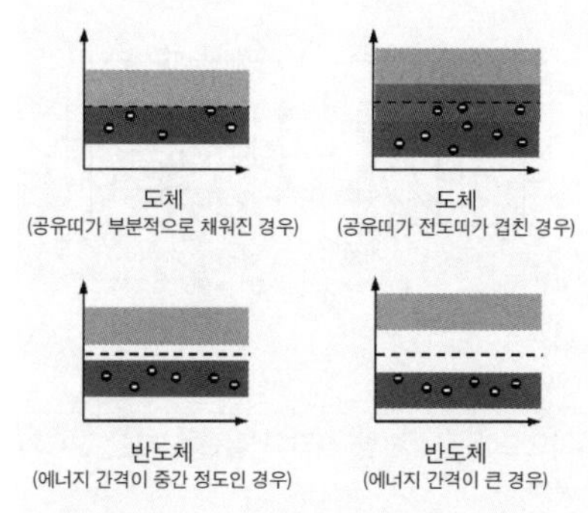

에너지 간격이 없거나 작은 경우에는 도체가 되고, 중간 정도인 것이 반도체이며, 큰 것이 부도체이다.

전기가 잘 통하지도 않고, 그렇다고 전류를 차단하지도 않아 쓸모가 없는 것처럼 보였던 반도체에 약간의 불순물을 첨가하면 독특한 전기적 성질이 나타난다. 14족에 속하는 반도체에 붕소나 인듐과 같은 13족 원소를 조금 첨가하면 p-형 반도체가 되고, 인, 비소, 안티몬과 같은 15족 원소를 조금 첨가하면 n-형 반도체가 된다. n-형 반도체에서는 불순물 원자의 에너지 준위에서 전도띠로 올라온 전자들이 전류를 흐르게 하고, p-형 반도체에서는 반도체의 공유띠에 있던 전자들이 불순물의 에너지 준위로 이동하면서 공유띠에 생긴 빈자리를 통해서 전류가 흐른다. 이 빈자리는 마치 양전하를 띤 알갱이처럼 행동하기 때문에 정공 또는 양공이라고 부른다.

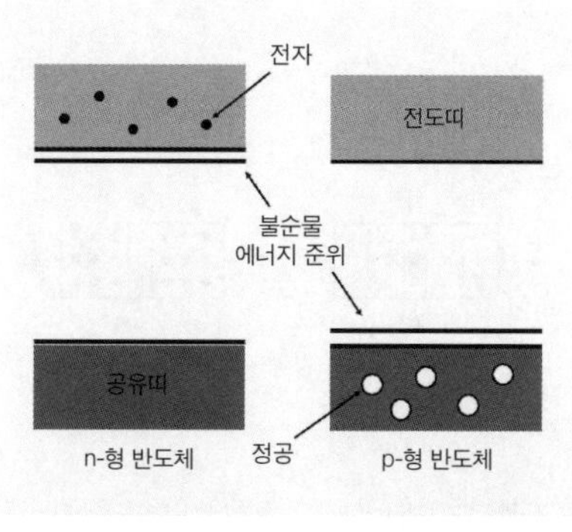

반도체에 약간의 불순물을 첨가하면 n-형과 p-형 반도체가 된다.

이렇게 만들어진 p-형 반도체와 n-형 반도체를 접합시켜 놓은 것이 다이오드이다. 다이오드는 한 방향으로만 전류를 흐르게 하기 때문에 정류작용이나 스위치

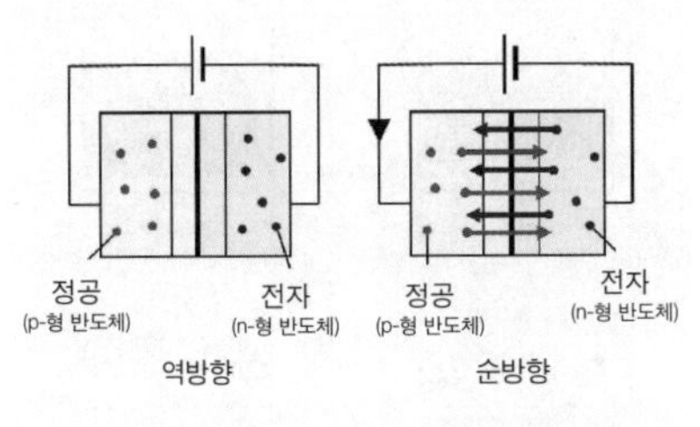

다이오드에는 순방향 전압이 걸렸을 때만 전류가 흐른다.

역할을 할 수 있다. 1941년에 다이오드를 처음 개발한 곳은 독일의 지멘스사였다. 지멘스사가 개발한 다이오드는 게르마늄을 이용한 다이오드였다.

다이오드의 개발은 3극진공관의 역할을 대신하는 트랜지스터의 개발로 이어졌다. 미국 벨 연구소의 연구원들이었던 윌리엄 쇼클리William Bradford Shockley(1910-1989), 존 바딘John Bardeen(1908-1991), 그리고 월터 브래튼Walter Houser Brattain(1902-1987)은 1940년대부터 p-형 반도체와 n-형 반도체를 이용하여 트랜지스터를 만들기 위한 연구를 시작했고, 1947년에 전기 신호를 증폭할 수 있는 트랜지스터를 발명했다. 트랜지스터에는 두 개의 p-형 반도체 사이에 n-형 반도체를 끼워 넣은 NPN형과 두 개의 n-형 반도체 사이에 p-형 반도체를 끼워 넣은 PNP형이 있다.

쇼클리와 바딘 그리고 브래튼은 트랜지스터를 발명한 공로로 1956년 노벨 물리학상을 공동 수상했다. 존 바딘은 후에 초전도체를 양자역학적으로 설명하는 이론을 제안하고 1972년에 두 번째 노벨 물리학상을 수상하여 노벨 물리학상을 두 번 받은 유일한 사람이 되었다.

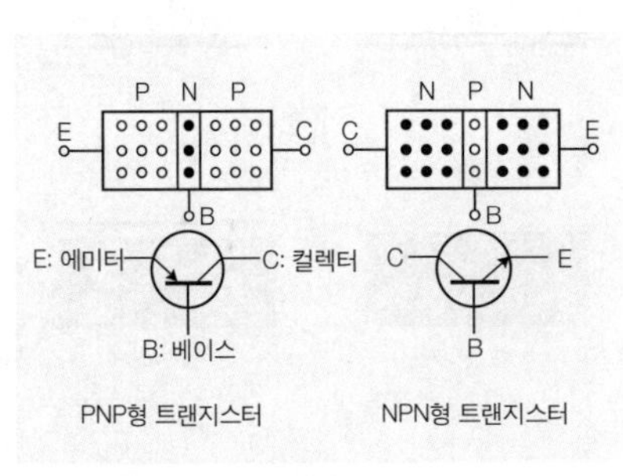

PNP형 트랜지스터와 NPN형 트랜지스터

1960년대부터 진공관을 사용하던 전자제품들이 다이오드와 트랜지스터를 사용하는 전자제품으로 교체되기 시작하면서 전자공학의 기술 혁명이 시작되었다. 다이오드와 트랜지스터는 전기 문명의 바탕을 이루고 있다. 다이오드나 트랜지스터와 같은 반도체 소자는 진공관에 비해 여러 가지 장점을 가지고 있다. 우선 열전자를 방출하지 않아도 되어 가열할 필요가 없기 때문에 전력 소비가 적고, 진공관에 비해 크기가 작아 전자제품을 소형화하는 데 유리하다. 그리고 반도체의 주요 재료인 규소는 지구상에 가장 흔하게 존재하는 물질 중 하나여서 가격이 싼 제품을 만들 수 있다. 높은 온도로 가열하여 열전자를 방출하는 진공관보다 열을 가하지 않아도 되는 반도체 소자는 수명 또한 길다.

작은 반도체 칩 안에 수많은 다이오드와 트랜지스터를 포함하는 전기 소자들을 집적시킨 집적회로IC의 발전으로 컴퓨터와 같은 전자제품뿐만 아니라 자동차나 비행기와 같은 복잡한 기계장치들도 컴퓨터를 이용하여 작동하게 되었다. 반도체 소자의 발전으로 커다란 기술 혁신이 이루어진 분야 중 하나가 통신 분야이다. 작은 스마트폰으로 전 세계 누구와도 통신할 수 있고, 필요한 모든 자료를 검색할 수 있게 되었다. 원자를 이해하기 위해 시작한 양자물리학이 반도체 소자를 바탕으로 한 전기 문명을 가능하게 한 것이다.

유도방출과 레이저

다양한 용도로 사용하고 있는 레이저 역시 양자역학으로 인해 가능하게 된 첨단기술 중 하나이다. 전자들이 가질 수 있는 에너지가 양자화되어 있다는 성질을 이용하여 특정한 진동수를 가지고 똑같이 진동하는 강한 빛을 만들어 내는 레이저는 우리 생활을 크게 바꾸어 놓고 있다. 레이저를 발생시키고 이용하는 방법을 연구하는 학문 분야를 양자광학이라고 부른다.

원자 안에 들어 있는 전자는 양자역학적으로 허용된 띄엄띄엄한 값의 에너지만을 가질 수 있다. 따라서 낮은 에너지 상태에 있던 전자가 높은 에너

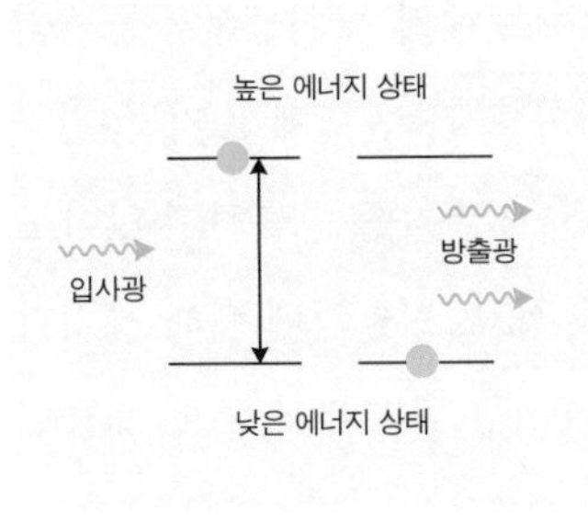

유도방출

지 상태로 올라갈 때나 높은 에너지 상태에 있던 전자가 낮은 에너지 상태로 내려올 때는 두 에너지 준위 사이의 차이에 해당하는 에너지를 가진 빛만을 흡수하거나 방출할 수 있다.

낮은 에너지 상태에 있던 전자에 높은 에너지 상태로 바뀔 수 있는 에너지를 공급하면 전자는 에너지를 흡수하고 높은 에너지 상태로 바뀐다. 그러나 높은 에너지 상태는 안정한 상태가 아니기 때문에 곧 다시 낮은 에너지 상태로 바뀌면서 흡수했던 에너지를 빛의 형태로 방출한다. 이때 방출하는 빛은 임의 방향으로 방출된다. 이렇게 자발적으로 빛을 방출하고 안정한 상태로 돌아가는 과정을 자연방출이라고 부른다.

그러나 높은 에너지 상태에 있는 전자가 방출할 수 있는 빛의 파장과 같은 파장의 빛을 비춰 주면 입사한 빛과 똑같이 진동하는 빛이 입사광과 같은 방향으로 방출된다. 이렇게 비춰 준 빛과 같은 방향으로 똑같이 진동하는 빛(위상이 같은 빛)을 방출하는 것을 유도방출이라고 한다. 유도방출을 이용하여 만들어 낸, 똑같이 진동하는 강한 빛이 레이저이다. 레이저Laser는 유도방출에 의해 증폭된 빛Light Amplification by Stimulated Emission of Radiation이라는 말의 머리글자를 따서 만든 말이다.

유도방출이론을 처음 제안한 사람은 상대성이론을 제안한 알베르트 아인슈타인이었다. 아인슈타인은 1917년에 플랑크의 에너지 양자화 가설을 새롭게 유도하는 과정에서 유도방출이론을 처음으로 제시했다. 1928년에는 루돌프 라덴부르크Rudolf Walter Ladenburg(1882-1952)가 유도방출이 실제로 가능하다는 것을 실험으로 확인했으며, 1947년에는 윌리스 램Willis Eugene Lamb

Jr.(1913-2008)과 램의 대학원 학생이었던 로버트 레더퍼드Robert Curtis Retherford (1912-1981)가 수소 원자를 이용하여 유도방출 실험을 했다. 1950년에는 프랑스의 알프레드 카스틀레르Alfred Kastler(1902-1984)가 빛을 이용하여 전자를 높은 에너지 상태로 올리는 방법을 제안했고, 그의 이론은 2년 후 실험에 의해 확인되었다.

유도방출을 이용하여 마이크로파를 증폭시킨 레이저의 전 단계라고 할 수 있는 메이저가 발명된 것은 1964년이었다. 미국의 찰스 타운스Charles Hard Townes(1915-2015)는 그의 학생이었던 제임스 고든James Power Gordon(1928-2013), 그리고 허버트 자이거Herbert J. Zeiger(1925-2011)와 함께 유도방출을 이용하여 초단파를 증폭시킨 메이저를 만드는 데 성공했다. 그러나 암모니아 기체 분자를 이용하는 타운스의 메이저는 연속적으로 작동하지 못했다. 연속적으로 작동하는 메이저를 만드는 데 성공한 사람들은 소련의 니콜라이 바소프Nikolay Gennadiyevich Basov(1922-2001)와 알렉산드르 프로호로프Alexander Mikhailovich Prokhorov(1916-2002)였다. 타운스와 바소프, 그리고 프로호로프는 메이저를 발명한 공로로 1964년 노벨 물리학상을 수상했다.

1958년에 벨 연구소에서 일하고 있던 타운스와 아서 숄로Arthur Leonard Schawlow (1921-1999)는 가시광선 레이저에 대한 이론적 연구 결과를 『피지컬 리뷰』지에 발표했다. 레이저라는 말을 처음 사용하기 시작한 사람은 컬럼비아 대학에서 박사학위 과정을 밟고 있던 고든 굴드Gordon Gould(1920-2005)였다. 1957년 굴드는 두 개의 거울을 이용하여 유도방출로 발생한 빛을 반사시키면 증폭된 강한 빛을 만들 수 있을 것이라는 생각을 하게 되었고, 레이저라는 단어를 처음으로 사용했다.

굴드는 레이저에 대한 자신의 생각을 발전시킨 후 1959년에 미국 특허청에 특허를 신청했지만 거절당했다. 대신 특허청은 1960년에 레이저에 대한 특허를 벨 연구소에 내주었다. 이로 인해 28년 동안 레이저의 특허를 놓고 법정 공방이 진행되었다. 1977년에 굴드가 일부 권리를 인정받았지만, 굴드가 연방법원에서 레이저에 대한 권리를 인정받은 것은 1987년이었다.

1960년에 실제로 작동하는 레이저를 처음 제작하는 데 성공한 사람은 휴 연구소의 시어도어 마이만Theodore Harold Maiman(1927-2007)이었다. 마이만은 루비 결정을 이용하여 붉은색 레이저를 만들어 내는 데 성공했다. 같은 해에 헬륨과 네온 기체를 이용한 기체 레이저도 만들어졌고, 1962년에는 반도체를 이용한 레이저도 만들어졌다.

레이저는 여러 가지 특성을 가지고 있다. 우선 레이저는 뛰어난 지향성을 가지고 있다. 지향성이란 넓게 퍼지지 않고 멀리까지 진행하는 성질을 말한다. 레이저를 달 표면에 비추었을 때 달 표면에서의 광선의 직경이 수 미터에 불과할 정도로 레이저는 지향성이 좋다. 여러 개의 거울을 이용하여 레이저를 반사시켜 레이저 쇼를 할 수 있는 것도 레이저가 지향성이 좋기 때문이다.

레이저는 또한 높은 에너지 밀도를 가지고 있다. 레이저는 금속이나 세라믹을 가열하거나 용융하는 데 사용되기도 하고, 금속의 절단이나 구멍 뚫기 등의 가공에도 사용할 수 있다. 최근에는 수술용 칼 대신 사용되기도 하고, 적을 살상하거나 적의 무기를 파괴하는 데 사용되기도 한다. 이는 모두 레이저가 높은 에너지 밀도를 가지고 있기 때문에 가능한 일이다.

보통의 빛에는 여러 가지 파장의 빛이 혼합되어 있는 것과는 달리 레이저는 한 가지 파장의 빛이 같은 위상을 가지고 있다. 따라서 쉽게 간섭 현상을 일으킨다. 레이저가 가지고 있는 이런 성질은 정밀한 측정과 같은 과학 실험에 유용하게 이용되고 있다.

터널링 현상의 이용

양자역학을 통해 새롭게 발견된 현상 중에서 널리 이용되는 현상이 터널링 현상이다. 터널링이 어떤 것인지 알기 위해 언덕으로 공을 밀어 올리는 경우를 생각해 보자. 공을 강하게 밀어서 공의 운동에너지가 언덕의 위치에너지보다 크면 공이 언덕을 넘어갈 수 있다. 그러나 공의 운동에너지가 언덕의 위치에너지보다 작으면 공이 언덕을 올라가다가 다시 내려온다. 뉴턴역학에서는 언덕의 위치에너지보다 작은 운동에너지를 가지고 있는 공이 언덕을 넘어가는 일은 절대로 일어나지 않는다.

그러나 양자역학의 계산에 의하면 장애물의 위치에너지보다 작은 운동에너지를 가지고 있는 전자도 장애물을 뚫고 지나갈 확률은 0이 아니다. 다시 말해 장애물을 뚫고 지나갈 수도 있다는 것이다. 장애물을 뚫고 지나갈 수 있다는 의미에서 이런 현상을 터널링이라고 부른다. 장애물을 뚫고 지나갈 확률은 운동에너지와 위치에너지의 차이가 작으면 작을수록 더 커지고, 장애물의 너비가 좁을수록 더 커진다.

터널링 현상은 우리의 일상생활도 크게 바꾸어 놓고 있다. 컴퓨터 시대에는 복잡한 계산을 빠르게 수행하는 성능 좋은 CPU를 개발하는 것도 중요하지만 많은 정보를 효과적으로 저장하는 정보 저장장치의 개발도 중요하다. 예전에는 정보를 저장하는 데 강자성체 물질로 만든 저장 장치가 널리 사용되었다. 카세트테이프, 비디오테이프, 하드 디스크와 같은 것들이 강자성체를 이용한 정보 저장 장치이다.

최근에는 USB 메모리라는 저장장치가 널리 사용되고 있다. USB 메모리는 터널링 현상을 이용하여 정보를 저장하는 정보 저장장치이다. USB 메모리에서는

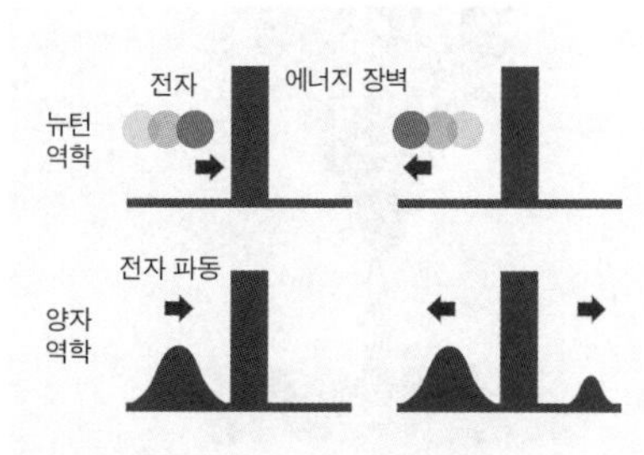

뉴턴역학에 의하면 전자는 에너지 장벽을 통과할 수 없지만 양자역학에 의하면 일부 전자는 에너지 장벽을 통과할 수 있다.

도체를 부도체가 둘러싸고 있는 플로팅 게이트라고 부르는 작은 소자 안에 정보를 저장한다. 플로팅 게이트가 전하로 대전되어 있느냐 아니냐가 정보가 되는 것이다. USB 메모리에 정보를 저장하거나 정보를 삭제하기 위해서는 플로팅 게이트에 전자를 주입시키거나 빼내면 된다. 그런데 플로팅 게이트는 부도체가 도체를 둘러싸고 있어 전자들이 쉽게 들어가거나 나갈 수 없다.

하지만 플로팅 게이트에 일정한 전압을 걸어 주면 전자가 플로팅 게이트를 둘러싸고 있는 부도체 장벽을 뚫고 안으로 들어가거나 밖으로 나올 확률이 커진다. 따라서 많은 전자가 들어가고 나갈 수 있다. 그러나 전압을 걸어주지 않으면 터널링이 일어날 확률이 아주 작아져 전자가 나오거나 들어갈 수 없어 정보가 사라지지 않고 오랫동안 저장된다. 스마트폰이나 카메라에서 사용하는 저장장치나 컴퓨터에서 사용하는 SSD는 모두 이런 원리로 작동하고 있다.

터널링 현상은 아주 작은 물체를 보는 현미경에서도 사용되고 있다. 빛을 이용하는 광학현미경의 최고 배율은 1천 배 정도이다. 따라서 광학현미경으로는 분자와 같이 작은 구조를 볼 수 없다. 분자와 같이 작은 크기의 구조를 보기 위해서는 전자를 이용하는 전자현미경을 사용하여야 한다. 하지만 전자현미경의 배율에도 한계가 있어 원자 크기의 물체를 볼 수는 없다.

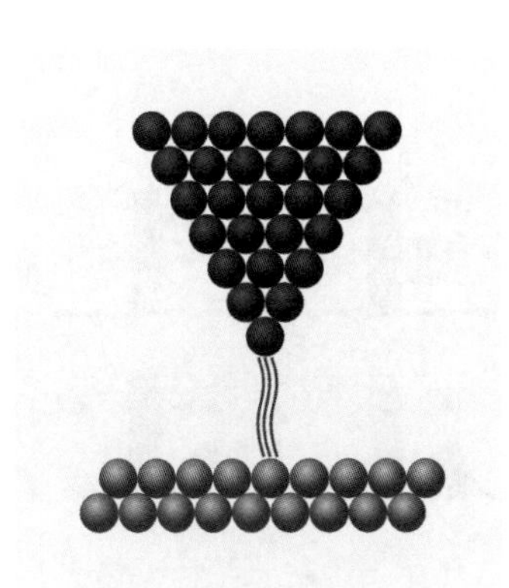

STM에서는 탐침과 시료 사이에 흐르는 터널링 전류를 이용하여 표면 영상을 만든다.

그러나 주사투과현미경STM을 사용하면 원자의 내부 구조는 아니더라도 원자의 배열 정도는 볼 수 있다. STM은 전자의 터널링 효과를 이용하는 현미경이다. 전압이 걸려 있는 가느다란 탐침을 물질 표면에 가까이 가져가면 물질을 이루는 원자에 잡혀 있던 전자가 터널링을 통해 탐침으로 옮겨 온다. 이때 물질에서 탐침으로 옮겨 오는 전자의 수는 탐침과 물질 사이의 거리에 따라 달라진다. 따라서 탐침으로 표면을 스캔하면서 물질에서 탐침으로 터널링하는 전자의 수를 측정하면 표면의 높낮이가 측정된다. 이러한 높낮이 정보를 이용하여 물체의 표면 상태를 그림으로 만들면 표면 영상이 된다. STM을 이용하면 원자가 배열되어 있는 상태를 보여 주는 영상도 만들 수 있다.

MRI 영상장치

질병 진단에 사용되는 MRI는 엑스선 진단 장치와 CT(단층 영상장치)에 이어 의학에 새로운 장을 연 진단 장치이다. MRI의 이론적 근거가 되는 핵자기 공명NMR 현상은 1952년에 이론물리학자인 펠릭스 블로치Felix Bloch(1905-1983)와 에드워드 퍼셀Edward Mills Purcell(1912-1997)이 발견했다. 스핀을 가지고 있는 원자핵은 자기장 안에서 스핀 방향에 따라 두 가지 다른 에너지 상태를 가질 수 있다. 따라서 두 가지 에너지 상태의 차이에 해당하는 전자기파만 흡수했다가 다시 방출한다. 원자핵이 흡수하거나 방출하는 전자기파의 세기를 측정하여 특정한 원자핵의 분포를 알아보는 것이 핵자기 공명 영상장치이다.

인체 내에 포함되어 있는 원자의 약 80%를 차지하는 수소는 주로 물 분자를 이루고 있다. 수소 원자는 양성자 하나로 이루어진 원자핵을 가지고 있다. 양성자도 스핀을 가지고 있다. 외부 자기장이 없을 때는 양성자의 스핀이 임의의 방향을 향하고 있지만 외부에서 자기장을 걸어 주면 스핀이 자기장과 나란히 배열하게 된다. 자기장 안에서 양성자는 두 개의 스핀 상태만 가질 수 있으므로 양성자에 허용된 에너지 역시 두 가지뿐이다. 따라서 두 에너지 차이에 해당하는 에너지를 가진 전자기파가 들어오면 이를 흡수하여 더 높은 에너지 상태로 갔다가 원래 상태로 돌아오면서 같은 전자기파를 방출한다.

따라서 양성자가 흡수하거나 방출하는 전자기파를 조사하면 수소 원자핵의 분포를 알 수 있다. 이것을 영상으로 나타낸 것이 MRI이다. 핵자기 공명NMR을 이용하여 물 분자의 분포를 알아보는 영상장치이지만 핵이라는 말이 방사선을 연상하게 하여 환자들을 불안하게 할지도 모른다는 염려로 핵을 나타내는 NNuclear을 빼고 영상을 나타내는 IImage를 넣어 MRI라고 부르게 되었다. 실제로 MRI에 사용하는 초단파는 적외선보다도 적은 에너지를 가지고 있는 전자기파여서 엑스선 촬영 장치나 CT 촬영 장치보다 훨씬 안전한 진단 장비이다.

MRI는 1960년대 후반에 아르메니아계 미국인으로 의사이며 엔지니어였던 레이몬드 다마디안Raymond Vahan Damadian(1936-)이 악성 조직과 정상 조직의 NMR 스펙트럼이 다르다는 것을 발견하면서 시작되었다. 1974년에 다마디안이 찍은 쥐 종양의 MRI 영상이 『사이언스』지의 표지에 실렸다. 그리고 1976년에는 최초로 인체 MRI 영상을 찍는 데 성공했다. 비슷한 시기에 폴 라우터버Paul Christian Lauterbur(1929-2007)도 핵자기 공명 영상을 찍는 데 성공했다.

MRI는 선명한 영상을 얻을 수 있다는 것이 장점이지만 비용이 많이 들고 강한 자기장이 걸려 있는 좁은 통 속에 들어가서 촬영해야 하기 때문에 생명 연장 장비를 부착한 환자나 폐쇄 공포증이 있는 환자는 사용할 수 없다는 단점이 있다.

원자핵과 핵에너지

1. 양성자와 중성자의 발견

양성자의 발견

원소에서 나오는 선스펙트럼과 원소의 화학적 성질을 나타내는 주기율표는 원자핵 주위를 돌고 있는 전자들의 양자역학적 상태에 의해 결정된다. 따라서 양자역학의 초기 발전 과정에서는 원자핵 주위를 도는 전자들의 행동을 설명하는 데 중점을 두었다. 그러나 시간이 흐름에 따라 과학자들은 원자핵의 구성과 에너지 구조에 대한 연구 또한 시작했다. 1909년에 어니스트 러더퍼드는 금박 실험을 통해 원자의 중심에 원자 질량의 대부분을 차치하고 있는, 양전하를 띤 원자핵이 자리 잡고 있다는 것은 알아냈다. 그러나 원자핵이 어떤 입자들로 이루어져 있는지에 대해서는 알지 못하고 있었다.

원자핵을 이루고 있는 입자 중 하나인 양성자가 발견된 것은 1919년의 일이었다. 알파 입자를 질소 원자핵에 충돌시키는 실험을 하고 있던 러더퍼드는 알파 입자와 충돌한 질소 원자가 산소 원자로 변한다는 사실을 발견했다. 방사성 동위원소가 방사선을 내고 다른 원소로 변환된다는 것은 이미 알려져 있었지만 인공적인 방법으로 원소를 변환시킨 것은 이것이 처음이었다. 이 반응을 식으로 나타내면 다음과 같다.

질소 + 알파 입자 → 산소 + 수소 원자핵

러더퍼드는 질소가 산소로 변하는 반응에서 산소와 함께 수소 원자핵이 나온다는 것을 확인했다. 이것은 원자핵에 수소 원자핵이 포함되어 있음을 뜻했다. 그리고 그것은 다른 원자핵들 안에도 수소 원자핵이 포함되어 있을 수 있음을 의미했다. 실제로 오래전부터 원소의 원자량이 수소 원자량의 정수배에 가까운 값이어서 무거운 원자들이 수소 원자들로 이루어져 있을지 모른다고 생각하는 사람들이 있었다.

돌턴이 원자론을 제안하고 얼마 되지 않은 1815년에 영국의 의사 겸 화학자였던 윌리엄 프라우트William Prout(1785-1850)는 그때까지 발견된 원소의 원자량이 수소 원자량의 정수배에 가깝다는 사실로부터 수소 원자만이 기본적인 입자이고 다른 원자들은 수소 원자가 여러 가지 방법으로 결합하여 만들어졌다는 프라우트의 가설을 발표했다. 1820년대에는 프라우트의 가설이 주목을 받았지만 원자량이 35.45인 염소처럼, '원자량이 수소 원자 질량의 정수배'라는 가설에 맞지 않는 원소들이 존재한다는 사실이 알려지면서 프라우트의 가설은 더 이상 받아들여지지 않게 되었다. 당시에는 동위원소의 존재를 몰랐기 때문이다.

프라우트의 가설을 알고 있던 러더퍼드는 수소 원자핵이 모든 원자핵을 구성하는 기본 입자일지도 모른다고 생각했다. 원자핵에서 수소 원자핵보다 더 가벼운 입자가 발견되지 않는 것 역시 수소 원자핵이 모든 원자핵을 이루는 기본 입자라는 증거라고 생각했다. 따라서 러더퍼드는 1920년에 수소 원자핵에 최초의 입자라는 의미로 양성자proton라는 이름을 붙였다. 이렇게 해서 원자핵의 구성 요소 중 하나인 양성자가 발견되었다. 수소는 양성자 하나로 이루어진 원자핵을 가지고 있다는 것을 알게 된 것이다.

그러나 양성자만으로는 원자핵의 구성을 설명할 수 없었다. 양전하를 띤 양성자들은 전기적 반발력으로 서로 밀어내기 때문이다. 원자핵과 같이 작은 공간에 양성자들이 모여 원자핵을 만드는 것을 설명할 수 없었던 러더퍼드는 1921년에 양성자들의 전기적 반발력을 상쇄하고 양성자들을 원자핵 안에 묶어 두는 역할을 하는 전하를 띠지 않은 입자가 있을 것이라고 예측했다.

원자핵의 질량과 전하량도 양성자만으로는 설명할 수 없었다. 예를 들면 산소 원자핵의 전하량은 양성자 전하량의 8배였지만 원자량은 양성자 질량의 16배였다. 따라서 산소 원자핵의 구성을 설명하기 위해서는 전하는 가지고 있지 않으면서도 양성자와 비슷한 질량을 가지고 있는 새로운 입자가 있어야 했다. 그러나 러더퍼드는 그가 예측했던 중성자를 발견하지는 못했다.

중성자의 발견과 동위원소

영국의 물리학자 프랜시스 애스턴Francis William Aston(1877-1945)은 1909년에 네온에는 질량이 조금씩 다른 두 가지 네온이 존재한다는 것을 알아내고, 화학적 성질이 같지만 질량이 다른 원소를 동위원소라고 불렀다. 제1차 세계대전이 끝난 1919년부터 애스턴은 캐번디시 연구소에서 질량분석기를 이용한 실험을 통해 대부분의 원소들이 여러 개의 동위원소를 가지고 있다는 것을 알아냈다. 애스턴은 동위원소를 발견한 공로로 1922년 노벨 화학상을 받았다. 그러나 아직 중성자가 발견되기 전이어서 동위원소들의 질량이 다른 이유를 제대로 설명할 수 없었다.

원자핵을 구성하고 있는 또 다른 입자인 중성자를 발견한 사람은 러더퍼드의 제자였던 제임스 채드윅James Chadwick(1891-1974)이었다. 러더퍼드가 질소 원자핵에 알파 입자를 충돌시켜 산소와 양성자를 만들어 내는 실험을 한 후 많은 사람이 원자핵에 알파 입자를 충돌시키면서 어떤 입자들과 복사선이 나오는지 알아보는 실험을 했다.

라듐과 폴로늄을 발견한 마리 퀴리의 딸과 사위인 이렌 졸리오 퀴리Irène

Joliot-Curie(1897-1956년)와 장 졸리오 퀴리Jean Frédéric Joliot-Curie(1900-1958) 부부는 알파 입자를 베릴륨 원자핵에 충돌시킬 때 나오는 감마선을 조사하다가 전혀 예상하지 못한 현상을 발견했다. 알파 입자를 충돌시킨 베릴륨이 아니라 베릴륨 가까이 있던 파라핀에서 양성자가 방출된다는 것을 발견한 것이다. 그들은 알파 입자를 충돌시키지 않은 파라핀에서 양성자가 나오는 이유를 설명하지 못했다.

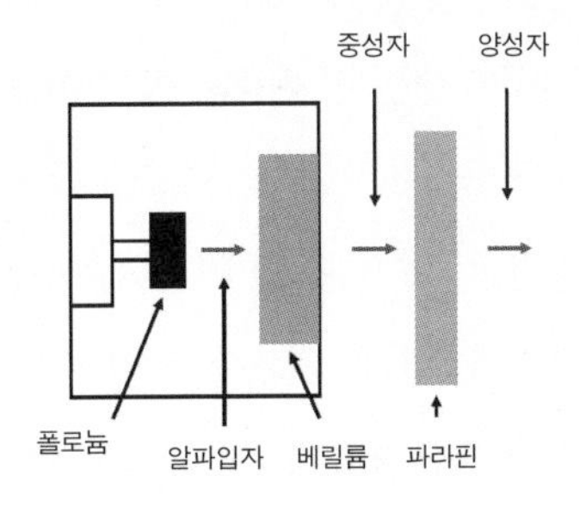

중성자를 발견한 실험

1932년 이 실험을 다시 해 본 채드윅은 알파 입자가 베릴륨 원자핵에 충돌하면 양성자와 비슷한 질량을 가진 중성 입자가 방출되고, 이 중성 입자가 파라핀에 들어 있는 수소의 원자핵인 양성자와 충돌하여 양성자를 방출하는 것이라고 설명했다. 채드윅의 설명은 다른 많은 실험을 통해 확인되었다. 이로서 원자핵을 구성하는 또 다른 입자인 중성자가 발견되었다.

양성자에 이어 중성자가 발견되자, 양성자와 중성자로 이루어진 원자핵 주위를 전자가 돌고 있는 우리가 잘 알고 있는 원자모형이 완성되었다. 이로 인해 원자번호는 원자핵 안에 들어 있는 양성자의 수를 나타내고, 원자량은 양성자와 중성자의 수를 합한 값을 나타낸다는 것을 알게 되었다. 원자의 종류를 결정하는 것은 원자핵 안에 들어 있는 양성자의 수이다. 따라서 양성자의 수가 같으면 같은 원소이고, 양성자 수가 다르면 다른 원소이다.

중성원자인 경우에는 원자핵 안에 들어 있는 양성자의 수와 원자핵 주위를 돌고 있는 전자의 수가 같다. 따라서 원자번호는 전자의 수를 나타내기도 한다. 그러나 원자가 전자를 잃거나 얻으면 양성자의 수와 전자의 수가 같지 않게 된다. 이렇게 양성자와 전자의 수가 같지 않는 원자들을 이온이라고 부른다. 양성자의 수가 전자의 수보다 많으면 플러스 전하를 띠는 양이온이 되고, 전자의 수가 많으면 마이너스 전하를 띠는 음이온이 된다.

양성자를 하나 가지고 있는 가장 간단한 원소인 수소는 원자핵이 양성자 하나만으로 이루어진 보통 수소(H), 양성자 하나와 중성자 하나로 이루어진 중수소(D), 중성자 두 개와 양성자 하나로 이루어진 삼중수소(T)의 세 가지 동위원소를 가지고 있다. 다른 원소의 동위원소들이 따로 이름을 가지고 있지 않은 것과는 달리 수소의 동위원소들은 별도의 이름과 기호를 가지고 있다.

동위원소 중에는 안정해서 쉽게 분열하지 않는 동위원소도 있고 불안정해서 스스로 붕괴하는 동위원소도 있다. 불안정한 동위원소는 방사선을 내고 안정한 동위원소로 바뀐다. 자연에 존재하는 이런 불안정한 동위원소를 천연 방사성 동위원소라고 부른다. 과학자들은 자연에 존재하는 동위원소에 알파 입자, 양성자, 중성자와 같은 입자를 충돌시켜 자연에 존재하지 않는 동위원소들을 만들어 냈다.

실험실에서 만든 동위원소들은 대부분 불안정해서 방사선을 내고 다른 원소로 바뀌는 방사성 동위원소들이다. 이렇게 실험실에서 만든 불안정한 방사성 동위원소를 인공 방사성 동위원소라고 부른다. 1934년에 이렌과 장 졸리로 퀴리 부부는 알루미늄에 알파 입자를 충돌시켜 최초로 인공 방사성 원소인 인의 방사성 동위원소를 만드는 데 성공하고 1935년 노벨 화학상을 받았다. 오늘날에는 인공적으로 만든 여러 가지 방사성 동위원소들이 질병의 진단과 치료에 이용되고 있다.

방사성 붕괴와 반감기

불안정한 방사성 동위원소가 알파선, 베타선, 또는 감마선을 방출하고 안정한 동위원소로 바뀌는 것을 방사성 붕괴라고 한다. 알파붕괴 시에 방출되는 알파선은 양성자 두 개와 중성자 두 개로 이루어진 헬륨 원자핵이다. 따라서 알파붕괴를 하면 원자번호가 2 줄어들고, 원자량이 4 작아진다. 알파붕괴 시에 방출되는 알파 입자는 띄엄띄엄한 값의 에너지만 갖는다. 따라서 알파 입자의 에너지를 조사하면 원자핵을 이루는 입자들이 가질 수 있는 에너지에 대해 많은 것을 알 수 있다.

그런데 띄엄띄엄한 에너지만을 가지는 알파 입자와는 달리 베타붕괴 시에 방출되는 전자는 연속적인 에너지를 갖는다. 양자화된 에너지만을 가질 수 있는 원자핵에서 연속적인 에너지를 가진 입자가 방출된다는 것은 쉽게 이해할 수 없는 일이었다. 이 문제를 해결하기 위해 볼프강 파울리는 1930년에 베타붕괴 시에는 전하를 띠지 않고, 질량이 거의 없는 제3의 입자인 중성 미자도 함께 방출되기 때문이라고 주장했다.

아직 중성자가 발견되기 전이어서 파울리는 이 입자를 중성자neutron라고 불렀지만, 중성자가 발견된 후에는 이 입자를 중성 미자neutrino라고 부르게 되었다. 파울리의 제안을 더욱 발전시킨 사람은 이탈리아의 엔리코 페르미였다. 현대 물리학자로서는 드물게 이론과 실험 모두에서 뛰어난 능력을 가지고 있던 물리학자로, 우수한 제자들을 다수 길러내기도 했던 이탈리아의 물리학자 엔리코 페르미는 1933년에 중성자가 붕괴하면서 양성자와 전자, 그리고 중성 미자(후에 반중성 미자라고 밝혀진)를 방출한다는 베타붕괴 이론을 제안했다.

중성 미자는 1956년 미국의 클라이데 카완Clyde Lorrain Cowan Jr.(1919-1974)과 프레데릭 라이너스Frederick Reines(1918-1998)에 의해 발견되었다. 그 후 중성 미자도 반중성 미자를 가지고 있으며, 베타붕괴에는 중성자가 붕괴하면서 양성자와 전자, 그리고 반중성 미자를 방출하는 베타붕괴(β 붕괴)와 양성자가 붕괴하면서 중성자와 양전자, 그리고 중성 미자를 방출하는 베타붕괴(β^- 붕괴)의 두 종류가 있다는 것을 알아냈다. β 붕괴 시에는 원자번호가 1 증가하지만, β^- 붕괴 시에는 원자번호가 1 감소한다.

β붕괴: 중성자 → 양성자 + 전자 + 반중성 미자

β^-붕괴: 양성자 → 중성자 + 양전자 + 중성 미자

감마선이 방출되는 감마붕괴 시에는 원자핵을 이루고 있는 입자들의 에너지 상태만 달라지기 때문에 원자번호나 원자량이 변하지 않는다. 이것은 원자핵 주위를 돌고 있는 전자가 한 에너지 상태에서 다른 에너지 상태로 바뀌면서 전자기파를 방출하는 것과 마찬가지이다.

알파선은 큰 에너지를 가지고 있어 파괴력이 크지만 투과력이 약해 얇은 종이로도 차단할 수 있다. 전자의 흐름인 베타선은 종이는 잘 통과하지만 얇은 알루미늄 판은 통과하지 못한다. 그러나 방사선 중에서 투과력이 가장 강한 감마선을 차단하려면 50센티미터 두께의 콘크리트 벽이나 10센티미터 두께의 납판이 있어야 한다.

1903년에 캐나다의 맥길대학에서 프레데릭 소디와 함께 원소의 방사성

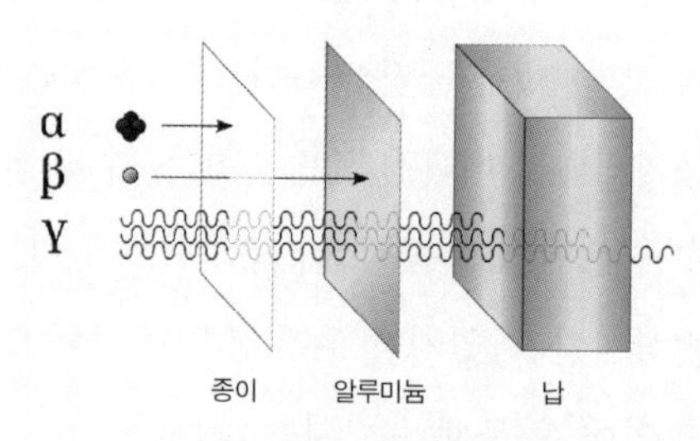

세 가지 방사선의 투과력 비교

붕괴를 연구하던 러더퍼드는 방사성 물질의 반이 붕괴하는 데 걸리는 시간인 반감기가 온도나 압력과 같은 물리적 환경에 따라 달라지지 않고 항상 일정하다는 것을 발견했다. 반감기가 일정한 이유는 방사성 붕괴 과정이 확률 과정이기 때문이다. 원자핵 안에 잡혀 있는 헬륨 원자핵이 원자핵 밖으로 나오기 위해서는 핵력에 의한 에너지 장벽을 넘어야 한다. 뉴턴역학에 의하면 에너지 장벽보다 낮은 에너지를 가지고 있는 입자는 에너지 장벽을 넘을 수 있지만, 에너지 장벽보다 낮은 에너지를 가진 입자는 절대로 에너지 장벽을 넘을 수 없다. 따라서 뉴턴역학에 의하면 안정한 원자핵은 영원히 붕괴되지 않아야 하고, 불안정한 원자핵은 순식간에 붕괴되어야 한다.

그러나 양자역학에 의하면 에너지 장벽보다 낮은 에너지를 가지고 있는 입자도 에너지 장벽을 통과할 확률을 가지고 있다. 에너지 장벽이 낮거나 입자의 에너지가 크면 장벽을 통과할 확률이 크고, 에너지 장벽이 높거나 입자의 에너지가 작으면 입자가 에너지 장벽을 통과할 확률이 작다. 입자가 에너지 장벽을 통과할 확률이 크면 빠르게 붕괴가 일어나기 때문에 반감기가 짧고, 확률이 작으면 붕괴가 천천히 일어나기 때문에 반감기가 길다. 따라서 반감기가 수천만 분의 1초에 지나지 않는 방사성 동위원소도 있고, 반감기가 수십억 년이나 되는 방사성 동위원소도 있다.

방사성 동위원소는 우리 주위에서도 얼마든지 발견할 수 있다. 우리가 매일 먹는 과일이나 채소에도 반감기가 10억 년인 포타슘(칼륨)-40이 포함되어 있다. 예를 들어 바나나 한 개에서는 매초 약 15개 정도의 포타슘-40이 붕괴되면서 베타선을 방출한다. 우리 몸을 이루고 있는 물질에서도 매 초 수천 개의 포타슘-40이 붕괴되고 있다. 이런 방사선도 우리 몸의 DNA를 손상시킬 수 있지만 우리 몸은 손상된 DNA를 수선할 수 있는 기능을 가지고 있어 큰 문제가 되지는 않는다.

지구 내부에도 많은 양의 방사성 동위원소가 포함되어 있다. 지구 내부를 높은 온도로 유지하는 열의 일부는 지구가 형성될 때 천체들 사이의 충돌로 발생한 열이 남아 있는 것이고, 일부는 지구 내부에 있는 방사성 동위원소가 붕괴할 때 발생하는 열이다. 지구 내부를 높은 온도로 유지하는 방사성 동위원소에는 반감기가 약 10억 년인 포타슘-40, 반감기가 약 45억 년인 우라늄-238, 반감기가 약 7억 년인 우라늄-235, 그리고 반감기가 약 140억 년인 토륨-232 등이 있다.

2. 원자핵의 에너지 구조와 방사성 붕괴

원자핵의 에너지 껍질 모형

원자핵은 크기가 비슷한 양성자와 중성자가 결합하여 이루어졌다. 따라서 원자핵을 수학적으로 다루기 위해서는 양성자들과 중성자들 사이에 작용하는 핵력을 모두 고려해야 하는데 그것은 수학적으로 가능하지 않다. 따라서 원자핵을 구성하고 있는 양성자와 중성자의 에너지 상태를 알기 위해서는 원자핵에서 나오는 방사선의 에너지를 측정하고, 그 결과를 바탕으로 원자핵이 가질 수 있는 에너지 상태를 설명할 수 있는 모형을 만들어야 한다.

과학자들이 처음 관심을 가진 것은 원자핵을 이루고 있는 양성자와 중성자의 수였다. 지금까지 자연에서 발견했거나 실험실에서 만들어 낸 원소들을 모두 합하면 우리가 알고 있는 원소는 118가지이다. 이것은 원자핵에 들어있는 양성자의 수는 1에서 118까지만 가능하다는 것을 뜻한다. 그러나 양성자의 수는 같지만 중성자의 수가 다른 동위원소들이 존재하기 때문에 원자핵의 종류는 이보다 훨씬 많아 안정된 원자핵만 해도 300가지 정도이고, 불안정해서 방사성 붕괴를 하는 방사성 동위원소의 원자핵을 포함하면 1,300가지나 된다.

과학자들은 우선 이 1,300여 가지의 원자핵 안에 포함되어 있는 양성자와 중성자의 수를 조사하여 원자번호가 작은 원소의 경우에는 양성자 수와 중성자 수가 같을 때 안정한 원자핵이 되지만, 원자번호가 큰 원소의 경우에는 중성자의 수가 양성자의 수보다 많을 때 안정한 원자핵이 만들어진다는 것을 알아냈다.

독일 출신으로 미국에서 활동하고 있던 마리아 괴페르트 마이어Maria Goeppert Mayer(1906-1972)는 1948년에 50개나 82개의 양성자, 또는 50개, 82개, 또는 126개의 중성자를 포함하고 있는 원자핵이 다른 원자핵보다 안정한 원자핵이 된다는 것을 알아냈다. 안정한 원자핵에 들어 있는 양성자나 중성자의 수를 나타내는 2, 8, 20, 28, 50, 82, 126을 원자핵의 마법의 수라고 부른 사람은 헝가리 출신으로 미국에서 마이어와 함께 연구하고 있던 유진 위그너Eugene Paul Wigner(1902-1995)였다.

위그너는 양성자나 중성자의 수 중 하나만 마법의 수인 경우에도 안정한 동위원소가 되지만, 양성자의 수와 중성자의 수가 모두 마법의 수인 경우에는 더욱 안정한 동위원소가 된다는 것을 알아냈다. 예를 들어, 양성자와 중성의 수가 각각 2인 헬륨-4, 양성자와 중성자의 수가 모두 8인 산소-16, 양성자와 중성자의 수가 모두 20인 칼슘-40, 그리고 양성자의 수가 20이고, 중성자의 수가 28인 칼슘-48과 같은 원소들은 특히 안정한 동위원소들이다.

과학자들은 마이어와 위그너가 발견한 원자핵의 마법의 수를 바탕으로 양성자와 중성자가 가질 수 있는 에너지도 껍질 구조를 알아내기 위한 연구를 시작했다. 1932년 우크라이나 출신으로 모스크바 국립대학 교수였던 드미트리 이반넨코Dmitri Ivanenko(1904-1994)가 기초적인 원자핵의 에너지 껍질 모형을 제안했고, 1949년에는 마리아 마이어와 독일의 물리학자 한스 옌센Hans Jensen(1907-1973)이 발전된 원자핵 에너지 껍질 모형을 제안했다. 마이어와 옌센은 1963년 노벨 물리학상을 공동으로 수상했다.

원자핵의 에너지 껍질 모형에 의하면 첫 번째 껍질에는 2개, 두 번째 껍질에는 8개, 세 번째 껍질에는 20개, 그리고 네 번째와 다섯 번째 껍질에는 각각 28개와 50개의 양성자나 중성자가 들어가면 가득 차게 된다. 원자핵에서 큰 에너지를 가지고 있는 방사선이 방출되는 것은 양성자와 중성자의 에너지 껍질 사이의 에너지 차이가 크기 때문이다.

원자핵을 구성하고 있는 양성자나 중성자는 모두 에너지 껍질을 이루고 있지만 양성자와 중성자의 에너지 껍질의 에너지가 다르다. 중성자들 사이에는 핵력만 작용하지만 양성자들 사이에는 핵력 외에 전기적 반발력도 작용하기 때문이다. 따라서 중성자들에게 허용된 에너지들은 양성자들에게 허용된 에너지들보다 조금씩 낮다. 양성자의 수가 많지 않은 작은 원자핵에서는 중성자의 에너지 준위와 양성자의 에너지 준위의 차이가 크지 않아 양성자와 중성자의 수가 같지만, 양성자의 수가 많은 큰 원자핵에서는 양성자의 에너지 준위와 중성자의 에너지 준위의 차이가 커서 양성자의 수보다 중성자의 수가 더 많아야 안정한 원자핵이 될 수 있다.

붕괴 계열과 천연 방사성 원소

약 46억 년 전에 태양계를 만든 물질에는 별의 내부, 또는 초신성 폭발 시에 만들어진 방사성 동위원소가 포함되어 있었다. 지구가 만들어진 후에는 방사성 동위원소가 계속적으로 붕괴되었다. 따라서 태양계를 만든 물질에 포함되어 있던 반감기가 짧은 방사성 동위원소들은 모두 붕괴되어 버렸다.

그럼에도 불구하고 지구에서 아직도 반감기가 짧은 방사성 동위원소들이 발견되고 있는 것은 이런 동위원소들이 새롭게 만들어지고 있기 때문이다. 지구에는 반감기가 수억 년이 넘는, 긴 방사성 동위원소가 몇 가지 있다. 반감기가 약 7억 년인 우라늄-235, 반감기가 약 45억 년인 우라늄-238, 그리고 반감기가 약 140억 년인 토륨-232가 그런 원소들이다. 이런 방사성 동위원소들은 반감기가 길어 46억 년의 지구의 나이를 견디고 아직도 많이 남아 있다.

그런데 이런 방사성 동위원소들은 한 번의 붕괴로 안정한 동위원소인 납이 되는 것이 아니라 여러 단계의 붕괴 과정을 거쳐 납이 된다. 이런 방사성 원소들이 붕괴하는 과정에서는 반감기가 다른 다양한 종류의 방사성 동위원소들이 만들어진다. 지구상에서 발견되는 방사성 동위원소들은 어떤 원소의 붕괴 생성물이냐에 따라 몇 가지 계열로 나눌 수 있다.

우라늄-238에서 시작하여 납-206에서 끝나는 계열에 속하는 방사성 동위원소들을 우라늄 계열이라고 부르고, 토륨-232에서 시작하여 납-208에서 끝나는 동위원소들을 토륨 계열, 우라늄-235에서 시작하여 납-207에서 끝나는 동위원소들은 악티늄 계열이라고 부른다. 이런 계열에 속한 동위원소들은 계속 만들어지고 있기 때문에 반감기가 짧아도 아직도 계속 발견되고 있다.

원소들 중에는 안정한 동위원소를 가지고 있지 않고, 불안정한 방사성 동위원소들만 가지고 있는 원소들도 있다. 붕괴 계열에 속하지 않으면서 안정한 동위원소를 가지고 있지 않은 원소에는 원자번호가 43번인 테크네튬과 원자번호가 61번인 프로메튬이 있다. 이런 원소들은 자연에 극히 미량만 존재한다. 이탈리아의 출신의 미국 물리학자 에밀리오 세그레Emilio Gino Segrè(1905-1989)는 1937년에 입자가속기로 가속시킨 중수소 원자핵을 원자번호가 42인 몰리브덴에 충돌시키면 43번 원소가 만들어진다는 것을 밝혀내고, 이 원소를 테크네튬이라고 이름 지었다. 테크네튬은 기술적으로 만든 원소라는 뜻이다. 반감기가 6시간인 테크네튬-99m은 질병 진단용으로 가장 많이 사용되고 있는 방사성 동위원소이다.

테크네튬과 마찬가지로 방사성 동위원소만 가지고 있는 프로메튬은 우라늄 광물에 극미량 포함되어 있는 것으로 알려져 있지만 실험을 통해 분리할 수 있을 정도로 많은 양이 존재하지는 않는다. 따라서 프로메튬은 우라늄의 인공 핵분열 생성물이나 네오디뮴-146의 인공 핵분열 생성물을 분리해서 얻는다. 프로메튬-147은 형광 페인트, 원자력 전지, 두께 측정 장치 등에 사용되고 있다.

핵자당 결합에너지

원자핵을 이루고 있는 양성자나 중성자와 같은 핵자들의 전체 결합 에너지를 핵자들의 수로 나눈 것을 핵자당 결합 에너지라고 한다. 다시 말해 원자핵을 분해하여 개개의 양성자와 중성자로 나누는 데 필요한 에너지를 핵자의 수로 나눈 값이 핵자당 결합 에너지이다. 핵자당 결합 에너지가 크다는 것은 원자핵이 단단하게 결합되어 있음을 뜻하고, 이는 원자핵의 에너지 상태가 매우 낮음을 의미한다.

과학자들의 실험 결과를 종합해 보면 핵자당 결합 에너지는 핵자의 수가 증가함에 따라 증가하다가 26개의 양성자와 30개의 중성자로 이루어진 철-56에서 최댓값을 갖게 되고, 이보다 핵자의 수가 증가하면 핵자당 결합 에너지가 다시 감소한다. 따라서 철-56보다 작은 작은 원자핵들은 두 개의 원자핵이 융합하여 하나의 큰 원자핵이 되면 에너지를 외부로 방출한다. 그러나 철-56보다 큰 원자핵은 분열하여 작은 원자핵이 될 때 에너지를 방

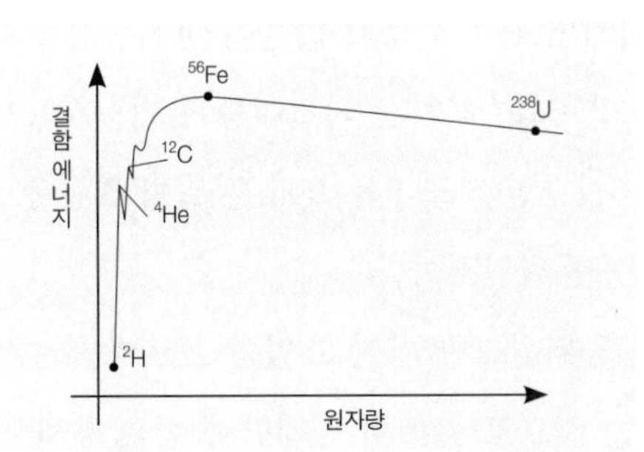

핵자당 결합 에너지는 철-56에서 최댓값을 갖는다.

출한다.

별의 내부에서는 작은 원자핵들이 융합하여 큰 원자핵으로 변하는 핵융합 반응에 의해 에너지가 공급된다. 그러나 핵융합 반응에 의해서는 철보다 무거운 원소를 만들 수는 없다. 철보다 무거운 원소들은 큰 별의 마지막 단계에서 일어나는 초신성 폭발 시 공급되는 엄청난 에너지에 의해 만들어진다. 지구에 철보다 무거운 원소들이 존재하는 것이 태양계가 초신성 잔해로 이루어진 성간운에서 만들어졌음을 나타낸다.

3. 인공 핵분열과 원자폭탄

중성자를 이용한 핵변환과 우라늄의 핵분열

중성자가 발견된 후인 1934년에 이탈리아의 엔리코 페르미Enrico Fermi(1901-1954)는 전하를 띠지 않은 중성자를 이용하면 손쉽게 원자핵을 변환시킬 수 있을 것이라는 생각을 하게 되었다. 페르미는 실험할 수 있는 모든 원소에 중성자를 충돌시키는 실험을 했다. 그는 중성자를 이용한 실험을 통해 40개가 넘는 새로운 방사성 동위원소를 만들어 내는 데 성공했다.

페르미는 우라늄 원자핵에 중성자를 충돌시키는 실험도 했다. 그는 우라늄 원자핵에 중성자를 흡수시켜 우라늄의 원자핵보다 무거운 원자핵을 만들려고 했다. 우라늄 원자핵이 중성자를 흡수하면 더 무거운 원자핵이 만들어질 것으로 생각했던 그는 무거운 원자핵만 검출할 수 있는 검출장치만 가지고 있었기 때문에 중성자를 흡수한 우라늄 원자핵이 두 개의 작은 원자핵으로 분열된다는 사실은 알아내지 못했다.

엔리코 페르미

중성자의 충돌로 우라늄 원자핵이 분열될 수 있다는 것을 밝혀내 원자폭탄과 원자력 발전소로 가는 길을 연 사람은 독일의 화학자 오토 한Otto Hahn(1879-1968)이었다. 프랑크푸르트 출신으로 프랑크푸르트대학과 뮌헨대학에서 화학을 공부했던 한은 1938년 동료 화학자였던 프리츠 슈트라스만"Fritz" Straßmann(1902-1980)과 함께 원자핵에 중성자를 충돌시키면 우라늄보다 훨씬 작은 원소인 바륨이 나온다는 것을 발견했다. 그러나 우라늄보다 더 큰 원소가 나올 것이라고 예상했던 그들은 바륨이 나온 이유를 알 수 없었다.

이 실험 결과를 제대로 해석해 중성자를 흡수한 우라늄 원자핵이 두 개의 작은 원자핵으로 분열되었다는 것을 알아낸 사람은 오스트리아 출신으로 독일에서 활동했던 리제 마이트너Elise "Lise" Meitner(1878-1968)였다. 마이트너는 1878년 오스트리아의 빈에서 유대인 가정의 딸로 태어났다. 빈대학에서 통계물리학의 기초를 닦은 루트비히 볼츠만에게 물리학을 배운 마이트너는 빈대학에서 여성으로서는 두 번째로 박사학위를 받았다. 박사학위를 받은 후 베를린으로 온 마이트너는 베를린 화학 연구소의 화학자인 오토 한과 함께 연구하게 되었다.

마이트너와 한은 베를린 화학 연구소에서 천연 방사성 원소의 계열에 속하는 방사성 원소들을 규명하는 연구를 시작했다. 1912년에 한과 마이트너는 카이저 빌헬름 화학 연구소로 옮겨 연구를 계속했다. 1914년 제1차 세계대전이 일어나자 마이트너는 오스트리아 군대의 엑스선 전문 간호사로 근무하면서 다친 병사들을 치료했고, 한은 독일군을 위해 화학무기 개발에 참여했다.

오토 한과 리제 마이트너

1917년에 마이트너는 카이저 빌헬름 연구소의 방사능 물리학과 책임자가 되었고, 1922년에는 베를린대학에서 강의하는 첫 번째 여성 교수가 되었다. 1926년에 마이트너는 베를린대학의 특별교수로 임명되었지만 히틀러가 정권을 잡은 후 그 자리에서 물러나야 했다.

중성자가 발견된 후인 1934년부터 마이트너는 한, 슈트라스만과 함께 우라늄에 중성자를 충돌시켰을 때 만들어지는 방사성 동위원소들에 대해 연구하기 시작했다. 그러나 1933년 히틀러가 수상이 된 후 독일에서 유대인을 박해하기 시작하자 60세였던 마이트너는 나치의 검거를 피하기 위해 독일을 탈출하여 덴마크를 거쳐 스웨덴의 스톡홀름으로 갔다. 스웨덴에 가 있는 동안에도 마이트너는 독일에 있던 한과 연락을 취하며 연구 결과에 대한 토론을 계속했다.

1938년 말 우라늄에 중성자를 충돌시킨 한의 실험 결과를 전해 받은 마이트너는 중성자를 흡수한 우라늄이 원자번호가 각각 56번과 36번인 바륨과 크립톤으로 분열된 것임을 알아냈다. 그것은 중성자를 흡수한 우라늄 원자핵이 두 개의 작은 원자핵으로 분열되었음을 의미했다. 마이트너는 자신의 생각을 한에게 전달했다.

마이트너의 생각을 전달받은 한은 중성자를 이용해 우라늄 원자핵을 바륨과 크립톤의 원자핵으로 분열시키는 데 성공했다는 논문을 발표했다. 몇 주 후 마이트너도 「중성자에 의한 우라늄의 분해: 새로운 형태의 핵반응」이라는 제목의 논문을 영국의 과학 잡지 『네이처』지에 발표했다. 이 논문에서 마이트너는 핵분열이라는 말을 처음으로 사용했다. 핵분열의 발견은 원자핵에

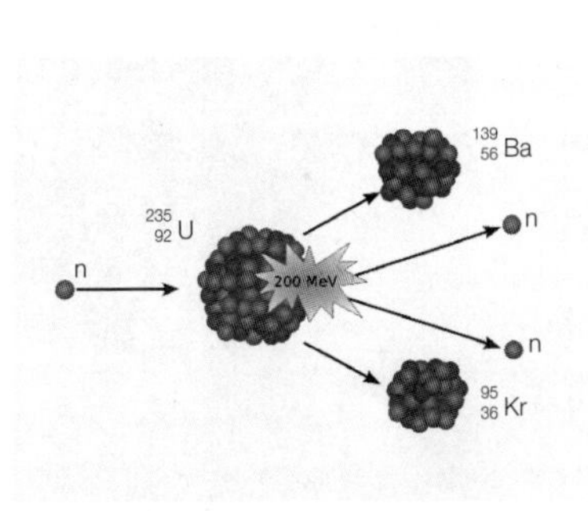

우라늄-235의 원자핵이 중성자를 흡수한 후 두 개의 작은 원자핵으로 분열되는 핵반응은 이전에 발견된 핵반응과는 전혀 다른 반응이었다.

알파 입자나 중성자를 충돌시켜 비슷한 크기의 다른 원자핵을 만들어 내던 이전까지의 핵변환 실험과는 다른 의미를 가지는 중요한 발견이었다.

한은 1944년에 우라늄 원자핵을 두 개의 작은 원자핵으로 분열시키는 데 성공한 공로로 노벨 화학상을 수상했다. 한은 마이트너와의 공동연구를 숨겼다. 제2차 세계대전이 끝나기 전까지 한이 마이트너와의 공동연구를 숨긴 것은 그럴 만한 이유가 있었다. 한이 유대인이었던 마이트너와 함께 연구했다는 것이 알려지면 그에게도 불이익이 생길 수 있었기 때문이었다. 그러나 전쟁이 끝난 후에도 한은 마이트너의 공로를 인정하지 않았다. 마이트너는 한이 노벨상을 받을 자격이 있다는 것을 인정했지만 그녀의 공로를 인정하지 않는 것에 대해서는 서운하게 생각했다. 한은 마이트너가 그의 연구를 보조하는 역할을 했을 뿐이라고 주장했다.

비록 동료였던 한으로부터는 연구 공로를 인정받지 못했지만 과학계에서는 우라늄 원자핵의 분열과정을 밝혀낸 마이트너의 공로를 인정해 주었다. 그녀에게는 여러 개의 명예박사학위가 수여되었고, 미국에서 올해의 여성으로 선정되기도 했으며, 막스 플랑크 메달과 엔리코 페르미 메달이 수여되기도 했다. 1982년 독일 담스타트에 있는 중이온 연구소의 물리학자들은 비스무스-209에 철-58을 충돌시켜 원자번호가 109인 새로운 원소를 만들어 내고, 이 원소에 마이트너를 기념하기 위해 마이트너륨이라는 이름을 붙였다.

원자폭탄을 개발한 맨해튼 프로젝트

오토 한과 리제 마이트너의 연구로 우라늄에 중성자를 충돌시키면 우라늄이 작은 원자핵들로 분열되면서 에너지를 방출한다는 것을 알게 되었다. 그러나 마이트너나 한도 우라늄 원자핵이 분열할 때 나오는 에너지를 이용할 생각은 하지 못했다. 원자핵이 분열할 때 방출되는 에너지를 이용하면 큰 위력을 가진 폭탄을 만들 수 있을 것이라는 생각을 한 사람은 핵분열 실험과는 아무 관련이 없었던 레오 실라르드였다.

독일 베를린대학에서 물리학을 공부한 후 한때 카이저 빌헬름 연구소에서 연구하기도 했던 실라르드는 독일에서 나치가 정권을 잡은 직후 독일을 떠나 영국으로 망명했다. 그는 원자핵이 연속적으로 분열하면 많은 에너지가 나올 수 있을 것이라는 생각을 했다. 연쇄 핵분열 반응을 통해 많은 에너지를 내놓을 수 있는 원소가 무엇인지 모른 채 실라르드는 1934년 중성자를 이용한 연쇄 핵분열 반응에 관한 특허를 신청했다. 연쇄 핵분열 반응을 이용하면 위력이 큰 폭탄을 만들 가능성이 있다고 믿고 있었던 그는 이 특허 신청서를 비밀이 지켜질 수 있는 영국 해군에 제출한 후 연쇄 핵분열을 할 수 있는 원소를 찾는 연구를 시작하도록 물리학자들을 설득하기 시작했다. 그러나 그의 주장에 관심을 가지는 물리학자를 찾을 수 없었다. 1938년 미국으로 건너간 실라르드는 미국에서도 연쇄반응을 일으킬 수 있는 원소를 찾기 위해 노력했다.

우라늄 원자핵이 분열할 때 나오는 에너지를 이용하는 문제에 과학자들이 관심을 가지게 된 것은 마이트너와 보어가 이 문제를 거론한 후부터였다. 마이트너는 우라늄 원자핵이 바륨과 크립톤 원자핵으로 분열될 때 방출되는 두 개의 중성자가 다른 우라늄 원자핵을 분열시킬 수 있을 것임을 알아냈다. 보어도 마이트너의 생각에 동의했다. 1939년에 미국 워싱턴에서 열린 이론물리학회 학술회의에서 보어는 우라늄의 연쇄 핵분열 가능성에 대해 발표했다. 이로 인해 실라르드는 자신이 찾고 있던 연쇄 핵분열 반응을 일으킬 수 있는 원소가 우라늄이라는 것을 알게 되었다.

우라늄의 핵분열을 이용한 원자폭탄의 가능성을 알게 된 실라르드는 독일이 먼저 원자폭탄을 만들지도 모른다는 생각을 하게 되었다. 그는 아인슈타인을 설득해 루즈벨트 미국 대통령에게 원자폭탄 개발을 권고하는 편지를 보내도록 했다. 이 편지는 1939년 10월 11일에 루즈벨트 대통령에게 전달되었다. 이 편지가 루즈벨트에게 전달되기 직전인 1939년 9월 1일에 독일이 폴란드를 침공하자 프랑스와 영국이 독일에 선전포고를 하면서 제2차 세계대전이 발발했다. 그리고 같은 날 독일에서는 원자폭탄의 가능성을 연구하기 위해 하이젠베르크를 책임자로 하는 원자핵 에너지 프로그램을 시작했다는 소식이 전해졌다.

국제 정치 상황이 급박하게 돌아가는 가운데 강력한 원자폭탄이 가능할지도 모른다는 설명을 들은 루즈벨트는 아인슈타인의 편지를 받은 그날 핵에너지를 이용하는 폭탄의 가능성을 조사하는 위원회를 설치하라고 지시했다. 아인슈타인도 이 위원회에 참여할 것을 요청받았으나 그는 그 요청을 거절했다.

독일이 먼저 원자폭탄을 만들지도 모른다는 두려움을 가지고 있던 연합국 측은 많은 자금과 인력을 투입할 준비가 되어 있었다. 1941년 12월 6일에 정부위원회가 맨해튼 프로젝트에 자금 지원을 늘리는 문제를 논의했다. 그리고 다음 날인 1941년 12월 7일 새벽에 일본이 하와이에 있는 진주만을 공습하자, 다음 날인 12월 8일 미국이 일본에 대해 선전포고를 했다. 3일 후인 12월 11일에 독일과 이탈리아가 미국에 대해 선전포고를 하면서 미국이 전쟁의 한가운데에 들어선 것이다. 전쟁 양상이 크게 바뀌자 맨해튼 프로젝트가 국가 최우선 과제가 되었다.

미국 정부에서는 맨해튼 계획의 비밀을 유지하기 위해 뉴멕시코주의 생그레 드 크리스토 산중에 있는 로스 알라모스에 새롭게 연구소를 만들었다. 로스 알라모스에 온 과학자들은 열악한 환경에도 불구하고 전체주의 국가가 세계를 지배하는 것을 막기 위해서는 그들보다 먼저 원자폭탄을 만들어야 한다는 사명감을 가지고 열심히 일했다. 맨해튼 프로젝트의 총책임자는 레슬리 그로브스 장군(소장)이었고, 책임과학자는 캘리포니아 공과대학 교수였던 로버트 오펜하이머Robert Oppenheimer(1904-1967)였다. 오펜하이머는 하버드에서 물리학을 공부한 후 영국 케임브리지에서 톰슨과 함께 연구하기도 했고, 괴팅겐대학으로 옮겨 보른의 지도로 박사학위를 받았다.

맨해튼 프로젝트에는 20억 달러가 투입되었고, 한때 13만 명이 고용되기도 했다. 테네시주의 오크리지에는 핵분열을 하지 않는 우라늄-238로부터 핵분열이 가능한 우라늄-235를 분리해 내는 거대한 시설이 만들어졌다. 워싱턴주의 한포드에서는 우라늄-238을 이용해 플루토늄-239를 만들고 있었다. 이렇게 해서 우라늄-235를 이용하는 원자폭탄과 플루토늄을 이용한 원자폭탄이 만들어지고 있었다.

1945년 4월 30일에 히틀러가 베를린의 지하벙커에서 자살하고, 5월 8일에 독일이 항복함으로써 유럽에서의 제2차 세계대전이 끝났다. 독일이 항복하자 맨해튼 프로젝트에 참여하여 원자폭탄을 개발하고 있던 과학자들의 목표가 사라졌다. 독일이 원자폭탄을 개발하지 못한 채로 항복해 버리자 대량 파괴 무기를 개발하는 것이 필요한가 하는 문제가 대두되었다. 원자폭탄의 개발을 반대하는 과학자들이 늘어났다.

그러나 태평양에서는 아직 전쟁이 진행 중이었다. 미국 정부에서는 일본과의 전쟁을 끝내기 위해 원자폭탄을 사용할 것을 고려하기 시작했다. 1945년 6월에 실라르드는 트루먼 대통령에게 일본에 공개적인 요구사항을 전달하고, 일본이 이 요구사항을 거절하는 경우에만 원자폭탄을 사용하도록 요구하는 청원서를 보냈다. 실라르드의 청원서에는 150명이 넘는 맨해튼 프로젝트에 참여했던 과학자들이 서명했다. 무고한 민간인의 희생을 줄이기 위해 무인도를 선택해 공개적으로 원자폭탄의 폭파 시험을 하여 원자폭탄의 위력을 보여 주자는 의견을 제안한 사람들도 있었다.

이런 가운데서도 1945년 7월 16일에 로스 알라모스에서 340킬로미터 남쪽에 있는 뉴멕시코주의 알라모고도 부근에 설치된 원자폭탄 시험장에서 플루토늄 폭탄의 폭파 시험이 진행되었다. 원자폭탄이 폭발한 자리에 있던 강철 탑은 몇 개의 금속 잔해만 남기고 증발해 버렸고, 아스팔트는 비취처럼 초록색의 유리재로 변했다. 5,000톤의 TNT와 맞먹는 폭발을 기대했던 과학자들은 2만 톤의 TNT에 해당하는 폭발 현장을 목격했다.

레오 실라르드

1945년 8월 6일에 일본 히로시마에 우라늄-235로 만든 '리틀 보이'라고 명명된 원자폭탄이 투하되었고, 8월 9일에는 나가사키에 플루토늄 원자폭탄인 '팻 맨'이 투하되었다. 두 도시는 한순간에 폐허로 변했고, 수많은 사람이 목숨을 잃었다. 이로써 독일의 패망 후에도 태평양에서 계속되던 제2차 세계대전이 끝났다. 맨해튼 프로젝트는 목표했던 바를 달성했고, 무기로서 원자폭탄은 제 성능을 발휘했다. 원자폭탄은 한 시대를 마감하고 새 시대가 시작되었다는 것을 알리는 신호탄이었다. 그러나 원자폭탄은 인류 스스로 인류 문명을 파괴하게 될지도 모른다는 우려를 낳게 되었다.

원자력 발전과 핵연료

맨해튼 계획을 통해 원자핵 분열에 대한 지식과 기술을 많이 축적했기 때문에 원자핵 에너지를 이용하는 원자력 발전소의 건설은 빠르게 진척되었다. 제2차 세계대전 동안 원자폭탄에 사용될 우라늄-235를 분리해 내는 공장을 가동하고 있던 미국 테네시주 오크리지에 X-10이라는 이름의 흑연 원자로가 설치되어 처음 전기를 생산하는 데 성공한 것은 1948년 9월

3일이었다. 그리고 1951년 12월 20일에는 미국 아이다호주 아르토 부근에 있는 EBR-I 연구소에도 원자로가 설치되어 전기를 생산했다. 그러나 이들은 본격적으로 전기를 생산하기 위한 것이 아니라 연구용 원자로였다.

본격적인 원자력 발전소인 소련의 오브닌스크 원자력 발전소가 전기를 생산하기 시작한 것은 1954년 6월 27일이었다. 1956년에는 영국에 칼더홀 원자력 발전소가 건설되었고, 1957년에는 미국 펜실베이니아의 쉬핑포트 원자력 발전소가 가동되었다. 그 후 원자력 발전소가 급속하게 확산되어 2018년 현재 세계 30개국에서 450개 이상의 원자력 발전소가 전기를 생산하고 있다.

원자력 발전소에서 핵심적인 부분은 연쇄 핵분열 반응이 일어나고 있는 원자로이다. 원자로에서는 연쇄 핵분열 반응이 일어날 때 발생하는 열이 높은 압력 상태로 유지되고 있는 원자로의 냉각수를 가열시킨다. 가열된 냉각수는 증기 발생기로 이동하여 열 교환 장치를 이용해 수증기를 발생시키고, 이 수증기가 발전기에 연결된 터빈을 돌려 전기를 생산한다. 냉각 장치를 거친 수증기는 물로 변해 다시 증기 발생 장치로 보내진다.

원자로의 연료로는 우라늄이 사용되고 있다. 우라늄에는 우라늄-232, 우라늄-233, 우라늄-234, 우라늄-235, 우라늄-236, 우라늄-238 등 여러 가지 동위원소가 있는데 반감기가 약 7억 년인 우라늄-235와 반감기가 약 45억 년인 우라늄-238이 가장 많이 존재한다. 자연에 존재하는 우라늄 동위원소 중 약 99.274%가 우라늄-238이고, 우라늄-235는 약 0.7% 정도이다.

그런데 우라늄-238은 중성자를 흡수하면 두 개의 원자핵으로 분열되는 대신 베타붕괴를 두 번 하여 플루토늄-239로 변한다. 이 과정에서는 에너지를 방출하는 것이 아니라 에너지를 흡수하고, 중성자가 아니라 전자를 방출한다. 따라서 우라늄-238은 핵연료로 사용할 수 없다. 반면에 우라늄-235가 중성자를 흡수하면 불안정해져서 두 개의 원자핵으로 분열되면서 에너지와 중성자를 방출한다. 따라서 우라늄-235만이 원자로의 연료로 사용될 수 있다.

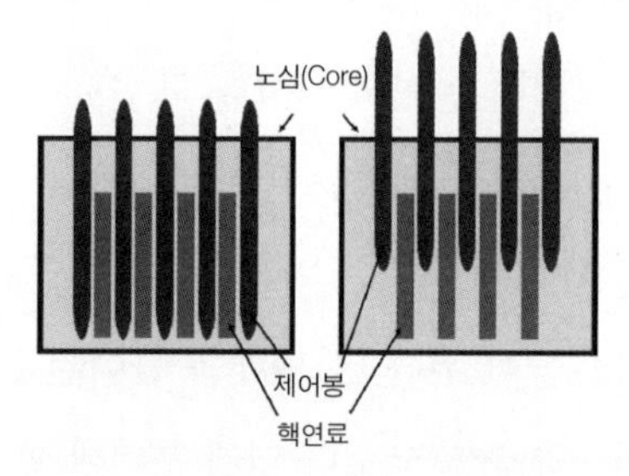

핵연료 사이에 제어봉을 밀어 넣어 핵분열 반응의 속도를 조절한다.

우라늄-235가 안정적인 비율로 연쇄 핵분열 반응을 일으키기 위해서는 연쇄 핵분열 반응을 일으킬 수 있는 느린중성자가 계속 공급되어야 한다. 우라늄-235가 분열할 때는 빠른중성자가 방출된다. 따라서 효과적으로 연쇄 핵분열이 일어나도록 하려면 중성자의 속력을 늦춰 주는 감속재가 필요하고, 원자로의 출력을 조절하기 위해서는 연쇄 핵분열 반응을 일으키는 느린중성자의 수를 조절해야 한다.

원자로에서 중성자를 흡수하여 연쇄 반응의 속도를 조절하는 것을 제어봉이라고 한다. 제어봉은 중성자를 흡수하는 인듐, 카드뮴, 은, 붕소와 같은 물질을 강도가 강하면서도 중성자를 잘 통과시키는 스테인리스강과 같은 물질로 둘러싼 막대 형태로 제작된다. 격자 구조로 이루어진 연료봉 사이에 제어봉을 밀어 넣거나 빼내 연쇄 반응을 일으키는 중성자의 수를 조절한다.

대부분의 원자로는 우라늄-235를 2% 내지 5%로 농축한 농축 우라늄을 연료로 사용한다. 그러나 원자로 중에는 우라늄-238을 많이 포함하고 있는 천연 우라늄을 연료로 사용하고 있는 원자로도 있다. 우라늄-235가 적은 양 포함되어 있는 천연우라늄을 연료로 사용하는 원자로는 핵분열 확률을 높이기 위해 중성자를 적게 흡수하는 중수나 흑연을 감속재로 사용한다.

그런데 천연 우라늄을 핵연료로 사용하는 중수로나 흑연로의 경우에는 원자로를 가동하는 동안에 플루토늄이 많이 만들어진다. 우라늄-238은 핵분열 시에 나오는 빠른중성자를 흡수한 후 두 번의 베타붕괴를 한 다음 플루토늄이 된다. 이렇게 만들어진 플루토늄은 우라늄과 화학적 성질이 달라 우라늄-235보다 쉽게 분리해 낼 수 있다.

사용 후 핵연료에서 분리해 낸 플루토늄은 다른 원자로의 연료나 원자폭탄 제조에 사용될 수 있다. 따라서 국제사회는 핵확산금지조약NPT과 국제원자력기구IAEA의 사찰을 통해 사용 후 핵연료의 재처리 과정을 감시하고 있다.

4. 핵융합 반응의 발견과 핵융합 에너지의 이용

태양에서의 핵융합 반응

작은 원자핵이 합성하여 더 큰 원자핵을 만드는 핵융합에 대한 연구는 원자핵 분열보다 먼저 시작되었다. 핵융합에 대한 연구는 태양이 어떻게 오랜 세월 동안 많은 에너지를 방출할 수 있는지에 대한 연구를 통해 이루어졌다. 태양이 수소가 헬륨으로 변하는 핵융합을 통해 에너지를 공급받고 있다고 처음 주장한 사람은 독일의 프리츠 후테르만스Fritz Houtermans(1903-1966)였다.

독일의 발트해 항구 도시였던 단치히 부근에서 1903년에 태어난 후테르만스는 오스트리아의 빈에서 어린 시절을 보냈다. 1921년에 그는 독일 괴팅겐대학 진학하여 물리학을 공부하고 1927년에 박사학위를 받았다. 후테르만스는 영국의 로버트 앳킨슨Robert d'Escourt Atkinson(1898-1982)과 함께 별 내부에서 일어나고 있는 핵융합 반응을 연구하기 시작했다.

후테르만스와 앳킨슨이 이 연구를 시작하던 1920년대 후반에는 태양 스펙트럼 분석을 통해 태양의 대부분이 수소로 이루어졌으며 수소에 비해 훨씬 적은 양의 헬륨이 포함되어 있다는 것을 알고 있었다. 따라서 태양이 방출하는 에너지가 수소가 헬륨으로 변환하는 핵융합 반응에 의해 방출될 것이라고 생각하는 것은 자연스런 일이었다. 후테르만스와 앳킨슨의 가장 큰 고민은 태양의 내부 상태가 핵융합을 일으킬 수 있을 정도로 높은 온도와 압력인지를 알아내는 일이었다.

그들은 핵력이 작용하기 시작하는 거리가 1조분의 1밀리미터라는 것을 계산해 냈다. 그들은 태양 내부의 온도와 압력은 두 수소 원자핵을 이 거리보다 더 가까이 다가가게 하기에 충분할 만큼 높을 것이며, 일단 핵융합 반응이 시작되면 그때 나오는 에너지에 의해 고온 고압 상태를 계속 유지할 수 있을 것이라고 생각했다. 그들은 1929년에 이런 내용이 포함된 논문을 독일『물리학 저널』에 발표했다.

그러나 후테르만스와 앳킨슨이 그들의 논문을 발표한 1929년에는 아직 중성자가 발견되기 전이었다. 따라서 원자핵의 구성이나 핵융합 과정을 제대로 이해하지 못하고 있었다. 따라서 태양 내부에서 일어나고 있는 수소 핵융합에 대한 그들의 설명은 불완전한 것이었다. 1932년에 채드윅이 중성자를 발견하여 원자핵의 구성을 제대로 이해하게 된 것은 태양 내부에서 일어나고 있는 수소 핵융합 반응 이론을 발전시킬 좋은 기회였다.

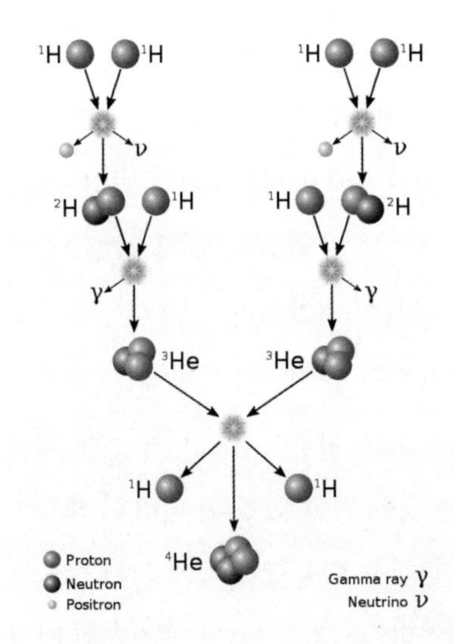

수소 핵융합 과정

그러나 1920년대부터 공산당원이었던 후테르만스는 나치의 박해를 피해 1933년에 영국으로 갔다가 1935년에는 다시 소련으로 갔다. 소련으로 간 후테르만스는 우크라이나의 물리기술 연구소에서 핵융합과 관련된 연구를 계속했다. 그러나 그는 나치의 스파이로 몰려 1937년에 소련의 비밀경찰에 의해 체포되었다. 그 후 3년 동안 심한 고문을 받으면서 수감 생활을 했기 때문에 더 이상 연구를 할 수 없었다.

나치와 소련의 협정에 의해 1940년에 석방되어 독일로 돌아온 그는 공산당원이었다는 이유로 나치에 의해 체포돼 다시 한번 고문과 수감 생활을 해야 했다. 후테르만스가 이런 고초를 겪고 있던 1930년대에 물리학자들은 그가 1929년에 제안했던 별 내부의 핵융합 반응에 대한 생각을 발전시켜 태양 안에서 일어나고 있는 핵융합 과정을 설명하는 데 성공했다.

후테르만스의 연구를 완성하는 데 가장 큰 공헌을 한 사람은 한스 베테Hans Albrecht Bethe(1906-2005)였다. 어머니가 유대인이라는 이유로 나치에 의해 독일의 튀빙겐대학에서 해고된 베테는 1933년 영국을 거쳐 미국으로 가서 태양 내부에서 일어나고 있는 수소 핵융합 반응이 어떤 과정을 거쳐 일어나는지를 알아내는 연구를 시작했다.

베테는 태양 내부의 압력과 온도에서는 수소가 헬륨으로 변환하는 두 가지 과정이 가능하다는 것을 알아냈다. 한 과정은 수소 원자핵인 양성자가 양성자와 중성자로 이루어진 중수소의 원자핵과 반응하여 비교적 안정한 헬륨의 동위원소를 만든 다음 두 개의 헬륨 동위원소가 결합하여 안정한 헬륨 원자핵을 만들어 내면서 두 개의 양성자를 방출하는 과정이었다.

베테가 제안한 수소가 헬륨으로 변환하는 또 다른 과정은 탄소 원자핵이 촉매로 작용하여 수소 원자핵을 헬륨 원자핵으로 바꾸는 과정이었다. 태양에 탄소가 포함되어 있다면 탄소 원자핵들이 수소 원자핵들과 결합하여 불안정한 질소와 산소 원자핵으로 바뀐 다음 헬륨 원자핵을 방출하고 다시 안정한 탄소 원자핵으로 돌아간다는 것이다. 다시 말해 탄소 원자핵이 수소 원자핵을 재료로 하여 헬륨 원자핵을 생산해 내는 공장 역할을 하는 것이다.

과학자들은 베테가 제안한 두 가지 수소 핵융합 반응 과정이 실험을 통해 확인된 것이 아니라는 이유로 처음에는 그다지 신뢰하지 않았지만 천문학자들이 태양의 내부가 이런 핵반응을 일으키기에 충분한 상태라는 것을 확인한 후 두 가지 반응이 가능하다는 것을 받아들이게 되었다. 이렇게 해서 태양을 비롯한 별들 내부에서 이루어지고 있는 수소 핵융합 반응을 이해할 수 있게 되었고, 이는 별의 일생을 이해하는 기초가 되었다.

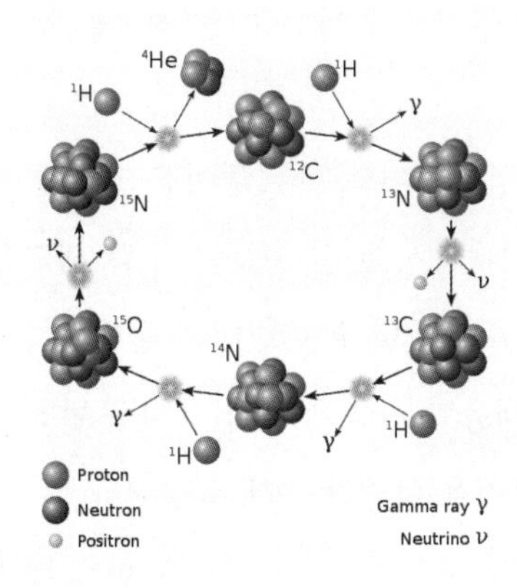

탄소 원자핵이 촉매로 작용하는 수소 핵융합 과정

우주에서의 핵융합 반응

관측 결과에 의하면 우주에는 수소 원자 1만 개당 대략 1천 개 정도의 헬륨 원자와 6개 정도의 산소 원자, 그리고 1개 정도의 탄소 원자가 존재한다. 다른 원소들은 모두 합쳐도 탄소 원자의 수보다 적다. 우주에 가장 많이 존재하는 수소와 헬륨이 빅뱅 후 아주 짧은 시간 동안에 만들어졌다는 것을 알아낸 사람은 소련 출신으로 미국에서 활동하고 있던 조지 가모George Gamow(1904-1968)였다. 소련을 탈출해 미국에 망명하여 1934년 조지워싱턴대학의 교수가 된 가모는 처음에는 베타 붕괴 과정을 연구했지만 1930년대 후반부터 천체 물리학과 우주론에 관심을 가지기

조지 가모

시작했다.

별들의 진화 과정과 태양계가 형성되는 과정에 관심을 가졌던 가모는 1945년에 독일의 이론물리학자 카를 바이츠체커Carl Friedrich von Weizsäcker(1912-2007)와 함께 행성의 형성 과정을 설명한 논문을 발표했다. 그리고 1948년에는 은하의 질량과 지름을 계산할 수 있는 식을 제안했으며, 뛰어난 수학적 재능을 가지고 있던 랄프 알퍼Ralph Asher Alpher(1921-2007)를 박사과정 학생으로 받아들여 초기 우주에 있었던 원자핵 합성 문제도 연구하기 시작했다.

가모와 알퍼는 온도와 밀도가 아주 높았던 빅뱅 순간에서 시작하여 우주가 팽창하여 온도와 압력이 낮아짐에 따라 양성자와 중성자가 결합하여 원자핵을 형성하는 과정을 추적했다. 그들은 이런 분석을 통해 빅뱅 후 5분 정도가 지나 우주의 온도가 낮아져 더 이상의 핵융합 반응이 일어날 수 없을 때까지 대략 10개의 수소 원자핵당 1개의 비율로 헬륨 원자핵이 만들어졌다는 결론을 얻었다. 후에 빅뱅 직후의 원자핵 합성에서는 수소와 헬륨과 함께 소량의 리튬과 붕소도 합성되었다는 것이 밝혀졌다.

가모와 알퍼는 그들의 계산 결과를 「화학 원소의 기원」이라는 제목의 논문으로 정리하여 『피지컬 리뷰』에 제출했다. 이 논문은 1948년 4월 1일에 출판되었다. 가모와 알퍼가 발표한 논문에는 이 연구에 아무런 기여를 하지 않은 한스 베테도 저자로 포함되어 있었다. 저자에 베테의 이름을 포함시켰던 것은 알퍼, 베테, 가모의 이름으로 된 논문을 보면서 그리스어의 알파, 베타, 감마를 떠올리도록 하고 싶어 했기 때문이었다. 그래서 이 논문은 아직도 알파베타감마 논문이라고 불리고 있다.

이 논문이 많은 사람의 주목을 받게 되자 베테는 자신이 이 논문 연구에 아무런 기여도 하지 않았다는 것을 공개적으로 밝혔다. 가모와 알퍼는 이 논문을 통해 우주의 대부분을 차지하고 있는 수소와 헬륨의 비율을 설명하는 데는 성공했지만 우주 초기에 만들어지지 않은 무거운 원소들이 어떻게 만들어졌는지는 설명하지 못했다.

가모와 알퍼는 무거운 원자핵의 합성 문제는 그대로 남겨 놓은 채 로버트 헤르만Robert Herman(1914-1997)을 새로운 연구원으로 받아들여 팽창하는 우주의 다른 면을 연구하기 시작했다. 알퍼와 헤르만은 우주 초기로 돌아가 우주의 진화 과정을 다시 추적했다. 최초의 우주는 온도와 밀도가 너무 높아 모든 물질은 기본 입자들로 분리되어 있었지만 팽창에 따라 온도가 내려가자 입자들이 만들어지기 시작했다. 온도와 압력이 높았던 빅뱅 직후 처음 5분 동안에 기본 입자들로부터 수소와 헬륨 원자핵이 만들어졌다.

그러나 그 후에는 우주의 온도와 압력이 너무 낮아져 더 이상의 핵융합이 일어날 수 없게 되었다. 핵융합이 일어나기에는 너무 낮은 온도였지만 우주의 온도는 아직도 수백만 도가 넘을 정도로 높았다. 이렇게 높은 온도에서는 전자와 원자핵이 결합하지 못해 우주는 전자와 원자핵으로 이루어진 플라스마 수프 상태에 있었다. 플라스마 상태의 우주에서는 빛 입자들이 전자들에 의한 산란으로 인해 앞으로 나갈 수 없었기 때문에 우주는 불투명했다.

빅뱅 후 38만 년이 지나 우주의 온도가 3천 도까지 내려가자 전자들이 원자핵과 결합하여 중성 원자인 수소와 헬륨을 형성했다. 그러자 빛이 더 이상 전자의 방해를 받지 않고 우주를 마음대로 달릴 수 있게 되어 우주가 투명하게 되었다. 알퍼와 헤르만은 빅뱅 후 38만 년이 되던 시점에 우주를 달리기 시작한 빛이 아직도 우주의 모든 방향에서 우리를 향해 오고 있다고 주장했다.

알퍼와 헤르만은 중성 원자가 만들어지는 시점에 우주를 달리기 시작한 빛의 파장은 3,000K인 물체가 내는 복사선의 파장과 같은, 대략 0.1밀리미터 정도였지만 그 후 우주가 계속 팽창하면서 이 빛의 파장이 길어져 현재는 절대온도 3K의 물체가 내는 복사선의 파장인 1밀리미터 정도 될 것이라고 예측했다. 우주의 모든 방향에서 오고 있는 이런 전자기파를 우주배경복사, 또는 우주 마이크로파 배경복사라고 부른다.

우주배경복사를 관측할 수 있다면 이들의 이론이 옳다는 것을 증명할 수 있을 것이다. 그러나 그 당시에는 이런 파장의 전자기파를 정밀하게 관측하는 것이 가능하지 않았다. 1960년대 초에 소련의 야코프 젤도비치Yakov Zeldovich(1914-1987)와 미국 프린스턴대학의 로버트 디케Robert Henry Dicke(1916-1997)도 알퍼와 헤르만이 예상했던 우주 마이크로파 배경복사의 존재를 독립적으로 예측했다.

빅뱅이론의 증거가 될 수 있는 우주 마이크로파 배경복사를 발견한 사람들은 미국 벨 연구소의 연구원이었던 아노 펜지어스Arno Allan Penzias(1933-)와 로버트 윌슨Robert Woodrow Wilson(1936-)이었다. 펜지어스와 윌슨은 마이크로파 통신에 이용하기 위해 설치한 나팔 모양의 전파 안테나를 우주에서 오는 마이크로파를 수신하는 데 사용하기 위해 수리하던 중 우주의 모든 방향에서 잡음이 오고 있는 것을 발견했다. 그들은 잡음을 없애기 위해 가능한 모든 조치를 취했지만 잡음을 없앨 수 없었다.

1963년 말에 펜지어스는 몬트리올에서 열린 천문학회에 참석했고, 그곳에서 만난 매사추세츠 공과대학의 천문학자 버나드 버크Bernard F. Burke(1928-2018)에게 그들을 괴롭히는 잡음 문제를 이야기했다. 몇 달이 지난 후 버크가 펜지어스에게 전화를 걸어 왔다. 그는 그들을 귀찮게 했던 잡음이 프린스턴대학의 천문학자들이 찾고 있는 우주배경복사

우주배경복사를 발견하도록 한 벨 연구소의 안테나

일지도 모른다고 알려 주었다. 펜지어스와 윌슨은 곧바로 프린스턴대학의 로버트 디케에게 알렸고, 디케 일행이 펜지어스와 윌슨의 연구소를 방문해 그들이 우주배경복사를 발견했다는 것을 확인했다.

이렇게 해서 우주를 만들고 있는 수소와 헬륨, 그리고 소량의 리튬과 붕소가 어떻게 만들어졌는지가 밝혀졌다. 별 내부에서 일어나는 핵융합 반응에 의해서도 헬륨이 만들어지지만 그 양은 빅뱅 직후에 만들어진 헬륨의 양에 비하면 아주 적은 양이다. 이제 과학자들은 수소와 헬륨보다 무거운 원소들이 만들어지는 과정을 밝혀내야 했다.

원자핵의 합성 과정을 밝혀낸 B^2FH 논문

1950년대에는 우주가 과거 특정한 시점에 한 점에서 팽창하면서 시작되었다는 빅뱅우주론과 우주가 팽창해서 만들어지는 공간에 물질이 만들어져 채워지기 때문에 우주의 전체적인 모습은 변하지 않는다고 주장하는 정상우주론을 두고 과학자들이 격렬한 논쟁을 벌였다. 그러나 빅뱅의 증거인 우주배경복사가 발견된 후에는 빅뱅우주론이 널리 받아들여지게 되었다. 하지만 정상우주론을 처음 제안했던 영국의 프레드 호일Fred Hoyle(1915-2001)은 끝까지 정상우주론을 고수했다. 그러나 그는 자신의 의도와는 달리 빅뱅이론의 발전에 두 가지 큰 공헌을 했다.

하나는 빅뱅이론이라는 이름을 지어 준 것이었다. 1950년 영국 BBC 방송 라디오 프로그램에 출연하여 우주론을 설명하는 다섯 번의 강연을 하는 도중 역동적으로 진화하는 모델이라고 불리던 가모의 우주론에 빅뱅이론이라는 이름을 붙여 주었다. 호일은 가모의 우주론을 조롱하기 위해 의성어인 빅뱅이라는 말을 사용했지만 이것은 곧 많은 사람이 사용하는 이 우주론의 명칭이 되었다.

호일이 빅뱅이론에 공헌한 다른 한 가지는 빅뱅이라는 이름을 지어 준 것보다 훨씬 더 중요한 것이었다. 빅뱅이론은 빅뱅 초기에 90%의 수소, 10%의 헬륨, 그리고 약간의 리튬과 붕소가 만들어졌다는 것을 성공적으로 설명했다. 따라서 리튬과 붕소를 제외한 헬륨보다 무거운 원소들은 별 내부에서의 핵융합 반응과 초신성 폭발 시의 핵융합 반응에 의해 만들어져야 한다. 수소가 핵융합을 통해 헬륨을 만드는 과정은 알파베타감마 논문의 저자 중 한 사람으로 포함된 한스 베테가 밝혀냈다. 그러나 헬륨 원자의 핵융합 반응을 통해 더 무거운 원소가 만들어지는 과정은 설명하지 못하고 있었다.

호일은 1953년에 미국의 물리학자 윌리엄 파울러William Alfred Fowler(1911-1995)와 공동연구를 통해 헬륨 원자핵 두 개가 융합하여 베릴륨 원자핵을 만들고, 여기에 헬륨 원자핵 하나가 더 첨가되어 탄소 원자를 만드는 과정을 밝혀냈다. 탄소의 합성 과정을 밝혀낸 것은 호일이 제안한 정상우주론에서도 필요한 것이었기 때문에 이 연구가 빅뱅이론을 위한 것이었다고 할 수는 없었다. 그러나 결과적으로 빅뱅이론이 우주를 이루고 있는 무거운 원소가 만들어지는 과정을 설명할 수 있도록 하여 빅뱅우주론을 완전한 것으로 만드는 데 기여했다.

탄소의 합성 과정을 밝혀낸 후에도 별 내부에서 무거운 원자핵이 합성되는 수십 단계의 핵융합 반응에 대한 연구가 계속되었다. 이 연구에는 호일과 파울러 외에 마가렛 버비지Eleanor Margaret Burbidge(1919-2020)와 제오프리 버비지Geoffrey Ronald Burbidge(1925-2010) 부부도 참여했다. 1957년에 네 사람은

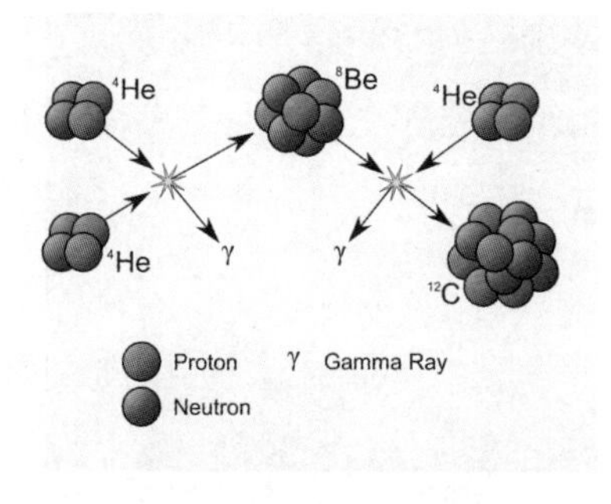

헬륨 원자핵은 융합하여 베릴륨 원자핵이 되고, 베릴륨 원자핵이 헬륨 원자핵과 융합하면 탄소 원자핵이 된다.

공동으로 「별 내부에서의 원소 합성」이라는 제목의 104페이지나 되는 긴 논문을 발표했다. 이 논문에는 헬륨에서 우라늄에 이르는 모든 원소가 합성되는 과정이 설명되어 있었다.

저자들 이름의 첫 글자를 따서 B^2FH 논문이라고 더 많이 알려져 있는 이 논문은 20세기에 발표된 가장 중요한 논문 중 하나로 평가받고 있다. 파울러는 이 연구로 1983년에 노벨 물리학상을 받았다. 이렇게 해서 우주를 구성하고 있는 모든 원소들이 어떤 과정을 통해 만들어졌는지를 이해할 수 있게 되었다.

초신성 폭발 시의 원소 합성

별 내부에서 일어나고 있는 핵융합 반응을 통해 만들어질 수 있는 원소는 원자번호 26번인 철 원소까지이다. 철보다 무거운 원소들은 거대한 별이 일생을 마감할 때 발생하는 강력한 폭발에서 에너지를 공급받아 만들어진다. 초신성 폭발이라고 부르는 이 폭발은 별의 중심에 자리 잡은 철의 원자핵이 엄청난 중력을 이기지 못하고 양성자가 중성자로 전환될 때 일어난다. 초신성 폭발 시에는 별이 일생동안 핵융합 반응을 통해 방출한 에너지보다 더 많은 에너지를 방출해 수천 억 개의 별들로 이루어진 은하보다 더 밝게 빛나는 불꽃을 만들어 낸다.

1054년에 처음 관측된 게성운은 초신성 폭발의 잔해이다. © ESO

초신성 폭발이 일어나면 별을 이루고 있던 대부분의 물질은 우주공간으로 흩어지지만 별의 핵을 이루고 있던 부분은 밀도가 높은 중성자성이 된다. 그러나 질량이 아주 큰 별은 중성자성으로도 중력을 견뎌낼 수 없다. 그런 별의 중력 붕괴를 막을 수 있는 힘이 자연에 존재하지 않기 때문이다. 따라서 이런 별은 중력에 의한 수축을 계속하여 빛마저도 빠져나올 수 없을 정도로 강한 중력을 가지는 천체가 된다. 이런 천체가 블랙홀이다.

중성자성이나 블랙홀을 만들어 내는 초신성 폭발은 별 내부에서 핵융합 반응과 초신성 폭발 시에 형성된 무거운 원소들을 우주공간에 흩어 놓는다. 현재 우리가 살아가고 있는 우주가 다양한 원소를 포함하게 된 것은 초신성 폭발이 무거운 원소들을 우주에 흩어놓았기 때문이다.

핵융합 에너지의 이용

원자핵 분열 에너지의 이용 가능성이 원자폭탄의 개발을 통해 증명되었던 것처럼 핵융합 에너지의 이용 가능성도 수소폭탄의 실험을 통해 증명되었다. 원자폭탄보다 더 강력한 폭발력을 가진 수소폭탄의 폭파 실험이 최초로 성공한 것은 1952년 11월 1일이었다. 이날 미국은 태평양에 있는 마샬군도의 비키니 섬에서 원자폭탄을 폭발시켜 만든 높은 온도와 압력을 이용해 수소폭탄을 폭파시키는 실험에 성공했다.

그 후 소련, 영국, 프랑스, 그리고 중국에서도 이와 비슷한 방법으로 작동하는 수소폭탄을 만들었다. 수소폭탄의 폭파 실험에 성공한 후 핵융합 에너지를 평화적으로 이용하는 방법을 찾아내기 위한 연구가 본격적으로 시작되었다. 그러나 통제된 상태에서 핵융합 반응을 일으켜 그때 나오는 에너지를 이용해 전기를 생산하려는 핵융합 발전은 생각보다 쉽게 실용화되지 못했다.

핵융합 반응이 일어나기 위해서는 양전하를 띤 원자핵들이 강한 핵력으로 결합할 수 있는 거리까지 다가갈 수 있도록 빠른 속력으로 충돌시켜야 한다. 원자핵들을 빠른 속력으로 충돌시키기 위해서는 원자핵을 포함하고 있는 플라스마의 온도를 1억 도에 가까운 높은 온도까지 높여야 하고, 일정 수준 이상의 밀도 상태를 일정한 시간 동안 유지해야 한다.

핵융합 반응이 일어나도록 하기 위해 필요한 온도와 밀도, 지속시간을 곱한 값을 로슨의 수, 또는 로슨의 기준이라고 한다. 1957년 영국의 존 로슨John David Lawson(1923-2008)이 처음 제안한 로슨의 수는 핵융합 반응 연구의 중요한 가이드라인이 되고 있다. 로슨의 수에 의해 온도와 압력이 높으면 지속 시간이 짧아도 핵융합 반응이 일어나지만, 온도와 지속 시간이 충분히 크지 않은 경우에는 밀도가 높아야 한다. 로슨의 수는 핵융합에 참여하는 원자핵의 종류에 따라 달라진다.

별의 내부와 같이 온도와 밀도가 매우 높은 곳에서는 핵융합이 일어나는데 필요한 로슨의 수에 쉽게 도달할 수 있지만 지구상에서 이런 조건을 만드는 것은 매우 어려운 일이다. 지난 70여 년 동안 세계 여러 나라에서 많은 연구비를 투자해 실용적이고 경제적인 방법으로 핵융합이 일어날 수 있는 조건을 만들어 내려고 시도했지만 아직 성공하지 못하고 있다.

핵융합 반응이 일어나도록 하기 위해서는 원자핵이 포함된 플라스마를 온도가 높은 공간에 일정한 시간 동안 밀폐해야 한다. 현재까지 여러 가지 밀폐 방법이 시도되었지만 가장 널리 사용된 방법은 자기장을 이용하는 방법이다. 자기장을 이용하여 플라스마를 가두는 토카막 핵융합 원자로에서는 도넛 형태의 자기장을 만들어 그 안에서 양전하를 띤 원자핵들이 회전하도록 하고 있다.

자기장을 이용하여 플라스마를 좁은 공간에 가두는 토카막 핵융합 원자로에 대한 연구는 1956년에 소련 과학자들에 의해 모스크바에 있는 쿠르차토프 연구소에서 처음 시작되었다. 쿠르차토프 연구소가 1958년에 첫 번째 토카막 핵융합 원자로인 T-1을 실험한 후 세계 각국에서 이 장치를 응용한 핵융합 반응로를 만들어 실험하고 있다.

우리나라에서는 1979년에 처음으로 서울대학교에서 토카막 장치인 SNU79를 만들었지만 별다른 성과를 내지는 못했다. 우리나라에서의 토카막 핵융합 원자로에 대한 본격적인 연구는 1995년부터 개발을 시작하여 2007년 완공된 KSTAR에 의해 이루어지고 있다. 일반 코일 대신 초전도 코일을 이용하여 강한 자기장을 만들어 내는 KSTAR는 기존의 핵융합로보다 개선된 핵융합로이다.

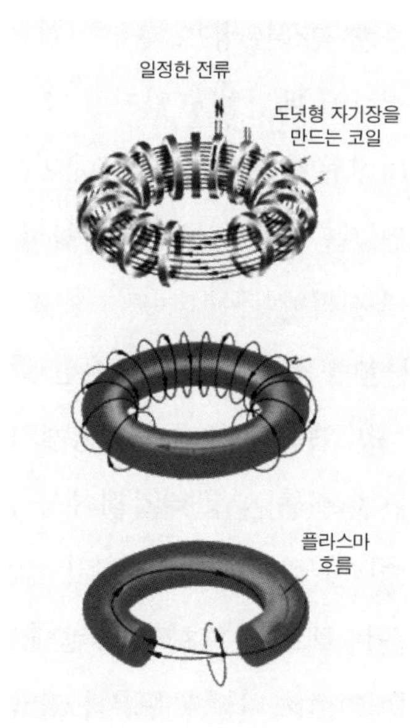

자기장 밀폐를 이용하는 토카막 핵융합로의 구조

처음 핵융합 원자로 연구를 시작했을 때는 여러 나라들이 핵융합과 관련된 실험을 비밀리에 진행했다. 그러나 핵융합 조건을 만족시키는 연구가 예상대로 진척되지 않자 국제적인 공동연구의 필요성이 대두되었다. 1985년 미국 로널드 레이건 대통령과 소련 미하일 고르바초프 대통령이 정상회담에서 핵융합 연구개발 추진에 관한 공동성명을 채택한 것이 계기가 되어 1988년에 국제 핵융합 실험로ITER 건설 프로젝트가 시작되었다.

처음에는 미국, 러시아, 유럽연합, 일본의 네 나라가 참여했지만, 2003년에 우리나라와 중국이, 그리고 2005년에 인도가 합류하여 모두 7개국이 2013년부터 남부 프랑스에 있는 카다라슈에 국제 핵융합 실험로를 건설 중이다. ITER는 2025년에 완공될 예정이다. 그러나 ITER가 완성된다고 해도 실용적인 핵융합 발전은 2050년 이후에나 가능할 것으로 예상하고 있다.

한편으론, 국제 핵융합 실험로가 야심찬 계획을 가지고 핵융합 원자로 건설에 매진하고 있지만 그동안 많은 연구비와 인적 자원을 투입했지만 기대했던 연구 성과가 나오지 않자 핵융합에서 나오는 에너지를 이용해 전기를 생산하는 것은 가능하지 않을 것이라고 주장하는 사람들도 나타나기 시작했다.

핵융합 원자로 연구에 반대하는 사람들은 많은 연구비와 시설비를 감안하면 핵융합 에너지가 경제성을 가지기 어렵고, 핵융합 원자로에서도 많은 양의 방사성 폐기물이 발생할 것이기 때문에 사람들이 생각하는 것처럼 깨끗한 에너지원이 될 수 없다고 주장한다. 그들은 기술적으로 성공 확률이 매우 낮은 핵융합 원자로 연구에 많은 연구비를 투입하는 것은 현명한 일이 아니라고 주장하고 있다.

지금까지 진행된 핵융합 원자로에 대한 연구는 이런 비난을 감수해야 할 만큼 느리게 진척된 것이 사실이다. 일부에서 핵융합 기술이 영원히 20년 후의 기술로 남을 것이라고 비난하는 것도 이해가 되는 일이다. 그러나 현재 인류가 처한 에너지 상황을 고려할 때 핵융합 원자로에 대한 연구는 계속 되어야 할 것이다.

고갈되고 있는 화석 에너지, 한정된 우라늄의 매장량과 환경오염 문제, 신재생 에너지가 가지고 있는 한계를 뛰어넘을 수 있는 유일한 대안은 핵융합 원자로이다. 지금까지는 지지부진한 연구 성과가 미래에도 획기적인 기술혁신이 없을 것이라는 근거가 될 수는 없을 것이다. 핵융합 원자로 연구는 많은 연구비와 인적 자원을 투자할 충분한 가치가 있고, 투자해야 하는 연구이다.

입자의 세계

1. 입자 가속기와 검출 장치의 발전

선형 입자 가속기

1900년대 초에는 원자핵을 다른 원자핵으로 변환시키거나, 큰 원자핵을 작은 원자핵들로 분열하는 실험에서 주로 방사성 동위원소가 붕괴할 때 방출되는 알파 입자나 중성자를 이용하였다. 그러나 원자보다 더 작은 세계를 연구하기 위해서는 아주 큰 에너지를 가진 입자가 필요했다. 따라서 입자를 아주 빠른 속력으로 가속시키는 가속기가 필요하게 되었다. 가속기는 원자보다 작은 세계를 들여다볼 수 있는 성능 좋은 현미경이라고 할 수 있다.

1800년대 말부터 여러 가지 실험에 사용되어 온 음극선관도 가속기의 일종이다. 음극선관에서는 마이너스 극을 가열하여 발생시킨 열전자를 높은 전압을 이용하여 양극을 향해 가속시킨다. 전자나 양성자와 같이 전하를 띠고 있는 입자는 높은 전압만 있으면 쉽게 빠른 속력으로 가속시킬 수 있다.

문제는 얼마나 높은 전압을 만들 수 있느냐 하는 것이다. 마찰전기를 이용하여 고전압을 만들어 내 전하를 띤 입자를 가속시키는 밴더그래프 가속기를 이용하면 전자나 양성자와 같이 전하를 띤 입자를 수백만 전자볼트의 에너지를 가지도록 가속시킬 수 있다. 1전자볼트는 전자가 1볼트의 전압에서 가속되었을 때 가지는 에너지로 1.6×10^{-19}줄(J)을 나타낸다.

밴더그래프 가속기로 수백만 전자볼트까지 가속시킬 수 있다는 것은 밴더그래프 장치로 수백만 볼트의 전압을 만들어 낼 수 있다는 것을 뜻한다. 전자볼트는 속력의 단위가 아니라 에너지의 단위이므로 100만 전자볼트까지 가속된다는 말은 올바른 표현이라고 할 수 없다. 그러나 이 말을 100만 전자볼트의 에너지를 가질 수 있는 속력까지 가속되었다는 의미로 이해하면 된다.

밴더그래프 가속기 다음으로 고안된 가속기는 선형 가속기였다. 선형 가속기를 처음 만든 사람들은 영국의 존 콕크로프트John Cockcroft(1897-1967)와 어니스트 월턴Ernest Thomas Sinton Walton(1903-1995)이었다. 콕크로프트와 월턴은 1932년에 양성자를 50만 전자볼트까지 가속시킬 수 있는 선형 가속기를 만들어 리튬 원자핵에 양성자를 충돌시켜 헬륨 원자핵으로 분리하는 데 성공했다. 리튬에 양성자가 충돌하면 불안정한 베릴륨의 동위원소가 만들어지고, 이는 곧 두 개의 헬륨 원자핵으로 분열된다. 이들은 이 실험으로 1951년에 노벨 물리학상을 수상했다.

선형가속기를 이용하면 입자를 5천만 전자볼트까지 가속시킬 수 있다. 그러나 선형 가속기를 이용하여 입자를 빠르게 가속시키기 위해서는 가속기의 길이가 길어야 한다. 미국 샌프란시스코 근교에 있는 스탠퍼드대학에 설치되어 있는 200억 전자볼트까지 가속시킬 수 있는 선형 가속기의 길이는 3킬로미터나 된다.

사이클로트론과 싱크로트론

현재 사용하고 있는 대부분의 가속기는 입자를 직선으로 가속시키는 선형 가속기가 아니라 입자를 곡선 궤도를 달리도록 하면서 가속시키는 사이클로트론Cyclotron과 싱크로트론Synchrotron이다. 사이클로트론이나 싱크로트론에서 전하를 띤 입자를 가속시키는 것은 높은 전압이고, 빠르게 가속된 입자들을 곡선 궤도에 붙잡아 두는 것은 자기장이다. 따라서 사이클로트론이나 싱크로트론은 전기력과 자기력을 적당히 조합하여 빠른 속력으로 가속된 입자가 일정한 궤도를 돌도록 하는 장치라고 할 수 있다.

사이클로트론을 이용하여 입자를 큰 에너지 상태로 가속시키기 위해서는 전자석을 크게 만들어야 하는데 커다란 극판 전체에 균일한 자기장을 만드는 문제 등 많은 기술적인 어려움이 있어 이 방법으로 얻을 수 있는 에너지에는 한계가 있다. 따라서 사이클로트론은 큰 에너지를 필요로 하는 입자 연구용보다는 질병의 진단이나 치료에 사용되는 방사성 동위원소를 만드는 데 주로 사용되고 있다.

사이클로트론에 대한 아이디어가 제안된 것은 1929년부터였지만 어니스트 로런스Ernest Orlando Lawrence(1901-1958)와 스탠리 리빙스턴Milton Stanley Livingston(1905-1986)이 미국 버클리에 있는 캘리포니아대학의 방사선 실험실에 지름이 69센티미터인 사이클로트론을 설치하고 특허를 받은 것은 1932년이었다. 이 사이클로트론으로는 양성자를 480만 전자볼트까지 가속시킬 수 있었다. 로런스는 사이클로트론을 개발한 공로로 1939년에 노벨 물리학상을 수상했다.

사이클로트론의 기술적 한계를 극복하고 높은 에너지를 갖도록 입자를 가속시키는 장치가 싱크로트론이다. 싱크로트론에서는 입자의 속력이 빨라지더라도 일정한 반지름을 유지하도록 자기장을 변화시킨다. 따라서 싱크로트론에서는 입자가 반지름이 일정한 관 내부에서 회전하면서 가속된다.

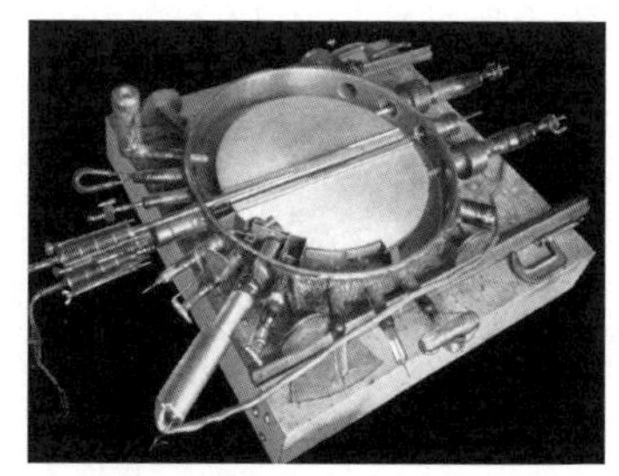
1932년 로런스가 개발한 지름 69센티미터의 사이클로트론

1944년에 싱크로트론의 원리를 처음 제안한 사람은 우크라이나 출신 소련의 실험 물리학자 블라디미르 벡슬러Vladimir Iosifovich Veksler(1907-1966)였고,

스위스와 프랑스의 국경에 설치되어 있는 유럽 원자핵 연구소의 충돌 가속기인 LHC

1945년에 전자를 가속시키는 싱크로트론을 처음 만든 사람은 미국의 물리학자로 초우라늄 원소인 넵투늄을 최초로 합성하여 1951년 노벨 화학상을 받은 에드윈 맥밀런Edwin Mattison McMillan(1907-1991)이었다. 오스트레일리아의 물리학자 마르쿠스 올리펀트Marcus Laurence Elwin Oliphant(1901-2000)가 설계한 양성자를 가속시키는 싱크로트론이 처음 제작된 것은 1952년이었다.

현재 세계 각국에 설치되어 있는 고에너지 입자 가속기는 대부분 싱크로트론이다. 미국 시카고에 있는 페르미 연구소에서는 1983년부터 2011년까지 가동된 양성자와 반양성자를 1조 전자볼트까지 가속시킬 수 있었던 테바트론(가속기의 이름)을 이용하여 많은 새로운 입자들을 발견했다.

현재 가동 중인 세계에서 가장 강력한 입자 가속기는 스위스 제네바에 있는 유럽원자핵 연구소CERN가 프랑스와 스위스의 국경에 설치한 둘레가 27킬로미터나 되는 대형 하드론 충돌가속기LHC이다. LHC는 양성자를 6.5조 전자볼트까지 가속시킬 수 있어 서로 반대 방향으로 달리는 두 입자를 충돌시킬 경우 13조 전자볼트의 에너지를 방출할 수 있다. 2022년 현재 LHC는 가속에너지를 높이기 위한 업그레이드 작업 중에 있다.

이온 챔버와 가이거 계수기

천연 방사성 원소가 방출하는 알파 입자나 가속기로 가속시킨 큰 에너지를 가진 입자들을 이용해서 새로운 종류의 원자핵이나 입자를 만들어 낸다고 해도 새로운 입자를 검출할 수 없으면 새로운 입자를 만들어 냈는지 알 수 없다. 그러나 원자보다 작은 입자들은 아무리 성능이 좋은 현미경을 이용한다고 해도 직접 눈으로 관측할 수는 없다. 따라서 원자보다 작은 입자들은 직접적인 관찰에 의해서가 아니라 이런 입자들이 만들어 내는 여러 가지 현상을 이용하여 검출한다.

큰 에너지를 가지고 있는 입자들은 지나가는 경로에 있는 원자와 충돌해 원자를 이온화시킬 수 있다. 따라서 입자가 통과한 매질을 이루는 물질이 얼마나 이온화되었는지를 측정하면 지나간 입자에 대한 정보를 알 수 있다. 이온화 정도는 이온화된 기체를 통해 흐르는 전류를 측정하여 알아낸다. 기체 주위에 설치된 전극 사이에 흐르는 전류의 세기를 측정하면 생성된 이온의 수뿐만 아니라 입자가 달려간 거리나 시간도 알 수 있다. 이렇게 입자가 기체를 이온화시키는 정도를 측정해서 입자를 알아내는 방법은 입자뿐만 아니라 엑스선과 감마선의 검출에도 사용된다. 엑스선이나 감마선도 원자를 이온화시킬 수 있기 때문이다.

기체 입자가 이온화되는 정도를 측정하는 측정 장치 중에서 가장 오래된 것은 이온 챔버와 가이거 계수기이다. 이온 챔버와 가이거 계수기는 모두 관 속에 기체를 채우고, 입자가 지나간 다음 흐르는 전류의 세기를 측정한다. 가이거 계수기는 1908년에 독일 출신으로 영국 맨체스터대학에서 러더퍼드의 지도 아래 연구하고 있던 한스 가이거Johannes "Hans" Wilhelm Geiger(1882-1945)가 알파 입자를 검출하기 위해 만들었다.

가이거와 가이거의 학생이었던 월터 뮐러Walther Müller(1905-1979)는 독일의 킬대학에서 1928년에 크기가 작으면서도 알파 입자와 베타 입자는 물론 감마선까지 검출할 수 있는 계수기를 만들었는데 이를 가이거-뮐러 계수기라고 부른다. 현재 널리 사용되고 있는 가이거 계수기는 1947년에 미국의 시드니 립슨Sidney H. Liebson(1920-2017)이 할로겐 관을 이용해 개선한 가이거 계수기이다.

신틸레이션 계수기는 방사선이 충돌하면 빛을 내는 형광 물질을 이용하여 방사선을 검출한다. 20여 년 전까지만 해도 가정에서 널리 사용하던 브라운관 텔레비전은 큰 에너지를 가진 전자가 형광 물질에 충돌할 때 내는 빛을 이용하여 영상을 만들었다. 신틸레이션 계수기에서는 형광물질이 내는 빛의 세기를 다시 전류의 세기로 바꾸어 측정한다.

전하를 띠지 않은 중성자는 원자를 이온화시키지 않기 때문에 간접적인 방법으로 검출한다. 빠른중성자를 검출하기 위해서는 빠른중성자와 충돌하여 양성자를 방출하는 수소를 이용하고, 느린중성자는 느린중성자를 흡수한 후 리튬과 헬륨 원자핵으로 붕괴하는 붕소의 동위원소를 이용하여 검출한다. 그러나 이온화 정도를 측정하는 검출기로는 입자의 유무와 입자의 에너지는 측정할 수 있지만 입자에 대한 더 자세한 정보는 알아낼 수 없다. 따라서 입자에 대한 자세한 정보를 알아내기 위해서는 안개상자나 거품상자를 이용해야 한다.

안개상자와 거품상자

안개상자는 과포화된 수증기나 알코올 증기를 이용하여 입자의 자취를 측정한다. 큰 에너지를 가진 전하를 띤 입자가 과포화된 기체 분자와 충돌할 때 만들어지는 이온들이 응결하여 안개를 만들기 때문에 입자가 지나간 궤적이 나타난다. 1911년에 스코틀랜드의 물리학자 찰스 윌슨Charles Thomson Rees Wilson(1869-1959)은 안개상자를 이용하여 이온의 궤적을 촬영하는 데 성공하고, 1927년에 노벨 물리학상을 받았다. 그 후 많은 입자가 안개상자를 이용하여 발견되었다.

1920년대부터 1950년대까지는 입자의 궤적을 추적하는 데 주로 안개상자를 이용하였지만, 1950년대 이후에는 1952년에 미국의 물리학자 도널드 글레이저Donald Arthur Glaser(1926-2013)가 발명한 거품상자가 널리 이용되었다.

거품상자의 원리를 이해하기 위해서는 물이 과냉각된 상태를 생각하면 된다.

물은 0도에서 얼고 0도에서 녹는다. 그러나 물을 특수한 조건하에서 온도를 조금씩 내리면 0도 아래로 내려가도 얼지 않게 할 수 있다. 이 경우 이 물은 과냉각되었다고 하는데 이런 상태에 있는 물은 매우 불안정해서 조금의 충격만 가해도 한꺼번에 얼어 버린다. 거품상자는 평형상태에 있지 않은 기체나 액체가 약한 충격에 의해서도 상변화를 일으키는 현상을 이용하여 입자를 검출한다.

거품상자에는 과열된 액체가 사용된다. 수소와 같이 끓는점이 낮은 액체를 압력을 가하면서 온도를 올려 주면 끓는점 이상으로 온도를 올려 주어도 기화되지 않고 액체 상태를 유지하게 된다. 이 액체의 압력을 갑자기 낮추면, 끓는 온도 이상이 되었는데도 끓지 않는 과열된 액체 상태에 있게 된다. 이 액체는 조금의 충격만 가해져도 쉽게 기화한다.

이런 액체에 큰 에너지를 가지는 입자가 지나가면 이 입자가 지나간 자리에 작은 기체 방울이 생겨서 지나간 자취가 나타난다. 거품상자를 자기장 안에 설치하면 전하를 띤 입자들이 지나간 자취가 나타난다. 따라서 입자가 지나가면서 만든 궤적을 분석하면 입자의 종류와 속력을 알 수 있다.

거품상자에는 주로 수소가 사용되지만 중수소나 다른 액체를 사용하기도 한다. 거품상자는 입자의 자취를 직접 사진으로 찍을 수 있다는 장점 때문에 오랫동안 널리 사용되었지만 분석에 많은 시간이 걸리고, 많은 입자를 동시에 측정해야 하는 실험에 적당하지 않아 현재는 거의 사용되지 않고 있다.

사진 건판을 이용한 입자 검출

거품상자와 함께 입자를 검출하기 위해 특수 제작한 사진 건판인 뉴클리어 에멀전도 널리 사용되었다. 방사선을 처음 발견한 프랑스의 베크렐은 사진 건판에 나타난 방사선의 흔적을 보고 방사선을 발견했다. 1905년에는 영국의 러더퍼드가 사진 촬영용 사진 건판을 이용하여 알파 입자를 측정했다. 그러나 러더퍼드는 많은 알파 입자가 만들어 낸 흔적만 찾아낼 수 있었다. 1911년에는 미세한 브롬화은을 입힌 사진 건판과 배율이 높은 현미경을 이용하여 알파 입자가 만들어 낸 궤적을 분석할 수 있는 사진 건판이 개발되었다.

1920년대에는 알파 입자보다 에너지가 작은 입자들의 궤적을 찍을 수 있는 사진 건판이 만들어졌다. 오스트리아의 빈에 있던 라듐 연구소의 연구원이었던 마리에타 블라우Marietta Blau(1894-1970)가 1923년에 양성자를 검출할 수 있는 사진 건판을 개발하고, 1937년에는 알프스에 있는 해발 2,300미터 산 정상에서 우주에서 오는 낮은 에너지의 양성자와 양성자에 의한 원자핵의 분열을 측정하는 데 성공했다. 이로 인해 뉴클리어 에멀전이 천문학자들과 입자물리학자들로부터 주목을 받게 되었다.

스위스에 있는 해발 3,500미터의 산 정상에서 블라우의 발견을 다시 확인한 영국의 세실 파월Cecil Frank Powell(1903-1969)은 연구원들과 함께 우주선에 포함되어 있는 다른 입자들도 검출할 수 있는 사진 건판을 개발했다. 세실이 이끄는 연구팀은 1947년에 피레네 산맥에 있는 산 정상에서 자신들이 개발한 사진 건판을 이용하여 우주선에서 파이 중간자를 발견했다. 2년 후인 1949년에는 K-중간자를 발견하고, K-중간자의 붕괴 과정을 확인했다. 세실은 입자 관측용 사진 건판을 개발하고 중간자들을 발견할 공로로 1950년 노벨 물리학상을 받았다.

뉴클리어 에멀전은 다른 방법에 비해 비용이 덜 들고 간단했으므로 높은 산 정상에 올라가 관측해야 하는 우주에서 오는 복사선(우주선)을 측정하는 데 주로 사용되었다. 우주선 관측에는 뉴클리어 에멀전을 바른 유리판을 기구에 매달아 고공에 띄워서 우주선에 노출시키는 방법이 이용되기도 했다.

그 밖의 입자 추적 장치들

입자가 지나간 자취를 측정하는 또 다른 검출기에는 입자추적상자가 있다. 입자 추적상자는 입자가 지나가는 공간에 촘촘히 도선을 배치하고 입자가 언제 어느 곳을 지나갔는지를 측정하여 입자의 경로를 알아낸다. 0.002 내지 0.005센티미터 간격으로 촘촘히 배치된 도선 사이를 입자가 지나가면서 도선 사이에 채워져 있는 물질을 이온화하면 이 이온들이 가까이 있는 도선에 전류를 흐르도록 하여 전기적 신호를 만들어 내고 컴퓨터가 이 신호들을 이용해 입자의 자취를 알아낸다.

1934년에 소련의 바빌로프 체렌코프Vavilov-Cherenkov(1904-1990)가 발견한 체렌코프 효과를 이용하여 입자를 검출하는 체렌코프 검출기도 많이 사용되는 입자 검출기 중 하나이다. 물 위를 달리는 모터보트의 속도가 느릴 때는 모터보트가 만드는 파동이 타원형으로 퍼져 나가지만 모터보트의 속력이 파동의 속력보다 빨라지면 모터보트 뒤쪽으로 삼각형 모양의 파도가 만들어진다.

매질 안에서 빛보다 빠른 속력으로 달리는 입자가 내는 빛도 이 처럼 삼각형으로 퍼져 나간다(진공 중에서는 입자가 빛보다 빠른 속력으로 달릴 수 없지만 빛의 속력이 느려지는 매질 안에서는 입자가 빛보다 빠른 속력으로 달리는 것이 가능하다). 이때 삼각형의 각도를 측정하여 입자의 에너지를 알아

LHC에서 입자를 검출하는 데 사용되는 ATLAS 칼로리미터

내는 검출기가 체렌코프 검출기이다.

칼로리미터는 입자들이 물질 안에 포함된 원자핵과 작용하여 여러 가지 입자들을 생성하는 현상을 측정하여 입자가 가지고 있던 에너지를 알아내는 장치이다. 칼로리미터에는 전자와 상호작용을 통해 발생하는 전자기파의 세기를 측정하는 전자기적 칼로리미터와 양성자 중성자와 같은 입자가 상호작용하여 만들어 낸 다른 입자들의 흐름을 관찰하여 입자의 에너지를 알아내는 하드론 칼로리미터가 있다.

현재 세계 곳곳에서 가동 중인 거대한 가속기에서 새로운 입자를 찾아내는 입자 검출기는 지금까지 설명한 검출기 중의 어느 하나가 아니라, 여러 가지 형태의 검출기가 동시에 작동하는 복합 검출기이다. 여러 층으로 이루어져 있는 복합 검출기의 가장 안쪽에는 대개 전하를 띤 입자들을 검출하는 데 사용되는 입자추적 장치가 자리 잡고 있다. 이 부분에서는 분석해 내는 입자에 대한 정보 이외의 다른 물리량은 변화시키지 않도록 고안되어 있다.

다음 층에서는 전하를 띠지 않은 중성 입자들을 주로 검출해 낸다. 전하를 띠지 않은 중성 입자들은 물질을 투과하기 쉽기 때문에 매우 두꺼운 두께를 가진 칼로리미터가 사용된다. 복합검출기의 크기가 매우 큰 것은 이 층의 두께가 두껍기 때문이다. 가장 바깥층에서는 뮤 중성 미자가 검출된다. 큰 에너지를 가지는 뮤 중성 미자는 투과력이 매우 커서 두꺼운 칼로리미터 층을 통과하고도 거의 에너지를 잃지 않고 가장 바깥쪽에 있는 검출기까지 도달한다.

2. 소립자들의 발견과 분류

원자보다 작은 입자들의 발견

20세기 초에 더 이상 쪼개지지 않는 입자라고 생각했던 원자가 양성자, 중성자, 전자와 같이 더 작은 알갱이로 구성되어 있다는 것이 밝혀졌다. 그리고 1930년대부터는 원자를 구성하고 있는 입자들 외에도 많은 입자가 있다는 것을 알게 되었다. 이런 입자들 중에서 가장 먼저 발견된 입자는 양전자였다. 상대론적 양자론을 발전시킨 영국의 폴 디랙Paul Adrien Dirac(1902-1984)은 1928년 이론적 분석을 통해 전자와 모든 것이 똑같지만 전하의 부호만 다른 양전자가 존재할 것이라고 예측했다.

1933년에 양전자를 실제로 발견한 사람은 미국의 칼 앤더슨Carl David Anderson(1905-1991)이었다. 안개상자를 이용하여 우주선을 조사하던 앤더슨은 우주선에 전자와 질량과 전하량은 같지만 전하의 부호가 반대인 입자가 포함되어 있다는 것을 확인했다. 같은 해에 영국의 물리학자 패트릭 블래킷Patrick Maynard Stuart Blackett(1897-1974)도 우주선의 자취들 중에서 양전자의 존재를 나타내는 14개의 자취를 발견하였다. 그는 또한 전자와 양전자가 쌍생성 되어 반대 방향으로 휘어져 가는 자취를 찾아내기도 했다.

전하를 띠지 않고, 아주 적은 질량을 가지고 있는 중성 미자의 존재 역시 1930년대 초에 베타붕괴 과정을 연구한 볼프강 파울리나 엔리코 페르미와 같은 물리학자들에 의해 이미 예측되어 있었다. 1942년 중국의 물리학자 왕간창[王淦昌]Wang Ganchang(1907-1998)은 베타붕괴의 역반응을 이용하면 중성 미자를 검출할 수 있을 것이라고 예측했다. 1956년에 중성 미자를 검출하는 데 성공한 사람들은 캘리포니아대학의 프레더릭 라이너스Frederick Reines(1918-1998)와 클라이데 카원Clyde Lorrain Cowan Jr.(1919-1974)이었다. 그들은 원자로에서 만들어진 반중성 미자가 양성자와 반응하면 중성자와 중성 미자를 방출한다는 것을 알아냈다.

반중성 미자 + 양성자 → 중성자 + 양전자

이때 만들어진 양전자는 전자와 만나 소멸하여 두 개의 감마선을 방출한다. 따라서 서로 반대 방향으로 진행하는 두 개의 감마선을 검출하면 양전자가 만들어졌다는 것을 알 수 있다. 중성자를 흡수한 후 감마선을 방출하는 원자핵을 이용해도 중성자가 만들어졌다는 것을 알 수 있다. 전자와 양전자가 만나 소멸할 때 방출하는 감마선과 중성자를 흡수한 다음 방출하는 감마선을 동시에 관측하여 반중성 미자의 존재를 확인한 이 실험은 카원-라이너스 실험이라고 불리고 있다.

자연적으로 발생한 중성 미자를 처음 발견한 것은 1965년이었다. 남아프리카의 물리학자 자크 셀숍Jacques Pierre Friederich Sellschop(1930-2002)은 남아프리카 복스부르그 부근에 있는 깊이가 3킬로미터나 되는 금광에 설치한 중성 미자 검출 장치를 이용해 중성 미자를 검출하는 데 성공했다. 지하에 검출 장치를 만든 것은 중성 미자는 쉽게 도달할 수 있지만 다른 전자기파나 입자들은 들어올 수 없기 때문이다. 이후 세계 여러 곳의 지하 깊은 곳에 중성 미자를 검출할 수 있는 시설이 만들어졌다.

중성 미자 다음으로 발견된 입자는 중간자였다. 원자핵에 대한 연구를 시작하던 20세기 초에는 질량 사이에 작용하는 중력과 전하 사이에 작용하는 전지기력만 알려져 있었다. 그러나 이 두 가지 힘만으로는 양성자와 중성자가 결합해 원자핵을 만드는 것을 설명할 수 없었다. 따라서 과학자들은 양성자와 중성자를 결합시켜 원자핵을 만드는 새로운 힘을 찾아내야 했다.

양성자와 중성자들을 묶어 원자핵을 구성하는 핵력을 작용하도록 하는 중간자의 존재를 처음으로 제안한 사람은 일본 도쿄 출신으로 교토대학에서 물리학을 공부한 유카와 히데키[湯川 秀樹](1907-1981)였다. 1934년에 유카와가 제안한 중간자는 1947년 영국의 물리학자 세실 파월Cecil Frank Powell(1903-1969)에 의해 발견되었다. 파월은 우주에서 오는 복사선(우주선)에서 중간자를 찾아냈다.

1948년에는 버클리에 있는 캘리포니아대학에서 세사르 라츠Cesare Mansueto Giulio Lattes(1924-2005)와 유진 가드너Milton Eugene Gardner(1901-1986)가 이끄는 연구팀이 빠른 속력으로 가속된 알파 입자를 탄소 원자핵에 충돌시켜 파이 중간자를 만들어 내는 데 성공했다. 이로 인해 중간자의 존재를 예측한 유카와는 1949년에 노벨 물리학상을 받았고, 파이 중간자를 처음 발견한 파월은 1950년에 노벨 물리학상을 받았다.

쿼크 이론의 등장

양전자와 중성 미자, 그리고 중간자의 발견은 더 많은 새로운 입자의 등장을 예고하는 신호탄과 같은 것이었다. 이들 입자들의 발견 이후 우주선의 분석과 입자 가속기 실험을 통해 새로운 입자들이 발견되면서 원자보다 작은 세계를 구성하는 소립자의 수가 수백 개까지 늘어났다. 소립자라는 말은 작은 입자라는 뜻의 소립자小粒子가 아니라 더 이상 작은 입자로 나눌 수 없다는 의미의 소립자素粒子이다. 소립자의 반대말은 더 작은 입자들이 결합해서 이루어진 입자라는 뜻을 가진 복합 입자이다. 원자보다 작은 세계에서 많은 입자가 발견되자 이들이 모두 소립자가 아니라고 생각하는 사람들이 나타나기 시작했다.

그런 사람들은 이들 입자 중에서 어느 것이 소립자이고 어느 것이 복합 입자인지를 구별하려고 시도했다. 이런 노력의 일환으로 최초로 제안된 모형이 엔리코 페르미와 중국 출신으로 미국에서 활동하던 양첸닝[楊振寧] Chen-Ning Franklin Yang(1922-)이 제안한 모형이다. 그들은 파이 중간자들이 양성자, 중성자, 반양성자, 반중성자의 결합으로 이루어진 복합 입자라고 주장했다. 양성자와 중성자를 소립자로 보고, 다른 입자들은 이들이 결합하여 만들어진 복합 입자라고 본 것이다.

페르미와 양의 이론을 발전시킨 일본 물리학자 사카다 쇼이치[坂田 昌一](1911-1970)는 양성자와 중성자, 그리고 람다 입자를 소립자로 보고, 다른 입자들을 이들의 결합으로 설명하는 사카다 모형을 제안했다. 사카다 모형에서는 중간자는 한 개의 양성자나 중성자, 또는 람다 입자와 이들 입자의 반입자 중에 하나가 결합되어 이루어지고, 중입자들은 양성자, 중성자, 람다 입자와 이들의 반입자 중에서 3개가 결합되어 이루어졌다고 설명했다.

1961년에 미국의 물리학자 머리 겔만Murray Gell-Mann(1929- 2019)과 이스라엘 물리학자 유발 네만Yuval Ne'eman(1925-2006)은 그때까지 발견된 입자들을 8개의 그룹으로 분류하는 분류 체계를 만들었다. 이들을 이 분류 체계를 불교에서 주장하는 해탈에 이르는 8가지 방법을 뜻하는 팔정도를 따라 팔정도 이론이라고 불렀다. 8입자 그룹에는 양성자, 중성자, 람다 입자도 포함되어 있다. 8입자 그룹을 이루는 입자들 중에서 3개의 입자만을 떼어 내 기본 입자로 삼는다는 것이 매우 부자연스러워 보일 수밖에 없었다. 따라서 사카다 모형은 더 이상 받아들일 수 없게 되었다.

머리 겔만과 조지 츠바이크Gorge Zweig(1937-)는 1964년에 독립적으로 파이온이나 케이온 같은 중간자들이나 양성자, 중성자와 같은 중입자들이 u,

d, s의 세 가지 쿼크로 이루어졌다는 쿼크 이론을 제안했다. 쿼크라는 이름은 겔만이 읽은 제임스 조이스James Joyce의 소설 『피네간의 경야』에서 "머스터 마크를 위한 세 개의 쿼크!"라는 말에서 따왔다. 의미를 알 수 없는 이 말을 아직 그 정체가 확실하지 않았던 새로운 입자의 이름으로 사용한 것이다.

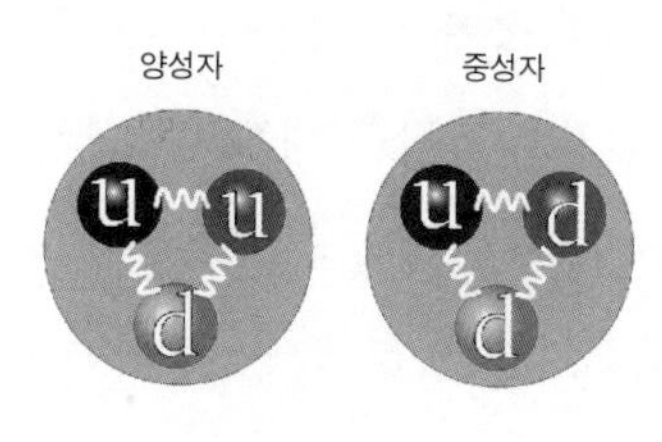

양성자와 중성자의 구조

네 개의 쿼크가 존재할 것이라고 생각했던 츠바이크는 이들을 에이스라고 불렀지만 쿼크라는 이름이 널리 받아들여졌다. 처음 겔만은 쿼크가 실제로 존재하는 입자가 아니라 중간자와 중입자의 조성을 설명하기 위해 제안된 가상입자라고 생각했다. 그러나 그 후의 이루어진 많은 실험을 통해 쿼크가 실제로 존재하는 입자라는 것이 밝혀졌다.

쿼크 이론에 의하면 u쿼크는 2/3e(e는 전자 전하의 크기)의 전하를 가지고 있고, d쿼크는 -1/3e의 전하를 가지고 있으며, s쿼크는 -1/3e의 전하를 가지고 있다. 그리고 이들의 반입자들은 반대 부호의 전하를 가지고 있다. 중간자는 하나의 쿼크와 하나의 반쿼크로 이루어져 있고, 중입자는 세 개의 쿼크, 또는 반쿼크로 이루어져 있다. 예를 들어 양전하를 띠지 있는 파이중간자(π^+)의 조성은 $u\bar{d}$이고, 양성자의 조성은 uud이며, 중성자는 udd이다. 쿼크 이론은 그때까지 알려졌던 중간자와 중입자들의 조성과 실험 결과를 성공적으로 설명할 수 있었다. 그러나 세 가지 쿼크로 설명할 수 없는 새로운 입자들이 발견되면서 새로운 쿼크들이 추가되었다. 쿼크 이론을 제안한 겔만은 1969년 노벨 물리학상을 수상했다.

입자의 분류

원자보다 작은 세계의 입자들은 물리적 성질과 상호작용하는 방법에 따라 경입자(렙톤), 중간자(메손), 중입자(바리온)의 세 가지 종류로 나눌 수 있다. 경입자에는 모두 여섯 가지 입자들과 이들의 반입자들이 속해 있다. 경입자 중에서 가장 먼저 발견된 입자는 전자이고, 전자의 반입자가 양전자이다. 입자와 반입자는 반응하여 소멸(쌍소멸)하기도 하고, 감마선과 같이 큰 에너지를 가지고 있는 광자로부터 쌍으로 생성(쌍생성)되기도 한다. 전하보존법칙이 성립되는 것은 모든 전하를 띤 입자가 쌍생성과 쌍소멸하기 때문이다.

중성자가 양성자로 붕괴하는 베타붕괴 시에 나오는 중성 미자도 경입자 중 하나이다. 후에 두 개의 중성 미자가 더 발견되어 중성자가 양성자로 붕괴할 때 나오는 중성 미자는 전자 중성 미자라고 부르게 되었다. 전자와 전자 중성 미자를 제1세대 경입자라고 부른다.

제2세대 경입자에 해당하는 것이 뮤온과 뮤온 중성 미자이다. 전자의 질량보다 207배나 큰 질량을 가지고 있지만 전자와 같은 전하를 가지고 있는 뮤온은 1936년 우주 복사선을 연구하고 있던 칼 앤더슨과 세스 네더마이어Seth Henry Neddermeyer(1907-1988)에 의해 발견되었다. 전하를 띠지 않은 뮤온 중성 미자는 1962년에 레온 레더만Leon Max Lederman(1922-2018), 멜빈 슈워츠Melvin Schwartz(1932-2006), 그리고 잭 스타인버거Jack Steinberger(1921-2020)에 의해 발견되었다.

제1세대	제2세대	제3세대
ν_e 중성 미자	ν_μ 뮤 중성 미자	ν_τ 타우 중성 미자
e 전자	μ 뮤온	τ 타우 입자

세 개의 세대로 구분되는 여섯 가지 경입자

타우 입자와 타우 중성 미자는 제3세대 경입자에 속한다. 뮤온의 질량보다도 약 17배나 되는 큰 질량을 가지고 있는 타우 입자는 1974년부터 1977년 사이에 스탠퍼드 선형 가속기 센터와 로런스 버클리 국립 연구소에서 진행된 실험을 통해 발견되었다. 이 연구를 이끌었던 마틴 펄Martin Lewis Perl(1927-2014)은 1995년 노벨 물리학상을 수상했다. 마지막으로 발견된 경입자인 타우 중성 미자는 1990년대에 타우 입자를 발견하기 위해 페르미 연구소에 설치된 실험장치를 이용해 2000년에 발견되었다. 강한 핵력이 작용하지 않고, 약한 핵력만 작용하는 여섯 개의 경입자들은 더 작은 입자들로 이루어지지 않은 소립자들이다.

약한 핵력만 작용하는 경입자들과는 달리 약한 핵력과 함께 강한 핵력도 작용하는 입자들을 강입자(하드론)이라고 부른다. 하드론들은 모두 쿼크로 이루어져 있다. 하드론은 하나의 쿼크와 하나의 반쿼크로 이루어진 중간자와 세 개의 쿼크로 이루어진 중입자로 나눌 수 있다. 중입자 중에서 원자핵을 이루고 있는 양성자와 중성자를 핵자라고 부르고, 핵자들보다 무거운 입자들을 초핵자(하이페론)라고 부르기도 한다. 중입자에는 양성자와 중성자 외에도 람다 입자, 시그마 입자, 크사이 입자, 오메가 입자 등이 있다.

메손이라고도 부르는 중간자는 최초로 발견된 중간자인 파이 중간자의 질량이 경립자와 중립자의 중간 정도 값을 가지는 데서 중간자라는 이름이 붙게 되었다. 중간자에는 파이온, K-중간자(케이온), 에타 중간자 등이 있다.

처음 겔만이 쿼크이론을 제안할 때는 u, d, s의 세 가지 쿼크만으로 그때까지 발견된 중간자와 중립자들의 조성을 설명할 수 있었다. 그러나 새로운 입자들이 발견되면서 이들의 조성을 설명하기 위해 새로운 쿼크들이 추가되었다. 쿼크모형에 의해 존재가 예측되었던 오메가 입자(Ω^-)가 1963년에 브룩헤이븐 연구소의 연구원이었던 니콜라스 사미오스Nicholas Samios(1932-)가 이끄는 연구팀에 의해 발견되었다. 이때 발견된 오메가 입자는 세 개의 *s*쿼크로 이루어진 중입자이다. 후에 여러 가지 다른 조성의 오메가 입자들도 발견되었다. 오메가 입자의 발견으로 쿼크모형이 널리 받아들여지게 되었다.

1974년에는 이미 제안되어 있던 세 가지 쿼크로는 설명할 수 없는 새로운 중간자인 제이프사이 입자가 발견되었다. 양성자 질량의 3배 내지 4배에 가까운 큰 질량을 가진 제이프사이 입자는 브룩헤이븐 연구소에서 연구하던 중국계 미국인 새뮤얼 팅[丁肇中]Samuel Chao Chung Ting(1936-)과 스탠퍼드대학 선형 가속기 연구소의 버턴 릭터Burton Richter(1931-2018)가 각각 독립적으로 발견했다. 팅은 그의 중국 이름과 비슷한 모양의 알파벳을 따서 J 입자라고 불렀고, 릭터는 프사이(Ψ) 입자라고 불렀다. 현재는 두 이름을 합쳐서 이 입자를 제이프사이(J/Ψ) 입자라고 부르고 있다.

제이프사이 입자를 쿼크모형을 이용해서 설명하려면 새로운 쿼크가 필요하게 되었다. 그래서 등장하게 된 것이 *c*charm쿼크이다. *c*쿼크는 2/3e의 전하를 가지고 있고, *s*쿼크와 함께 제2세대 쿼크를 이루고 있다. 제이프사이 입자는 *c*쿼크와 반*c*쿼크 쌍으로 이루어진 중간자이다. *c*쿼크가 추가되자 물리학자들은 *c*쿼크와 다른 쿼크들로 이루어진 중간자들의 존재를 예측했는데 이런 예측은 D 중간자와 F 중간자가 발견됨으로서 적중했다. 이러한 입자들의 발견으로 쿼크모형의 신용도를 더욱 높이게 되었다.

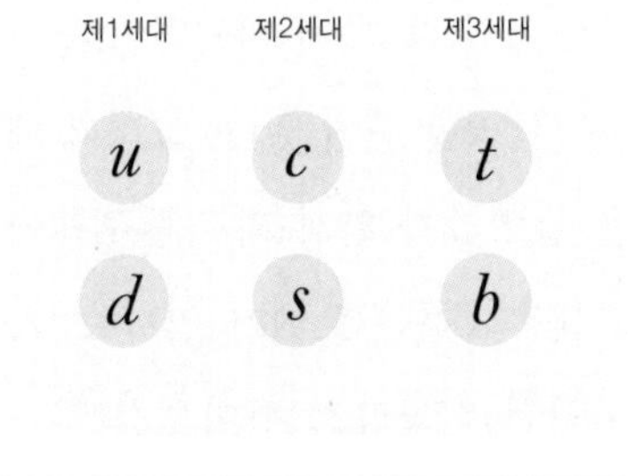

제1세대	제2세대	제3세대
u	*c*	*t*
d	*s*	*b*

3세대를 이루고 있는 여섯 가지 쿼크

경입자는 두 개씩 짝을 이루어 3세대를 형성하고 있다. 그리고 *u*쿼크와 *d*쿼크는 제1세대 쿼크, *s*쿼크와 *c*쿼크는 제2세대 쿼크로 분류한다. 그렇다면 쿼크에도 제3세대를 이루는 쿼크 쌍이 있는 것은 아닐까? 이런 기대는 1977년 페르미 연구소의 리언 레더먼Leon Max Lederman(1922-2018)이 이끄는 연구팀이 입실론 입자를 발견함으로써 의외로 빨리 실현되었다.

페르미 연구소에서 양성자와 양성자의 충돌 실험을 하고 있던 레더먼의 연구팀은 충돌하는 양성자 빔이 100억 전자볼트에 이르렀을 때 새로운 입자인 입실론 입자가 형성되는 것을 발견했다. 입실론 입자는 이론으로부터 거의 아무런 도움 없이 실험에 의해서 발견되었다. 입실론 입자를 이루고 있는 새로운 쿼크는 *b*쿼크라고 부르게 되었다. 입실론 입자는 하나의 *b*쿼크와 하나의 반 *b*쿼크가 결합되어 만들어진 중간자이다.

제3세대를 구성하는 쿼크 중 하나인 *b*쿼크를 발견한 물리학자들은 *t*쿼크라고 이름 지어 놓은 여섯 번째 쿼크도 곧 발견될 것으로 기대했다. 그러나 *t*쿼크가 발견되기까지는 18년을 더 기다려야 했다. 페르미 연구소에 설치된 테바트론을 이용한 실험을 통해 t쿼크를 발견한 것은 1995년 3월이었다.

이렇게 해서 쿼크의 수도 여섯 개가 되었다. 쿼크는 경입자와 마찬가지로 더 이상 하부구조를 가지고 있지 않은 소립자이다. 따라서 소립자의 수가 모두 12개로 늘어났다. 이들은 모두 반입자를 가지고 있다. 이들은 모두 파울리의 배타원리가 적용되는 페르미온 입자들이다.

그러나 페르미온들만으로는 세상에서 일어나는 일들을 설명할 수 없다. 이들이 상호작용을 통해 세상을 이루고 있는 복잡한 물질과 자연현상들을 만들기 위해서는 상호작용에 관여하는 또 다른 입자들이 있어야 한다.

3. 입자들 사이의 상호작용

양자 전기역학QED

고전 물리학에서는 중력은 질량 사이에 작용하는 힘이고, 전자기력은 전하 사이의 작용하는 힘이라고 설명했다. 물질 사이에 작용하는 중력은 아주 약하지만 항상 인력으로만 작용하기 때문에 질량이 커지면 아주 큰 힘이 될 수도 있다. 더구나 중력은 도달 거리가 멀다. 따라서 질량이 큰 천체들 사이에서는 중력이 가장 중요한 상호작용이다. 다시 말해 별이나 은하의 구조를 만드는 데 가장 중요한 역할을 하는 것은 중력이다.

그러나 질량이 작은 입자들 사이에 작용하는 중력은 다른 상호작용에 비해 무시해도 좋을 정도로 아주 작다. 따라서 입자들 사이에서는 전자기적 상호작용과 약한 상호작용, 그리고 강한 상호작용이 중요한 역할을 한다. 전하를 띤 물체 사이의 전자기적 상호작용은 19세기에 맥스웰 방정식으로 이미 모두 이해되어 있었다. 그러나 20세기 초에 상대성이론과 양자역학이 성립된 후 전자기적 상호작용을 상대성이론과 양자역학을 바탕으로 새롭게 설명하려고 시도하게 되었다. 특수상대성이론과 양자역학을 이용하여 전하 사이의 상호작용을 설명하는 역학을 양자 전기역학QED이라고 부른다.

양자 전기역학에서는 전하를 띤 입자가 빛 입자인 광자(포톤)를 교환하여 상호작용하는 것으로 설명한다. 광자는 질량을 가지고 있지 않아 빛의 속력으로 달릴 수 있고, 광자 자신이 자신의 반입자여서 따로 반입자를 가지고 있지 않다. 슈뢰딩거 방정식을 이용하면 전하를 띤 입자가 시공간의 한 지점에서 다른 지점으로 이동해 갈 확률, 광자를 흡수하거나 방출할 확률, 광자가 한 지점에서 다른 지점으로 이동해 갈 확률을 계산할 수 있다. 시공간에서의 이동에는 공간상의 한 점에 정지해 있으면서 시간이 흐르는 것도 포함된다.

시공간의 다른 지점에 있는 전하를 띤 두 입자가 다른 지점들로 옮겨 가는 방법에는 여러 가지가 있다. 두 입자는 광자를 주고받지 않고 각각 한 지점에서 다른 지점으로 이동해 갈 수도 있으며, 하나의 광자를 주고받으면서 이동해 갈 수도 있고, 여러 개의 광자를 주고받으면서 이동해 갈 수도 있다. 두 입자의 전기적인 상호작용을 계산하기 위해서는 모든 가능한 과정이 일어날 확률을 계산에 포함해야 한다.

이런 계산에는 두 입자가 거쳐 가는 중간 지점에서 스스로 방출한 광자를 자신이 다시 흡수하는 경우나, 광자로부터 전자와 양전자가 생성되거나 전자와 양성자가 만나 붕괴하여 광자가 되는 반응도 포함해야 한다. 여기에는 우리가 관측할 수 없는 가상 광자를 주고받는 반응도 포함해야 한다. 전하를 띤 입자가 불확정성의 원리 한계 내에서 주고받고 있어서 우리가 직접 관측할 수 없는 광자를 가상 광자라고 부른다. 이에 비해 우리가 직접 관측할 수 있는 광자가 실제 광자이다.

양자 전기역학은 1920년대에 원자가 자발적으로 전자기파를 방출하는 과정을 설명하는 이론을 제안한 폴 디랙으로부터 시작되었다. 그 후 볼프강 파울리와 엔리코 페르미를 비롯한 많은 물리학자가 밝혀낸 한 지점에서 다른 지점으로 이동할 확률들을 이용하면 전하를 띤 입자들이 광자를 주고받아 일어나는 전기적 상호작용을 정확하게 계산해 내는 것이 가능할 것처럼 보였다.

그러나 1930년대 말에 광자를 주고받는 모든 가능한 방법을 고려하여 계산하면 무한대라는 물리적으로 의미 없는 값이 나온다는 것을 알게 되었다. 이로 인해 벽에 부딪혔던 양자 전기역학이 문제 해결의 돌파구를 마련한 것은 1940년대 말이었다.

일본에서 교토제국대학을 졸업하고 독일 라이프치히대학에서 연구한 일본의 이론물리학자 도모나가 신이치로[朝永 振一郎]Shinichiro Tomonaga(1906-1979)와 하버드대학의 물리학 교수였던 줄리안 슈빙거Julian Seymour Schwinger(1918-1994)가 1948년에 독립적으로 무한대의 문제를 해결하는 방법을 찾아냈다. 이것을 재규격화라고 부른다. 그리고 미국의 물리학자 리처드 파인만Richard Phillips Feynman(1918-1988)이 프리먼 다이어그램이라고 부르는 새로운 방법으로 이 문제를 해결했다. 후에 미국의 물리학자 프리먼 다이슨Freeman John Dyson(1923-2020)이 도모나가와 슈빙거의 방법과 파인만의 방법이 근본적으로는 같은 것임을 밝혀냈다.

양자 전기역학으로 자기장과 전자의 상호작용을 계산한 결과와 실험을 통해 측정한 값이 일치하는 정도는 지금까지 어떤 물리 이론이 예측한 결과와 측정값이 일치하는 정도보다 훨씬 좋다. 이것은 양자 전기역학이 지금까지 제시된 물리 이론 중에서 가장 정밀한 이론이라는 뜻이다. 또한 그것은 우리가 전기적 상호작용을 완전히 이해했음을 뜻한다. 양자 전기역학을 이용하면 빛의 반사나 굴절, 회절, 그리고 산란과 같이 광자와 전하를 띤 입자 사이의 상호작용으로 인해 나타나는 현상들을 모두 설명할 수 있다.

양자 색역학Quantum Chromodynamics

양자 전기역학에서 큰 성공을 거둔 물리학자들은 쿼크로 이루어진 입자들 사이의 상호작용을 전자기 상호작용과 비슷한 방법으로 다루기 시작했다. 쿼크들도 전하를 띠고 있기 때문에 광자를 주고받는 전기적 상호작용을 한다. 그러나 전기적 상호작용만으로는 쿼크들 사이의 상호작용을 설명할 수 없다. 1964년에 쿼크이론을 제안하면서 머리 겔만은 쿼크들이 글루온을 매개로 상호작용할 것이라고 제안했다.

글루온은 광자와 마찬가지로 질량을 가지고 있는 않은 보손이다. 그러나 글루온을 교환하는 과정은 광자를 주고받는 과정보다 훨씬 복잡하다. 쿼크에는 여섯 가지 종류가 있다. 이 여섯 가지 종류를 여섯 가지 향기(플래버)라고 부른다. 쿼크가 실제로 향기를 가지고 있어서가 아니고, 단지 서로 다른 종류를 서로 다른 향기라고 부르기로 한 것이다. 그런데 오메가 입자의 조성을 알아낸 물리학자들은 당황하지 않을 수 없었다.

오메가 입자(Ω^-)는 세 개의 s쿼크로 구성되어 있다. 세 개의 쿼크가 한 입자 안에서 같은 양자역학적 상태에 있는 것은 파울리의 배타원리에 위배되기 때문에 가능하지 않다. 따라서 물리학자들은 쿼크에는 이들의 양자역학적 상태를 구별해 줄 또 다른 양자수가 있어야 한다고 생각하게 되었다. 1965년에 쿼크가 새로운 양자수를 가지고 있다고 처음 제안한 사람은 소련의 물리학자 니콜라이 보골류보프 Nikolay Nikolayevich Bogolyubov(1909-1992)와 그의 대학원생이던 보리스 스트루민스키 Boris Vladimirovich Struminsky(1939-2003)였다.

오메가 입자에서와 비슷한 상황이 세 개의 u쿼크로 이루어진 델타 입자(Δ++)에서도 발견되었다. 1965년 미국의 물리학자 오스카 그린버그 Oscar Wallace Greenberg(1932-)와 일본 출신으로 시카고대학 교수로 있던 난부 요이치로[南部 陽一郎] Yoichiro Nambu(192-2015)는 독립적으로 파울리의 배타원리를 피해 가기 위해 쿼크에 세 가지 양자수를 추가했다. 쿼크의 양자역학적 상태를 나타내기 위해 추가된 새로운 양자수를 색 color 으로 구분하기 시작한 것은 1973년부터였다.

1973년에 독일의 물리학자 하랄트 프라치 Harald Fritzsch(1943-)와 하인리히로이트바일러Heinrich Leutwyler는 겔만과의 공동연구를 통해 쿼크의 색 전하를 중심으로 하는 양자 색역학을 제안했다. 그들은 양첸닝과 로버트 밀스Robert Mills가 발전시킨 힘을 전달하는 입자가 또 다른 힘 전달 입자를 방출할 수 있는 양-밀 이론을 이용했다. 따라서 글루온은 붕괴되면서 다른 글루온을 방출할 수 있다. 이는 광자는 다른 광자를 방출할 수 없는 것과 크게 다르다. 글루온의 존재가 실험을 통해 확인된 것은 1979년이었다.

쿼크의 색은 실제 색과는 아무 관련이 없고, 단지 다른 양자역학적 상태를 나타내는 기호일 뿐이다. 쿼크는 R(red), G(green), B(blue)의 세 가지가 색을 가지고 있다. 그런데 쿼크로 이루어진 중간자나 중입자들은 색을 가지고 있지 않다. 두 개의 쿼크로 이루어진 중간자는 한 가지 색의 쿼크와 그 색을 상쇄하는 반색의 쿼크로 이루어졌기 때문이고, 세 개의 쿼크로 이루어진 중입자는 R, G, B 색의 쿼크들로 이루어졌기 때문이다. 3원색이 모이면 색이 없는 흰 빛이 되는 것처럼 세 가지 색을 가진 쿼크들이 모이면 색이 사라진다.

특정한 색을 가지고 있는 쿼크가 글루온을 방출하거나 흡수하여 다른 색을 가지고 있는 쿼크로 변하기 위해서는 글루온도 색을 가지고 있어야 하고, 상호작용을 통해 쿼크의 색을 흡수하거나 주어야 한다. 쿼크가 R 색을 가지고 있는 글루온을 방출하면 쿼크의 R 색이 사라지고, 반 R 색을 가지고 있는 쿼크를 방출하면 쿼크에 R 색이 생긴다. 따라서 R 색을 가지고 있는 쿼크가 G 색을 가진 쿼크로 변화되기 위해서는 R 색과 반 G 색을 가지고 있는 글루온($R\bar{G}$)을 방출해야 한다. 이 글루온을 G 색의 쿼크가 흡수하면 그 쿼크는 R 색을 가진 쿼크로 변한다. 쿼크에는 세 가지 색이 있으므로 두 가지 색의 조합으로 만들어질 수 있는 글루온은 모두 9가지라고 생각할 수 있다. 그러나 글루온의 색을 조합하는 복잡한 양자역학적 방법에 의해 글루온에는 8가지 색 조합만 존재한다.

글루온을 주고받는 강한 상호작용을 계산하기 위해서는 다양한 색을 가진 쿼크와 두 가지 색의 조합으로 이루어진 글루온이 흡수되거나 방출될 확률을 알아야 하고, 글루온끼리 색을 주고받을 확률까지 고려해야 한다. 따라서 모든 가능한 중간 과정까지 포함하면 계산이 매우 복잡해진다. 글루온을 주고받는 강한 상호작용을 정성적으로 이해하는 것은 가능하지만 엄밀한 계산은 가능하지 않은 것은 이 때문이다.

그것은 강한 상호작용을 완전히 이해하기 위해서는 해결해야 할 일이 많이 남아 있다는 것을 의미한다. 이렇게 쿼크와 글루온이 가지고 있는 색 전하를 이용하여 강한 상호작용(강한 핵력)을 설명하는 것을 양자 색역학이라고 부른다.

작용 거리가 멀어지면 약해지는 중력이나 전자기력과는 반대로 강한 핵력은 거리가 가까워지면 오히려 약해져 입자들이 자유롭게 행동할 수 있다. 쿼크가 가지고 있는 이런 성질을 점근적 자유라고 한다. 점근적 자유는 1973년에 프린스턴대학의 데이비드 그로스David Jonathan Gross(1941-)와 그의 대학원 학생이던 프랭크 윌첵Frank Anthony Wilczek(1951-), 그리고 하버드대학의 박사과정 학생이던 휴 폴리처Hugh David Politzer(1949-)가 발견했다. 점근적 자유의 발견은 글루온을 매개로 하는 양자 색역학 발전에 크게 기여했다.

쿼크 사이의 거리가 멀어지면 강한 상호작용이 강해지기 때문에 두 쿼크를 멀리 떨어지게 하기 위해서는 많은 에너지가 필요하다. 두 쿼크의 사이가 멀어지면 두 쿼크를 멀리 떼어 놓기 위해 사용된 에너지가 새로운 쿼크 쌍을 만든다. 따라서 두 개의 단독 쿼크 대신 두 개의 새로운 쿼크 쌍들이 만들어진다. 따라서 큰 에너지를 가지고 있는 양성자를 원자핵에 충돌시키더라도 단독 쿼크가 나오는 대신 쿼크들로 이루어진 중간자나 중입자들이 나온다.

이처럼 단독 쿼크를 분리해 낼 수 없는 이유를 양자 색역학의 틀 안에서 정상적으로 이해하는 것은 가능하지만 수학적 계산을 통해 그것을 증명하는 것은 아직 어려운 일이다. 클레이 수학 연구소는 이것을 수학적으로 증명하는 것을 밀레니엄상이 걸려 있는 문제들 중 하나로 선정했다.

약한 상호작용

쿼크들이 글루온을 주거나 받으면 쿼크의 색이 변하지만 쿼크의 종류라고 할 수 있는 향기는 변하지 않는다. 그러나 한 가지 종류의 쿼크가 다른 종류의 쿼크로 변하는 반응이 실험을 통해 확인되었다. 중성자가 붕괴하면서 양성자와 전자, 그리고 반중성 미자를 방출하는 베타붕괴가 그런 반응이다. 이 반응은 중성자를 이루고 있던 u쿼크 하나가 d쿼크로 변하는 반응이다.

물리학자들은 이런 반응에 관여하는 보손을 W라고 부르고, W입자를 주고받아서 이루어지는 상호작용을 약한 상호작용이라고 부른다. W입자를 이용하면 중성자가 양성자로 붕괴하는 반응은 u쿼크 하나가 W입자를 방출한 후 d쿼크로 변하고, W입자가 다시 전자와 반중성 미자로 붕괴하는 반응이라고 설명할 수 있다. 이것은 글루온을 주고받는 강한 상호작용과는 전혀 다른 종류의 상호작용이다.

쿼크가 W입자를 방출하면 향기가 달라지면서 전하도 변하지만 색은 변하지 않는다. W입자는 색 전하를 가지고 있지 않기 때문이다. 그러나 W입자는 정지 질량이 0인 광자나 글루온과는 달리 큰 질량을 가지고 있다. 따라서 W입자를 주고받아서 일어나는 약한 상호작용은 짧은 거리에서만 일어난다.

W입자에는 음전하를 가지고 있는 W^-와 양전하를 가지고 있는 W^+가 있다. W^-는 W^+의 반입자이고, W^+는 W^-의 반입자이다. 약한 상호작용에 관여하는 보손에는 전하를 가지고 있지 않은 Z^0입자도 있다. Z^0입자는 광

자와 같이 반입자를 따로 가지고 있지 않다. W입자라는 이름은 '약하다'는 영어 단어 'Weak'의 머리글자를 따온 것이고, Z라는 이름은 '0'이라는 의미의 영어 'Zero'의 머리글자에서 따온 것이다. W입자와 Z^o입자의 질량은 양성자 질량의 80배 정도 된다.

Z^o 보손은 중성 미자가 물질에 의해 산란되는 과정에 관여하며, 전자나 중성 미자의 흡수나 방출에는 관여하지 않는다. 정지해 있던 전자가 갑자기 빠른 속력으로 달리기 시작했다면 중성 미자와의 상호작용에 의한 것일 가능성이 크다. 중성 미자와 전자는 Z^o 보손의 교환을 통해 운동량을 전달한다.

카를로 루비아Carlo Rubbia(1934-)와 시몬 메이르Simon van der Meer(1925-2011)가 이끄는 연구팀이 CERN에 설치된 초거대 양성자 싱크로트론SPS를 이용하여 W를 발견한 것은 1983년 1월이었고, 같은 해 3월에는 Z^o 보손이 발견되었다. 루비아와 미어는 다음 해인 1984년에 노벨 물리학상을 수상했다.

W입자들과 Z^o입자의 발견에는 1968년 쉘던 글래쇼Sheldon Lee Glashow(1932-), 압두스 살람Mohammad Abdus Salam(1926-1996), 그리고 스티븐 와인버그Steven Weinberg(1933-2021)가 제안한 전약이론이 중요한 역할을 했다. 이 이론에 의하면 아주 큰 에너지에서는 전자기 상호작용과 약한 상호작용이 한 가지 상호작용의 다른 성분이었지만 낮은 에너지에서 두 가지 다른 상호작용으로 분리되었다는 것이다. 이 이론을 이용하여 물리학자들은 W입자와 Z^o입자의 질량을 예측할 수 있었고, 이는 1983년에 이들 입자들을 발견하는 길잡이가 되었다.

전약이론은 전자기 상호작용과 약한 상호작용을 통일한 이론이라는 의미에서 통일이론Unified Theory, UT이라고 부른다. 현재 물리학자들은 통일이론에 강한 상호작용도 포함시킨 대통일 이론Grand Unified Theory, GUT을 찾아내기 위한 연구를 하고 있다. 많은 물리학자가 대통일 이론이 가능할 것이라고 생각하고 있다. 그러나 중력을 포함한 모든 힘을 통일한 이론GGUT이 가능할지에 대해서는 회의적이다. 아인슈타인은 중력과 전자기력을 통합한 통일장 이론을 오랫동안 연구했지만 실패했다. 아인슈타인은 가장 어려운 통합에 도전했었던 것이다.

약한 상호작용과 전자기 상호작용을 통합한 것은 1960년대에 이루어 낸 커다란 성과였다. 이 시기에 이루어진 약한 상호작용에 대한 연구는 우리가 살아가고 있는 우주가 어떻게 가능했는지를 설명해 주는 또 다른 중요한 성과를 이끌어 냈다.

우리가 살아가고 있는 세상에서는 대칭성이 잘 지켜지고 있다. 대칭성에는 현실 세계와 좌우가 바뀐 거울 속 세계에서 같은 자연현상이 일어나는 거울상 대칭(P), 전하의 부호를 모두 반대로 한 세상에서도 같은 자연현상이 일어나는 입자 반입자 대칭(C), 시간이 흐르는 방향을 반대로 했을 때도 같은 자연현상이 일어나는 시간 대칭(T)이 있다. 이러한 대칭성은 전자기적 상호작용과 강한 상호작용에서 잘 지켜진다. 따라서 대칭성을 자연이 가지고 있는 일반적인 성질이라고 생각했다.

그러나 1950년대 중반에 중국 출신으로 미국에서 활동하고 있던 양첸닝(1922-)과 리정다오(1926-)가 약한 상호작용에서는 P 대칭이 성립되지 않을 수도 있다고 예측했고, 1957년에는 유젠슝Chien Shiung Wu(1912-1997)이 그것을 실험을 통해 확인했다.

전하의 부호와 좌우를 동시에 바꾸는 경우 같은 자연현상이 나타나는 것을 CP 대칭이라고 한다. 1964년에 미국의 제임스 크로닌James Watson Cronin(1931-2016)과 밸 피치Val Logsdon Fitch(1923-2015)가 K 중간자 붕괴 과정에서 CP 대칭성이 깨진다는 것을 증명했다. CP 대칭성이 깨지는 일은 아주 드물게 일어나는 현상이지만 이것이 오늘날 우리가 살고 우주가 반입자가 아닌 입자들로 이루어진 이유일 것이라고 생각하고 있다.

만약 CP 대칭이 깨지지 않았다면 우주 초기에 에너지에서 입자들이 만들어질 때 입자와 반입자가 같은 수로 만들어졌을 것이다. 그렇다면 입자와 반입자가 모두 소멸하여 우주는 입자가 존재하지 않고 전자기파만 존재하는 텅 빈 우주가 되었을 것이다. 그러나 약한 상호작용에서 CP 대칭이 붕괴되면서 입자가 반입자보다 약간 더 많이 만들어졌기 때문에 반입자들이 모두 입자들과 쌍소멸한 후에도 우주를 만들 수 있을 정도의 입자들이 남게 되었다는 것이다.

표준모델

이렇게 해서 여섯 가지의 경입자, 여섯 가지의 쿼크, 그리고 전자기 상호작용에 관여하는 광자, 강한 상호작용에 관여하는 글루온, 약한 상호작용에 관여하는 두 가지 보손($W^{\pm}$, Z^{0})이 모두 밝혀졌다. 물질을 이루는 12가지 페르미온(경입자와 쿼크)과 힘을 매개하는 네 가지의 보손이 세상을 만들어 가고 있다는 것이 밝혀진 것이다. 세상의 구성을 이렇게 설명하는 것을 표준모델이라고 부른다.

그러나 표준모델에 속해 있는 16가지의 입자들만으로 모든 것을 설명할 수 없다. 표준모델에 포함되어 있는 입자들은 제각기 다른 질량을 가지고 있다. 제각기 다른 질량들로 인해 표준모델의 입자들 사이에는 대칭성이 깨진다. 대칭성을 자연이 가지고 있는 가장 기본적인 성질 중의 하나라고 생각하고 있는 과학자들은 입자들 사이에 대

	1세대	2세대	3세대		
쿼크	u u쿼크	c c쿼크	t t쿼크	g 글루온	H 힉스 보손
	d d쿼크	s s쿼크	b b쿼크	γ 글루온	보
경입자	e 전자	μ 유온	τ 타우 입자	Z Z 보손	손
	ν_e 전자 중성 미자	ν_μ 유온 중성 미자	ν_τ 타우 중성 미자	W W 보손	

표준모델

칭성이 깨지는 것은 또 다른 보손 입자와의 상호작용 때문이라고 생각하게 되었다.

1964년 영국의 피터 힉스Peter Ware Higgs(1929-)는 『피지컬 리뷰』지에 입자에 질량을 부여하는 힉스 보손을 제안한 논문을 발표했다. 같은 해에 벨기에의 프랑수아 앙글레르François Englert(1932-)도 힉스 입자의 존재를 예측하는 논문을 발표했다. 힉스 입자는 모든 입자에 질량을 부여하는 입자라고 해서 신의 입자라고 불리기도 한다. 유럽원자핵 연구소CERN는 2012년 7월 4일 거대 강입자충돌가속기LHC를 이용한 실험을 통해 힉스 입자를 발견했다. 힉스 입자의 발견으로 힉스 입자를 제안했던 피터 힉스와 프랑수아 앙글레르는 2013년 노벨 물리학상을 수상했다.

그러나 물리학자들 중에는 초대칭 이론이 예측하고 있는 또 다른 입자를 찾아내기 위한 연구를 하고 있는 사람들도 있고, 물질을 이루는 기본 단위는 입자가 아니라 끈이라고 주장하는 사람들도 있다. 10차원 또는 11차원의 공간에서 끈의 진동이 다양한 입자들을 만들어 낸다는 끈 이론은 한때 많은 물리학자의 주목을 받았지만 아직까지 실험을 통해 확인되지 않았다.

카오스에 대한 새로운 이해

1. 비선형 동역학계와 나비효과

초기조건의 민감성

자연현상들 중에서 역학적으로 정확하게 분석해 낼 수 있는 현상은 그렇게 많지 않다. 많은 변수가 작용하는 경우에는 그런 변수들을 모두 고려하여 운동 방정식이나 슈뢰딩거 방정식의 해를 구하는 것이 쉽지 않기 때문이다. 그러나 뉴턴역학을 크게 신뢰하고 있던 19세기의 물리학자들은 복잡한 방정식을 다루는 수학적 기법이 발전하면 언젠가는 물리법칙을 이용하여 모든 자연현상을 분석하고 미래의 상태를 예측할 수 있을 것이라고 생각했다.

하지만 수많은 변수가 상호작용하여 만들어 내는 복잡한 자연현상을 역학적으로 분석하는 것은 가능해 보이지 않는다. 아무런 규칙성이 없어 보이는 복잡한 현상을 우리는 혼돈 상태(카오스 상태)라고 부르고 있다. 오랫동안 과학자들은 혼돈상태를 역학적으로 분석할 엄두를 내지 못했다. 우리가 알고 있는 수학적 방법으로는 많은 변수가 포함되어 있는 복잡한 미분방정식의 해를 구하는 것이 가능하지 않다는 것을 잘 알고 있었기 때문이다. 그러나 20세기에 혼돈 상태 중 특정한 성질을 가지고 있는 혼돈 상태를 분석하는 새로운 방법이 제시되었다. 이 새로운 분석 방법을 우리는 카오스 이론이라고 부르고 있다.

카오스chaos라는 단어는 혼돈 상태를 나타낸다. 따라서 카오스 이론이라고 하면 모든 혼돈 상태를 다루는 이론이라고 생각하기 쉽다. 그러나 카오스 이론은 모든 혼돈 상태를 다루는 이론이 아니라 일정한 특성을 가지는 상태만을 다룬다. 카오스 이론이 분석할 수 있는 혼돈 상태가 가지고 있는 가장 중요한 특성은 초기 조건의 민감성을 가지고 있다는 것이다. 따라서 카오스 이론은 초기 조건에 민감한 동역학계에서 일어나는 불규칙하고 혼돈스럽게 보이는 자연현상을 분석하는 이론이라고 할 수 있다.

초기 조건의 민감성이란 초기 조건의 미세한 차이가 어느 정도 시간이 지난 후에는 커다란 차이를 만드는 것을 뜻한다. 1960년대에 카오스 이론의 기초를 마련한 미국의 기상학자 에드워드 로렌즈Edward Norton Lorenz(1917-2008)가 "브라질에서의 나비의 날갯짓이 텍사스의 태풍을 불러올 수 있다"라는 은유적인 표현으로 초기 조건의 민감성을 설명한 이후 초기 조건의 민감성은 나비효과라는 이름으로 불리게 되었다.

초기 조건의 민감성은 상태의 변화를 나타내는 방정식이 비선형 미분 방정식으로 나타내지는 비선형 동역학계의 가장 중요한 특징이다. 종속변수 y가 독립변수 x의 함수인 경우 미분 방정식에 y의 1차 항만 포함되어 있는 미분 방정식을 선형 방정식이라고 부른다. 선형 미분 방정식은 대부분 정확한 해를 구하는 것이 가능하다. 그러나 미분 방정식에 y^2, y^3, e^y, $\sin y$와 같은 항들이 포함되어 있는 미분 방정식은 비선형 미분 방정식이라고 부른다. 많은 경우 비선형 미분 방정식은 정확한 해를 구하는 것이 가능하지 않다.

따라서 물리학에서는 오랫동안 비선형 미분 방정식을 이 방정식과 비슷한 선형 미분 방정식으로 바꾸어 해를 구하고, 비선형 방정식의 해가 이렇게 구한 해와 비슷할 것이라고 생각했다. 비선형 미분 방정식의 해와 이 방정식과 유사한 선형 미분 방정식의 해에 작은 차이가 있기는 해도 그런 차이가 미래 예측에 큰 문제가 되지 않을 것이라고 생각한 것이다. 그러나 나비효과로 인해 이런 방법을 사용한 미래 예측은 아무 의미가 없다는 것이 밝혀졌다. 초기의 얼마 동안에는 비선형 방정식으로 나타내지는 계와 선형 방정식으로 나타내지는 계가 비슷한 행동을 하지만 비선형 항들의 작용으로 차이가 점점 커져 시간이 지난 후에는 전혀 다르게 행동한다는 것을 알게 된 것이다.

1961년에 로렌즈는 기상 모델을 이용해 장기간에 걸친 날씨 변화를 알아보는 연구를 하고 있었다. 그의 기상모델은 비선형 방정식을 포함하고 있었다. 그는 계산 결과를 즉시 확인할 수 있는 모니터를 가지고 있지 않아 프린터를 이용해 계산 결과를 인쇄해서 확인해야 했던 초기 컴퓨터를 이용했다. 컴퓨터는 계산 결과를 다시 식에 대입하여 다음 결과를 계산해 내는 반복 계산을 통해 장기간에 걸쳐 일어날 변화를 계산해 냈다. 당시의 컴퓨터는 이런 계산에 긴 시간이 걸렸다. 복잡한 문제를 계산할 때는 며칠씩 걸리기도 했다.

컴퓨터가 계산하고 있는 도중에 계산 결과를 확인하기 위해서는 계산을 중단시키고 인쇄된 결과를 확인한 다음 인쇄되어 나온 계산 결과를 입력하여 중단되었던 시점부터 다시 계산을 하도록 해야 했다. 그런데 놀랍게도 중간에 계산 결과를 확인한 후 다시 계산을 계속하여 얻은 최종 결과와 중간에 계산 결과를 확인하지 않고 한 번에 계산을 마친 최종 결과가 전혀 달랐다. 여러 가지 계산을 다시 해 본 로렌즈는 그 원인을 찾아냈다.

그가 사용하고 있던 컴퓨터는 소수점 아래 6자리까지 계산을 하고 있었다. 그러나 그가 사용하고 있던 프린터는 소수점 아래 3자리까지만 인쇄했다. 따라서 그는 중간 결과를 확인하고 다시 입력할 때 소수점 아래 3자리까지만 입력했다. 이 차이는 매우 작은 것이어서 결과에 큰 영향을 줄 것으로 생각하지 않았다. 그러나 이 작은 차이가 최종 결과에는 큰 차이를 만들어 냈던 것이다. 이것은 매우 정교한 기상 모델이라고 해도 장기적 기상 예측이 가능하지 않음을 의미했다.

초기 조건에 민감한 비선형 동역학계에서는 측정의 오류로 인한 작은 차이나 수치 계산에서 반올림으로 인한 작은 차이가 크게 다른 결과를 가져올 수 있다. 초기 조건의 민감성은 원인과 결과가 철저한 인과관계로 연결되어 있어 임의성이 전혀 개재되어 있지 않은 결정론적인 체계에서도 나타난다. 다시 말해 체계가 가지고 있는 결정론적인 성격이 미래 예측 가능성에 도움이 되지 않는다는 것이다. 이런 체계를 결정론적인 카오스라고 한다. 로렌즈는 초기 조건의 민감성을 다음과 같이 설명했다.

> 현재의 상태가 미래 상태를 결정한다. 그러나 대략적으로 알고 있는 현재 상태로는 미래 상태를 대략적으로도 예측할 수 없다.

나비효과라는 말이 사용되기 시작한 것은 아주 오래전부터였다. 19세기 말과 20세기 초에 발표된 소설에서도 나비의 작은 날갯짓이 큰 변화를 가져올 수 있다는 의미로 나비효과라는 말이 사용되었고, 1952년에 출판된 시간여행을 다룬 소설에서도 같은 의미로 나비효과라는 말이 사용되었다.

로렌즈는 1963년에 비선형 방정식으로 나타내지는 계에는 초기 조건의 작은 차이가 결과에 큰 차이를 만들어 낼 수 있다는 내용이 포함된 『결정적인 비주기적 흐름』이라는 제목의 논문을 발표했다. 이 논문에는 "만약 이 이론이 옳다면 갈매기의 작은 날갯짓이 날씨를 영원히 바꿔 놓을 수도 있다"라는 설명이 들어 있었다. 그 후 1972년에 열렸던 미국 과학 협회에서 로렌즈는 "브라질에 있는 나비의 날갯짓이 텍사스에 태풍을 몰고 올 수 있을까?"라는 제목의 강연을 했다. 이 말은 이후에 나비효과를 설명하기 위해 많은 사람이 인용하는 유명한 말이 되었다.

나비효과로 인해 비선형 동역학계에서는 장기적인 미래 예측이 가능하지 않지만, 짧은 기간 동안에는 미래 예측이 가능하다. 비선형 동역학계에서 미래를 예측할 수 있는 시간이 얼마나 되느냐 하는 것은 허용 오차가 얼마나 되는지, 현재 상태를 얼마나 정밀하게 측정할 수 있는지, 그리고 그 체계가 가지고 있는 역동성이 얼마나 큰지에 의해 결정된다. 러시아의 수학자 알렉산드르 랴푸노프Aleksandr Mikhailovich Lyapunov(1857-1918)는 비선형 동역학계가 미래 예측이 가능하지 않은 혼돈 상태에 도달하는 시간을 계산하는 식을 제안했다. 동역학계가 혼돈 상태로 바뀔 때까지 걸리는 시간을 랴푸노프 시간이라고 부른다.

랴푸노프 시간이 짧을수록 역동적이다. 전기 회로의 랴푸노프 시간은 약 1밀리초 정도이고, 기상 체계의 랴푸노프 시간은 며칠 정도이며, 내행성계의 랴푸노프 시간은 약 500만 년이다. 비선형 동역학계에 대한 미래 예측의 불확실성은 시간의 지수 함수적으로 증가한다. 따라서 랴푸노프 시간보다 두 배 또는 세 배 긴 시간 후의 미래 예측은 가능하지 않다.

따라서 장기적인 일기예보가 정확하지 않는 것은 기상 현상의 랴푸노프 시간이 며칠밖에 안 되기 때문이다. 카오스 이론에 의하면 여러 가지 행성들이 복잡하게 상호작용하고 있는 태양계의 행성들의 운동을 예측할 수 있는 기간은 1천만 년 정도이다. 따라서 이보다 긴 시간 후의 태양계 천체들의 운동을 예측하는 것은 가능하지 않다.

카오스 이론의 발전

카오스 이론은 나비효과로 인해 장기 예측이 가능하지 않은 비선형 동역학계의 행동을 전체적이고, 연속적인 자료들 사이의 관계를 이용하여 분석하는 방법이다. 이런 방법은 로렌즈가 나비효과를 발견하기 오래전부터 이미 연구되고 있었다. 처음 카오스 현상에 대해 언급한 사람은 프랑스의 수학자 쥘 앙리 푸앵카레Jules-Henri Poincaré(1854-1912)였다. 푸앵카레는 3체 문제에 대해 연구하고 있던 1880년대에 무한대로 발산하지도 않고, 특정한 점으로 다가가지도 않으면서 비주기적인 운동을 계속하는 궤도에 대해 연구했다. 그리고 1898년에 프랑스의 수학자 자크 아다마르Jacques Hadamard(1865-1963)는 마찰이 없는 표면에서 미끄러지는 입자들의 운동을 관찰하고, 입자들이 모두 서로에게서 멀어지는 불안정한 경로를 따라 운동한다는 것을 알아냈다.

그 후 미국의 수학자 조지 데이비드 버코프George David Birkhoff(1884-1944)와 스티븐 스메일Stephen Smale(1930-)을 비롯한 많은 학자가 비선형 미분 방정식의 해에 대해 연구했다. 3체 문제에서 영감을 받았던 버코프와 마찬가지로 이들은 대부분 3체 문제, 유체의 흐름에 나타나는 와류, 천체의 운동과 같은 물리 문제와 연관하여 이 분야를 연구했다.

그러나 카오스 이론이 크게 발전하기 시작한 것은 로렌즈가 나비효과를 발견한 이후이다. 전에는 가능하지 않았던 반복 계산을 가능하게 만든 컴퓨터의 등장이 카오스 이론의 발전에 크게 기여했다. 컴퓨터를 이용해 계산 결과를 그림이나 그래프로 나타낼 수 있게 된 것도 카오스 이론을 발전시킨 중요한 요소가 되었다. 과학자들은 관측된 자료나 계산 결과를 나타내는 그래프를 이용하여 카오스 현상을 분석하기 시작했다.

1977년 뉴욕 과학아카데미에서 카오스에 관한 첫 번째 심포지엄이 개최되었다. 여기에는 카오스라는 말을 처음 사용한 제임스 요크James A. Yorke(1941-), 로렌즈를 비롯한 많은 학자가 참석했다. 다음 해인 1978년에는 3년 동안 심사위원들에 의해 출판이 거절당했던 미국 수리물리학자 미첼 파이겐바움Mitchell Feigenbaum(1944-2019)의 『비선형 변환에서의 정량적인 보편성』이라는 제목의 논문이 출판되었다. 바이겐바움의 논문은 카오스 이론을 비선형 동역학계뿐만 아니라 여러 가지 다른 현상에 적용할 수 있는 길을 열었다.

1986년에 뉴욕 과학아카데미는 국립 정신건강 연구소 및 해군 연구소와 공동으로 최초로 생물학 및 약학과 관련한 카오스 학술회의를 개최했다. 이 학회에서 베르나르도 후버만Bernardo Huberman이 조현병 환자의 불규칙한 눈동자 움직임을 분석한 논문을 발표했다. 그의 연구는 병리학적인 심장 주기에 대한 연구와 같은 1980년대에 이루어진 카오스 이론을 응용한 생리학 연구의 초석이 되었다.

1987년에 미국의 과학 저술가인 제임스 글릭James Gleick(1954-)이 일반인들에게 카오스 이론의 역사와 내용을 소개하는 『카오스: 새로운 과학 만들기』를 출판했다. 전 세계적인 베스트셀러가 된 이 책은 카오스 이론의 대중화에 크게 기여했다. 이 책은 우리나라에서도 번역 출판되었다.

자기 조직화 임계성

1987년에 덴마크의 이론물리학자 페르 박Per Bak(1948-2002), 베이징대학의 물리학자 탕차오[汤超]Tang Chao(1958-), 그리고 미국 물리학자 커트 비젠펠트Kurt Wiesenfeld는 『피지컬 리뷰 레터』에 자기 조직화 임계성SOC을 설명한 논문을 발표했다. 자기 조직화 임계성은 자연에서 복잡한 현상이나 형태가 만들어지는 메커니즘 중 하나로 일정한 구조나 상태에 있던 계가 계의 상태를 결정하는 변수가 임계값에 이르렀을 때 갑자기 카오스 상태로 전환되는 것을 말한다.

예를 들면 평면 위의 한 점에 모래를 한 알씩 떨어트리면 모래가 원뿔 모양으로 쌓이게 된다. 그러나 모래알을 계속 떨어뜨리다보면 어느 순간 원뿔 모양이 무너져 복잡한 형태로 변한다. 모래가 무너지기 직전의 상태가 임계점이다. 임계점에 가까워질수록 모래 더미는 점점 더 불안정해진다. 모래 더미의 많은 부분이 불안정한 상태가 된 경우를 초임계 상태라고 한다. 초임계 상태에 있는 모래 더미는 작은 충격에 의해 전체가 무너져 내린다.

자기 조직화 임계성은 거대한 규모의 자연현상이나 사회 현상에서도 발견할 수 있다. 정부에 대한 불만이 있어도 겉으로 보기에는 별일 없이 사회가 유지되는 가운데 내부적으로 긴장이 쌓이다가 임계점에 이르면 작은 사건이 사회를 혼란 상태에 빠트리게 되는 것 역시 자기 조직화 임계성의 예라고 할 수 있다.

이런 경우 사람들은 혼란을 야기한 작은 사건에 주목하지만 사실은 긴장 상태를 임계점까지 몰고 간 원인에 관심을 가지는 것이 문제 해결이나 재발 방지에 도움이 된다. 자기 조직화 임계성은 지진, 태양의 플레어, 금융시장과 같은 경제 시스템의 변동, 산불, 산사태, 전염병의 확산, 생명체의 진화와 같은 많은 현상을 설명하는 데도 사용되고 있다.

카오스 이론에서는 비선형 동력학계의 행동을 그래프로 나타냈을 때 나타나는 프랙탈 구조에 관심을 가지게 되었다. 따라서 간단한 구조가 반복되어 복잡한 구조를 이루는 프랙탈 구조에 대한 연구는 카오스 이론에서 핵심을 이루고 있다.

2. 프랙탈 구조와 자기 유사성

프랙탈 구조

1963년 프랑스의 수학자 브누아 망델브로Benoit B. Mandelbrot(1924-2010)는 모든 시간 크기에서 목화 가격의 변동을 나타내는 그래프의 모양이 매우 유사하다는 것을 발견했다. 1년 동안의 가격 변동을 나타내는 그래프와 10년 동안의 가격 변동을 나타내는 그래프의 모양이 매우 유사하다는 것이다. 이렇게 다른 크기에서 보았을 때 똑같은 모양이 반복되거나, 모양이 비슷해 서로 분간하기 어려운 경우 자기 유사성을 가지고 있다고 말한다. 자기 유사성을 가지는 이러한 기하학적 구조가 프랙탈 구조이다.

우리는 원, 삼각형, 사각형과 같은 도형에 익숙해 있다. 그래서 자연에서도 이런 도형을 쉽게 발견할 수 있을 것으로 생각한다. 그러나 자연물은 대부분 완전한 형태의 원이나 삼각형, 또는 사각형보다는 자기 유사성을 가지고 있는 프랙탈 구조를 하고 있다. 예를 들어 나무가 길이의 비가 일정한 값이 되는 점에서 두 가지로 갈라져 가는 것을 반복하면 어느 부분을 선택하여 확대를 해도 전체의 나무 모양과 같은 모양이 된다. 심장에서 나온 동맥이 갈라져서 온몸에 퍼져 있는 실핏줄을 이루는 구조도 프랙탈 구조이다.

그런가 하면 아름다운 눈송이도 프랙탈 구조로 되어 있다. 1904년에 스웨덴의 수학자였던 헬게 폰 코흐Niels Fabian Helge von Koch(1870-1924)는 「기초 기

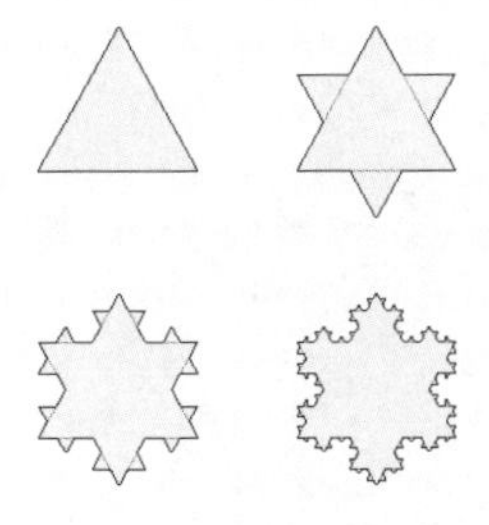

정삼각형의 각 변을 삼등분한 다음 가운데 부분을 한 변으로 하는 정삼각형을 만드는 일을 반복해 만든 코흐의 곡선

하학으로 만들 수 있는 곡선」이라는 제목의 논문에서 정삼각형에 간단한 규칙을 반복 적용하여 눈송이와 같은 모양을 만들어 내는 방법을 설명했다. 정삼각형의 세 변 위에서 한 변의 길이를 3등분하여 가운데 부분에 3등분된 길이를 한 변으로 하는 정삼각형 세 개를 만들고, 다음에는 이렇게 만들어진 작은 삼각형의 모든 변위에서 같은 과정을 반복해 나가면 눈송이 모양의 아름다운 구조가 나타난다. 이렇게 만들어진 구조를 코흐의 곡선이라고 부른다. 코흐의 곡선은 간단한 규칙을 반복 적용하여 프랙탈 구조를 만들어 내는 예이다.

1967년 망델브로는 「영국 해안선의 길이는 얼마나 되는가? 통계적인 자기 유사성과 프랙탈 차원」이라는 제목의 논문을 발표했고, 1982년에는 카오스 이론의 고전으로 여겨지는 『자연의 프랙탈 기하학』을 출판했다. 이 논문에서 그는 모든 크기에서 비슷한 모양으로 보이는 해안선의 길이는

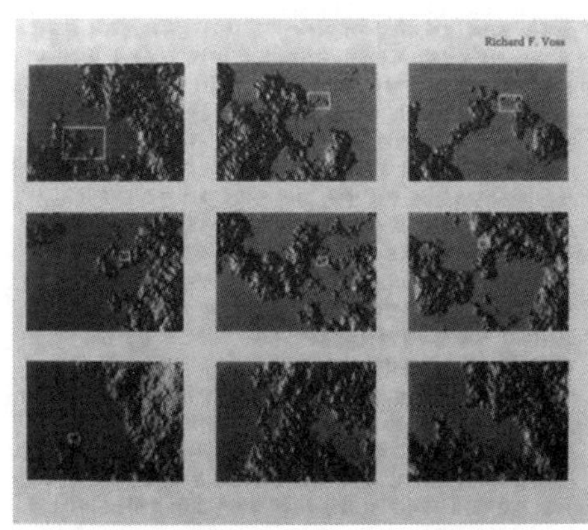

서로 다른 크기에서 본 해안선의 모습

측정하는 자의 길이에 따라 달라지며, 무한히 작은 자를 이용하면 해안선의 길이가 무한대가 될 것이라고 주장했다.

비행기를 타고 하늘 높이 올라가 찍은 해안선의 모습이나 산 위에 올라가 찍은 해안선 사진은 똑같지는 않지만 비슷한 모양으로 보인다. 바닷가에 가서 바위가 울퉁불퉁 튀어나온 해안선 사진을 찍은 사진이나 돋보기를 이용해 물과 땅이 만나는 지점에 있는 작은 돌멩이와 모래로 이루어진 해안선 찍은 사진의 모습도 비슷하다. 이처럼 서로 다른 크기에서 본 모습이 서로 구분할 수 없도록 비슷한 것도 자기 유사성라고 한다.

해안선에서 나타나는 자기 유사성은 코흐의 곡선과 같이 어느 부분을 확대해도 똑같은 모양이 나타나는 구조의 자기 유사성과는 성격이 다르다. 이러한 자기 유사성을 통계적 자기 유사성이라고 한다. 자연에 나타나는 프랙탈 구조는 대부분 코흐의 곡선처럼 완전한 자기 유사성을 나타내는 것이 아니라 해안선처럼 서로 구별할 수 없는 통계적 자기 유사성을 가지고 있다.

길이가 긴 자로 측정하면 해안선의 길이는 유한한 값을 갖는다. 그러나 아주 짧은 자로 물과 땅이 만나는 바위와 모래알을 감싸 돌면서 해안선의 길이를 측정하면 해안선의 길이는 무한대가 된다. 이것은 코흐의 곡선에서도 마찬가지이다. 유한한 길이를 가지고 있는 삼각형에서 출발하여 간단한 규칙을 반복 적용하여 만든 코흐의 곡선의 길이도 자의 길이가 짧아짐에 따라 무한대로 발산한다.

프랙탈 구조의 차원

1967년에 발표한 논문에서 망델브로는 프랙탈 구조는 우리가 알고 있는 0차원, 1차원, 2차원, 3차원의 어디에도 속하지 않는다고 설명했다. 우리는 크기는 없고 위치만 있는 점을 0차원, 길이만 있는 직선은 1차원, 면적을

구멍이 숭숭 뚫린 스펀지는 몇 차원일까?

가지고 있는 평면은 2차원, 그리고 부피가 있는 물체를 3차원이라고 부르고 있다. 우리는 차원을 따로 공부하지 않고도 어떤 것이 1차원인지, 2차원인지 아니면 3차원인지 잘 알고 있다고 생각하고 있다. 그러나 망델브로는 차원의 문제가 그렇게 간단하지 않음을 지적했다.

정육면체가 3차원이라는 것은 누구나 알고 있다. 정육면체의 표면적은 일정한 값을 갖는다. 그러나 구멍이 숭숭 뚫려 있는 스펀지로 이루어진 정육면체의 표면적은 구멍의 크기와 수에 따라서 무한히 큰 값을 가질 수 있다. 이것은 구멍이 숭숭 뚫려 있는 스펀지가 프랙탈 구조를 하고 있음을 나타낸다. 그렇다면 구멍이 숭숭 뚫려 있는 스펀지는 몇 차원이라고 해야 할까?

망델브로는 독일의 수학자 펠릭스 하우스도르프Felix Hausdorff(1868-1942)가 1918년에 새롭게 정의한 차원을 이용하여 프랙탈 구조의 차원을 설명했다. 하우스도르프는 복잡한 구조의 차원을 계산하는 식을 제안했다. 그리고 러시아의 수학자 아브람 베시코비치Abram Samoilovitch Besicovitch(1891-1970)가 해안선과 같은 좀 더 복잡한 구조물에도 작용할 수 있도록 하우스도르프 차원을 발전시켰다. 따라서 하우스도르프 차원은 하우스도르프-베시코비치 차원이라고도 부른다.

하우스도르프의 정의에 의해서도 점은 0차원이고, 직선은 1차원이며, 평면과 입체는 각각 2차원과 3차원이다. 따라서 프랙탈 차원은 기존의 차원을 포함한다. 그러나 프랙탈 구조는 분수로 나타내지는 차원을 가진다. 1.2차원, 2.5차원과 같은 차원이 가능하게 된 것이다. 코흐 곡선의 차원은 약 1.26이다.

로지스틱 맵과 망델브로 집합

1979년에 아스펜에서 열린 심포지엄에서 앨버트 리브차버Albert J. Libchaber(1934-)는 분기를 통해 카오스에 이르는 과정을 실험을 통해 보여 준 논문을 발표했다. 매개 변수의 의해 상태가 결정되는 동역학계가 매개변수가 특정한 값을 가질 때 갑자기 변하는 것을 분기라고 한다. 풀밭에 사는 곤충의 수를 나타내는 그래프에서도 분기를 통해 카오스 상태에 이르는 것을 볼 수 있다.

금년에 풀밭에 살고 있는 곤충의 수를 알고 곤충의 증가율을 알면 내년의 곤충의 수를 알 수 있다. 이런 과정을 통해 우리는 오랜 시간이 지난 후의 곤충을 수를 예측할 수 있다. 증가율이 일정한 구간 안에 있을 때는 오랜 시간이 지난 후의 곤충의 수가 하나의 값으로 수렴한다. 따라서 미래 예측이 가능하다.

그러나 증가율이 특정한 값 이상이 되는 다음 구간에서는 오랜 시간이 지난 후의 곤충의 수가 두 가지 값 중 하나가 된다. 그리고 다음 구간에서는 4가지 값 중 하나가 되고, 그다음 구간에서는 8가지 값 중 하나가 된다. 이런 일이 반복되다 보면 특정한 증가율 이상에서는 무한대로 많은 값 중 하나가 된다. 따라서 이런 구간에서는 미래의 곤충 수를 예측하는 것이 불가능하게 된다. 이것을 그래프로 나타낸 것을 로지스틱 맵이라고 부른다.

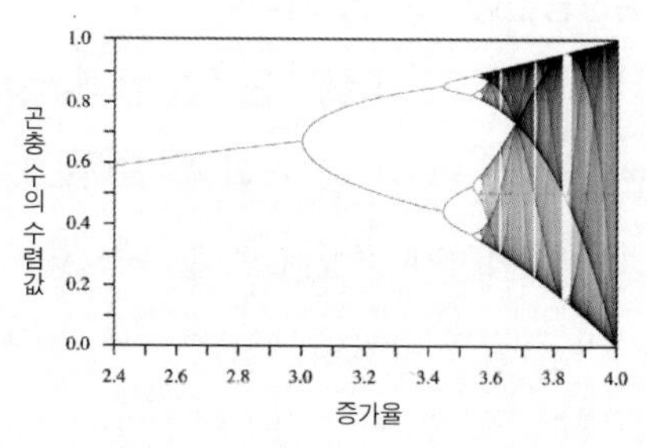

오랜 시간이 지난 후의 곤충의 수가 수렴하는 값이 증가율에 따라 어떻게 달라지는지를 보여 주는 로지스틱 맵

로지스틱 맵의 어느 부분을 확대해도 같은 모양을 하고 있다. 따라서 로지스틱 맵도 프랙탈 구조라고 할 수 있다.

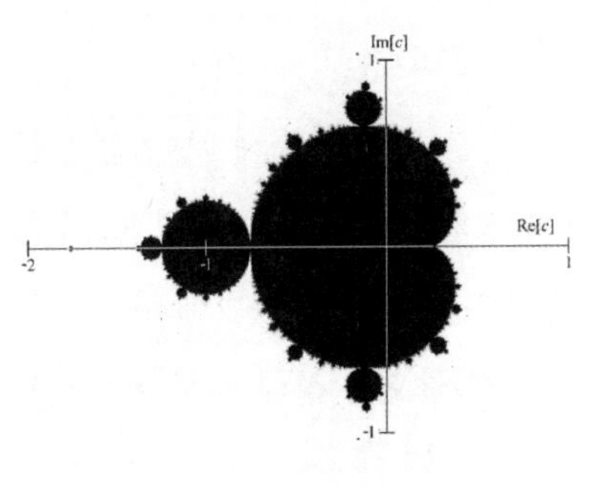

망델브로 집합. 흰색 부분은 발산하는 영역을 나타내고, 검은 색 부분은 수렴하는 지역을 나타낸다.

복소수 평면 위의 점들은 이런 계산 결과를 수렴하도록 하는 점들과 발산하도록 하는 점들로 나눌 수 있다. 이렇게 두 부분으로 나누어 다른 색으로 칠하면 어느 부분을 확대해도 같은 모양이 나타나는 프랙탈 구조가 만들어진다. 이것을 망델브로 집합이라고 부른다. 망델브로 집합은 간단한 계산을 반복 적용해서 복잡한 모양의 프랙탈 구조를 만들어 내는 예이다. 수학자들은 프랙탈 구조를 만들어 내는 여러 가지 수식을 찾아내 아름다운 프랙탈 구조를 만들었다. 인터넷을 검색해 보면 간단한 규칙이나 계산을 반복 적용하여 만들어 낸 다양한 모양의 프랙탈 구조를 찾아볼 수 있다. 자연에서나 생태계의 변화를 나타내는 그래프에서, 그리고 복소수 평면 위에서 자기 유사성을 가진 프랙탈 구조를 찾아볼 수 있게 된 것이다.

위상공간에 나타난 기이한 끌개

그래프의 수직축은 물체가 아래위로 멀어지는 거리를 나타내고 수평축은 좌우로 멀어지는 거리를 나타내도록 하면 그래프 위에 나타난 점들은 물체의 위치가 어떻게 변해 가는지를 보여 준다. 그러나 수평축은 물체까지의 거리를 나타내고 수직축은 그 지점에서의 속력을 나타내도록 하면 그래프상의 한 점은 물체의 운동 상태를 나타내게 된다. 이렇게 물체의 상태 변화를 나타낼 수 있는 공간을 위상 공간이라고 부른다.

좌우로 진동하고 있는 진자의 경우 중심으로부터 가장 멀리 있을 때는 속력이 0이고, 중심을 통과할 때는 속력이 최댓값을 갖는다. 따라서 마찰이 없이 계속 좌우로 진동하고 있는 진자의 운동은 이런 위상 공간에서 원으로 나타난다. 그러나 마찰력으로 인해 진폭이 점점 줄어들다가 중심점에 정지하게 된다면 위상 공간에는 나선을 그리면서 중심을 향해 다가가는 그래프가 그려진다.

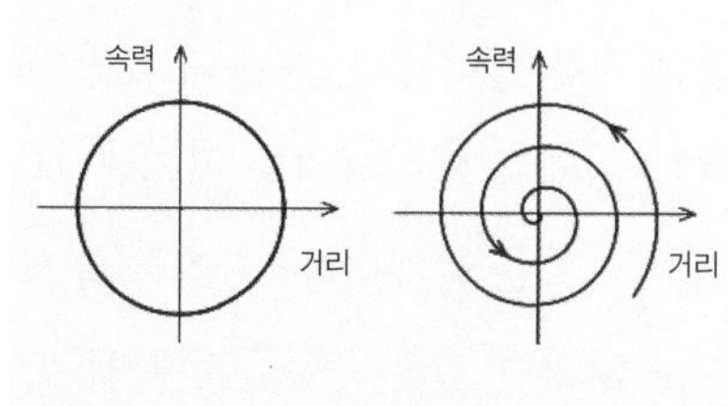

마찰이 없는 진자의 운동은 원으로 나타내지지만 마찰이 있는 경우에는 진자의 운동이 원점으로 수렴한다.

위상공간에서 오랜 시간이 흐른 후에 물체의 운동 상태가 다가가는 점을 끌개라고 부른다. 마찰이 없는 진자의 경우의 끌개는 원이고, 마찰이 있는 경우에는 원점이 끌개이다. 이렇게 끌개는 한 점이 될 수도 있고 원이 될 수도 있으며, 3차원 운동의 경우에는 더 복잡한 구조를 가질 수도 있다. 운동 상태를 나타내는 위상 공간에서 끌개를 알면 운동이 어떻게 변해 가는지를 예측할 수 있기 때문에 끌개의 형태나 성질을 아는 것은 매우 중요하다.

비선형 동역학계에서 나타나는 나비효과를 사람들에게 널리 알린 에드워드 로렌즈는 그가 만

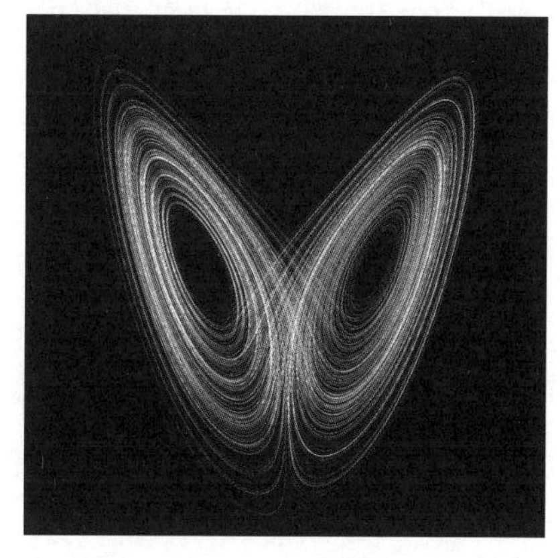
위상공간에 나타난 로렌즈의 기이한 끌개

든 기상 모델의 계산 결과를 위상 공간에 그려 보면 기이한 끌개가 나타난다는 것을 알아냈다. 무한대로 발산하거나 한 점으로 다가가지도 않고, 일정한 영역을 벗어나지도 않지만 같은 경로를 반복해 지나가지도 않는 끌개가 기이한 끌개이다. 기이한 끌개는 운동 상태가 일정한 범위를 벗어나지도 않지만 같은 운동을 반복하지도 않음을 의미한다. 기이한 끌개가 가지고 있는 또 하나의 특징은 어떤 부분을 잘라 내 확대를 해도 전체 모양과 같게 된다는 것이다. 이것은 기이한 끌개가 프랙탈 구조라는 것을 뜻한다.

따라서 위상 공간에 나타난 기이한 끌개는 비선형 동역학계에서 나타나는 복잡한 운동을 분석할 수 있는 새로운 방법을 제시하게 되었다. 복잡한 프랙탈 구조도 간단한 규칙을 반복 적용해 만들 수 있다. 복잡한 프랙탈 구조에 내재되어 있는 간단한 규칙을 찾아낸다면 운동이 앞으로 어떻게 전개될지를 예측하는 데 도움이 될 것이다.

따라서 많은 사람이 비선형 동역학계가 나타내는 기이한 끌개를 분석하기 시작했다. 1990년대 이후 등장한 성능이 크게 향상된 컴퓨터로 인해 카오스 이론으로 분석할 수 있는 대상의 범위가 크게 넓어졌다. 현재 카오스 이론은 수학, 물리학, 사회학, 생물학, 기상학, 천체 물리학, 정보이론, 신경과학, 전염병의 확산 분석과 같은 다양한 분야에서 활용되고 있다.

참고문헌

Copernicus, Nicolaus, Edited by Stephen Hawking, On the Revolution of Heavenly Spheres, Running Press, 2002.

뉴턴, 아이작, 『프린시피아』 I, 최상돈 옮김, 서해문집, 1999.

__________, 『프린시피아』 II, 최상돈 옮김, 서해문집, 1999.

__________, 『프린시피아』 III, 최상돈 옮김, 서해문집, 1999.

데카르트, 르네, 『데카르트 연구』, 최명관 옮김, 창, 2010.

레벤슨, 토머스, 『알베르트 아인슈타인』, 김혜원 옮김, 해냄, 2005.

박승찬, 『토마스 아퀴나스』, 도서출판 새길, 2012.

베이컨, 프란시스, 『신기관』, 진석용 옮김, 한길사, 2016.

웨스트폴, 리처드, 『프린키피아의 천재』, 최상돈 옮김, 사이언스북스, 2001.

하이젠베르크, 베르너, 『부분과 전체』, 김용준 옮김, 지식산업사, 1982.

찾아보기

㉨

㉩

㉪